KB233390

# 제주 지리론

# 제주 지리론

송성대 외 지음

한국학술정보㈜

　오늘날 학문 사회를 풍미하고 있는 학제 간 연구(interdisciplinary approaches)나 통섭(consilience), 학문 융 · 복합(academic convergence) 추세는 지리학의 입장에서 보면 '오래된 미래(ancient futures)'일 뿐이다. 일찍이 Paul Vidal de la Blache는 "지리학이 학문 세계에 공헌할 수 있는 것은 현상을 분리하지 않는다는 점"이라고 갈파하지 않았던가. 우리는 지금 자연과 인문, 사회 현상을 통합적인 관점에서 함께 다루어 온 지리학의 오랜 전통과 지혜가 다시 빛을 발하는 시대를 맞고 있다.

　통합적 관점을 중시하는 지리학자들에게 제주는 특별한 관심의 대상이 되어 왔다. 제주는 한반도의 일부이면서도 한반도를 설명하는 이론 틀만으로는 충분히, 그리고 적절하게 설명되지 않는 고유성(uniqueness)을 지니고 있기 때문이다. 제주가 지닌 고유성은 그 생성 동인이 내생적인 것이건 외생적인 것이건 연구방법론 면에서 특히 지역지리학자들의 주목을 받기에 부족함이 없다. 우선 한반도와 격절된 도서 지역으로서의 제주는 지역 경계선 획정이 상대적으로 용이하여 지역지리 연구의 오랜 난제 중 하나인 경계선 획정 시 개입되는 자의성 문제를 원천적으로 해소할 수 있는 가능성이 있다.

역사적으로 외부 지역과의 상호작용이 한반도 내 여타 지역보다 상대적으로 제한적일 수밖에 없었던 제주는, 지역 정체성 형성에 영향을 미친 외적 변수나 요인이 상대적으로 단순할 수 있으며, 이는 곧 실증적인 연구 과정에서 고려해야 할 독립변수와 요인도 소수이거나 단순할 수 있는 개연성도 지닌다. 그 밖에 물리적으로뿐만 아니라 문화적으로도 독특한 독자적인 단위 지역을 이루며 현재도 여전히 고유성을 유지하고 있다는 점, 면적과 인구의 크기 면에서 비교적 적절한 규모의 연구 지역이라는 점, 그리고 거시적이고 보편적인 프로세스(global/general processes)에 대해 한반도의 여타 지역과는 상이한 국지적 반응(local responses)을 나타낸다는 점 등도 지리학자들의 관심을 끈다.

제주는 오랫동안 지리학자들의 주목을 받고 관심의 대상이 되어 왔으면서도 아직 두드러진 연구 성과가 많지는 않다. 그것은 무엇보다 국내 학계에, 특히 제주도 내에 지리학 전문 연구자가 많지 않은 데 기인하는 것으로 보인다. 그나마 다행히도 1990년대 이후 제주대학교의 학부와 대학원 과정에 지리교육전공이 신설되어 지리학을 전공한 연구자가 충원되고 연구 및 교육 여건이 조금씩 구비되면서 본격적인 연구가 시작되었다. 『제주지리론』은 지난 20여 년간 제주대학교 지리교육전공에서 교육과 연구를 수행해 온 연구자들의 논문을 중심으로 구성된 것이다. 아직은 부족한 점이 많지만, 지리학의 연구 영역인 제주의 자연과 인문, 사회 현상을 다룬 연구물을 두루 포괄하려 시도하였다. 책이 출간되는 시점에 제주대학교 지리교육전공을 신설하고 지리학 연구를 이끌어 온 해심(海心) 송성대 교수가 정년을 맞게 되어 축하의 의미도 함께하게 되었다.

어려운 출판 여건에도 불구하고 기꺼이 『제주지리론』의 출간을 맡아 준 한국학술정보(주)에 감사드린다. 이번 출간이 제주도지리학 연구자들과의 소중한 인연으로 오래 남길 기대해 본다.

2010. 7.
저자 일동

# 차 례

## 제4부 ‖ 문화와 역사, 관광

# 제1부
# 제주인과 이어도

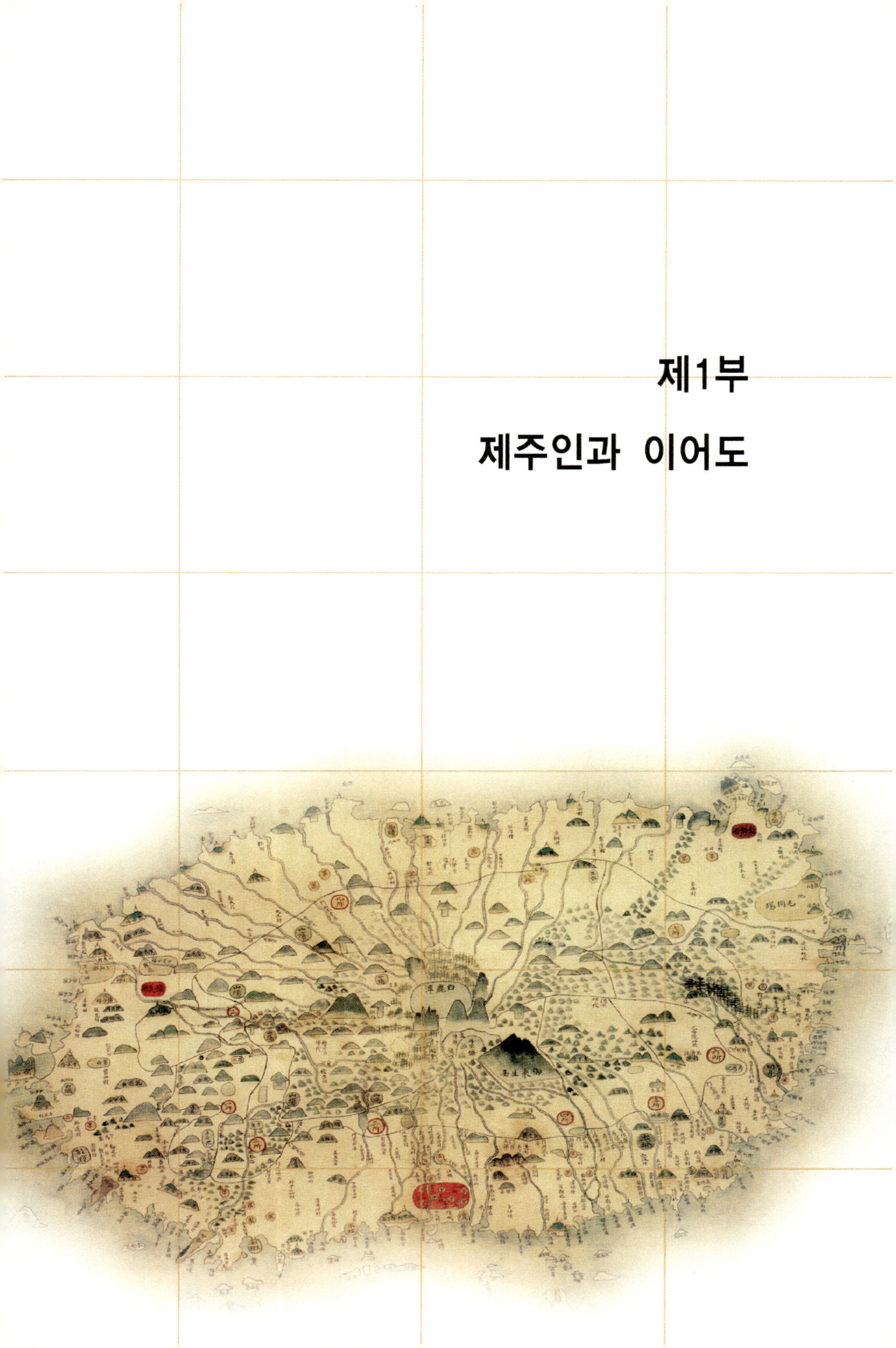

# 제주인의 해민정신론(海民精神論)

송성대

## 1. '관계과학(Relation Science)'으로서의 지리학

이 글은 필자의 졸저「문화의 원류와 그 이해－제주인의 해민정신」(도서출판 각, 2001)를 요약 수정한 글로서 이를 토대로 2011년에는 개정증보판(제4판)을 낼 계획이다. 졸저는 1982년, 종전의 제주인의 표상정신(정체성)이 '삼무정신'이라고 인문학자들에 의해 관념적이고 추상적으로 규정된 것에 회의를 느끼고 문화지리학 패러다임에 의해 연구를 시작하여 '해민정신'이 제주인의 정체성임을 밝혀 그 결과를 1996년에 단행본으로 첫 출판하였다. 필자는 지역에서의 주관적 담론 아닌 지역에서의 과학적 이론에, 그리고 거시의 절대적 진리보다 미시의 상대적 진리 탐구에 늘 갈증을 느껴 왔다. 그 해법은 현상에 대한 '왜'라는 물음을 던지는 것부터 시작된다. 필자는 문화지리학 연구를 함에 있어서 특별한 규범적 방법론에 얽매일 필요없이 기·승·전·결의 체계만 갖추면 된다고 생각하는 사람이다. 다만 연구자는 타 분야에 비해 상대적으로 엄청난 독서량이 있어야 된다는 것이다.

일찍이 라첼은 인류지리학에서도 그 과제를 첫째, 인류의 거주 지역을 기재하고 지도화 하는 것, 둘째, 민족의 분포와 운동을 토지와 관련시켜 연구하고, 셋째는 인류의 신체와 정신에 대한 자연의 영향과 그로 인한 민족의 특성 파악에 두어야 한다고 하였다.[1] 그러나 세 번째 인간의 의식 혹은 정신에 관한 지리학적 연구는 극히 미미하여 동양권에서도 지역주민의 세계관 내지 풍토성을 다룬 工藤暢須의 『地理哲學』이 1941년에 출간된 바 있고[2] 또 구미권에서는 1946년 미국지리학회장인 라이트가 "가장 매력 있는 미지의 땅은 인간의 마음속에 있는 세계이다"라고 하여 유파 논문집인 「*Geographies of Mind*」를 출간하면서 지리학의 연구 대상을 인간의 정신세계에도 두어야 한다고 강조한 바가 있다.[3] 여기에 1940년대에 활약했던 프랑스 콜레주드프랑스대학의 지리학 교수이기도 했던 앙드레 시그프리드(Ander Siegfried)가 유럽 각 국민의 정신을 다룬 「민족의 혼 (*L'Ame des peuples*)」 등이 있을 정도였다.[4]

1970년대 이후 귈케(L. guelke)의 이념지리학(Idealist Human Geography), 라이트(J. K. Wright)의 지리철학(Geosophy), 렐프(E. Relph)의 현상학적 지리학(Phenomenological Geography), 투안의 인간주의지리학(Humanistic Geography), 골드(R. Gold)의 심리지리학(psychogeography) 등 '신지리학'이라고 불리는 사조가 등장하면

---


1) EDMUNDS V. BUNKSE(1981), "HUMBOLDT AND AN AESTHETIC TRADITION IN GEOGRAPHY", The Geographical Review, April. 1981, Vol.71, №2, pp.127~129. 山野正彦(1972), "F. Ratzelの再評價に關する一つの試み", 人文地理, 24卷 3號, p.245.

2) 工藤暢須(1941), 『地理哲學』, 大日本法令出版株式會社.

3) 鄭鎭元(1984), "人文地理學의 理念과 方法", 「地理學論叢」, 第11號, p.83.

4) 앙드레 시그프리드, 「西歐의 精神」, 閔熹植 譯(1976), 瑞文堂.

서 유관한 논저들이 보이기 시작한다. 그러나 이들은 지리철학을 연구했다는 데서 그 의의가 크지만 특정 지역민의 정신적 정체성을 구체적으로 표상화하고 이름 붙이기(naming) 작업을 한 경우는 한 건도 없다. 궁극적으로 자연과학 활동이 공식 만들기에 두어진다면, 인문사회과학은 용어 만들기인 것이다.

"미래의 학문은 관계를 이해하는 데서 출발해야 한다고들 한다." 지리학은 별칭 '교량과학'이라 불리는 관계과학이다. 자연과 인간의 상호 인과관계에 의한 현상을 연구하는 학문이라는 것이다. 그중에서도 문화지리학은 특히 관계언명을 그 생명으로 한다. 문화라는 현상이 관계 속에서만 이해할 수 있는 속성을 지니기 때문이다. 관계 구명(究明)을 한다는 것은 과학적인 설명과 인문적인 해석을 관계 지운다는 의미이다. 설명과 해석을 관계 지우는 데는 관찰과 참여가 있어야 하는데, 관찰은 곧 객관이고 참여는 주관이다. 문화지리학은 이 양자를 어떻게 엮어 내느냐에 따라 학문적 성과가 달라진다.

관념론 철학자인 셸링이 "자연(自然)은 눈에 보이는 정신(精神)이고, 정신은 눈에 보이지 않는 자연이다"라는 정의와 아리스토텔레스의 "세계는 형상(形相, 가시적 형태만 아니라 비가시적 형태를 포함한 로고스, 상정된 집의 형체, formal)과 질료(質料, 집의 재료, material)의 조합이다"라는 자명한 공리(公理)를 진정으로 실현시키고자 하는 학문이다. 즉, 정신이라는 경관 아닌 경관에 대한 연구의 공허함을 극복하고 토대인 자연 위에서 성립하는 객관적인 그리고 관찰자의 입장에서 그 정신을 찾아내고 이론의 틀을 제시하고자 하는 학문인 것이다. 문화지리학은 주관화된 과학의 혼란스러움에서, 객관화된 인문의 창백함에서 벗어날 수 있는 뿌리 깊은 융·복합 학문이다.

문화지리학이 관계과학이라 할 때의 '관계진술'은 '선형인과관계언명’이 아니라 ‘상관관계언명’을 한다는 것이다. 상관관계언명은 함께 발생하거나 함께 존재하는 두 개념 또는 변수 간의 관계를 나타내는 언명이다. 따라서 여기서는 딱히 어느 변수가 어느 변수의 원인이라고 단정 짓지 않는다. 이를테면 ‘주체적 객체(인간)’ ‘객체적 주체(자연)’라는 형용모순적인 용어를 쓰는 이유도 거기에 있다. 상관관계언명을 상호인과관계언명이라 할 수도 있다. 그에 비해 ‘선형인과관계언명’은 그냥 ‘인과관계언명’이라고도 하는데 이는 두 변수 사이에 상관관계가 분명하여 하나는 독립변수 다른 하나는 종속변수가 되는 것이다. 선형인과관계언명은 주로 자연과학의 진술에서 언명된다.

“과학은 자연을 축으로 한 자연과 인간의 대화이다. 과학은 인간의 환경인 자연 속에서 인간을 이해하는 도구가 되어야 한다. 그리고 음악과 같은 예술마저도 자연을 파악하는 방법 중의 하나이다”라고 한 프리고진 교수의 말은 이제 새삼스러운 말이 아니다. 왜냐하면 인간은 누가 무어라 해도 자연적 존재이기 때문이다. 자연과 인간의 상호인과[地人相關] 관계를 밝히는 지리론에 대해 환경결정론이니 문화결정론이니 하는 호사가들의 주장은 전시대에나 있을 법한 부질없는, 그리고 소모적인 쟁론에 불과하다. 보완하자면 연구자에 따라 얼마든지 지인상관론적인 연구 외에 환경결정론적인 연구도, 문화 결정론적 연구도 할 수도 있다.

관계과학으로서의 지리학은, 특히 문화지리학은 인접 분야의 학문과 융복합적 연구를 하지 않으면 안 된다. 물론 지금까지도 융복합적 연구를 해 온 것은 사실이지만 보다 적극적일 필요가 있다는 것이다. 다원적 사유를 하지 않으면 정합적 이론 도출이 불가능하다고 해도 과언이 아니다. 흔히 창조성이란 서로 다른 것들을 연결하는 것이라고 말하는 이유가 거기에 있다. 다양한 분야의 지식을 조직적으로 연결했을 때, 각 분야에서 기대할 수 없는 전체적인 현상이 나타나는 창발현상이 일어난다.

아무리 강조해도 지나치지 않은 것은 이종 간 교잡에 의해 새로운 것이 나왔다고 해서 원종(原種)이 사라지는 것은 아니라는 것이다. 즉, 학문 간, 학과 간에 융·복합시킨다고 해서 고유한 각 학문의 전문성이 사라지는 것은 아니라는 것이다. 이 점에 유의해서 오해하지 말아야 한다.

"요새를 짓는 사람은 패하고 경계를 허물어 움직이는 사람은 살아남는다"는 '학문적 노마디즘'이 21세기의 학문적 트렌드가 되고 있다. 학문의 통합·통섭은 안주하는 자에겐 '골칫거리'겠으나, 깨어 있는 자에겐 그보다 더 신나고 멋진 '신세계'가 아닐 수 없다. 학문의 길은 정주하지 않고 길 위를 떠돌며 노숙(露宿)하는 자의 고독과 고뇌에서 더욱 빛나는 법이다.

## 2. 세방화(世方化, glocalization) 시대의 지역정체성 찾기

21세기는 세계화의 시대다. 정치적 세계화(탈냉전시대), 경제적 세계화(개방화), 문화적 세계화(다양화) 시대로 이는 농업혁명, 산업혁명에 이은 제3의 물결, 쓰나미가 세계를 휩쓸고 있음을 의미한다. 이 물결을 피할 수 있는 길은 없다. 정면 대응만이 살 길이다.

제주도 역시 이러한 세계화의 물결 속에 휩싸이고 있고 이에 대응도 구체화되고 있다. 국제자유도시, 특별자치도 등이 바로 그것이다. 이 와중에 제주인들이 '내가 누구냐(Who am I?)', '우리가 누구냐?(Who are We?)'를 자문하게 되는 것은 당연하다. 그것은 자신의 정체성 내지 삶의 이념, 존재 이유를 묻는 것에 다름 아니다. 이 섬을 일군 조상들의 얼과 전통을 이어받아 우리가 어떻게 생존하고 후손들에게 복지제주를 어떻게 물려줘야 할 것인가에 대한 절실한 물음이다. 정체성은 뿌리의식을 갖는다. 뿌리의식은 인간 심리의 지주(支柱)이다. 조국, 향토, 가정, 모교는 정서와 인격을 안정시키는 우리들의 영원한 공간적 삶의 장소로서 존재한다. 국가(國歌)와 거의 모든 지방자치단체의 시도가(市道歌), 그리고 학교의 교가(校歌)들의 첫머리에 산과 강 등의 지리적 사물을 등장시키는 이유는 나의, 우리의 뿌리의식은 바로 지리적 장소 정체성에 기반하고 있음을 보여 주고 있는 것이다.

'이념의 본질은 활동'이지만 정신(魂)으로서의 이념이란 어떤 무게도 갖고 있지 않고, 그렇기 때문에 물리적인 힘은 없다. 그러나 정신(魂)이 창조적으로 응축되었을 때, 또 긴장으로 인해 생겨나는 목적이 흡인력을 낳는 그러한 것일 때, 정신은 이 지구상에서 어떤 다른 것(에너지)보다도 강력하다.

21세기는 문화의 세기라고 하는데 문화의 세기란 각 국가, 민족, 종족들이 자신의 문화적 정체성을 재정립하고 문화를 상품화하여 경제적 부를 창출하는 데 문화를 이용하는 상황을 말하는 것 같다. 즉, 단순히 자신의 문화가 있음-존재 그 자체-을 주장할 뿐만 아니라, **자문화의 정체성을 무엇으로 명명할 것인가**가 새로운 정치적, 경제적 쟁점으로 등장하고 있는 것이다. 이제 문화를 둘러싼 치열한 경합들이 일어나고 있다.

지역 정체성으로서의 이념, 환언하면-냉전시대의 '정치적' 이데올로기가 아닌 바로서의-'문화적' 이데올로기가 없는 삶은 목적이 없는 삶과 같고, 목적이 없는 삶은 동물적 욕구 충족에만 머무르는 삶이라고 말할 수 있을 것이다. 그럼에도 오늘날 특히 제주도의 정치인 또는 지식인들에게 내면화된 그래서 드러내 표현할 수 있는 문화적 이념 혹은 정체성을 확인할 수 있는지 극히 의심스럽다. 필자는 2006년 지방 선거 때에 학생들에게 도지사 출마 후보자들 모두에게 도지사가 되면 '구체적으로' 어떤 제주도의 정체성(이념)을 가지고 도정을 이끌 것인가라고 조사해 보도록 했는데 세 후보 어느 누구도 그에 대한 답변을 하지 않았다. 하지 않은 것이 아니라 하지 못했다. 이런 상황은 제주도의 교육을 책임지고 있는 교육 수장들에게도 마찬가지일 것이다. 각급 학교장들에게 교육을 위한 정합적 시대정신 내지 지역정신을 한마디로 말해 달라고 했을 때 바로 대답하는 경우가 얼마나 있을까?

얼마 전까지만 해도 제주사회는 '뉴제주운동'으로 논쟁이 일었다. 김태환 도정은 2007년 특별자치도의 역점 시책으로 '뉴제주운동'을 표방하고 기본계획을 발표했다. 이전의 신구범 지사와 우근민 지사는 공적 문서에서 또는 각종 연설에서 필자에 의한 해민정신(개체적 대동주의)을 내세운 바 있다. 김 지사는 기자회견문 서두에 '탐라'를 언급했다. 김 지사는 "고도의 자치권을 행사한다는 점에서, 특별자치도 출범은 저 옛날 자주적이고 독립적이었던 탐라 천년의 맥을 잇는 제주의 새 역사 창조에 다름 아니다"라고 평가했다.

뉴제주운동 내용 자체는 긍정적인 요소가 많지만 각계에서 비판이 잇따랐다. 운동의 '타당성(실체성)', '진정성(국면타개용)', '실효성(구호성, 선언적)', '실천성(하드웨어 결여)' 등과 관련해서다. 특히 타당성 문제와 관련해서는 이 글의 논제와 관련되기 때문에 중요한데 본인이 아니더라도 다음의 신문기사 내용이 잘 지적해 주고 있다.

지금의 도정은 껍데기뿐인 헛구호를 남발하고 있다. 그중 하나가 김태환 지사가 새해 들어 제기한 '뉴제주운동'. 김 도정이 의욕적으로 내세운 화두임에도 불구하고 공허한 메아리로만 들린다고 비판한다. 일리 있는 말이다. 아무리 좋은 화두일지라도 그 속에 철학과 비전 정신이 담겨 있지 않으면 허울 좋은 껍데기에 지나지 않는다. 김 도정이 내세운 뉴제주운동의 철학과 정신 지향점은 무엇인가 묻지 않을 수 없다(《한라일보》 2007. 02. 07. 「잊혀진 탐라사와 뉴제주운동」 이윤형 기자).

위 기사가 지적한 것은 그것이 지역적 정신(이념)이 되었든 시대적 정신(이념)이 되었든 하나의 함축된 이념(표상)이 제시되고 있지 않다는 것이다. 부연해서 김 지사가 회견에서 "저 옛날 자주적이고 독립적이었던 탐라 천년의 맥"이라는 구절에 부합하는 실체적인 이념(표상), 즉 구체적인 용어가 없다는 것이다. 뉴제주운동이 '기본이념'이라 하여 제시한 것은 자존(특별자치도)·개방(국제자유도시)·상생(세계 평화의 섬)이다. 관계자는 이 세 가지를 '이념'이라 하지만 그것은 이념이 아니고 어떤 이념에 대한 실천 규범임에도 이념과 규범을 혼동하여 규범을 이념이라 하였다. 때문에 뉴제주운동을 새마을운동에 이은 제2의 관치운동이라고 비판하는 측은 뉴제주운동에는 '이념과 실체가 없다', '철학과 정신 지향점이 없다', '몸뚱이는 있는데 머리가 없는 기형적 운동이다', '콘텐츠는 있으나 시스템이 없다'는 비판이 쏟아지게 된 것이다. 2005년 1월 27일 노무현 대통령은 '삼무정신'을 이념이라면서 제주도를 평화의 섬이라고 선포했지만 여기서 역시 규범인 삼무정신을 이념의 자리에 갖다 놓는 우를 범하고 있다. 그것은 마치 '선비정신'이라 해야 할 것을 '삼강오륜정신'이라 하는 격이다.

따라서 '뉴제주운동'의 슬로건으로 '나를 **바꾸면** 제주가 새로워짐

니다'라고 하기 이전에 '나를 **찾으면** 제주가 새로워집니다'라고 해야
이념과 비전을 올바르게 찾을 수 있고 그에 대한 타당성을 얻을 수
있게 되는 것이다. 그래야 자연스러움이 있게 되고 자연스러우면 아
름답게 되고, 아름답게 되면 저절로 주의 주장이 내면화되고 또한
실천이 가능하게 되는 것이다.

노무현 대통령의 '제주 평화선언문'에서 이념으로 제시된 '삼무정
신'은 이미 1970년대 종반에 즈음하여 '제주대학교' 인문학 교수들
이 중심이 되어 제주정신(정체성)을 탐구한 결과에 의해 제시된 정
신이다. 물론 그 인문학 교수들이 규정한 삼무정신은 독창적인 것이
아니고 후술하는 바와 같이 70년대 새마을운동을 추진하는 제주도정
(국가)의 지도방침에 호응한 것에 불과했다. 그래서 그것은 관변학자
들이 만들어 낸 조작된 하향식 정치 이데올로기라는 비판 외에 도대
체 '지역'이 뭔지, '정신', '정체성'이 뭔지를 아는 사람들인가라는
조롱마저 회자되게 된다. '내가 누구냐?', '우리가 누구냐?'라는 물음
에 '나는 삼무정신이다', '우리는 삼무정신이다' 혹은 '나는 정낭정신
이다', '우리는 정낭정신이다'라는 대답은 그야말로 문법 자체가 맞
지 않다는 것이다. 사실, 이러한 결과는 '정체성'이라는 용어에 대한
지식이 부족해서 정체성 찾기를 마치 가훈(家訓) 짓기 정도로 단순
하게 생각했기 때문이다. 부연하자면 정체성, 즉 지역정신을 찾으면
서 가장 중요한 지리적·역사적 환경을 고려한 자연과 인간 상호 인
과관계의 구명에 의한 귀납적 연구 패러다임 없이 오로지 '삼무정신
이 제주정신이다'라는 것을 미리 전제해 놓고 인문학적 상상력에 의
한, 즉 관념에 의한 비과학적 서술로 이를 합리화 내지 정당화하려
했기 때문이다. 인문이 콘텐츠라면 지리는 시스템이다. 시스템 없는
콘텐츠는 감성 편향적이고 유아독존의 배타적이 된다. 그러나 시스

템은 과학적인 문화다원주의로서 개방적인 사고를 갖게 하고 현상에 대한 해석과 더불어 이성적 설명을 가능케 한다.

'삼무정신'이 제안되자 장두정신, 조냥정신, 정낭정신, 수눌음정신, 이어도정신, 상생정신, 선비정신, 평등정신, 독립정신 등 외에 혼저옵서예정신, 기다림의 정신, 새삼무정신, 새수눌음정신, 4·3정신 등 무려 29가지 정신이 주창되었으나 이 모두는 규범에 불과하다. 마지막에 나온 것이 필자의 '해민정신(海民精神)'이지만, 앞의 29가지 규범은 모두 '이념'으로서의 해민정신(개체적 대동주의)에 포함된 하위 체계의 요소들이다. 해민정신이 제시된 이후 새로이 제시된 정신은 아직까지 나타나고 있지 않다.

제주지역에서 '삼무정신'이라는 용어를 처음 쓰기 시작한 것은 1976부터 1978년까지 제18대 도지사로 재직한 장일훈이다. 장 지사가 부임 후 첫 도정방침으로 내세운 내용은 역대 도지사들이 내놓았던 것과는 전혀 달랐다. 장 지사는 자신의 도정운영의 컬러라고 할 수 있는 캐치프레이즈를 '천혜의 원색을 살리는 개발행정'으로 정하고 이에 따른 도정시책을 '삼다·삼무'의 구현이라 했다. 그는 "바람과 돌과 여자가 많다는 삼다가 자연의 유산이라면, 대문과 거지·도둑이 없다는 삼무는 문화유산이라고 할 수 있다"고 말하고 "바람은 풍력발전에, 돌은 건축 등의 특수 자재로, 여자는 도민들의 근면성에 지대한 영향을 끼쳤으며, 거지·도둑·대문이 없다는 삼무는 도민의 준법성과 **평화를 나타내는** 제주정신이자 **새마을정신이다**"라고 설명했다.

제주의 정체적 정신을 '삼무정신'이라 규정(추인)한 당시 인문학자들은 제주섬에 도둑, 거지, 대문이 없는 현상을 제주 사람들이 본래부터 근면, 성실, 정직했기 때문이라고 설명했다. 이에 대해 비판 측에서는 "그럼, 제주 사람들만 선천적(생물학적)으로 태어날 때부터 도둑질 않고, 빌어먹지 않고, 불신하지 않는 유전인자를 타고났으며 육지 사람들과 외국인들은 그 반대냐?”고 반문했다. 사실 삼무(三無) 현상은 제주도만이 아니라 전통사회에서는 울릉도를 비롯한 국내의 도서와 오키나와 등 외국의 도서 지방, 그리고 대륙에서는 유목사회 등에 일반적으로 나타난다. 특히 대문이 없는 경우는 한반도부의 모든 도서에 그리고 본토에서는 호랑이, 늑대 등 오수(惡獸)의 피해가 있었던 산촌(山村) 같은 곳에만 사립문이라는 허술한 짐승막이 문이 있었고 그런 피해가 없는 평야지대의 농촌 민가에는 사립문조차 없는 곳이 허다했다.

제주도를 삼무의 고장이라 부른 것은 제주 사람들 스스로가 아니라 조선시대 도읍이나 반촌(동족취락)에서 태어나 성장한, 그러면서 도서지방이나 오지를 두루 돌아다녀 보지 못해 지리적 지식에 한계가 있는 경래관이나 일부 내방 지식인층에 의해서다.

지역의 문화(집단) 정체성 찾기는 궁극적으로 나(우리들)를 존재케 한 역사적인 전범(典範)이 누구이냐에 두어지며, 그들이 가졌던 삶의 양식에서 이념은 도출된다. 그 이념은 ‘～하지 말라’, ‘～해서는 안 된다’ 등의 부정 언사 내지 ‘不’ ‘無’ ‘反’ ‘戒’ ‘抗’ 등의 네거티브한 글자 등은 사용되지 않는 게 일반적이다.

삼무정신 정립에서 보듯이 지역 정체성 내지 이념을 찾는 데 인문학이 중요한 역할을 해야 하지만 작금까지 보았을 때 순수 인문학만으로는 구체적이고 객관적인 결과물을 내지는 못하고 있다. 그것은 인문학 자체에 딜레마를 내포하고 있기 때문이다. 즉, 전통적으로 자기 이해를 추구하는 인문학이 외부세계에 대한 관찰을 주로 하는 과학의 패러다임과 만나기가 쉽지 않기 때문이다. 철학자 소흥렬은 “인문학이 과학과 싸우면 반과학이 되고, 과학에 접근하면 유사과학이 된다. 과학과 무관하면서도 과학 행세를 하면 사이비 과학이 되고, 과학과의 차이를 명확히 하면 비과학이 되는 것이다"라고 한 바 있다. 이런 상황에서 말도 안 되게 A와 B라는 이질적인 대상을 교잡(Cross - Fertilize)하여 C라는 잡종(Hybridization)으로서의 새로운 변형(metamorphose)을 만들어 내는 창조적 행위는 불가능하다.

철학 교수인 진중권은 스스로 철학에서는 '우기면 된다'라는 인식이 있다고 했다. 그리고 재독 철학자인 송두율은 『21세기와의 대화』에서 "일반 사람들은 개인적으로 좌우명이나 가훈 등을 정해 자신들의 삶의 원칙으로 삼기 때문에 철학이 도대체 왜 필요한가라는 질문이 던져질 수밖에 없다"면서 "철학은 오늘날 모범적인 삶에 관하여 보편적으로 인정될 수 있는 모델을 더 이상 제시하지 못하고 있다. ……개별 사회과학들이 이러한 문제에 대해 좀 더 '분명히' 해명할 수 있다"라고 하고 있다.

이뿐만 아니다. 인문학을, 체계(體系)인 발전에 대한 기대 없이 다른 사람들의 아이디어를 힐뜯고 재탕해 먹는 학문, 소모적이고 편협한 해석학을 계속하며 문화적 비관론에 빠진 채 우울한 전망에 매달려 있는 학문이라고 비난을 서슴지 않는 『과학의 최전선에서 인문학을 만나다』의 저자 존 브록만(John Brockman)은 또한 다음과 같이 주장한다. "오늘날에는 1950년대 방식으로 프로이트, 마르크스, 모더니즘 따위를 교육하는 것만으로는 더 이상 분별력 있는 사람이 되기에 충분한 자질을 제공하지 못한다. 과학을 추방한 그들의 문화는 경험 세계와 멀어졌다." 존 브록만은 인문학이 뜬구름 잡는 이야기나 한다는 것이다.

강준만 교수 역시 비슷한 한탄을 한다. "우리 사회과학이라는 게 정말 허무한 거야. ……그런데 우린 늘 남들이 생산해 놓은 것에 대해 이러쿵저러쿵 시비 거는 짓을 학문이랍시고 하고 있으니. 게다가 또 이걸 학생들에게 가르치는 걸 밥벌이 삼아 하려고 그러니, 우리 같은 사기꾼들이 세상에 또 있을까? 그렇게 떠들었던 나는 이제 '보통 사기꾼'이 아니라 '고등 사기꾼'이 되어 버렸다." 이어서 그는 "……(영혼을 구원한다는) 종교(교회)에서 정의를 본 일이 있는가? 정의가 없는 집단! 그것은 육체적 폭력은 없으나 그 폭력을 이용하는 불량배들의 집단과 크게 다를 바 없다. 외형은 성인군자 같으나 그 속은 기만과 위선으로 가득 찬 무덤일 수도 있기 때문이다"라고 한다.


## 3. 광풍촉석(狂風矗石)의 아나키스트들

　제주도가 변방이라 조선조 때부터 중앙 조정에서 임명되어 오는 관리로서 경래관이나 유배 온 학자들은 그들이 내도하기 전에는 도민이 농사전업지역민처럼 순종적인 항민(恒民) 아니면 윗사람에게 불만만 털어놓는 원민(怨民)이라서 게으르고 우둔한 부분이 있을 것이라는 생각을 갖고 있었던 것 같다. 그러나─역사에 나타난 것처럼 제주인들은 정신적으로 언제라도 잘못된 권위주의를 뒤집어엎으려는 구인일기(九忍一起)하는 호민(豪民)의 기질이 있었지만─그들이 기술한 내용을 보면 제주인들은 의외로 생각이 깊고 지혜가 많은 사람들이라고 평하고 있다. 이런 제주인의 기질에 대한 부연설명은 향토연구가인 고용희가 『동국여지승람』을 원용한 글에 나타난다.

　　"제주에서는 소수의 사람들만이 해안선 용천 부근에 살면서 반농반어의 생활을 하고, 대부분의 사람들은 해외로 나가 장사를 하였다. 그러한 탐라인들을 유교적인 잣대로 재단하는 것은 잘못이다. 그들은 농민(農民)이 아닌 자유스러운 해민

(海民)이었다. '자유스럽기 위해' 권위에 도전한다. 그들은 군인으로서는 독살스럽게 용감하고, 부당한 권위에 시끌벅적 항거한다. 즐거울 때는 사람이지만 일단 노하면 야수처럼 사나워서 다루기가 어렵다."[5]

고용희가 말하는 '자유'에는 정치적 통치로부터의 자유(Freedom), 가족 및 사회적 통제로부터의 자유(Liberalism), 양자 모두를 말한다. 제주에서는 후자가 더 독특하게 나타나지만 여기에서 제주인들의 자생적 아나키즘 문화가 예시되고 있다. '자유' '아나키즘'에는 늘 '고독'을 동반하게 마련이다. 제주인들은 생활문화 곳곳에서 나타나고 있듯이 전통적으로 '나홀로족'으로 살아왔다. '나홀로족' 또는 '코쿤족(cocoon)'은 원래 외부 세상으로부터 도피하여 안전한 공간에 머물려는 칩거증후군의 사람들을 일컫는 용어다. 하지만 최근에는 이러한 사전적 의미가 변하고 있다. 즉, **'나홀로족'은 무의자존(無依自存) 능력이 있고 따라서 외부 자극에 대해 스스로 해결책을 가지고 있는 사람들을 칭하는 용어로 사용되고 있다.** 부연해서, 회자되는 코쿤족의 의미는 정상적인 사회생활과 경제생활을 영위하면서 나 홀로 생활을 추구하는 나홀로족이라는 점에서 은둔형 외톨이(히키코모리)와는 구분되는 말이다. 귀차니스트, 싱글족, (디지털)노마드 등을 묶어 '코쿤족'이라 부르고 있다.

"인간에게 자유는 형벌이다." 인간이 자신의 운명을 온통 책임졌을 때 우리에게 맡겨진 자유는 두렵고 벅찬, 자기 인생이 막막하게 느껴지는 무거운 짐이다. 우리 인생의 미래가 온통 내 자신에게 맡겨진 채 내동댕이쳐 있을 때, 나는 무엇이 되든 어떤 것을 선택하든 자유라고 맡겨졌을 때 그 자유는 우리 인생을 우리가 만들도록 내팽

---

5) 고용희.2006, 『바다에서 본 탐라의 역사』. 도서출판 각, p.147.

개쳐진, 그래서 우리가 선택하고 결단하도록 우리를 짓누르는 형벌과도 같다는 것이다.6)

　제주인의 심성에 대한 평은 인접국민에 의해서 나타난다. 1920년대 일본이 관서지방(오사카, 고베)을 중심하여 일으킨 공업화는 제주인의 노동력에 크게 의존된 바 있지만, 대부분의 재일 제주인들은 결코 무분별하게 노동쟁의에 참가하지 않을뿐더러 근면, 성실, 신용이라는 양질의 노동력을 갖춘 사람들로 인정받았다. 그래서 일본은 정책적으로 자국으로 제주 사람들을 우대하여 끌어들인 예가 있다. 1928년에는 제주, 오사카(大阪) 사이에 일본의 기선회사 3개가 설립되어 당시로서는 초대형이라 할 700～1,000톤급의 여객선 3척이 월 16회나 운항하였을 정도였다. 그러나 한반도와는 겨우 200톤급이 월 8회만 한반도부의 최대 관문인 부산과 목포 간을 운항했을 따름이다.

　또한 제주 사람들은 상상력이 매우 풍부한 사람들로서도 정평이 나 있다. 그것은 그렇게 작은 섬에 그렇게 소수의 사람들이 모여 살면서 수많은 신화와 수천수백의 민요와 전설을 만든 경우는 서양의 고대 그리스 말고는 시공을 망라하여 찾기 힘들다는 데서 증명된다. 뿐만 아니라 제주도의 자극적인 변화무쌍한 기상·기후, 모험적인 바다생활, 그리고 식생과 동물상 등의 상관(相觀)과 다양한 자연 경관(景觀)이 1만 8000여나 될 정도의 많은 신(神)을 깃들게 했다. 이러한 풍부한 상상력과 지혜는 뭐니 뭐니 해도 목숨을 건 바다생활자들로서의 기층민이 되는 제주 해민(濟州海民)들의 삶이 바로 **탐색(Quest)의 삶** 그대로였기 때문이었다. 영웅 신화는 모두 이 탐색과 관련되어 나타나지만, 목숨 걸 일이 없는 순 농경생활민은 모험이 뒤따르는 탐색을 요구하지 않고 그저 계절에 따라 반복되는 생활뿐인 것이다.

---

6) 이면호(2003), 『인간이란 무엇인가, 유토피아 철학사상』, 교우사, p.280.

조선시대 경내관(京來官)이나 유배자, 그리고 일제 시 이방인인
일인(日人)들과 한국인인 석주명 등 모두 외지인들이 지적한 내용에
서 비교적 객관적으로 파악될 수 있을 것 같다. 그들이 주장한 제주
인에 대한 이미지로서의 심성은 다음의 10가지로 요약될 수 있다.

① 생활력이 강하여 활기가 있다.
② 의뢰심이 적고 자영자족(自營自足)을 존중한다.
③ 근검질실(勤儉質實)하여 경제사상이 발달해 있다.
④ 전통적으로 기개(氣槪)가 부(富)하고 용맹하다.
⑤ 위기 시 공동의 이익을 위해서는 단결을 잘한다.
⑥ 배타성이 있다.
⑦ 자존심이 강하다.
⑧ 시의심(猜疑心)이 강하다.
⑨ 공존공영심(共存共榮心)이 약하다.
⑩ 표한(慓悍)·방사(放肆)하다.

위의 제주인의 심성은 물론 상대적 비교이다. 물론 그 주 상대는
한반도부 특히 삼남지방(충청도·전라도·경상도)의 '논농사' 지역민
이 된다. 지금처럼 여행이 대중화되기 이전 시대에 한반도부에서 낙
도인 제주섬까지 와서 글을 남길 수 있는 여유를 가진 계층은 상류
지식층일 수밖에 없기 때문이다. 아마 조선 선비의 반은 삼남에 있
고, 삼남 선비의 반은 영남에, 영남 선비의 반은 선산에 있었다고 해도
과언이 아니다. 조선 유학(儒學)의 양대 학파인 기호학파와 영남학
파는 모두 삼남지방을 중심으로 하여 형성된 것은 주지의 사실이다.
제주인의 심성을 수렴하여 8도 지방민의 심성과 비교되도록 정리
하면 제주 사람들은 "무의기개(無依氣槪)의 광풍촉석(狂風矗石: 폭
풍우가 휘몰아쳐도 '외돌괴'처럼 의연하게 기백을 가져 자립하여
삶)"과 같은 심성을 갖는다고 정리할 수 있겠다.

<조선 8도 지방민의 심성 비교>

| 윤행임 | 함경도 | 평안도 | 황해도 | 경기도 | 강원도 | 충청도 | 전라도 | 경상도 | 송성대 | 제주도 |
|---|---|---|---|---|---|---|---|---|---|---|
|  | 泥田鬪狗<br>이전투구 | 靑山猛虎<br>청산맹호 | 石田牛耕<br>석전우경 | 鏡中美人<br>경중미인 | 岩下老佛<br>암하노불 | 淸風明月<br>청풍명월 | 風前細柳<br>풍전세류 | 泰山橋岳<br>태산교악 |  | **狂風矗石**<br>**광풍촉석** |

위의 조선 8도 지방민의 심성 비교는 조선 정조 때의 규장각 학자 윤행임에 의해 정리된 것이지만 물론 이는 스테레오타입(고정관념)일 수 있다. 그러나 여기에는 '분포적 개연성'이 있다 하겠다. 사회학자인 머도크(G. P. Murdock)는 일부다처제의 이슬람 문화권에서 실제로 다처를 하는 경우는 20%라 하고 있으며 또 최재석(崔在錫)은 한국을 직계가족(대가족)의 나라라 하면서도 실제 직계가족은 30%밖에 안 된다고 했다. 이것은 마치 일본의 무사(武士)가 전 국민의 7%밖에 되지 않았음에도 일본 국민 모두가 이를 지향했기 때문에 자타가 일본을 무사도(武士道)의 나라라고 하는 것과 같다.

**"논은 자리로 해먹고 밭은 거름으로 해먹는다"**라는 말이 있다. 논에서는 쌀이 난다. 쌀이라는 작물은 인류가 개발한 식량 작물 중에서 왕자 중의 왕자인 작물이다. 단위면적당 생산량이 가장 많고, 비배관리가 쉬우며, 식미 또한 최고다.

비산비야(非山非野)의 구릉 문화를 갖게 된 한반도에서의 논농사는 '문전옥답(門前沃畓)'이라는 말에서 보듯이 그 입지가 산불근(山不近) 강불근(江不近)의 산록완사면이 될 수밖에 없었다. 그래야만 천정천(天井川)의 나라에서 연례적으로 일어나는 홍수의 피해를 피하고 개울에서 내려오는 물을 보(洑)를 쌓아 수위를 높인 다음 역학적으로 쉬이 끌어들여 이용할 수 있기 때문이다. 그렇다 하더라도 하늘에서 비가 오지 않으면 보에 물이 고이지 않아 농사가 불가능한 **강우농경(降雨農耕)**이 될 수밖에 없었지만, 그러한 요지는 흔치 않았고 따라서 권문세가 즉 호강(豪强: 지주, 양반, 토호 부류를 지칭) 들만이 그런 자리를 차지하게 되고 마침내 한국적 특징인 종족취락이 등장하게 되는 것이다. 한시적으로 나타나는 강우를 이용하여 행하여야만 하는 완사면에서의 논농사는 물싸움을 할 수밖에 없고 이를 막기 위해서는 위계질서를 철저하게 기할 수 있는 종족취락을 만드는 것만이 최선의 삶의 전략이었던 것이다. 넓은 골짜기를 막아 보를 쌓는 데에, 그리고 한시적으로 왔다가 가는 장마와 보리 수확 후(6월 10일경) 20여 일 만에 모내기를 해야만 하는 시간적 제약 때문에 한국에만 집단농업체제인 두레와 풍물놀이(농악놀이) 문화가 나타나게 되었다.7) 원래 두레와 풍물놀이 문화는 논농사 집중 지역인 삼남지방(경상도, 전라도, 충청도)만에 국한된 문화다.

종족취락은 곧 항렬 내지 촌수에 의해 위계가 세워진 혈연적 집단주의를 의미하고 여기서는 '친친(親親)하라'라는 훈육담을 들으며 피붙이끼리만 서로 온정(hospitalism)을 베풀며 대대손손 붙박이 생활을 이상으로 하여 살아가게 된다. 그래서 일조백손(一祖百孫) 사상을 견고히 한다. 일조(一祖)에 해당하는 파시조나 불천위 조상신을 모신 교회당으로서의 사당문화(祠堂文化)가 일반화되었고 효(孝)를 지상의 이데올로기로 내세우고, 이곳의 제사장인 선비들을 동일시의 대상으로 강조하여 왔다. '선비정신'은 한국인의 동일시의 대상(정체성)으로 여겨 온 정신이다.

같은 논농사에 유리한 몬순기후를 갖는, 그러면서 같은 한자문화권이란 이웃 중국과 일본은 어떤가?

---

7) 6월 10일 전후의 보리 수확 뒤부터 벼 이앙 시인 6월 말까지의 모내기 기한은 불과 20일밖에 안 된다. 이 짧은 기간에 무논갈이와 그 정지하는 일만도 벅찬데, 씨만 뿌리면 되는 직파보다 훨씬 복잡하고 많은 모심기 노동은 바로 시간과의 싸움이다. "죽은 송장도 일어난다"는 우리 속담의 계절이 바로 이때다.

먼저, 중국을 보자.

한국의 역사적, 문화적 중추부가 삼남지방이라면 중국은 황허에서 양쯔 강 사이의 중원(中原) 지방이며. 일본은 나라, 교토, 오사카를 중심한 야마토(大和) 지방이다. 야마토번(大和藩)은 천황이 나온 곳으로 일본의 최대 번(藩)이며 건국의 근원지가 된다. 한 · 중 · 일의 중추부 모두는 논농사에 가장 유리한 조건을 갖춘 곳들이다.

일찍부터 중국에서는 '중원을 지배하는 자가 중국을 지배한다'라는 말이 있을 정도로 중원은 중국의 기후와 지형 등의 자연조건이 거주 환경에 최적지가 된다. 다만, 베이징(北京)의 연 강수량이 800㎜밖에 안 되는 것처럼 이곳은 논농사에 불리하지만 이것이 자극이 되어 '남선북마(南船北馬)'란 말에서 보듯이 중국은 일찍부터 운하를 파고 이를 다시 그물망처럼 펼쳐진 관개수로에 연결하여 이 물을 통차(筒車)에 의해 논에 물을 대었다. 그러니까 중국은, 일본도 그러하지만 일찍부터 **생력농경(省力農耕)**을 할 수 있었던 것이다. 중국은 **관개농경(灌漑農耕)**의 나라이고 그 수원(중국의 3대상 발원지)은 티베트 고원의 융빙수와 융설수인데 바로 이러한 논농사 시스템이 중국 특유의 역사와 사회 · 문화를 갖도록 하였다.

중국은 한반도에서처럼 물이나 완사면이라는 지역에 얽매여 거주할 필요가 없었다. 광활한 평원에 물은 의지만 있으며 공급 가능했다. 한국처럼 중국은 붙박이 정착생활에 절실하지 않았다. 지배계층을 제외한 대부분의 민중은 물싸움할 필요도 없었고, 의지에 따라 태생지를 떠나 살 수도 있었다. 따라서 한국처럼 촌수 · 항렬에 따른 견고한 위계질서도 필요 없었고 상속 또한 장남에게 한데 몰아주는 장남우대상속제[分家別産制]도 필요치 않아 추첨균분상속제[同居異財制]를 관례화했다. 따라서 한국처럼 가부장문화가 발달할 수가 없었다.

세계에서 존칭어를 사용하는 나라는 한국과 일본뿐이라고 하지만 중국에 존칭어는 존재하지 않는다. 있다면 국가 원수급에나 쓸 수 있는 '닌하오(您好)' 하나뿐이다. '니하오(你好)'는 존비귀천을 가리지 않고 누구에게나 쓸 수 있는 인사법이다. 언어 자체가 이데올로기라 한다면, 중국은 전통적으로, 상대적이지만 개인주의, 평등정신이 발달한 나라라 할 수 있다.

일본문화가 한국의 아류라고 한다면 결국 존칭어는 세계적으로 한반도부에만 있는 셈이다. 한국의 존칭어는 논농사지역 중에서도 배산임수의 지형적 이점을 살릴 수 있는 경상도지방에서 기원했다고 볼 수 있다. 향가에 이미 존칭어가 나오고 있다고 하지만 일찍이 대원군은 "조선 선비의 반은 영남에, 영남 선비의 반은 선산에 있다"고 말한 바 있다. 따라서 한국의 정체성을 표상하는 정신을 '선비정신'이라고 한다면 그것은 곧 경상도정신임을 말한다.

배산임수의 지형에 견고한 종족취락을 이루어 온 전통이 한국으로 하여금 뿌리 깊은 가문 중시의 사상을 낳게 했다. 중국에는 한국에서처럼 가문을 중시하는 전통이 없다. 따라서 한국에서의 상속이 혈통을 위주로 한 '가문상속(家門相續)'이라 한다면 중국은 재산을 위주로 한 '가산상속(家産相續)'만이 이루어진다. 광활한 경지를 가진 중국은 추첨균분상속제가 그들의 기반이다. 그것은 장남의 권위와 권력이 한국과 같지 않고 중자(衆子)들 간의 등권주의가 있음을 의미한다.

중국 사람들은 거주이전을 하게 되면 본관(本貫)도 마음대로 바꾼다. 한반도부의 가정에 가장 많이 거는 액자는 '가화만사성(家和萬事成)'이나 중국은 '난득호도(難得糊塗)'이다. '난득호도'란 '무늬만

진품'이란 말이 있지만 '속이려고 덧씌워 버린 것은 알기가 어렵다'
는 뜻으로 한마디로 '남에게 속지 말라'이다. 중국 민족은 가장 의심
을 잘하는 민족으로 정평이 나 있다. 한국의 최소 공동체가 '개울 공
동체'이고, 일본이 '강(江) 공동체'라면 중국은 일상의 상권에 결속
되는 '시장 공동체'이다.

일본은 신기조산대로 화산, 지진, 산사태 등이 빈번한 천재(天災)
의 나라로 구조지형이 발달한 위에 경지가 무척 협소하다. 근대화된
오늘날(1982년 현재)도 일본의 경지율은 15%밖에 안 된다. 한국의
22%, 중국의 35%와 비교된다. 제주도는 31%(목장지대의 가경지 포
함)이다. 여러 형태의 구조지형 중 특히 분지 지형은 일본의 역사,
사회·문화와 깊은 관계를 갖는다. 즉, 하나의 강줄기가 관통하는 수
많은 분지 지형이 400여 개의 독립성(자치권)이 강한 번(藩)이라는
봉건제국을 만들어 명치유신 이전 700년 동안 강권을 가진 무사(武
士)의 통치를 하도록 했다. 공동체의 구성원이 수백에도 이르지 못
하는 한국의 개울 공동체와 달리 공동체의 구성원이 수만 명에 이르
는 강 공동체의 일본에서는 강의 상·중·하류 마을들 간의 평화적
인 물 관리를 위해서는 점잖은 문사(文士)의 언어적 통치는 불가능
하고 칼에 의한 강성 권력(strong power)이 필요했다. 물론 그에는
외적으로 번(藩)들 간의 끝없는 세력다툼에도 원인이 있다. 그래서
동양에서 유일하게 봉건 무사문화가 일본에 출현하게 되었다. 일본
의 근대화가 동양에서 가장 빨리 이루어진 것도 '온고이지신(溫故而
知新)'을 내세우는 숭문(崇文)의 나라 한국과 달리 '일신우일신(日
新又日新)'해야 살아남는 숭무(崇武)의 무사문화가 있었기 때문이
었다. 전사문화(戰士文化)에 2등은 없다. 2등은 죽음을 의미한다.
전사들에 있어서 리그전(league match)은 없다. 토너먼트(tournament

match)뿐이다. 토너먼트라는 말이 중세 기사(騎士)들의 마상시합(馬上試合)에서 왔다는 것을 상기할 필요가 있다.

일본의 협소한 경지율은 어느 아들 하나에게 모든 가산을 물려주는 단자일괄상속제를 낳게 했고, 쫓겨난 아들들은 생부모와 인연을 끊고 자신만의 독립된 생활과 성씨(姓氏)를 만들어 사용할 수 있음을 의미한다. 이것이 바로 일본의 '창씨개명' 문화인 것이다. 이런 문화가 족보상으로 형제간 또는 삼촌과 나를 남으로 만들어 숙질간, 4촌 간의 혼인을 가능하도록 만들었다. 또한 아들이 없고 사위만 있는 경우 사위를, 그리고 아들도, 사위도 없거나 있어도 피상속자로 부적절하다고 여길 경우 가구주(家口主)는 제3의 비혈연관계자를 양자로 삼아 피상속인으로 정한다. 그것이 바로 일본만이 갖는 소위 '번두(番頭)' 문화인 것이다. 따라서 일본의 상속제는 가문(家門) 상속의 한국이나 가산(家産) 상속의 중국과 달리 혈통을 무시한 '가업상속제(家業相續制)'를 갖게 되었다.

위에서 논농사에 기반을 둔 한 · 중 · 일 문화의 핵심 내용을 보았다. 그럼 제주도는 어떤가?

제주도의 역사나 사회 · 문화의 정체성도 다른 지역, 즉 한반도, 중국대륙, 일본열도와 비교하지 않고는 제대로 드러나지 않는다. 제주인의 정체성 정신을 삼무정신이라 규정한 것도 비교문화론적인 접근이 이루어지지 않은 데서 온 오류이다.

제주도는 밭농사의 특수형이다.

제주섬의 자연환경은 여러 요소가 있을 수 있으나 가장 중요한 것은 농경의 형태를 결정짓는 '토양의 이화학적 성질', 그리고 토지소유 형태를 규정짓는 '토지의 광협', 그리고 생활 자료의 자급력과 관련된 '도서성' 등 세 가지 요소가 우선 중요하다 하겠다. 이를 구체적으로

표현하면 제주선민들의 사유의 토대가 된 환경으로서 '화산회토(뜬
땅)', '용암평원(중산간)', 그리고 '화산도(火山島)'라 할 수 있다.

제주도의 토양은 90% 이상이 화산회토로 되어 있다. 그리고 곳곳
에는 화산암반의 노두(露頭)가 나와 있어 경지를 잘게 나누어 버리
고 또 토양 속에는 화산 암설들이 들어 있다. 화산회토를 제주 사람
들은 '뜬땅'이라 부르고 부분적으로 분포하는 점토질의 토양은 '된
땅'이라 부른다.

화산회토는 주지하다시피 수십 수백만 년 동안 화산활동 시 분출
된 화산재가 잔적하여 이루어진 토양이다. 입경 크기에서 사양토로
분류되는 화산회토로서의 뜬땅은 투수성(透水性)과 관계된 공극률이
70%가 넘는 데다가 빗방울의 충격이 있을 경우 곧 표면 공극을 메
워 초기에 많은 수량이, 다량의 토양 성분, 가용성 염류, 토양 유기
물 등과 함께 바다로 유실되어 버린다. 그러나 이 화산회토는 일단
물을 머금으면 일반 재(灰)와 같이 큰 공극률로 인하여 쉬이 투수되
어 함수량이 낮아지게 된다. 강수량의 40%(12억m$^3$)가 지하로 스며
들어 이 중의 약 20%는 다시 지질구조대를 따라 바다로 유출되고
나머지 80%(10억m$^3$)가 지하에 포장되나, 높은 공극률로 모세관 현
상을 일으키지 못하여 지표로의 수분 공급이 안 되는 것이다.

산악지대의 넓은 피복층을 갖고 있는 제주도는 한반도부와 비교해
서 그 피복층이 지온을 높여, 식물의 생육과 유기질 분해, 미생물의
활동을 높이는 유리한 부식질이 3배나 된다고 한다. 그러나 역시 끈
기가 없는 화산회토라서 낮은 보수력을 가져 한반도부와 비교하여
훨씬 낮은 약 10% 정도의 낮은 함수량만을 갖는다. 이것은 한반도
의 논농사지대가 토양모암으로서의 화강암이나 화강편마암의 풍화물
인 식양토로 되어 그것이 물을 머금었을 때 불투수층으로서의 경반

층이 형성되어 물을 저수할 수 있는 것과 매우 대조되는 것이다. 이
러한 화산회토의 특성은 한반도부·중국대륙·일본열도 등의 논농사
지대는 물론 밭농사지역의 토양과도 현저히 다르다.

화산회토는 척박함의 상징이며, 사막의 상징이다. 따라서 이에 대
한 적응은 다량의 거름과 지속적인 잡초와의 싸움도 해야 하겠기에
과부하의 노동이 투입되는 밭농사를 할 수밖에 없다. 제주섬을 지척
민빈(地瘠民貧)이라 부르는 이유는 바로 여기에 있다.

화산회토의 척박함이 제주도로 하여금 세계의 똥돼지 문화권에서
유일의 퇴비(廏肥) 생산을 일의적 목적으로 양돈측간(pigsty － privy),
즉 '돝통시'문화를 탄생시켰다. 인분을 사료로 돼지를 사육하는 문화
는 동서양 모두에 분포했었다. 멈퍼드(Lewis Mumford)의 『歷史속
의 都市, 1961』에 의하면 세계적으로 가장 앞서 근대 문명화를 시
작한 미국의 뉴욕과 영국의 맨체스터에서 19세기 직전까지 돼지를
인분 등의 오물을 처리하는 보조 수단으로 이용해 왔다는 것이다.[8]
그리고 푹스의 『풍속의 역사 Ⅲ, 1910』에는

> 루이 14세의 제수(弟嫂)인 엘리자베스 샤를로테가 독일의 한 제후 부인에
> 게 쓴 편지에 "인간은 먹은 결과로 오직 대변을 본다든가. (먹은) 고기가
> **대변을 만든다고 하기보다는 오히려 대변이 고기를 만든다고** 하는 것이 정
> 확하다고 말하는 사람도 있습니다. **가장 맛있는 돼지는 인분을 가장 많이 먹은
> 돼지입니다. ……."**[9]

제주도의 양돈측간은 값싸고 편리한 화학비료의 공급이 있자 1970
년 말에서 80년대 초반에 대부분 개량변소로 바뀌어 지금은 관광지

---


8) Lewis Mumford(1961), 『歷史속의 都市』, 김영기 역(1990), 명보문화사, p.19.
9) 에두아르트 푹스(1909), 『풍속의 역사 Ⅲ』, 이기웅/박종만 옮김(1990), 까치, pp.66～67.

에 몇 개가 연출되고 있을 뿐이다. 집 안에서의 양돈측간의 위치는 풍우 때문에 지붕 없는 오픈 구조를 보여 우천 시에 대비하여 살림집 안방 바로 옆에 두어진다. 제주에서는 "측간과 사돈집(처갓집)은 멀수록 좋다"는 한반도부의 속담과 달리 "측간과 사돈집은 가까울수록 좋다"라는 속담이 있을 성싶다. 비종족의 혼성취락 문화를 갖는 제주도에서는 동네 안에서 혼사를 맺어 양 사돈이 한 동네에 살며 상호 도우며 살아가기 때문에 나올 수 있는 속담이다.

동양에서의 똥돼지 문화는 한국 외에 중국, 일본의 오키나와, 필리핀, 기타 동남아 등지에서도 보이는데 지금 현재까지도 중국은 산둥 성(山東省)·산시 성(山西省)·허베이 성(河北省) 등지에서, 한국에서는 전라도 남원지방, 경상도 산청지방·김천지방의 지리산 산록이나 추풍령 일대에서 보인다. 이들 지방의 양돈측간은 중국의 한나라 시대의 유물인 돼지우리 모형처럼 다락형의 '들통시' 구조를 이루고 있다.

똥돼지 문화의 분포는 주로 섬이나 산간 또는 남방보다 북방이 되는데 이유는 빈곤한 지역이나 음식물 잔반(殘飯)의 많고 적음에 있다고 한다. 즉, 섬이나 산간오지, 북부 밭농사지대는 풍요롭지 못하여 잔반이 나오는 음식문화를 갖지 못하는 데 반해 남부 논농사지대는 풍요로워 돼지의 사료로 쓰일 잔반이 많이 나오기 때문 굳이 돼지의 사료로 인분을 주지 않아도 된다는 것이다.[10] 남방에는 돼지에게 인분을 주지 않더라도 중국 남부의 양어장 양축농가나 일본의 전통측간, '가야(河屋)' 문화에서처럼 자연스럽게 물고기에 인분을 먹여 단백질을 얻기도 한다.

---

10) http://kr.blog.yahoo.com 2006/09/09 오전 10:48 뒷간 측간 변소 해우소…… 화장실. 정연학.

화산회토는 제주도로 하여금 양마(養馬) 문화의 전통을 갖도록 했다. 제주 사람들은 화산회토를 그 특성에 따라 '뜬땅'이라 부른다. 파종하고 나서 작물이 뿌리를 내릴 즈음 되면 토양이 부풀어 오르면서 건조해져 작물이 죽어 버리기 때문에 이를 방지하기 위해 많은 말을 이용하여 밭을 밟아 줘야 하기 때문이다. 소위 제주형 진압농법(dry farming)이 생겨난 것이다.

유기질이 결핍된 데다가 투수율은 높고 보수력이 낮은 화산회토가 제주 사람들로 하여금 궁핍의 생활을 하도록 했지만 오늘날에는 세계 제1의 양질 생수를 생산하여 제주의 미래에 희망을 주고 있다. 제주 생수는 블루 골드에 다름 아니다.

산재하는 화산암석류에 의한 경지의 영세화와 화산회토상의 강우 농경 문화는 삼남지방의 논농사처럼 경지의 연접화(겸병화)를 불가능하게 하여 중국대륙의 중원지역이나 한반도의 삼남지방, 일본열도 대화분지(야마토지방) 등의 논농사지대와 달리 소유경지를 분산한 채로 경영할 수밖에 없게 했다. 이 분산된 경지경영체계가 제주 사람들로 하여금 균분상속제 문화, 정확히는 단자우대균분상속제(單子優待均分相續制) 문화 그리고 형제간에 조상 제사를 나누어 하는 분제(分祭) 문화를 낳게 했다. 이런 문화는 곧 개체주의의 이념을 낳는 계기가 되었다. "큰쇠큰쇠 허멍 촐은 안 주곡 일만 허랭햄쩌(큰아들 큰아들 추키며 재산은 많이 물려주지 않고 일만 하라 한다)"라는 장남들의 불만이 늘 있는 사회가 제주도다. 제주도에 Big Brother는 없다.

제주도의 이러한 상속문화가 부모형제 간에 거주 공간과 재산의 소유관리를 따로따로 하도록 하는 분가이재형(分家異財型)을 갖게 하였고 이는 대가족이 동거하지만 친자 간에 재산 소유권은 제각각 하는 중국의 동거이재(同居異財)와, 분가하여 재산을 받았으나 그 모든 재산의 소유권은 장남에게 있고 나머지 아들들은 동촌근리(同村近里)에 살면서 관리권만을 갖는 한국 분가별산형(分家別産型)의 혼합형이 되고 있다.11) 한국의 분가별산형에서는 날이 갈수록 형제간에 빈부의 차가 커지는 불평등함이 있게 되나 제주도의 분가이재형은 평등형으로 그렇지 않다.

균분상속제야말로 논농사지대의 조선시대의 인민공사라 불리는 '두레'처럼 집단노동을 않고 '최소거리이동의 원리'에 따라 저마다 개인 노동을 하도록 했기 때문에 합리적이 되었다. 이것은 곧 부자간, 형제간의 독립된 생활의 시작을 의미한다. 제주도만이 갖는, 새 며느리(아들)가 딴 살림을 하거나 노부모가 살림(고팡) 물림을 하여 작은 거처로 옮기는 것을 뜻하는 신거은거제(新居隱居制)는 바다생활의 노동 사이클과도 관련 있게 되지만 이렇게 해서 발생하기 시작했다. 그리고 이를테면 지인의 초상이 있어 어떤 부부가 부조할 때 부조금을 조위금 함에 넣지 않고 남자는 여러 상주중에 자신하고만 관계있는 특정 남자 상주에게, 여자는 특정 여자 상주에게만 따로따로 부조를 하는 겹부조 문화도 그와 관련하여 나타난 것이다.

언어 자체가 이데올로기라 하지만 제주도에는 **개체주의(個體主義)**를 잘 드러내는 다음의 언어들이 있다. "성제가 이서도 다 질루지만썩 살아야 메!(형제가 있어도 서로 의존하지 말고 다 각각 살아가야 한다)", "애비아덜간 범벅도 그뭇그성 먹으라!(아버지와 아들간 범벅도 선을 그어놓고 먹어라)", "시집갈 땐 솥단지 들렁간다(한반도부에서 '시집갈 때 강아지 끌고 간다'라는 말이 있다)", "아덜은

---

11) 韓榮炫(1987), "朝鮮時代 同族마을의 土地所有形態에 關한 研究", 전남대학교대학원 석사학위논문. p.53.

장개가민 팔촌이라”, “쪽박광 사름은 시민 신대로 으시민 으신 대로 산다(사람과 쪽박은 있으면 있는 대로, 없으면 없는 대로 산다)”, “쉐뿔도 각각 직시도 각각(소의 뿔도 제각각이니 따로따로 살아가라)”, “불턱이 지만씩이라야 살아진다(고부간에 부엌을 따로따로 써야 갈등 없이 살아진다)” 등의 격률 내지 훈육담이 있고 모두가 이의 없이 이에 동의한다. “언어가 없으면 사유도 없다” 정신이 최초로 자신을 드러내는 모습이 언어이다. 속담이나 격률만큼 한 지역 사람들의 문화 특성을 드러내는 진리도 없을 것이다.

위의 속담이나 격률은 제주에서는 오래전부터 전해져 오고 있지만 이러한 속담이나 격률은 한반도부에서는 이제 와서 제주와 같은 신종 속담들이 나타나고 있다.

“며느리의 남편을 아들로 생각하는 사람.”
“장가간 자식과 함께 살면서 애들 봐주는 사람.”
“자식한테 재산 다 주고 용돈 타 쓰는 사람.”

위의 세 가지에 해당하는 사람들은 한반도부에서는 3대 바보라 불리고 있다. 이외의 신종 속담도 흥미롭다.

“아들은 육촌 시동생보다 못하다.”
“처가와 뒷간은 멀수록 좋다는 말은 옛말.”
“며느리는 사랑해선 안 될 사람.”
“아들은 희미한 옛사랑의 그림자, 딸은 아직도 내 사랑.”
“친구, 돈, 딸 등 삼복(三福)이 있어야 노후가 행복하다.”

사회와 정신의 고귀한 기구인 언어 자체가 행동을 지시하는 이데올로기, 바로 그것이다. 여기서 말하는 이데올로기는 인간의 본성을 무시하는 공산주의처럼 특정 가치관이나 방식을 따르도록 강제하는 획일적인, 그리고 집단주의적인 통치이념을 말하는 것이 아니다. "쪽박과 사름은 시민 신대로 으신대로 산다"라는 제주인의 잠언을 다시 상기시켜보지만 획일적이고 집단적인 통치이데올로기야말로 아나키적인 제주인들이 가장 기피하는 대상이다. 부연하지만 통치이데올로기는 공격적 이데올로기로서 대중보다 권력에 봉사하고, 당파성을 지녀 차이를 인정하지 않고 타자를 타도 말살하려는 본성을 가지며, 충족이유에 의해 알게 함보다도 정언명령에 의해 오로지 지속적인 행동만을 실천하도록 하는 것을 목표로 선동하는 것이다.

제주 사람들에게 돋보이는 개체주의에 대해 부연할 것이 또 있다.

유교관에 투철한 지관들이 만든 『過瀛洲山勢論』에 역시 "……反相背而南北　不孝悌而哮咻　……左向山而右背　六親戚而不合(……한라산 정상부가 남과 북으로 향하고 있어 부모나 형을 잘 모시지 않는다. 왼쪽을 향한 산이 오른쪽을 등지고 있어 일가친척이 일사불란하게 움직이지 않는다. ……)"이라고 기록되어 있다. 물론 이러한 주장은 동족취락의 이데올로기인 유교주의 잣대로 평가한 결과로서 문화다원주의를 이해치 못한 결과이다. 제주도에 개체주의가 두드러진다는 것은 제주도에서는 효 이념보다는 용(勇)의 이념이 중요함을 의미한다.

다음에 제주도에는 개체주의만 있는 것이 아니라 조화를 위한 '**대동주의(大同主義)**'가 병존한다.

우선 제주도 사람들의 격률로 "놈의 대동(大同)ᄒ라"라는 말이다. '자기에게 맞지 않을 경우라도 자기를 죽이고 대의에 따라 남과 더불어 행동하라'는 말이다.

한반도부의 논농사지대에서처럼 경지를 한곳으로 모아 규모화하는 토지겸병을 할 필요 없이 분산경지경영(分散耕地經營) 과정에 형성된 혼성취락의 전통을 이어 온 제주도에는 사당이란 어디에도 존재하지 않는다. 대신 한반도에는 전혀 없는, 입촌시조 모두를 모셔 백조일손(百祖一孫) 사상을 견고히 하는 '본향당(本鄕堂)'이 있다. 제주시에 있는 삼성혈은 유교식화되어 버린 본향당(광양당)이다. 본향당은 자연취락 어디에나 있는 혈연 아닌 지연(地緣)에 의한 공동체의 성소(聖所)다. 이는 한반도부가 혈연사회라면 제주도는 지연사회라는 것을 말해 준다. 제주도에 사당이 없는 또 하나의 이유는 균분상속제에 따라 가까운 조상들에 대한 제사를 형제간에 나누어서 봉사하고 또한 계절제도 돌아가면서 하는 윤제제도를 취하기 때문이다.

제주도에는 "숭년에 밧폴젱 마랑 입 하나 덜래라"라는 속담이 있다. 흉년에 배고프다고 밭 팔아 버리면 다음 해에는 모든 식구가 굶어 죽으니 식구 중에 한 사람은 없어져라(죽어라)는 속담이다. 그렇다면 죽어야 할 한 사람은 누구였는가? 그 속담에 뒤 이어서 "숭년에 아인 배 터정 죽고, 부뮈는 배골랑 죽는다"라는 말이 나온다. 흉년에 철모르는 자식은 부모가 주는 음식을 마냥 먹어대어 배탈 나서 죽고, 대신에 부모는 배고파서 죽는다는 뜻이다. 절체절명의 상황에서 부모가 스스로 죽어 간다는 것이다. 한반도의 동족취락에는 이런 상황에서 정반대의 현상이 나타난다. 인위적인 효도, 즉 인효(人孝)에 기초한 한반도는 철저히 어른 중심의 삶이나 인간 본성에 의한 효도, 즉 천효(天孝)에 기초한 제주섬은 철저히 어린 사람 중심의 삶이었다. 제주섬에 고려장이 있었더라면 그것은－'인생60고려장'이란 말이 있지만－한반도의 타율적 고려장에 대비되는 자발적 고려장이 있었던 셈이다.

## 4. 용암평원과 평등사상

전통농경사회에서는 토지의 소유 상태가 삶의 질을 결정하는 근원 인자가 된다. 그런데 광활한 무주공야(無主空野)의 용암평원이 인구 밀집지대(해안지대)에 근접하여 있어 다행히도 제주섬의 농민들은 마음만 먹으면 얼마든지 경지를 근거리에 가질 수 있는 환경이었다. 그럼에도 "밭 한 판 늘리느니 식솔 하나 줄이는 것이 낫다"라는 속담을 만들어 놓는 등 하면서 왜 제주인들은 보다 넓은 경지 면적을 소유하여 생산량을 올려 논농사지대의 농가에서처럼 부(富)를 추구하고 또한 지주가 되려 하지 않았을까.

중산간지대의 용암평원은 화산활동에 의해 구조적으로 형성된 한라산의 산록완사면의 복판이다. 해발고도 200~600m의 사이를 차지하는 이 지대는 한라산의 정상인 가마봉(예부터 화구호를 갖는 한라산의 정상이 솥처럼 생겼다 하여 정상부를 '釜岳'이라 불렀음) 둘레를 방사상으로 뻗어내려 해안의 인구밀집지역과 산정부의 비거주지역의 중간지대로 점이지대를 이루고 있다.

용암평원지대에는 비록 비옥도가 낮으나 총 경영지 면적 중 개간 경작 가능한 야초지가, 다른 지역은 1%도 안 되는데 제주도는 무려 21.2%나 차지하고 있다. 남부지방을 중심으로 한 한반도부에서는 17세기 후반까지 기본적으로 노비를 동원한 부재지주(不在地主)로서의 경반(京班)이나 토호로서의 향반(鄕班)들에 의한 경지 확장이 끝나 더 이상 개간에 의한 새로운 경지 확대가 불가능해지게 된다. 이후로 지주로서의 양반의 세력은 더 이상 신장되지 못하고, 그렇게 되자 이전의 균분(均分)에서 장남우대의 상속제도(宗法經濟制度)로 바뀌게 되고 아울러 종족집단의 사회적 결속력은 더욱 강화되어 갔고 18세기 후반에 이르러 5대조 이상의 조상 제사(時祭 혹은 墓祭)를 행하는 문중 조직의 성립을 촉진하도록 영향을 주게 된다.

그러나 제주도는 전술한 대로 한라산 산록에 넓은 무주공야의 용암평원이 그대로 남아 있어 비록 비옥하지는 못하지만 의지만 있으면 개간 경지화한 사람이 그 경지를 자가 소유할 수 있는 기회가 많았다. 바로 그 이유가 제주도에서는 소작인이나 머슴이 거의 나타날 수 없어 도무·걸무의 섬이 되게 하였고, 구성원 간의 갈등도 저감시킬 수 있어 지주양반을 조롱하는 탈춤, 두레 등의 민속도 나타날 이유가 없었던 것이다.

물론 제주에도 일제강점기 때(1912) 국공유지인 산간지대의 화전농이 금지되기 시작하면서 극히 미약하나마 소작농이 있기는 했지만, 그것은 지리적 공간으로 보아 토지 생산력이 비교적 높은 그리고 반농반어의 생활권인 해안지대에 국한되었고 토지 점유가 자유였던 반농반목 생활권인 중산간 용암평원지대는 전무하였다. 그나마 있었던 소작인들도 자립심이 강했기 때문에 시대가 지남에 따라 곧 자연 소멸되어 갔다. 이러한 자작농의 일반화의 증거는 1928년의 농가 3만 6476호가 9년 후인 1937년에는 그보다 1만 1116호가 증가(매년 1,235호 증가)한 4만 4146호로 증가한 예에서 알 수 있다. 1937년 당시 한반도에 있어서의 소작농은 전 농호(農戶)의 82%였는 데 반해 제주는 16%에 불과했다. 그런데 여기서 말하는 소작농은 엄밀히 따졌을 때 한반도부의 그러한 소작 개념은 아니다. 그것은 병작(竝作)을 의미한다. 그러나 '병작' 또한 한반도부의 개념과 다른 것으로 제주어로 이를 '벵작'이라 한다. 제주도의 벵작 개념은 한반도부에서 '병작반수제'라는 말에서 보듯이 지주와 작인이 무조건 수확량을 기계적으로 5:5로 나누는 것과 달리 지주와 작인 간에 그때그때 상호 대등한 입장에서 상황에 따라 6:4나 3:7로 나누자는 '사전 계약에 의해' 이루어진다. 그만큼 병작은 작인의 입김이 세게 작용했다고 볼 수 있다. 비신분사회인 제주도에서 살아온 사람들은 '소작'이라는 말을 아예 사용치 않을 뿐 아니라 그 말 자체를 모른다. 때문에 '마름[舍音]'12)이 뭣인지를 알 리도 없다.

위에서 '계약'이란 말이 나왔지만, 제주사회는 계약사회(contract society)였다. 그에 비한다면 한반도부는 '연약사회(kintract society)'다. 제주도에는 한반도부의 '품앗이'에 유사한 '수눌음'이라는 문화가 있다. 그런데 이 수눌음을 제주도의 지식인들, 언론인들까지도 품앗이와 같은 개념으로 보아 마치 인정 어린 공동체의 상호부조정신쯤으로 알고 캠페인 활동의 구호로까지 사용하는 어처구니없는 일이 벌어지기도 한다. 결론부터 말하자면 품앗이는 '시혜와 갚음'의 의미가 강한 반면에 수눌음은 그냥 '주고받기'의 의미를 갖는다. 양자를 확연히 구별하기 위해서 영어로 표현해 보면 품앗이는 'give now-and-take later'이고 수눌음은 'give and take'이다. 'give and take'의 제주말 표현은 '우커니 대커니'이다. 수눌음은 '우커니 대커니'의 다른 표현인 것이다. 가족이 많은 경우는 수눌음 없이 자가 노동에 의해서만 생업활동을 하지만 가족 수가 적은 경우는 효율적인 노동을 하기 위해 대등노동교환, 즉 수눌음을 행하게 되는 것이다. 한반도부의 반촌(班村) 등의 구성원 간에 신분적 차이를 보이는 경우에

---

12) http://www.graphys.co.k
　　대지주(大地主)일수록 소작인과 직접 대면하거나 접촉하지 않고 마름[舍音]을 통해서 간접적으로 관계를 맺었다. 마름은 지주의 위임을 받아 소작지를 관리하는 사람이다. 그런데 마름은 지주의 심복으로서 그 지역의 유지이거나 아첨을 잘하는 사람이다. 지주는 마름을 통해서 소작인을 선정하고, 감독하며, 소작료를 결정하고, 수납, 운반 및 보관, 납세의 대행을 하며, 농지의 보수 관리를 한다. 소작료의 결정 등은 마름과 소작인 사이에 계약서를 쓰는 일이 거의 없고 구두로 계약하였다. 악덕 마름을 만난 소작인은 소작권 박탈, 소작료 변경 등을 구실삼아 금품을 갈취당하고, 노역(勞役), 향응 등을 제공하여야 하였다.

는 노동 대 노동의 교환을 이루어지지 않고 금전이나 곡식을 매개로 하여 교환이 이루어지게 된다.[13]

수눌음 정신은 "산때 빚 죽엉가도 물어사 흔다"라는 속담을 낳아 지금도 움직일 수 없을 정도로 늙어 죽음을 의식하게 되면 그동안 이웃으로부터 부조를 받고 갚지 못한 사람들에게 일일이 찾아 부조 금을 넣은 봉투를 상대에게 주는 풍속이 있다. 기제사(忌祭祀) 후 이웃과 행해지는 '떡반돌리기(제사음식나누기)'에서 제주 사람들은 이미 수눌음 정신이 길러진다. 즉, 원칙적으로 떡반 돌릴 때는 아이들로 하여금 행하도록 하는데, 제사음식을 받은 이웃은 아이들이 가져온 음식 그릇을 빈 채로 돌려보내지 않고 반드시 다른 먹을 것을 넣거나 먹을 것이 없으면 거기에 돈을 놔 줘 아이들로 하여금 그 자리에서 우커니 대커니 문화를 익히도록 한다. 아이들은 여기서 '세상에 공짜는 없다'라는 의식도 키워 간다.

품앗이도 일반적으로는 노동의 교환형식으로 이해되고 있으나, 그 원초적인 의미는 '품(노력)' '앗이(受)'에 대한 '품 갚음(報)', 즉 **증답(贈答)의 관계**였던 것이다. 그러므로 단순한 노동의 교환형태라고 보기에는 품앗이는 상대방의 노동능력 평가에서 두레나 고지(雇只) 또는 머슴의 경우처럼 타산적인 것이 못 되며, 사람과 농우(農牛)의 노동력 교환, 남성과 여성, 장년과 소년의 노동력이 동등하게, 말하자면 인간의 노동력은 원칙적으로 모두가 대등하다는 가정하에 노동을 상호 제공하는 수가 많으며, 이러한 가정이 품앗이를 성립시키는 근본적 가치관이라 할 수 있다. 두레가 공동적 내지 공동체적인 것이라고 하면, 품앗이는 개인적 또는 소집단적이라는 인상이 짙다. 품앗이가 짜이는 개인 혹은 소집단 상호 간에는 그 선행조건으로서 상

---

13) 韓榮炫(1987), 전게서, p.20.

호부조의 의식과 의리라고 할 만한 정신적인 자세를 갖는다.[14]

품앗이가 증답의 관계라면, 수눌음은 **수수(授受)의 관계**이다. 대등노동교환제로서의 수눌음은 철저히 타산적인 것으로 노동교환의 짜임은 원칙적으로 젊은이는 젊은이끼리, 늙은이는 늙은이끼리, 남성은 남성끼리, 여성은 여성끼리 행한다. 물론 노동의 대상도 같아야 한다. 품앗이는 양반과 상민 간에도 이루어져 양반의 집 마당을 상민이 가서 빗자루질을 해 주면 품으로 쌀을 준다. 또한 부자지간에 이루어지는 효도도 품앗이다.

수눌음에는 노동에 의한 상부상조도 있지만 재물로서의 경제적 상부상조인 계(契)도 있다. 그리고 쌀이나 (메밀)떡 등에 의해 대등하게 상조하는 '고적'이란 것도 있다. '고적'이란 용어는 제주섬에만 있는 말이다. 여기서 '고적'은 수눌음의 특성을 가장 잘 설명해 주는 용어로 이를테면 초상 때에-가문마다 다를 수 있지만-부계는 8촌 간에, 모계는 4촌 간에 유사시에 등량(等量)의 증여물이 되는지 여부를 하나하나 확인하며 주고받는 의무적 내지 쌍무적 증여를 말한다. 내가 고적한 만큼 상대가 고적을 해 왔는지 하나하나 셈을 하면서 주고받기 때문에 이 또한 '수눔장시(수누름장사)'라고 한다. 고적과 유사한 소위 '부주', 즉 의무적 증여 범위를 벗어난, 즉 당고조 8촌(복친)을 넘어선 괸당이나 이웃들 간에 행해지는 부쥐[扶助]는 비의무적(비쌍무적) 증여이기 때문에 등량, 등가의 부주(수눌음＝우커니 대커니) 의무를 지지 않는다. 정리하자면, 고적은 계약에 의한 '수눌음'의 타산적인 동고조집단인 방상(방답) 내의 상조 체계요. 부주는 방상 외의 친인척 간의 품증에 의한 '품앗이'의 호의적인 상조 체계이다. 전자가 전형적인 제주형으로서 '이(理)'의 상조 체계라면

---

후자는 한반도부의 전형적인 '정(情)'의 상조 체계이다.

제주인들은 가까운 관계일수록 철저히 계산적이었고 멀수록 관용적이었음을 알 수 있다. 놀라운 인간관계가 아닐 수 없다. 평등의식이 철저히 드러나고 있다. 여기서 강조해 둘 것은 제주도와 정반대로 한반도부의 역사를 좌지우지해 온 종족취락의 나라 한국에서는 친족의 범위가 가까우면 '대충정신' '융통정신'이 발휘되지만 그 범위가 멀어지면서 철저히 이해타산적이 된다는 것이다.[15]

양가(量價)를 1:1로 동등하게 교환해야 하는 고적은 남에게 더도 덜도 하지 않으려는, 네덜란드인의 더치페이(Dutch pay)나 일본인의 와리간(割りかん) 정신에 유사한 명실상부한 상조 관행이었다. 그러한 상부상조 행위는 후술하게 되는 안팎부조, 계접부조 등을 가져오게 한 균분상속제 그리고 혼성취락의 전통 등 혈연의 연약사회[16]가 아닌 지연의 계약사회에서 온 당연한 결과이다. 두레나 품앗이가 한반도부의 상호부조 체계라면, 제주도의 수눌음은 서양시민사회의 상호부조 체계이다. 제주도의 전통적인 상조 관행은 오늘날 극히 불평등한 빈익빈 부익부의 상조체계와는 거리가 멀었다.

수눌음을 오해하듯이 제주도의 '괸당'문화에 대한 오해 역시 심각

---

15) 韓榮炫(1987), 전게서, p.20.
16) 문옥표(1994), 『일본의 농촌사회』, 서울대학교출판부, p.165.
　　家族主義(familism) 하면 중국을 우선 지칭하나 사실은 외손까지도 양자가 되는 중국보다는 부계혈족만이 후계자가 되는 특히 한국이야말로 가족주의의 대표적 나라라고 할 수 있다. 이에 반하여 일본은 딸과 모계는 물론 혈연과 무관하게 양자를 취하여 '이에(家 = household)'를 계승토록 해 온 전통이 있다. 'kintract'란 용어는 원래 이 일본의 忠으로 맺어지는 개방적(계약적) 친족제 즉 '家口主義(householdism)' 혹은 주로 농촌에서 볼 수 있는 도조쿠(同族), 도시에서 볼 수 있는 이에모토(家元) 등을 표현하기 위해 만들어진 조어이다. 따라서 연약사회로 번역되는 킨트랙트(kintract = kinship + contract)는 사회의 최소 단위를 개인으로 보는 서양과 달리 가족(가구)이 최소가 된다는 동양 사회의 특징을 뜻하는 것이다. 가족주의에서 신앙의 대상은 血緣的 祖上이 되나 가구주의에서는 가연적 조상(家緣的 祖上)이 된다. 따라서 일본에서는 만일 집을 살 경우 불단에 있는 원래 살았던 사람의 조상신도 같이 모신다.

한 정도이다. '괸당'이란 당내집단 외의 유사시 상조관계를 갖는 본가, 외가, 처가를 망라한 먼 친인척을 지칭한다. '방상' 혹은 '방답'은 당내집단으로 또한 괸당과 구별된다. 괸당은 한반도부의 종족취락의 족당과 대비되는 바로서 족당은 외가, 처가를 배제한 오로지 본가 중심의 모든 친척으로 이루어진 지극히 배타적인 집단이다. 그럼에도 괸당이 족당을 넘어서는 배타성의 화신으로 몰아간다. 그 대표적인 예가 제주대학교 철학과 교수인 김현돈에게서 보이지만, 그 외로 일부 기자들에게서도 보인다. 김현돈은 인터넷신문 <제주의 소리>에 기고한 글에서

> 경륜을 바탕으로 철학과 소신을 갖고 제주 교육의 미래를 책임질 수 있을지 깊이 생각해서 한 표를 행사해야 할 것이다. 선거 때마다 제주도에 나도는 말이 있다. "이 당 저 당 해도 '괸당'이 제일 좋더라"라는. 이런 '괸당의식'이 나라를 망치고 사회를 병들게 한다.[17)]

라고 하고 있다. 이어서 그는 제주특별자치도 김태환 도지사 소환투표(2009. 8. 26. 실시)의 실패를 애석하게 생각하며

> 막걸리 선거, 고무신 선거라고 조소의 대상이던 이승만의 자유당, 박정희의 공화당 시절에도 이렇게 철저히 기획된 관제동원선거는 없었다. 투표율 11%[18)]에 담긴 수치는 관의 입김과 압력에 주민들의 무관심, 무소신, 혈연

---

17) 〈제주의 소리〉 2004년 01월 13일(화) 00:00:00.
    [김현돈 칼럼] '침묵의 카르텔'이 제주교육계 상처 깊게 해.

18) 2009년 8월 26일 실시된 김태환 도지사 주민소환투표에서의 투표율. 투표율 3분의 1 이상이 안 되어 부결됨 "민심의 바다에서 허우적대다 물을 먹은 시민사회단체", "흔히 시민 사회단체들은 '도민'이라는 단어를 즐겨 사용한다"는 내용의 해설 기사를 낸 〈이슈제주〉(2009 - 08 - 26 오후 20:24:06)는 결론에서 이번 소환 선거에서 제주도민이 낸 혈세인 지방비 총 19억 2675만 9000원을 지출 낭비하게 했다고 이번 선거를 발의 진행시킨 시민단체를 혹평했다. 김현돈은 당시 소환선거 가장 선두에서 운동을 한 〈제주참여환경연대〉 전 대표였고 지금 적극 지지다.

과 지연으로 얽힌 제주도의 **괸당문화**가 가세한 결과물이다.[19]

김현돈에게 묻고 싶다. 괸당문화가 과연 '나라를 망치고 한국 사회를 병들게 했는가?' 그리고 '괸당문화가 도지사 소환선거에 김태환 도지사를 승리하게 만들었는가?'

작금의 한국사회가 어지러운 것은 오히려 김현돈 교수의 고향 경상도의 족당문화 즉, **'우리가 남이가!'** 라는 경상도 말에서 보듯이 그들의 혈연·지연 문화에 있다는 것은 전 국민이 동의하고 있지 않는가.

천년 신라도, 오백 년의 조선도 족당 때문에 소멸되었지 않았는가. '족당'이 무엇인가? 그 사전적 의미는 '같은 문중이나 계통에 속하는 겨레붙이'를 말한다. 조선이 망하기 시작한 것은 16기 후반(성종 초)에 붕당(朋黨)이 출현하면서 시작된 것은 주지의 사실이다. 즉 경상도 출신 김종직 등의 사류(士類)가 중앙정계에 진출하면서 붕당이 시작되었다는 것도 주지의 사실이다. 그 붕당의 토대가 된 것이 경제적 토대로서 종족의 농장(農莊)과 인적인 토대로서 서원과 족당이 되었다는 것도 초·중등학교 교과서에 나오는 이야기이다. 붕당이 정치 활성화 및 비판과 견제의 기능을 했다고 긍정하는 측도 있지만 누구를 위해 비판하고 누구를 위해 견제했는가? 모두 자신들의 당파, 족당들의 이익을 위해서 했을 뿐이다. 한반도부가 혈연공동체(Ethnos)로서 공자적이고, 헤브라이즘적인 권위와 규격과 귀속지향의 **족당문화**를 갖는다면, 제주섬은 지연공동체(Demos)로서 묵자적이고 헬레니즘적인 평등과 자유, 그리고 성취지향의 **괸당문화**를 갖는다.

김현돈이 재현한 '이당 저당 해도 괸당이 제일 좋더라'라는 말은 1981년 제11대 국회의원 선거 유세장(광양초등학교)에서 현경대 의

---

19) http://kin.naver.com

원에 의해 처음으로 세상 밖으로 나와 회자되기 시작했다. 당시 현 후보자는 중앙의 정당으로부터 공천을 받지 못하고 무소속으로 출마 하였는데, 이때 발언의 진의는 비록 중앙정당으로부터 공천을 받지 못했지만 중앙 아닌 지방민의 추천, 즉 도민 모두가 괸당이 되는 '제 주도민당'의 공천을 받아 당선되겠다는 뜻이었다.

시차를 달리한 내용이지만, <한라일보> 논설위원을 지냈던 송원옥 은 당해 신문의 기고 글에서

......

유독 제주에서만은 무소속후보가 선전을 한 것은 친족개념을 뛰어넘은 넓 은 의미의 연고주의, 즉 '괸당의식'이 과잉 결집된 결과였다는 게 전문가들 의 분석이다. 그렇지 않아도 우리 내부에는 역사적으로 다소간의 배외적 성향이 자리 잡고 있었던 게 사실이다. 그런데 그런 배타적 기질이 선거라 는 정치행사를 통해 일체의 중앙정치의 권위를 무시한 채 부정적 단결 인 자만이 최대한 발휘되게 됐다는 것이다.[20]

송원옥은 한술 더 떠서 괸당문화를 제주도민의 배타성 기질과 관 련짓고 있다. 김현돈도 마찬가지지만 그가 배타성이란 용어에 대해 얼마만큼의 지식이 있어 그런 말을 하는지는 알 길이 없다. '무소속 후보자 당선＝배타적 괸당주의 승리'라는 등식을 내세우는 그의 주 장대로라면 중앙 정치(정당)에 지방민이 순종하면 수용적이 되고 그 렇지 않으면 배타적이 된다는 논리이다. 송원옥은 언론인으로서 김 대중 전 대통령이 창당한 현 '민주당'의 전신이라 할 '국민회의'[21] 김 상현 의원이 1996년 말에 "우리 당(국민회의당)은 종친회(宗親會)가

---


20) 〈한라일보〉 2006년 09월 07일. 「'괸당의식'의 극복」 〈송원옥/前 논설위원〉.

21) 1995년 9월 5일. 당시 김대중(金大中) 총재의 주도 아래 창당한 정당으로, 약칭 〈국민회의〉 로 부른다.

아니다"라고 불만한 것을 잊지 않을 것이다. 이 표현은 우리나라의 중앙정당이야말로 배타적 연고주의 족당의 화신임을 역설적으로 표현하고 있지 않은가. 그는 이어서 다음과 같은 내용의 글도 써 놓고 있다.

'괸당'이란 제주말처럼 정감이 넘치는 말도 흔치 않은 것 같다. 그것은 오랜 혈연의 일체성과 살아 있는 후대들의 폭넓은 어울림을 아주 적절하게 표출해 주기 때문이다. 그런데 친근감 있는 이 말이 근자에 와서 이기적 연고주의로 잘못 각인돼 가고 있는 것은 여간 안타까운 일이 아니다.

송원옥은 '친근감 있는 이 말이 근자에 와서 이기적 연고주의로 잘못 각인돼 가고 있다'라고 하고 있지만 정작 송원옥 자신이 괸당 문화를 이기적 연고주의로 몰아가고 있다.

강준만은 가문과 족보를 중시해 온 한국인은 자신도 알게 모르게 거의 본능적으로 보호막이나 외세를 찾기 위해 몸부림치는 족속이라고 한다. 그 보호막은 여러 형태로 나타난다면서 2006년 '한국개발연구원(KDI)'의 '사회적 자본실태종합조사' 보고서 내용을 예로 들고 있다. 그것에 의하면 한국인의 사회적·관계망 가입 비율은 동창회가 50.4%로 가장 높고, 종교단체 24.7%, 종친회 22.0%, 향우회 16.8% 등이 뒤를 이었다. 반면 공익성이 짙은 단체들의 가입률은 2%대에 머물렀다. 종친회 가입률 22%는 결코 낮은 수치가 아니다.[22] 제주도의 괸당 사회는 종친회나 문중의 족당과 달리 가입과 탈퇴의 개념도, 정관도 없고 따라서 내는 회비도 없는 아주 자연스럽고 자유로운 관계망이다.

김현돈(전직 기자) 그리고 송원옥(전직 기자) 개인에 대해 비난하

---

22) 〈한겨레〉 2007년 09월 13일 제677호. 「제도적 공정함이 없는 사회에서 한국인의 처절한 '보호막' 쟁취 투쟁」 강준만 전북대 신문방송학과 교수.

려는 것이 아니고 괸당문화에 이해함이 없이 무차별적으로 괸당문화를 부정적 의미로서의 족당주의 또는 '한국적' 연고주의와 동일시하여 도민을 오도하기 때문에 이를 바로잡기 위해 지적하는 것이다.

괸당문화에 대해서는 일부의 그런 부정적인 견해와 달리 본질 그대로 이해하여 이를 선양 확대하자는 주장들이 있는데 이는 또 하나의 제주문화가 한반도로 상륙할 수 있음을 의미한다. 2007년 좌익진보의 대표당이라 할 '민주노동당' 대선예비후보자로 나선 노회찬 의원은 제주를 방문한 자리에서 "세상 바꾸는 4천만의 **괸당을 만들겠다**"라며 다음과 같이 말한 바 있다.

> 제주에는 세상을 바꾸는, '정당'이 아닌 '괸당'이 있다고 들었다. 올해 대선에서 반드시 승리해 민주노동당은 4천만을 괸당으로 만드는 데 앞장서겠다.[23]

노회찬은 세상을 바꿀 수 있는 것이 정당 아닌 '괸당'이라 하고 있다. 2003년 제주에서 열린 우익보수당의 대표당인 '한나라당' 대표경선 연설장에서 김형오(현 국회의장) 후보는

> 권력의 편이 아닌 정의의 편에서, 바람처럼 일어나 형제·친구·**괸당** 같은 정치 풍토를 만들겠다.[24]

고 했다. '한나라당' 정몽준 대표 역시 2010년 1월 22일 세종시 건설계획에 대한 당론변경을 놓고 (친이명박계와 친박근혜계) 계파 간 갈등이 벌어지는 가운데 '제주상공회의소'에서 열린 국정보고대회에서 '괸당'을 소통과 화합의 대명사로 쓰고 있다.

---

23) 〈제주의 소리〉 2007년 04월 21일(토) 18:41:57.
24) 〈제민일보〉 2003년 06월 18일(수) 23:16:42.

한편 '우리는 친족과 같은 한 가족'이라는 뜻으로 제주도 내 외국
인근로자 현황 등 다양한 이야기를 담은 '제주외국인근로자센터'(이
사장 임은종 목사)가 만든 창간호의 제호는 「**우리는 괸당**」이었다.[26]
진보 정치세력이든 보수 정치세력이든 종교인이든 '우리 모두가 괸
당이 되자'라고 외치고 있지만 '우리 모두가 족당(종친)이 되자'라는
말을 하지 않고 있다.

왕토사상이 있었던 조선조 때의 토지 소유관계가, 토지 생산력이
극히 높은 논농사 중심의 한반도부에서는 '**국가적 영유 – 지주적 소
유 – 소작농적 점유**'라는 중층구조였다면, 변방이며 열악한 토지 생
산력을 갖는 제주는 '**국가적 영유 – 자작농적 소유**'라는 단층구조를
가졌던 것이 제주로 하여금 농노적 소작제를 발생시키지 않았던 이
유이다. 이것은 유럽이나 일본의 성벽으로 에워싸인 장원과 다르고,
혈족에 의해 둘러싸인 한국형 봉건 장원인 양반들의 '반족농장(班族
農莊)' 내의 소수의 지주와 다수의 소작인으로 이루어진 상황과 전
혀 다른 내용인 것이다. 즉 신분과 계급이 뚜렷하게 구분되었던 특
히 호남지방을 중심으로 한 한반도부의 논농사지대에는 1920년의
예만 보아도 한국 농민 전체의 3.3%만이 '호강(豪强)'이라 불렸던
양반 지주였고, 19.5%는 자작농, 그리고 나머지 77.2%가 머슴에 가

---

25) 〈조선닷컴〉 입력: 2010년 01월 22일 17:05. 국회 · 정당 MJ "朴, 만나 대화하면 의견차 극
복 가능"
26) 〈한라일보〉 2002년 06월 03일

까운 소작농이었다. 전통적으로 한반도부는 제주섬과 달리 평균해서 농민의 70% 내외가 소작인이 되어 관에서도 관여할 수 없을 정도로 그로 인한 피폐가 심해서 제주섬의 역사에는 볼 수 없었던 소작쟁의가 한반도 본토는 물론이고 섬지방에서도 빈번했다. 전라남도 하의도 소작쟁의와 암태도 소작쟁의는 너무나 유명하다. 하의도(면적 14.5㎢)의 소작쟁의는 김대중 전 대통령을 낳았고 암태도(43.1㎢) 소작쟁의는 목포 '문태고등학교'의 설립자 문재철을 낳았다.

제주도의 용암평원지대가 무주공야로 존재하면서 또다시 독특한 문화가 생겨났는데 바로 제주도에서만 볼 수 있는 '공동캐왓'이다. 제주 사람들의 개체적 대동주의가 여기서도 잘 드러나는데, 마을 주민 대부분의 협의 아래 공동소유로 관리 운영하는 '케왓'은 대단위로 경영되는 용암평원상의 척박한 밭이다. 특히 용암평원이 완만하고 보다 넓은 산서부지방에 발달했다. 케왓 공동체에는 '접장'이라는 어른이 있어 업무를 통괄하고 그 밑에 '초지'라는 보좌역이 있다. 캐왓 운영은 약 2만 평 단위로 공동 작업을 하여 울담을 둘러 친 다음 불을 넣고 잡목 등을 태워 정지 작업을 한 후 약 200평 단위(한직, 一職)로 나누어 간단한 표식으로 경계를 한 다음 능력만큼 나누어 일단 잡곡을 재배하기 시작한다. 여기서 '나눈다'는 것은 배타적 소유권의 의미가 아니고 단지 각자 노동량을 정한다는 의미를 가질 뿐이다. 마치 유럽의 강제 '삼포식 농업'의 개방경지(開放耕地) 체계와 비슷하게 운영되는 캐왓은 개간 후 2~3년간 경작하다 보면 자연스럽게 새(띠)가 들어 새밭이 되고 그러면 지력회복과 지붕재료인 새를 쉬이 얻기 위해 8년여 동안 그대로 놔둔다.27) 새는 5년쯤 되면 길이가 긴 양질(키 1m 20㎝)이 되지만 그 후는 점차 키가 낮아져

---

27) 현용준(2009), 『제주도사람들의 삶』, 민속원, p.92.

키가 낮은 '각단이'(키 60㎝ 내외)가 되고 그러면 다시 개간에 들어
간다. 전통사회에서 안팎거리 두 채로 된 민가일 경우 약 700평 내
외의 새를 생산하는 새밭을 소유해야 했다.

용암평원의 중산간지대 주민이 행하는 수눌음은 '번쇄' 문화에서
도 보인다. 번쇄의 어원은 '번'은 순번을 가리키는 말이며, '쇄'는 소
의 제주말이다. 번쇄문화는 마을 내의 집집마다 외양간에 있는 소를
집집마다 제각기 촐(사료용의 野草＝꼴)을 베어다 주는 불필요한 노
동력을 줄이려고 각 집이 순번(당번)을 정하여 매일 하루씩 모든 소
를 몰아 산야로 가서 촐을 먹인 후 저녁이 되어 돌아온 후 다시 제
각기 집으로 돌려주는 체계이다. 번쇄를 행하는 기간은 보리 수확
후 좁씨를 파종하여 '조밟기'가 끝나 김매기 철이 되면 시작되는데
노동력 짜임의 규모는 대략 20호 내외가 된다.[28]

제주도에도 신분사회인 한반도부의 머슴에 해당하는 '아기업개' 또
는 'ᄃᆞ살이'라는 사람들이 있었다. 그러나 이들은 한시적으로 고용살
이를 한 것으로 한반도부의 한 번 머슴이면 영원히 머슴이 되는 상
황과 달랐다. 그들은 모두 처녀·총각(13～14세경)의 임노동자로 입
주했다가 혼인 적령기가 되어 혼인을 하게 될 즈음이면 독립해서 나
와 자립적인 삶을 살았다.

이상으로 보아 중산간 용암평원의 존재야말로 제주섬으로 하여금
평등의 섬, 대동(大同)의 땅으로 만들도록 했다.

지주와 소작인이 없는 땅, 마름(舍音)이 없는 땅, 각설이가 없는
땅, 도적이 없는 땅, 거짓이 없는 땅, 게으름이 없는 땅, 살애비속(高
麗葬)·살아속(殺兒俗) 그리고 매아속(賣兒俗)이 없는 땅, 이 모두
용암평원과 관련된다. 제주섬은 캉유웨이가ㅡ 사람들이 내용이 실현

---

28) 상게서, p.250.

불가능한 공상적 사회주의서라 비판한-『대동서(大同書)』에서 이상 사회의 요건으로 제시한 ① 전쟁으로부터의 해방, ② 계급적인 불평등으로부터의 해방, ③ 인종적인 불평등으로부터의 해방, ④ 남녀불평등으로부터의 해방, ⑤ 가족적 속박으로부터의 해방 등에 상당히 부합된 땅이었다.

## 5. 풍다도에의 적응기제인 해민정신

제주 선인들은 고대 때부터 동아시아 바다를 누비고 다녔다.
『동국여지승람』 제주목 산천조에 의하면 한라산을 두무악이라고 표기하고 있다. '두무' '도무'는 탁수계[29] 사람들의 지표 지명으로서 그들의 언어습성에 그렇게 부른 것이며 그들은 그들의 사는 마을과 산은 물론이고 그들의 나라, 하물며 그들 자신마저도 두무악이라 칭하였던 것이다. 『영주지』에서의 국호 '탁라'는 두무악의 별칭에 지나지 않는다(고용희, 2006, pp.46~47). 두모악은 영주인들을 차례로 흡수하여 새로운 마을과 나라(涿, 徒)를 이루면서 한라산의 풍부한 목재로 선박을 만들어 마음먹은 대로 항해하는 대양의 역사, 즉 두무악의 시대를 연다. 두모악들의 해양 활동로는 북으로 요하 하구 앞의 장산군도, 남으로는 장강(양자강) 하구 앞의 주산군도 타이완 대안의 천주, 주장강 하구의 광동을 넘어서까지, 그리고 동으로는 일

---

29) 고용희(2006), 전게서, p.45.
　　BC 2세기경 한(漢)에 의해 쫓긴 진(秦)나라 피난민이 동쪽의 조선으로 밀려 들어와 세운 나라가 진(辰)으로 중국인들은 진시황이 세운 나라 이름 秦 대신 辰이란 이름을 쓰게 한다. 진나라에서 온 피난민들은 서로 부르기를 '도(徒)'라 하였다. 신라의 최치원은 "진한(辰韓)은 본래 연나라에서 온 피난민으로 그들이 살던 탁수(涿水)의 이름을 따서 그들이 살고 있는 마을 이름을 사탁(沙涿), 점탁(漸涿)이라고 하였는데 신라 사람들이 언어습성상 '탁'을 '도'라 발음하였으므로 사탁을 사량이라 쓰고 양의 음을 도라고 발음한 것이다"라고 말한다.

본의 구주가 되고 있다.[30)]

제주 땅은 물 막은 화산섬이다. 거기에 제주도가 열대태풍의 진로 한가운데 늘 놓이기 때문에 풍세가 다른 지역에 비길 데 없이 강하다. 제주를 '대문무의 섬'이라 하지만 삼무정신이 제주인들의 삶의 이념이라 주장하는 인문학자들은 거지와 도둑이 없기 때문에 대문이 없다고 했지만 그것은 원인과 결과를 전도시킨 설명이다. 원인은 풍세가 강한 위에 번쇄몰이로 소들이 마을길을 오갈 때의 침입이나 방목(放牧)으로 겨울철에 마을로 내려온 말(馬)들에 대한 방축(防畜) 때문에 나타난 현상이다. 따라서 제주도에서는 한국 모든 도서지방에 없는 대문 아닌 대문으로서의 '정낭'문이 있게 된 것이다. 정낭문은 세 개의 긴 통나무를 가로로 살림집의 올래어귀(마당 출입구, gate)에 걸친 문이다. '올래'는 마당에서 집 안팎을 개폐하는 개구부인 게이트까지 집 안 골목길을 말하여 이 게이트(올래어귀)에 마을과 마을을 연결하는 마을길까지 긴 골목을 '먼 올래'라 한다. 부연하자면 올래 여러 개가 모인 것이 먼 올래가 되고 먼 올래 여러 개가 모이면 마을(가름)이 된다. 마을과 마을을 연결하는 길을 '가름질'이라 한다. 그리고 포도송이처럼 먼 올래에 딸린 여러 집을 '흔올래집'이라 하여 이웃사촌으로 여겨 가족처럼 여긴다.

바둑판 모양의 누름줄로 된 지붕이나 돌커튼의 벽체에서 보듯이 내풍성의 견고하고 빈틈없는 가옥경관 또는 "집지성 삼 년, 배지성 삼 년(허술하게 대충 집이나 배를 지을 경우 3년 안에 불행이 닥친다는 뜻)"이란 경구에서 보듯이 제주 사람들은 '대충' 해서는 살 수 없었고 '모지직' 해야만 살 수 있었다. 맺고 끊는 것이 분명한 '모지직 정신'을 높이 치는 제주 사람들은 대충 하는 사람을 '해밀쌕이',

---

30) 고용희(2006), 전게서, p.54.

'식은 죽 닮은 거'라 하여 흉을 봤다.

　제주섬은 화산섬이기에 보리나 조, 잡곡 외에는 돈으로 쓸 수 있는 쌀(米貨)도 옷감(布貨)도 나지 않았다. 이뿐만 아니라 생활용품을 만들 쇠붙이도, 아프면 먹을 약도, 긴요한 소금도 거의 나지 않았다. 이 모두 외부에서 구입해 오지 않으면 안 되었다. 때문에 문명생활을 하려면 다른 지역, 다른 나라에 나지 않는 교환할 희소 상품을 생산하지 않으면 안 되었다. 희소상품으로 육상에서 말총, 우황, 탐라포(耽羅脯, 사슴·소·멧돼지의 말린 고기) 등 정도나 났지만 이것만으로는 충분치 못했다. 제주 사람들은 마침내 바다로 눈을 돌리게 되었다. 고가를 받을 수 있는 양질의 그리고 희소한 해산물인 옥가(玉珂: 말 재갈에 달아 玉소리를 나게 하는 조개), 耽羅鰒(말린 전복)이 생산된 것이다.

　제주 바다(海底)는 한반도나 중국처럼 뻘바다가 아니고 돌 바다였다. 돌 바다라는 것은 풍부한 해조류가 자랄 수 있다는 것을 의미하고 이것은 다시 해조류를 먹고 사는 어패류가 풍부함을 의미한다. 거기에 바닷속은 어로작업에 유리하도록 맑디맑았고 아스피테식 화산활동에 의해 바다는 얕은 천해(淺海)를 이루어 바다 밑까지 태양빛이 닿았다. 바다가 보고라는 것을 알게 된 제주선인들은 바다에 뛰어들었다. 배 위에서 하는 소극적 어법이 아니라 옷을 벗고 직접 뛰어들어가 하는 '적극적 어법'으로 해산물을 캐는 사람(裸潛漁民: 男 = 보재기, 女 = 줌녜)과 이 해산물들을 먼 이방(異邦)으로 수출을 담당하는 뱃주인(船主와 船格)이 나타났다. 이들은 모두 목숨 걸고 장기간 해상 활동을 해야 하는 모험·도전인들로 해상 캐러반이었다. 위험한 생활을 하는 사람일수록 종교인이 된다고 하지만 이들은 항상 자연의 위협으로부터 안전, 풍요를 기원해야 했고, 그 기원을 천지신

명께 비는 중재자로서 성직자 심방(무당)이 필요했다. 이들 해상 활동을 하는 사람 모두를 필자는 '**해민(海民, seaman)**'이라 총칭했다. 그리고 그들의 정신을 '해민정신(海民精神, seamanship)'이라 했다. 전통 제주사회에는 '~씨 선주(船主)' 하는 남자 이름들이 도처 마을에 존재했지만, 여거상(女巨商)이라 불리는 의녀(醫女) 김만덕은 세계사에 유례없는 조선시대 여자 배주인(船主), 즉 해민이었다.

해민이라고 해서 오로지 바다생활만 한 것은 아니고 거의 반농반어생활을 했다. 그렇지만 제주섬 내에서도 이들은 뚜렷이 구분되어 유교 교의에 투철한 산불근(山不近) 해불근(海不近)의 중산간 내륙지방 사람들은 자신들이 사는 마을은 양촌(良村)이며 또한 자신들은 양반이라 생각했다. 그러나 해민들이 사는 갯마을은 포촌(浦村)이라 불렀고, 이들을 '알뜨르 보재기'라 하여 천시하였다. 그러나 알뜨르 보재기들은 그럴 때마다 중산간 내륙지방 사람들을 보면 바깥세상을 모르는 고루하고 미개(未開)한 '웃뜨르 촌놈' 혹은 '웃뜨르 멘주기(올챙이)'라 놀려댔다. 올챙이는 샘이 아니라 웅덩이에 고인 물에서만 산다. 중산간 사람들 대부분은 샘이 아니고 웅덩이에 고인 소위 '죽은 물'을 용수로 이용했다. 두 지역 간에는 혼사도 꺼렸다. 작은 섬에도 지역갈등이 있었다는 것이다. 인간사에 갈등이 없을 수 없듯이 그러한 갈등이 이 작은 섬에도 예외 없이 존재했었다. 지금은 그러한 갈등은 찾아볼 수 없다.

물 막은 제주섬에 이들 해민들이 출현하지 않았으면 지금도 남아 있는 오스트레일리아의 원주민처럼 채집생활에 머무르고 있었을 것이다. 자연의 스트레스가 강한 물 막은 섬이기에 고대 그리스에 비견되는—그리고 임석재 교수와 조동일 교수도 주장한 바와 같이—유니크한 신앙과 신화가 탄생하였고 지금도 남아 있는 것이다. 해민들은 칠성판을 등에 지거나 덕판배를 타고 다니며 해탈과 구원의 섬인 이어도鄉(제주인의 洋上樂園)을 위로 삼아 살기도 했다.

혈육의 주검을 거둘 수 없는 실종(失踪)이 다반사였던 제주섬의 해민들이 상정한 이어도향은 지정의(知情意)의 경험 전체에 의해 상징화된 신화이고 경험을 초월한 것까지 내재된 제주 해민들의 중층적 세계관으로서 그 신화는 계세사상(繼世思想)의 시적 표현이다. 그러기에 천국도, 극락도 아닌 바로서 그리고 사회적인 디스토피아(암흑향)의 반대인 유토피아도, 목가적인 무릉도원도 아닌 바로서 현실적인 이어도鄉은 현세에서의 공죄(功罪) 여하에 관계없이 생·사로 갈린 혈육이 회우하여 질곡과 고통과 결핍으로부터 구원받는 해중명당 혹은 해중본향(海中本鄉)으로 자리매김되는 소박한 헤테로피아(heteropia)인 것이다. 제주 해민들은 시간이 문제지 거자필반(去者必返)를 굳게 믿음으로써 한(恨)을 풀어낼 수 있었다.

이어도는 예술가들의 활동에 있어서도 주요 모티브가 되고 있는데 소설 『이어도』를 쓴 이청준과 이어도향을 소재로 그림을 그리는 변시지 화백은 그 대표적으로 이어도鄉으로 하여금 탐라한류를 일으키게 하는 한국의 대표적인 예술가들이다.

바다에서의 생활은 경쟁을 하지 않으면 안 된다. 경쟁은 실력을 중시한다. 특히 남자에 비해 보다 평화적이라는 여성들 사회에서도 그것은 마찬가지였다. 최초의 중국 주재 영국 대사였던 마카트니 경(Lord Macatney)은 사회변혁은 없이 사람만 바뀌는 동양의 역성혁명(易姓革命)을 듣고, 보고 나서, 바닷사람(海民)답게 "부족한 사람이 갑판 위에서 명령을 내리게 되는 일이 생길 때마다, 배의 기강과 안전은 작별을 고한다"라는 말로 빗대어 바다를 모르는 중국을 비판한 바 있다. 이와 같이 동서양의 모든 사람들은 실력자에 대해 '배의 조타수가 파도를 헤치고 항로를 열어 가는 능력'에 비유하지만 바다에서만은 문무를 겸한 탐색가가 되지 않으면 실력자가 될 수 없었고, 따라서 실력에 의해서 그들의 삶의 질은 달라졌다. 해녀사회에서도 이는 마찬가지다.

농경사회처럼 촌수, 항렬이나 나이 또는 신분 등의 **귀속적 지위**가 아니라 해산물 채취능력에 따라 상군·중군·하군으로 나누어져 의사결정 과정에, 혹은 '불턱'(잠시 몸을 덥히는 모닥불 자리, 한반도의 여성들이 담화하는 우물가 기능을 함)의 윗자리 배정에 영향을 주게 된다. 그러기에 모녀 사이, 자매 사이도 경쟁을 하게 된다. "게움(질투)이랑 허지말곡, 심벡(경쟁)이랑 ᄒᆞ라"라는 제주섬에서만 볼 수 있는 격률은 앞에서 언급한 균분상속제와도 관련되지만 **성취적 지위**를 존중하는 바다생활자들과 관련이 깊다.

그러나 제주 해민들은 경쟁만 한 것은 아니다. 그들은 깊은 관용(톨레랑스) 내지 박애정신으로 대동주의를 실천했다. 한반도부의 바다는 바다주인인 해주(海主, 藿田主)가 있었지만 제주 해민들은 공동체의 대동을 위해서 일찍부터 공동어장문화를 창조했고 거기에서 직접 생산활동을 하지 않더라도 공동체 구성원이면 수확물을 나누어 주는 품증관행이 있었다. 즉, 한반도부는 예외 없이 바다가 특정인의 사유재산(私有財産)이었지만 제주섬의 바다는 전통적으로 그 마을에 거주하는 한 모든 사람이 주인이 되는 총유재산(總有財産)으로 관리되어 오고 있다. 그러는 과정에 어부들의 ― 많이 잡은 사람이 적게 잡은 사람에게 나누어 주는 ― 뱃동료의식, 노인을 위해 할머니들만 어로작업을 할 수 있도록 배려한 '할망바당'의 개념도 출현하게 된 것이다. 이것은 능력에 따른 배분적 정의(the right, 옳음)와 이웃사랑에 따른 균분적 정의(the good, 좋음)를 잘 조화시킨 이상적인 이념(the beauty, 아름다움)을 싹트게 하였다.

　문헌상으로 보아 17세기 전후해서 출현했다는 해녀들은 제주섬을 '여성의 섬'으로 인식도록 했다. 남자 어로자인 보재기는 문헌상으로 적어도 조선 초기인 성종조(1483)에 포작인이라는 말로 표현되어 나타난다.[31] 문헌상으로 해녀에 대한 최초의 기록은 1622년경에 유몽인(柳夢寅, 1559~1623)이 썼다는 『어우야담(於宇野談)』에 나오며[32] 다음에 선조의 손자로서 역모 혐의로 제주에 유배 왔던(1628~1635년) 이건(李健)은 그의 『제주풍토기(濟州風土記)』에 제주 해녀에 대해 기록을 남기고 있다. 해녀 활동의 전성기는 근대 이전이 아니라 그 이후로서, 박찬식의 『제주해녀의 역사적 고찰』에 의하면 17세기 말 해녀의 수는 약 1천명인데 1957년에 2만 7553명으로 이해가 숫자상 절정기로 되고 있다. 1970년대 들어와 그 수는 2만 명 이하로 급격히 줄어들기 시작한다.

　해녀 출현 이전에는 문헌상으로 보듯이 주로 남자(보재기)들이 생산을 주도했다. 그런데 왜, 17세기 이르러야 해녀들에 대한 기록들이 나오고 있는가? 그것은 한반도부의 해산물에 대한 수요가 급증했기 때문이었다.

　17세기는 조선 후기의 시작점으로 왜란과 호란으로 인해 전국의 경지가 3분의 1로 축소되어 버린 상황에서 조선 조정이 시급히 식량 증산을 하기 위해 누구든 불모화된 토지를 개간 농지화하는 자에게는 그의 소유로 한다는 새로운 토지소유제도가 나타났다. 이에 따라

---

지주는 물론 소작 역농가들이 이에 적극 참여 자작농화하고 상품작물인 쌀과 면화 등을 재배 판매하면서 신흥 부농층이 확대되고 이들은 다시 신흥 양반이 되어 마침내 서민종족취락도 곳곳에 등장하게 된다. 이제 잉여계층이 증가하고 그에 따라 무산자도 늘어나 임금노동자로 되면서 상거래가 활발해진다. 상품작물을 재배하는 상업적 농업이 확대되어 감에 따라 상품작물의 재배와 판매에 따른 이윤의 보장으로 점차 특정 작물의 지역분화와 주산지 형성도 이루어졌다.

이러한 외적 상황이 제주의 해산물 수요를 증대시켜 해산(海産) 활동을 자극하게 된다. 수요 규모에 맞게 해산물 생산을 위해서는 양적 노동인구가 필요하고 거기에 효율적인 수중활동을 할 수 있는 질적 노동력이 요구되었다. 그것은 피하지방이 두터워 남성에 비해 상대적으로 내한성이 큰 여성에게 유리했다. 그리고 해난 사고로 남성들의 희생이 많아짐에 따른 생계를 책임져야 할 여성인구의 많음도 관계된다. 이러한 상황은 마치 근대 이전 역사적으로 볼 때 제주도에서는 감귤이 재배될 수 있는 유리한 지리적 환경을 지녔음에도 대중화되지 못하고 1970년대 이후 한반도부에 수요가 생기자 제주도 전역이 감귤재배지화된 것과 같은 것이다.

탐라국을 당나라의 최대무역상대국으로 올려놓은 것도 해민들이었으며, 7세기 신라(선덕여왕)가 탐라가 두려워 국가보위용으로 세운 황룡사 9층탑의 4층(1일본, 2중화, 3오월, 5응유, 6말갈, 7단국, 8여적, 9예맥)을 탐라(托羅)로 자리매김토록 한 것도 해민들이었다. 그리고 왕조실록 여러 곳에 언급되고 있는 바와 같이 대선단을 이끌어 '바다의 유목생활'을 주도한 것도 해민들이었다.

제주인들의 서방정토라는 '이어도향' 역시 이들 남자 해민들에서 계기가 된 것이다. 여기에 죽음을 무릅쓰고 해산물을 내다 팔고 다시 생필품을 외국에서 들여온 것도 남자 해민들이 없었으면 불가능했다. 제주도가 여다의 섬이 된 것은 이들 남자 해민들의 희생이 컸기 때문에 만들어진 말이다. 제주섬에 만연했던 일부다처의 축첩문화도 그렇게 해서 생겨났다. 과거에 제주사회는 한 집 건너 축첩한 집을 볼 수 있을 정도였다. 축첩을 함에 있어서 빈부귀천은 관계없었다.

남자가 귀해지고 여성들이 적극적으로 생활전선에 나가는 커리어 우먼이 되자 문화는 엄청난 변화를 하게 되었다. 남녀가 평등해지기 시작했고 그에 따라 이혼율도 높아졌다. 그렇게도 '소박데기' 될 것이 두려워 시부모와 남편을 하늘처럼 모셨던 한반도부에서는 사회가 산업화, 소프트웨어화가 되면서 여자들도 취업 기회가 늘어나자 "초라한 더블보다 화려한 싱글이 더 좋다" 하여 여자 쪽에서 이혼을 제기하는 경우가 많아지는 추세다. 하지만 제주섬에서는 일찍부터 "귀찮은 더블보다 자유로운 싱글이 더 좋다" 하여 쉽게 이혼한 역사를 갖는다. 남자육아취사풍습, 부모 자식 간 경제생활 분리도 이로써 설명된다. 조혜정 교수는, 제주는 남녀 지위 관계를 '평등'이라는 용어를 사용하지 않고 '양편 비우세(neither dominant) 사회'라 하고 제주여성들은 - 세계적으로 보아 - 'proto - feminist(여권신장의 元祖)' 들이라고 하고 있다. 여성이 해방되지 않는 땅에서 부르짖는 민주는 허상일 뿐이다. 비민주적인 사회에서 여성들이 이혼을 제기하는 경우는 동서고금을 막론하고 존재하지 않는다.

바람 많고 척박한 그리고 자원이 빈약한 제주섬은 **'장소의 번영(place's prosperity)'**은 가져올 수 없었지만 해민들에 의해 **'주민의 번영(people's prosperity)'**을 가져올 수 있었다. 근세에 있어 평균적으로 제주섬사람들이 한반도부 어느 지역보다도 잘살 수 있었던 것은 해민 특히 해녀들이 외지에서 벌어 온 몫이 컸다. 제주도에서는 남성들만 아니라 여성들도 노마디즘 속에 살았다. 제주도에는 '나간 개가 사농(사냥)흔다', '나도는 개가 꿩도 물어든다'라는 속담이 있다. 그리고 빈한한 삶에서 벗어나지 못한 사람이 지혜 있는 자(어른, 점쟁이)에게 그 이유를 물었을 때 그들은 한결같이 '타리거성((他離居生) 흐라'는 말을 해 준다. 즉, 물(바다)을 건너든지, 산을 넘든지 하여 고향을 떠나 살면 신수가 풀린다는 것이다. 그러나 붙박이 문화권인 한반도부에서는 노자의 말씀대로 "닭 우는 소리, 개 짓는 소리가 들릴 정도로 가까운 나라가 있어도 평생 고향을 떠나지 않고 사는 것이 지고의 행복이다"라는 말씀, "대문 밖이 저승이다"라는 선조들의 말씀을 지켜 성황당 고개를 넘는 것이 곧 죽음을 의미하기도 했다. 그 고개 너머는 곧 미지의 타계였다.

제주섬에는 유교문화에서 가장 천시했던 이들 해민을 기리는 문화가 있다. 모슬포 포구의 김묘생(金卯生) 공덕비, 제주시 사라봉 모충사의 의녀 김만덕, 제주항여객터미널의 해녀벽화, 제79회 전국제주체전의 마스코트인 '숨비(비바리 해녀)'가 그 한 예이다. 그리고 김녕리 한연 한배임제, 평대리 부대각, 조천 '새콧알 본향당'에 신으로 모셔진 안씨 선주, 송씨 선주, 박씨 선주처럼 신으로 모셔지기도 한다. 이 모두 유교근본주의 문화권에서는 언감생심 생겨날 수 없는 문화이다.


## 6. 해민정신의 특수성과 보편성

제주인들의 고유한 개체주의는 각종 생활양식에서 드러나는데 그 중에 핵심 요소들만 보면, 균분상속제, 분제(分際), 겹부조, 신거 · 은 거제(안팎거리 주가), 수눔장시, 이혼문화 등이 있으며 이 외에 속담이나 격률에 잘 드러나고 있다. '애비아덜간 범벅도 그뭇 그성 먹으라(아버지와 아들 사이에 범벅도 선을 그어 놓고 먹는다)', '불턱이 지만씩이라야 살아진다(고부간에 부엌이 따로따로라야 말썽이 없다)', '아덜은 장개 가민 8춘(아들은 장가가면 8촌)', '사름과 쪽박은 시민 신대로 으시면 으신대로 산다(사람과 쪽박은 있으면 있는 대로 없으면 없는 대로 산다)', '게움이랑 허지 말곡 심벡이랑 흐라(시기 질투랑 하지 말고 경쟁은 해라)', '흔 놈 논 ᄃ리 열은 걸곡, 열 놈 논 ᄃ리 ᄒ나도 못 걷나(한 사람 놓은 다리는 열 사람이 걸고 열 사람 놓은 다리는 한 사람도 못 걷는다)', '씨집 갈 때 솥단지 들렁간다(시집 갈 때 솥을 들고 간다)', '성제는 위세뿐 질루지만썩 살라(형제는 겉모양새뿐 제각각 살라)', '쇠뿔도 각각 직시도 각각(소뿔도 각각, 묫도 각각)' 등은 부모형제라도 각기 자립 자조적으로, 즉 의지하려 하지 말고 따로따로 살아가야 한다는 개체주의(따로주의) 정신을 여실히 드러내는 언어들이다.

제주인들의 이러한 개체주의의 정신은 제주인들로 하여금 누구에게도 간섭받지 않으려는 아나키적 자유인으로 만들어 갔다. '인간에게 자유는 형벌이다'라는 말이 있지만 제주인은 자유에 따르는 형벌을 두려워하지 않았다. 자유는 두렵고 벅찬, 자기 인생이 막막하게 느껴지는 무거운 짐이다.

다음에 제주인들의 고유한 정신으로 '대동주의' 또한 있었다. 그 증거가 되는 주요 요소들을 보면 공동어장(원담), 공동목장, 공동가마, 할망바당, 본향당, 수눌음, 캐왓, 모듬소분 그리고 '늠의 대동ᄒ라' '아기업개 말도 들어사 흔다' 등이 있다. 본향당, 수눌음, 캐왓은 개인주의 요소도 함께 들어 있으나 대동주의(똑같이 주의) 요소가 보다 강하게 나타나며 이 모두는 제주인들의 더불어 살아야 한다는 공동체 정신을 예증하는 좋은 본보기가 된다.

제주인들의 고유한 대동주의 정신 속에는 '평등정신'이 강하게 들어 있다. 그것은 더불어 살아야 한다는 이웃사랑, 즉 인보정신(隣保精神)이기도 했다.

개체주의와 대동주의의 두 용어를 합치면 **'개체적 대동주의(Individual Corporativism)'**, 환언하면 **'따또주의('따로또같이'의 준말)'**라 표현할 수 있지만, 그러한 정신은 일시적 사건사(정치적·역사적 시간)에서 유래된 것이 아니라 쉬이 변하지 않는 장기지속의 역사, 즉 지리적 시간 속에서 자연스럽게 형성된 문화이다. 이러한 정신은 제주섬에서 해상 활동을 해 온 해민들에게서 보다 잘 드러나기 때문에 이를 제주인의 정체적 표상(表象)으로 삼아 '해민정신(海民精神, Seamanship)'이라 했다. 그 해민정신의 술어적 표현[記意]은 '개체적 대동주의'가 된다. 김지하 시인은 필자가 제시한 이 용어를 받아 '개체를 잃지 않는 분권적 융합'이라 표현한 바 있지만, 개체적 대동주의는 "공동체에 기여할 때 완성될 수 있는 개인에 비중을 두는 삶", 즉 "나와 나 아닌 나를 위한 삶"을 지상 이념으로 삼는 정신인 것이다.

개체주의(따로따로주의)란 혈연집단을 단위로 모든 것을 '또같이 또같이' 살아가려는 과거 한반도부 종족취락의 '집단주의' 즉, '혈연적 집단주의(Family Collectivism)'와 모든 것을 '따로따로'만 하려는 서양의 '따따주의(개인주의 혹은 원자주의)'와 뚜렷이 구별되는 삶의 정신이다. 좀 더 이해를 돕는다면 한반도부의 보편적 가치로서 나타나는 혈연적 집단주의의 마을 공동체가 이스라엘에서 보는 공산적 키부츠(kibbutz)에 준한 공동체라면, 제주의 마을 공동체는 민주

사회적 모샤브(Moshava) 공동체에 준한다. 시간이 갈수록 쇠퇴하는 키부츠 공동체는 모든 것을 공유하나 날로 번창하는 모샤브는 주거지와 경지 등은 사유이고 나머지는 공동으로 경영된다.

한반도부가 혈연공동체(Ethnos)로서 공자적이고, 헤브라이즘적인 권위와 규격과 귀속지향의 족당문화(族黨文化)를 갖는다면, 제주섬은 지연공동체(Demos)로서 묵자적이고 헬레니즘적인 자유와 평등과 그리고 성취지향의 권당문화(眷党文化)를 갖는다 하겠다. 이와 같이 한반도부와 제주섬의 전통적 문화는 서로 대동소이(大同小異)가 아니라 대이소동(大異小同)의 관계에 있다 하겠다. 한반도부의 공자 교의에 의한 혈연적 규범은 한국인을 위한 구약윤리(舊約倫理＝臣民倫理)였지만 제주섬의 묵자적이고 지연적인 규범은 한국인의 미래를 위한 신약윤리(新約倫理＝市民倫理)가 될 것이다.

해민정신, 즉 개체적 대동주의는 제주도만이 갖는 유니크함이 있다. 하지만 이러한 제주도만이 가져온 정신문화적 특수성이 의미를 가지려면 모든 인류에게 공감되는 보편성이 있어야 한다.

유럽(영국 노동당의 토니 블레어, 프랑스 사회당 리오넬 조스팽 집권, 게르하르트 슈뢰더의 독일사민당 총선승리<'98년 9월 27>)을 중심으로 해서 실천되기 시작한 '제3의 길(The Third Way)', 즉 21세기 이상적 이데올로기로 내세우는 것으로서 '사회적 자본주의(Social Capitalism)' 혹은 '참여자본주의(Stakeholder Capitalism)'라는 것이 있다. '사회적' 혹은 '참여'라는 용어는 '대동'에, 자본주의라는 말은 개체주의에 걸맞다. 또한 대한민국 헌법 제1조는 "대한민국은 **민주공화국**이다"라 하고 있고, 북한도 "(조선)**민주**주의인민**공화국**"이라 하고 있지만, 개체를 인정 않는 민주(民主)는 공허하고, 대동을 실천 않는 공화(共和)는 위선인 것이다. 이것은 개체적 대동주의가 남북

통일 후의 대안 이념이 될 수 있음을 의미한다.

사상가이자 시인인 김지하는 필자의 졸저를 정독하고 제주 미래 나아가 한국 미래의 화두(話頭)로 던진 '탐라한류(耽羅韓流)'에 대해 다음과 같이 말하고 있다.

> ……송성대 교수의 표현을 빌리면 바로 '이어도(해양)문화'입니다. 이승과 저승을 넘나드는 현실적이면서도 초월적인 내추럴 모더니즘이랄까. 세계사적으로 명함을 내놓을 수 있는 뭔가가 있다는 겁니다. 우리나라는 오랫동안 대륙(사관)에 묻혀 살았습니다. 그러나 이제 해양 중심으로 대륙과 결합. 새로운 활로를 모색해야 합니다. 이게 제주가 해양한류의 전진 기지가 되어야 할 이유입니다.[33]

한국의 민주노동당을 제외한 모든 정당들은 그 이념을, 표현은 조금씩 다르더라도, 중도실용주의에 두고 있다. '한나라당'은 '공동체적 자유주의' '민주당'은 '중도 자유주의'를 당의 이념으로 표방하고 있는데 '공동체', '중도'는 대동주의에, '자유주의'는 개체주의에 해당한다. 여기서 지적해 둘 것은 민주당(과거의 열린 우리당)은 중도 좌파적 성격을 지닌 정당임에도 '중도 자유주의'로 한 것은 오류로, 보다 떳떳하게 '중도 진보주의'로 하거나 '중도 평등주의'로 표현해야 했었다. '한나라당'도 마찬가지로 중도 우파적 정당이기 때문에 '자유주의적 공동체주의'라고 해야 했다. 이런 면에서 볼 때 제주도의 개체적 대동주의는 중도 우파적 정신이 내재해 있다고 봐야 할 것이다.

동서양을 막론하고 21세기는 모두 하나의 이념에 전념하지 않고 개인(성장)과 공동체(분배)의 삶이 조화를 이루는 사회를 만들겠다는 것이다. 오래된 미래의 정신으로 해민정신의 술어적 표현인 제주인

---

33) 〈한라일보〉 2005년 07월 04일.

의 개체적 대동주의(자유·평등·인보 정신)는 이를 충족시킬 대안
이데올로기가 될 수 있다. 부연하자면, 그 정신은 아나키 공동체를
지향해 온 정신문화로서 "가장 예스러우면서 가장 새로운 정신"일뿐
더러 "가장 제주적이면서 가장 세계적인 보편정신"임을 누구나 인정
할 수밖에 없을 것이다.

# 참고문헌


고용희(2006), 『바다에서 본 탐라의 역사』, 도서출판 각.

문옥표(1994), 『일본의 농촌사회』, 서울대학교출판부.

송성대(2001), 『문화의 원류와 그 이해』. 도서출판 각.

鄭鎭元(1984), "人文地理學의 理念과 方法", 『地理學論叢』, 第11號.

이면호(2003), 『인간이란 무엇인가, 유토피아 철학사상』, 교우사.

韓榮炫(1987), "朝鮮時代 同族마을의 土地所有形態에 關한 硏究", 전남대학
교대학원 석사학위논문.

현용준(2009), 『제주도사람들의 삶』, 민속원.

工藤暢須(1941), 『地理哲學』, 大日本法令出版株式會社.

山野正彦(1972), "F. Ratzelの再評價に關する一つの試み", 人文地理, 24卷3號.

BUNKSE, EDMUNDS V.(1981), "HUMBOLDT AND AN AESTHETIC
TRADITION IN GEOGRAPHY", *The Gepgraphical Review*, April.
1981, Vol.71, No.2.

푹스, 에두아르트(1909), 『풍속의 역사 Ⅲ』, 이기웅/박종만 옮김(1990), 까치.

Mumford, Lewis(1961), 『歷史속의 都市』, 김영기 역(1990), 명보문화사.

시그프리드, 앙드레, 『西歐의 精神』, 閔熹植 譯(1976), 瑞文堂.

http://kin.naver.com

http://kr.blog.yahoo.com

http://stsupporters.tistory.co

http://www.chosun.com

http://www.graphys.co.k

http://www.hallailbo.co.kr

http://www.hani.co.kr

http://www.jejunews.com

http://www.jejusori.net

http://www.jemin.com

# 한·중 간 이어도해 영유권 분쟁에 관한 지리학적 고찰

송성대

## 1. 서 론

본 연구에서는 동중국해의 이어도 해역의 영토적 분쟁 실체를 제시하고 그 주권이 한국에 있음을 지리학적 패러다임에 의해 밝히고자 한다. 밝혀진 내용은 정책 대안, 즉 향후 한·중 간에 EEZ경계 획정 논의 시 한국정부의 논리를 재정비시키는 데 기여하도록 함은 물론 일반 국민들로 하여금 이어도 분쟁의 실상을 이해하도록 하여 그에 대한 집단지성(集團知性)의 확장에 기여하고자 한다. 특히 영토 문제에 보다 관심을 가져야 할 지리학계에서 아직도 이어도문제에 대해서는 이상할 정도로 관심을 갖고 있지 않는 바 이 연구가 지리학도들이 이어도에 관심을 갖도록 하는 계기가 되었으면 한다.

본 연구는 주로 문헌적 연구방법을 취하였다. 이어도에 대한 연구활동 내지 실적은 지리학 분야에서는 단지 필자에 의해 몇 편의 졸고(Song, 2007; 2007; 2009)가 나오기는 했으나 그 외에는 거의 찾아볼 수 없다. 인문·사회과학 분야에서는 주로 법학(국제해양법) 분야에서 전유물이 되다시피 연구가 진행되어 왔으며, 자연과학 분야에서는 해양학, 수산학, 지질학, 기상학 등 비교적 다양한 분야에서 비교적 활발하게 연구가 이루어져 왔다고 할 수 있다.

　본 연구는 한·중 간의 해양경계 획정 및 분쟁현황에 관하여 사회과학(국제법·국제정치학) 분야와 인문학(신화학, 역사학, 문화지리학) 분야 그리고 자연과학(해양학, 지질학, 수산학, 자연지리학) 분야에 대한 국내외 관련 선행 연구자료를 참고하여 해당 이슈와 관련된 내용들을 선별해 연구를 진행시켰다. 이어서의 진행은 먼저 이어도에 대한 자연지리학적 성과에서 해당 요소를 도출 기술하여 그 경관적 특성을 구명하고, 이 결과와 한·중 양측의 대립되는 인문·사회과학적 주장들 하나하나에 대해 이어도의 도출된 자연지리적 요소와 상관시켜 관계(실증) 해석을 하였다. 특히 해양법 연구일 경우 방법론상 자연지리학이나 문화지리학에 대한 기초 없이는 불가능할 것이다. 지리학에 대한 이해 없이 해양법에서 논하는 탈베그(thalweg, 最深河床線) 원칙이나 중앙선 원칙, 등거리선 원칙 그리고 시원적 권원(primitive title), 문화적 권원 등에 대한 구체적인 논의는 불가능하다. 해양법은 궁극적으로 지표, 즉 공간과 장소에 관한 법이다. 그것을 문장 기술만으로 연구하고 이해시키기에는 한계가 있다. 지도나 그림 등의 제시와 자연과 인간관계의 해석과 설명이 뒤따랐을 때 그 한계는 극복될 수 있다.

## 2. 이어도의 위치와 경관

이어도를 한국에서는 '섬[島]'으로 인식하여 호칭 표기하고 있다. 한강 하구의 하중도로 존재하는 '나들섬'은 모래 사주(cay)로서 여름 증수기에는 물에 잠겨 버려 보이지 않지만 역시 섬이라 부른다. 이어도를 서양에서는 Socotra 'Rock', 중국에서는 蘇岩'礁'라 불러 이어도를 섬(島, island)으로 인식하고 있지 않다. 이어도는 자연지리학적인 정의를 한다면 섬이 아니고 해면 밑에 있어, 주위보다 돌출해 있는 '해저지형물(undersea features)'로서의 간출지(low－tide－elevation)이다. 간출지에 대한 보다 명료한 설명은 '바위' 岩이 아닌 '어두울' 暗자를 써서 '암초(暗礁, sunken rock)'라 했을 때 가능하다. 부연하면, 저조면(低潮面) 밑에 항상 잠겨 있는 凸형의 미지형물은 은암(隱岩) 또는 은초(隱礁), 고조면(高潮面) 위에 항상 솟아 있으면 현암(顯岩) 혹은 현초(顯礁)라 한다면 저조면과 고조면 사이에 있는 바위나 사주는 간출암(干出岩)·간출초라 하게 되는 것이다.

해양문화를 가졌던 고대 이래의 제주인들은 이러한 간출암을 다른 암초(岩礁)와 정확히 구별하여 일상어로 사용하여 왔다. 은암을 '든여'('잠겨 있는' 礁라는 뜻), 현암을 '난여'('나와 있는' 礁라는 뜻)라 하며 간출암은 '고분여'('숨바꼭질하는' 礁라는 뜻)라 부른다. 제주인들은 이와 같이 바닷속 해중(海中)의 크고 작은 바위를 모두 포함하여－'여>이어'[礖]라 불렀다. 따라서 이어도를 한자로 굳이 표현한다면 '礖島'라 해야 할 것이다.

간출암인 이어도는 1년의 대부분을 물 밑에 숨어 있어 해수면에 파랑을 일으키다가 간헐적으로 물 위로 모습을 드러낸다. 춘분과 추분 무렵에는 확실하게 드러나고 그 외에도－이어도의 평균 파고는

3～6m가 되나 태풍 때는 16m 내외가 된다- 파도가 심할 때는 물 위로 모습을 드러낸다. 이 때문에 일본인들은 이어도의 호칭을 당초에 암초라 하지 않고 '파도 일으키는 처소'라는 뜻으로 '하로우수'(波浪ス)라고 불렀던 것이다. 이어도의 해양과학기지는 파고 21m까지를 의식해서 건립되었지만, 이와 같이 이어도는 간출암이기 때문에 중국은 논외로 하더라도 한국 또한 섬이 갖는 어떠한 해양관할권도 가질 수 없으며 또한 영해 기선으로도 삼을 수 없다. 다만 이어도에 설치된 한국의 해양과학기지가 있기 때문에 기지 외연 500m까지는 안전수역을 설정하여 관리할 수는 있다.

간출암인 이어도를 '섬[島]'이라는 부르고 논의하는 것은 문화적 혹은 관습적 용어사용법에 따른 것이다. 언어 자체가 이데올로기라

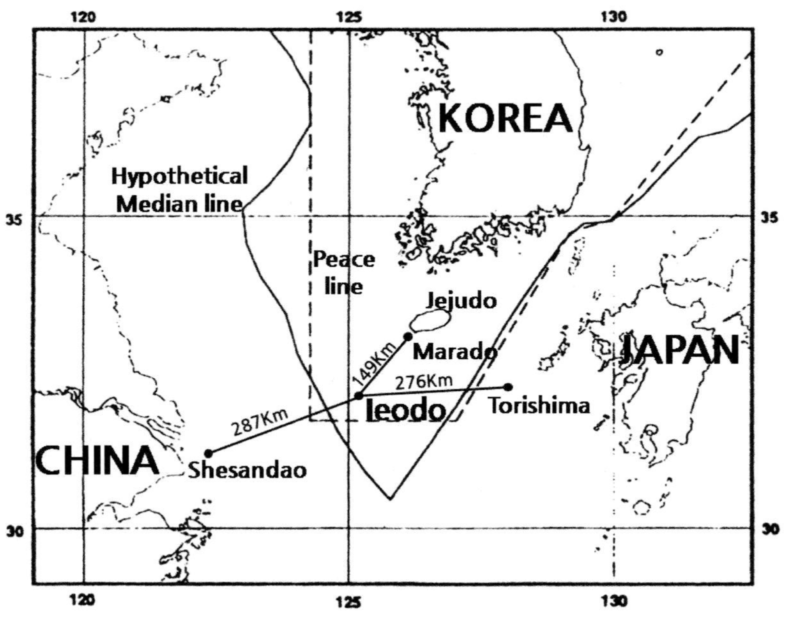


[그림 2-1] Situation of Ieodo. 이어도의 관계적 위치

하듯이 이어도는 단순한 해저지형물이 아닌 제주도민들에게는 살아 숨쉬는 영혼의 쉼터, 즉 '궁극의 장소'로서의 섬(이어도鄕, Ieodotopia)이 되기 때문이다.

북위 32도 07분, 동경 125도 10분상에 있는 이어도는 한·중·일 3국에 의해 만들어지는 삼각형의 가운데 해역에 있는 섬으로 정치적, 군사적, 경제적, 문화적으로 매우 중요한 수중 암초(暗礁, Rock)이다. 한국과 중국 간의 영유권 분쟁에 있어서 이어도가 한국에 지리적 권원이 있음을 주장하는 논거 마련을 위해서는 이어도의 지리적 경관의 형성과정과 그 특징을 과학적으로 구명하고 이해하는 것이 선결 요건이다.

이어도는 영해 기선으로 볼 때 중국의 서산다오(余山島, Sheshandao)로부터는 287㎞, 일본의 도리시마(鳥島)로부터는 276㎞, 한국의 마라도(馬羅島)로부터는 149㎞ 떨어져 있는, 기준 수면에서 4.6m 아래 있는 암초다(수심 40미터 기준 면적: 약 12만 평). 이들 3개의 섬들은 각각 해당 국가의 영해 기점이 되고 있지만 주민의 거주 역사가 오랜 한국의 마라도와 달리 중국의 서산다오와 일본의 도리시마는 무인도에 해당한다.

이어도는 신생대 제4기 플라이스토세(B.P. 160만 년 이후) 시기에 퇴적된 하부의 쇄설성 퇴적층과 이를 얇게 덮는 상부의 화산쇄설성 퇴적층으로 구성되어 있는데, 신생대 제4기 동안의 몇 차례 반복된 빙하기와 간빙기 기간 중 반복적인 퇴적과 화산작용, 그리고 차별적인 침식작용의 영향을 받아 응회구의 원지형이 현재와 같이 독특한 지형경관을 이루게 된 것으로 추정된다.

현재 이어도의 가장 높은 지형을 이루고 있는 정상 부분은 화성 쇄설류(화쇄류: pyroclastic flow)에 의해 운반 퇴적된 응회암층이 기

존의 퇴적층을 피복한 후 풍화 침식에 의해 삭박되고 남은 잔류지형
으로 추정된다. 결론적으로 응회구 내지 응회환으로 생겨난 이어도
의 해저지형은 뚜렷한 구성 암상 차이에 따른 차별 침식을 통해 현
재와 같이 국부적인 봉우리 형태만 남기고 분화구의 부분이 침식되
어 파식대 형태의 지형을 이루게 된 것으로 해석된다(정대교 · 심재
설, 2001, 537~57). 이러한 이어도의 화산 응회암층 지질구조는 180
만 년 전의 화산활동에 의해 형성된 제주 본섬의 측화산의 하나인
송악산과 맥을 같이한다. 이어도는 대륙이 침강하거나 융기하여 형
성된 육도(陸島)가 아닌 제주도와 똑같은 양도(洋島)인 것이다. 그
럼에도 중국은 이어도가 중국대륙과 연장된 섬이라 주장한다.

이어도의 입체경관을 보면 주변의 평평한 수심 50m를 기준한 지
방기복, 즉 정상 암봉까지의 높이는 45.4m이고 그 위로 4.6m에 해
수면이 펼쳐진다. 정상 암봉은 크고 작은 4개로 이루어져 있다.

이어도의 1.4㎞의 기저부 길이를 갖는 동 · 서 단면도는 대칭적
형태를 보이나 1,8㎞의 기저부 길이를 갖는 남 · 북 단면도는 이어도
의 생성진화 과정을 잘 보여 주는 북고남저의 지형을 이룬다. 남북
단면도는 [그림 2－2]에서 보듯이 이어도의 정상은 기저부 북단에서
약 600m 아래 지점에 형성되어 있고 그 남쪽으로 급애를 이룬 후
곧 평탄한 지형이 1.2㎞로 뻗어 내려가고 있다.

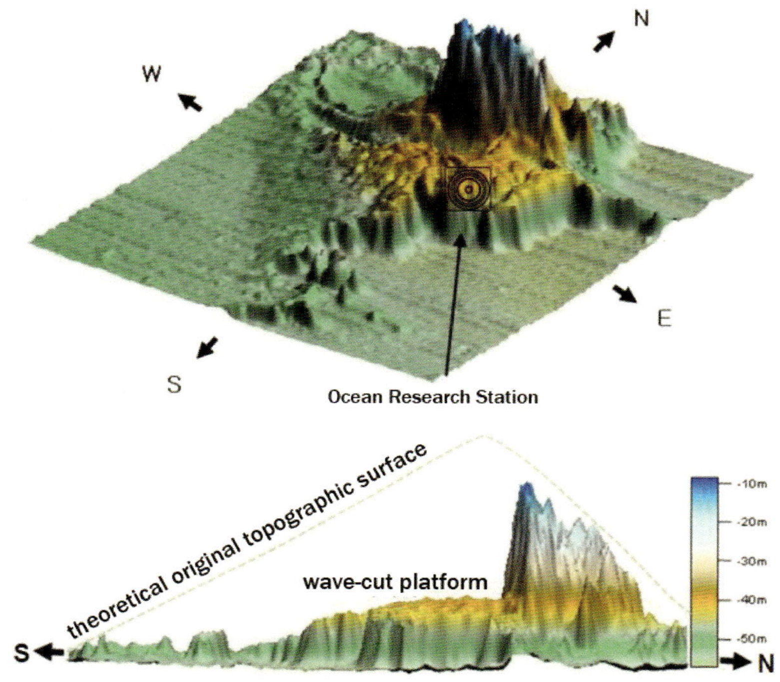


[그림 2-2] Solid Scenery and Cross-sectional Diagram. 이어도의 입체경
관과 단면경관(Source: Sim & Min, 2007)

이 평탄한 지형은 의심의 여지 없이 과거 빙하기 또는 수차례의
소빙하기를 맞으면서 형성된 파식대(波蝕臺)인 것이다. 과거 반세기
동안의 동아시아로 북상해 오는 태풍의 63%가 이어도를 지나고 있
는 이 파식대의 형성은 이 태풍의 진행 방향과 일치하고 있다

지금의 이어도 북사면의 경사각을 참고하여 그 원지형을 추정하면
당초 이어도의 생성 시는 지방기복이 약 80m 이상이었음을 알 수
있고 이는 곧 이어도가 어느 시기에는 해수상에 약 45m 정도 솟아
있는 凸형의 섬 형태를 띤 현초였음을 시사하고 있는 것이다. 이 시

기에 제주의 고대인들은 '육지 부근이 아닌' 특이한 대양 중의 '이어'[礁]를 보고 '이어도 항로상'의 랜드마크로 혹은 피항가능처로 인식하였고 결국은 양가성(兩價性)을 갖는 이계(異界)로서의 이어도鄕(Ieodotopia) 전설이 제주섬에 나타나게 되는 것이다. 여기서 '이어'에 '도'(島)자가 붙어 이어도가 되었음을 설명할 수 있게 되지만, 이어도 전설이 단순히 픽션(fiction)으로서만이 아니라 거기에 과학적 팩트(fact)가 있기에 객관화가 가능하게 되는 것이다. 이어도 전설의 스토리는 픽션이지만 전설의 '토대'는 팩트(fact)이다. 이 부분은 존재와 사유 내지는 인식과 정의를 구별하여 논해야 할 당위성을 갖는다.

이어도의 평면 경관은 전체적으로 마름모꼴을 이루는데, 50m 수심선을 기준할 때, 면적은 여의도광장(0.388㎢)의 약 5배가 되는 2.0㎢가 된다. 이어도 해양과학기지는 정봉에서 남쪽으로 약 700m 지점인 파식대의 한가운데에 건설되어 있다.


## 3. 이어도에 대한 영유권 분쟁

### 1) 중국의 이어도 해역 변강공정

이어도가 한국인(제주도민)들에게 인지된 것은 전설에서 보듯이 이미 시원대부터지만 근대에 이르러 세계에 널리 알려진 것은 1901년 영국해군이 이어도에 좌초한 자국의 소코트라호 이름을 따서 이어도를 Socotra rock으로 해도에 표기하여 알리면서부터이다. 이후 일본인들에 의해 이어도가 하로우수라 불렸고 해방 이후 최남선에 의해 '파랑도(波浪島)'라 불리기 시작했는데 1951년 9월 23일 한국 해군과 언론인 홍종인 씨가 파랑도의 위치 확인 시도를 한 바 있으

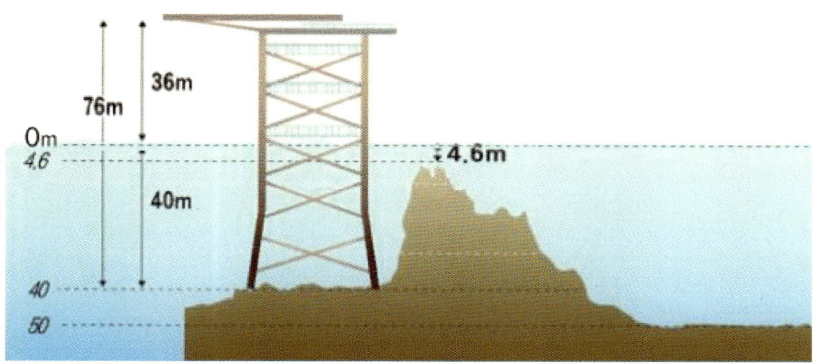



[그림 2-3] Ieodo Ocean Research Station. 이어도 해양과학기지

며 같은 해 '한국산악회'와 해군이 공동으로 파랑도를 발견하여 '대한민국 영토 파랑도(이어도)'라고 새긴 동판을 내려놓았다. 그리고 1951년 7월 19일에는 양유찬 주미대사가 미 국무부에 '독도·대마도·파랑도'를 한국령으로 요구하는 주장을 제시한 바 있으며 1952년 1월 18일에는 대한민국 국무원 고시 제14호에 의해 평화선(平和線, Peace Line, Syngman Rhee line)을 세계에 공표하였는데 이때 이어도는 평화선 내에 위치하고 있었다.

이어도 해양과학기지는 이어도가 한국의 EEZ 안에 위치한다는 판단 아래 국제법규상 자국 EEZ 안에 인공 구조물을 설치할 수 있는 권리가 있음을 근거로 건설했다. 그러나 중국은 "아직 EEZ 경계도 설정되지 않은 상태이므로 이어도가 한국 EEZ 안에 있음을 인정할 수 없다", "그에 따라 한국이 이어도에 인공 구조물을 세운 것은 문제"라고 항의한다. 이에 따라 중국은 해양과학기지 설치작업이 진행 중이던 2000년과 2002년 두 차례 항의를 했으며 2005년에는 해양감시기를 사용, 5차례나 해양과학기지에 대한 감시 활동을 벌이기도 했다.

2006년 9월 14일에 친강(秦剛) 중국 외교부 대변인은 "쑤엔자오는 동중국해 북부의 수면 아래에 있는 암초다"라며 제주도 서남쪽 이어도에서 이루어지는 한국 측의 행동은 아무런 법률적 효력이 없음을 주장했다. 동시에 그는 독도에 대한 일본의 '다케시마(竹島) 버전'처럼 이어도를 쑤엔자오란 이름을 써 강조하면서 "중국은 쑤엔자오를 둘러싼 해양분쟁을 대화와 협상을 통해 해결하기를 바란다"고 말해, 중국이 공식적인 경로로 이어도를 해양분쟁 지역으로 몰고 가기 위한 의도를 보였다. 중국이 2003년 우리의 해양과학기지 건설에 대해 외교 채널을 통해 이의를 제기한 적은 있지만, 이처럼 고위 당국자가 이어도의 한국 지배권을 공식 부인하기는 이때가 처음이다.

2006년 12월 14일에는 또다시 중국 외교부 대변인이 정례 브리핑에서 중국은 "이어도가 한·중 양국에서 자국의 배타적 경제수역(EEZ)에 속한다고 주장하는 동중국해 북부 해역의 수중 암초로서 영토분쟁이 존재하지 않지만 한국이 이곳에서 일방적인 행동을 하는 데는 반대하며 그러한 행동은 어떠한 법률적 효력도 없다"는 주장을 폈다.

한편 중국에서는 정부가 아닌 민간 차원에서도 이어도에 대한 중국의 영유권을 주장하는 움직임이 활발히 진행되어 왔다. 홍콩 시사주간지 「아주주간」은 2006년 '중국사회과학원' 대학원생 왕젠싱(王建興, 32)의 주도로 이어도에 설치된 한국의 해양기지를 철거시키고 이어도를 중국령으로 확보키 위한 '중화쑤엔자오보위협회(中華保衛蘇岩礁協會)'가 구성될 것이라고 보도했다. 협회는 사이트를 개설, 이어도 문제에 대한 중국인들의 관심을 촉구하고 한국대사관에 항의서한을 보내는 한편 선박을 보내 암초에 '중국령'이라고 새겨진 동패와 석비를 세울 계획까지 내놓았다.

왕젠싱은 2006년 8월까지도 중국 정부는 한국이 쑤엔자오를 점거한 사실을 중국인민들에게 공개치 않고 있었다며 "중국 인민은 한국

정부가 쑤엔자오 위에 설치한 모든 불법 건축물을 즉각 철거할 것을 강력 요구한다"고 말했다. 「아주주간」에 의하면 한국 정부가 영유권 분쟁이 있는 이어도에 해양과학기지 시설을 설치했으나 중국 정부는 그동안 '행동을 하되 말을 하지 않는다(只做不說)'는 정책을 견지했으며 중국의 언론들도 이에 관한 보도를 하지 않았다고 지적했다.

민간인이 나서 중국의 주권 회복을 벌이겠다고 주장하는 왕젠싱은 이미 중국 대륙에서 '쑤엔자오보위' 지원자가 300여 명에 이르렀다며 서둘러 '쑤엔자오보위협회'를 공식단체로 등록할 계획이라고 덧붙였다.

'중화쑤엔자오보위협회(中華保衛蘇岩礁協會)'가 민간단체임을 강조하고 있으나 왕젠싱이 사회과학원 소속임에 유의하지 않을 수 없다. 한국 역사에서 고구려와 발해 역사를 지우려는 이른바 동북공정(東北工程)을 수행한 '중국변강사지연구중심(中國邊疆史地研究中心)'은 바로 '사회과학원' 산하에 있다. '사회과학원'은 국무원 직속 사업단위이며 중국의 가장 중요한 싱크탱크이다. 이 일련의 사태 흐름은 중국이 그동안 물밑에서 '이어도 공정'을 준비해 왔다는 확신을 갖게 한다. 민간단체 결성은 공정의 본격화를 선언한 것으로 받아들여야 한다.

시사주간지 「아주주간(亞洲週刊)」 2006년 12월 3일자 24쪽부터 30쪽에 게재된 이어도기사를 보자. 먼저 현 중국 외교부 입장을 소개하고 있다.

"중국은 국제법을 준수, 대화와 협상으로 풀 것이다. 쑤엔자오는 바다 밑에 있는 암초다. 중국과 한국은 영토분쟁이 없다. 중국정부는 한국정부와 여러 차례 교섭했으며, 한국정부는 쑤엔자오가 EEZ 획정에 영향을 미치지 않는다고 밝혔다. 우리는 분명한 입장을 갖고 있다. 한국 측의 일방적인 행동은 어떤 법적 효력도 없다."

중국의 이어도공정을 위한 활동은 2007년에 와서 국가기관에 의해 보다 강화되기 시작한다.

중국 '국가해양국'의 기관지 격인 격월간 「해양개발과 관리」 최근호(2007년 제3호)에 실린 '중국해감동해총대(中國海監東海總隊)' 위즈룽(郁志榮) 부총대장의 "한국의 쑤엔자오 해양·환경관측플랫폼 건조에 대한 생각"과 지대공미사일 연구기관인 '창펑(長峰)그룹' 주관으로 발간되는 월간지 「군사문적(軍事文摘)」 3월호에 실린 천자광(陳家光)의 "쑤엔자오: 한국에 잠식되는 중국의 해양국토"라는 글은 최근 한국의 이어도 종합해양과학기지 건설에는 정치적·군사적 의도가 감춰져 있다는 식으로 문제를 제기하면서 중국 정부의 대응조치를 촉구하고 있다. 문제의 필자들은 기고문에서 한국은 이어도 과학기지가 "공공서비스와 과학연구를 명분으로 내세우고 있으나 (한국 정부의) 정치적 의도가 있는 구조물이다", "중국의 분할될 수 없는 일부분인 쑤엔자오가 현재 소리 없이 한국에 의해 침탈을 당하고 있다"라고 표현하고 있다. '중국해감동해총대'는 이어도 해역이 포함되는 동중국해 북부에 대한 해양 감시·감독 책임을 지고 있는 '국가해양국 동해분국' 소속 기관이고 '창펑그룹'은 중국 우주항천국(航天局) 산하의 우주항공 분야 국유기업인 '중국항천공업총공사'의 여러 연구기관 가운데 하나다.

위즈룽은 한국이 이어도 과학기지를 영해 기점화하는 방향으로 나가지 않도록 하기 위해 가시적이고 효과적인 조치를 취해야 하며 그 주변에 군사시설을 늘리거나 오락시설을 건설하지 못하도록 방지해야 한다고 주장하여 이 과학기지에 짙은 의혹의 시선을 돌렸다. 또 천자광은 이어도가 중국 대륙붕에 있고 중국 영해와 200해리 EEZ에 있기 때문에 중국 영토이고 따라서 외국이 전진기지를 세우거나 주변해역에서 석유를 채굴할 권리가 없다면서 "이를 점령하는 것은 중국의 영토주권 침범"이라는 식으로 이어도를 아예 중국 영토라고 강변하고 나섰다.

위즈룽은 계속해서 "이어도 과학기지 상갑판 꼭대기에 한국 국기인 태극기가 게양돼 있고 그 서쪽 벽면에도 태극기가 인쇄돼 있는 점으로 보아 이는 단순한 해상 인공건축물이나 과학연구기지, 해양·환경 모니터링 시설이 아니라 다른 의도가 감춰져 있다"고 주장했다. 그는 "한국의 태극기 게양이 현재 자국의 주권을 강력하게 주장하는 것이거나 앞으로 주권을 주장하려는 것이라는 설이 있다"면서 이어도가 "제주도로부터 149㎞나 떨어져 있고 중·한 양국 간에 EEZ가 아직 획정되지 않았음을 잊어서는 안 된다"고 강조했다. 이어 한국이 일본과의 독도 영유권 분쟁 과정에서 강력한 '주권욕'을 드러내고 있을 뿐 아니라 독도에 군사기지를 세워 실질적인 통제를 하고 있다고 주장하며 이어도 과학기지 건설이 바로 독도에 대한 '주권욕'의 연장선상에 있는 것처럼 오도하는 논리를 폈다. 한국 정부의 관련 부처들이 "장기간의 연구와 주도면밀한 연구를 거쳐 적당한 시기와 지점을 선택하고 유리한 정세에 기대어 공공서비스와 과학연구의 모자를 씌웠지만 실제로는 정치적 의도가 있는 시설"이라는 식이다.

한편, 인민해방군 산하 '난징(南京)육군지휘학원' 작전지휘교육연구실 소속인 것으로 알려진 천자광은 먼저 "조국대륙의 분할될 수 없는 일부분인 쑤엔자오가 현재 한국에 침탈당하고 있다"는 자극적인 언사부터 내놓았다. 그는 이어도 주변이 역사적으로 중국 어민들의 어장이었고, 한·중 양국이 모두 EEZ를 주장하는 해역에 위치하고 있으며, 지질학적으로도 옛 양쯔(揚子) 강 삼각주의 해저구릉이었기 때문에 중국의 영토이며, 따라서 이어도 과학기지 건설은 중국 영토주권을 침범한 것이라는 식의 논리를 폈다. 청나라 말기인 1880~1890년에 이미 이어도의 위치가 해도에 명확하게 표시됐고, 이어도 해역이 예로부터 중국 고유의 해역이라는 데 대해 한국과 일본이 아무런 이의를 제기하지 않았으며, 중국이 1963년 국제사회에 이어도 해역에 대한 영해주권을 선포했다는 점도 근거로 제시했다. 이러한 중국 측의 주장은 2007년 12월 24일에 다시 보게 되는데, 중국의 '국가해양국' 산하 기구인 '해양신식망(海洋新息網)' 홈페이지(http://www.coi. gov.cn) 해양문화 코너에서 보인다. 이 사이트에 따르면 "쑤엔자오는 당·송·명·청의 문헌에 기록돼 있으며 고대 역사 서적에도 중국 땅으로 명시돼 있다"며 중국의 200해리 경제 수역 내에 있기 때문에 현재도 중국의 영토라고 주장했다.

이어서 천자광은 한국 당국이 이 같은 사실을 왜곡, 이어도가 1901년 영국의 상선에 의해 처음 발견돼 'Scotra Rock'이라 불렸다고 선전하는 동시에 역사학자 등을 동원해 이어도가 제주도 어민들의 전설에 나오는 '환상의 섬', '피안의 섬'이라고 하는 식의 신화와 전설을 날조 조작했다고 맹렬하게 비난했다. 그는 특히 북한이 6·25전쟁 휴전 후 중국 측에 백두산 천지와 압록강 입구의 신도를 요구해 양보받았고, "한국은 동쪽으로 영역 확장을 개시해 일본해에서 독도를 쟁탈함으로써 동쪽 강역을 개척한 다음 이번에는 남쪽 강역 영토 확장에 들어가 독도방식을 중국 동해(동중국해)로 적용하고 있다"는 말도 서슴지 않았다. 천자광은 여기에 그치지 않고 "중국의 가장 중요한 전략요지인 상하이에서 이처럼 가까이 있는 중국의 지반 위에 영구적인 군사시설 건설을 허용하면 중국은 그 목구멍을 찔리는 것과 마찬가지가 될 것"이라는 말로 이어도 과학기지는 군사적 용도라는 시각을 거두지 않았다(http://news.hobbyworld.co.kr).

그런데 2008년 8월 25일 후진타오의 방한을 앞두어 이어도가 중국의 영토라고 자료까지 예시하며 주장했던 상기의 중국 ‘해양신식망’은 8월 13일자로 자신들의 주장을 삭제 철회했다. 대신에 “이어도는 한·중 양국의 200해리 경제 수역이 겹치는 지역에 있다”, “귀속 문제는 양국 간 협상을 통해 해결돼야 한다”는 내용을 대신 싣고 있다. 2007년 12월 24일자 자료에서 이어도를 자국 영토라고 주장했던 이 사이트의 이 같은 조치는 “후진타오(胡錦濤) 중국 국가주석의 방한을 앞두고 더 이상의 외교문제로 비화되는 것을 원치 않은 중국 정부가 서둘러 진화에 나섰기 때문으로 보인다”고 한국의 언론들은 평하였다. ‘주중한국대사관’ 관계자는 “사건의 경위를 확인하고 수정을 지속적으로 요구했다”면서 “이날 게재된 내용은 수정된 내용이 최종 확정된 것으로 파악되는 만큼 더 이상의 입장 변화는 없을 것으로 보인다”고 말했다.

한·중 양국은 2006년 이어도가 수중 암초로서 영토문제가 아닌 해양경계 획정문제라는 데 합의한 바 있기 때문에 중국이 자국 영토라고 주장하는 것은 명백한 합의 위반이다. 그런데 문제의 그 사이트는 하루 만에 입장을 바꾸어 8월 14일에는 종전대로 이어도가 자신의 영토라고 다시 주장한다. 이유는 ‘국가해양국’이 수정안을 만들어 중국 ‘외교부’에 보내면서 ‘이어도는 중국 땅’이란 글도 삭제했는데 외교부의 압력 때문이라는 것이다. 그러나 한국 정부가 대사관을 통해 즉시 항의하고 설명을 요구하자 15일자에는 “쑤엔자오는 한·중 양국의 200해리 경제수역이 겹치는 지역에 있다. 귀속 문제는 양국 간 협상을 통해 해결돼야 한다”는 내용의 수정본을 내었다. 중국의 이러한 조령모개식의 외교행태에 대해 한국의 외교 당국자는 “최종적으로 내린 것은 후진타오 주석의 방한을 앞두고 이 문제가 현안이 되는 것을 중국 측이 꺼려 내렸을 것"(Joins, 2008. 08. 17, 04:25)이라고 분석했다.

한국 외교부의 한 관계자는 "지금까지 13차에 걸친 양국 해양경계 회담에서도 이어도는 회담 의제의 2% 정도에 불과했다", "양측은 이어도가 영토 논의의 대상이 아니라는 점을 2006년 합의했다"(Joins, 2008.08.17 04:25)고 말하면서 중국이 사이트의 글을 삭제한 것은 영토적 야욕이 없으며 합의를 따르고 있음을 보여 준다고 주장했다. 그럼에도 1996년 이후 경계회담 때마다 중국은 당치 않은 해안선 길이와 연안 인구 등을 고려해, 즉 '형평의 원칙'에 의해 경계를 획정해야 한다는 주장을 굽히지 않고 있는 것은 무엇을 말하는가 (http://www.freezone.co.kr, 2006.09.20, 10:59).

중국이 한·중 합의와 다른 내용을 사이트에 올려놓고 한국 정부의 항의를 받아 글을 삭제하는 과정에서 중국 외교부가 '입장 정리가 안 됐다'며 제동을 건 점 등은 중국의 영토 야욕을 그대로 보여 주는 대목이라 하겠다. 패권국가를 이루려는 것이 중국의 야심이다. 특히 육지영토 면적이 세계 3위이나 해양영토 면적이 일본의 5분의 1도 안 되는 중국으로서는 영토 자체의 확장에 급급하지 않을 수 없는 상황이다. 그 과정에 한국에는 유화책을 쓸 수 있다. 그러나 그 유화책도 순간이었다. 후진타오의 한국방문이 끝나 6개월(2009년 3월 말)이 되자마자 중국 정부는 외교부 내에 육지와 해양의 영토 분쟁을 전담하는 '변경해양사무사(邊界海洋事務司)'를 신설하고, 초대 사장(국장)에 닝푸쿠이(寧賦魁) 전 주한 중국대사를 임명하는 등 최근 주변국과 영유권 분쟁에 적극 대처하기 시작했다.

부연하지만 중국은 2003년에 삼황오제의 신화를 역사화(사실적인 문헌사화)하는 작업인 중화문명탐원공정(中華文明探源工程)[34]을 시작하더니 결국은 동북공정에 이어 '해양변강공정(海洋邊疆工程)'의 일환으로 이어도공정을 진행하고 있다. 중국의 해양변강공정은 하이난다오(海南島)와 오키나와·필리핀 등을 중국의 고대사와 연관시키고자 시작된 역사지리공정이다(http://blog.joins.com).

## 2) 국제 해양경계 획정 이론과 한국의 논리

중국은 이어도와 그 해역이 자국의 영토주권 내에 있다고 주장하고 있다. 그럼에도 그 주장들에 따른 개별적이든 정합적이든 어떤 객관적 논거도 제시하고 있지는 않다. 중국의 주장들은 대체로 여섯 가지로 정리해 볼 수 있는데, 본 절에서는 중국의 공허한 주장들의 문제점을 지적하고 그 하나하나에 대해 반론을 제시하겠다. 여기서의 반론은 역으로 이어도에 한국의 주권적 권리(sovereign right)가 있음을 입증하는 것이기도 하다.

첫째, "쑤엔자오는 동중국해 북부의 수면 아래에 있는 암초"이며 제주도 서남쪽 이어도에서 이루어지는 한국 측의 행동은 아무런 법률적 효력이 없다.

결론부터 말하자면, 한국은 이어도에 대한 시원적 권리(primitive right)에 의해 영토주권을 행사함으로써 해양과학기지를 건설했다.

중국 측의 위 첫 번째 주장은 부분적으로 - "쑤엔자오(이어도)는 수중암초이므로"라는 부분은 - 국제법적으로 보아도 타당한 주장이다.

---

34) 5년여의 작업을 거쳐 중국 역사학계는 전한시대의 사가 사마천조차 포기해 버린 하·상·주 3대 왕조의 연대를 확정했다. 하왕조는 기원전 2070년에 시작된 것으로 결론 내렸고, 상왕조는 기원전 1600년 무렵에 건국했다는 학설이 만들어졌다. 또 주왕조의 시작은 기원전 1046년으로 각각 설정됐다. 탐원공정의 궁극적 지향점은 신화와 전설을 역사 영역으로 포섭하는 일이다. 이를 통해 '중국'이라는 실체를 무려 1만 년 전으로 끌어올리고 있다.

그 이유는 유엔해양법협약 제121조에서의 섬이라 함은 바닷물로 둘러싸여 있으며 밀물일 때에도 수면 위에 있는, 자연적으로 형성된 육지지역을 말하고, 인간이 거주할 수 없거나 독자적인 경제활동을 유지할 수 없는 암석은 배타적 경제수역이나 대륙붕을 가지지 아니한다고 하고 있기 때문이다. 뿐만 아니라 2006년 한·중 양국은 이어도가 수중 암초로서 영토문제의 대상이 아닌 해양경계 획정상의 문제라는 데 합의한 바 있기도 하다. 이어도는 분명히 섬 아닌 간출암으로서의 암초다.

그러면 무엇이 중국으로 하여금 이어도를 분쟁의 빌미를 삼도록 했는가?

중국이 이어도 분쟁의 빌미로 삼은 것은 과학기지가 세워진 이어도가 한국이 언제인가는 영해나 EEZ의 기선을 삼으려 할 것이라는 우려를 갖게 되면서부터이다. 만약 이어도에 해양과학기지가 건립되지 않았으면 '이어도 분쟁'은 '이어도 해역 분쟁'이라는 용어를 사용하게 되었을 것이고 따라서 지금과 같은 기형(奇形)의 경계선에 의해 이어도가 '잠정조치수역', 즉 공해상으로 밀려나지 않았을 것이다. 이와 관련된 [그림 2-4]를 보면 한·중잠정조치수역의 경계를 A와 B를 잇는 선으로 하여야 함에도 이어도가 위치한 △형 A, B, C에 해당하는 수역을 기형적 획선에 의해 공해가 되도록 하였다.

중국은 시종일관 해양과학기지를 거론하며 협상을 난항으로 이끌고 있지만, 이러한 경계선 획정은 후술하겠지만, 당시 한국 외교실무팀(당시 외교통상부차관이었으며 현 유엔사무총장인 반기문)의 납득할 수 없는 외교정책 판단에서 온 것이다.

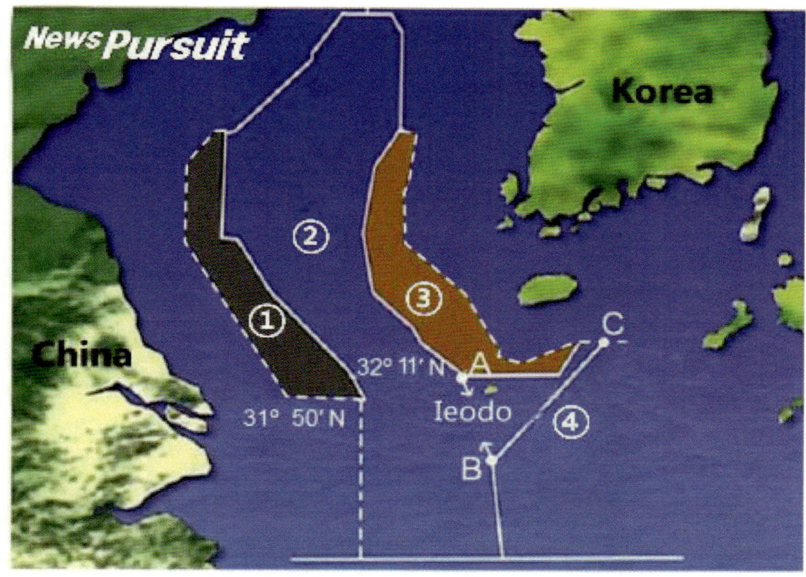


① Chinese EEZ assigned from the China - Korea co - management Zone [since 2005]
② Korea - China Tentative Co - management Zone (until the EEZs are fixed)
③ Korean EEZ assigned from the Korea - China co - management Zone [since 2005]
④ North - west boundary of the Korrea - Japan co - management Zone beyond the EEZs(B - C)

[그림 2-4] Map of the Korean - Japanese Fisheries Agreement in 2001.
2001년 한 · 중어업협정도(Source: SBS Broadcasting Materials)

그렇다면 한국이 이어도에 해양기지를 건립한 것은 국제법에 위반되는가? 한국이 이어도에 과학기지를 세운 것은 국제법상 통용되는, 서로 마주 보는 대향국(對向國) 간에 적용되는 중간선원칙에 의한 것으로 아무런 하자가 없다. 중간선원칙이란 용어는 해양경계선 획정의 분쟁이 일기 시작한 근현대 국가에 이르러서의 영토주권상의 개념이지만 그 사상은 그 이전에 인류 모두가 공인하는 묵계다. 그런 의미에서 한국은 이미 이어도(해역)에 대해 시원적 권리(始原的權利)를 갖고 있다는 주장에 아무런 문제가 없다고 할 수 있다. 근현대 이전에 자연지리학적으로나 인문지리학 내지 법지리학적으로 보았을 때 이미 이어도에 대해 한국은 영토로서의 시원적 권리를 갖고 있었기 때문에 한국이 이어도에 과학기지를 세운 데에는 아무런 문제가 없는 것이다. 부연하자면, 시원적 권리로서 이어도에 대한 연안국으로서의 한국의 영토주권 행사는 중국의 주장처럼 일방적인 점유나 무주지선점 등에 의한 것이 아닌 역사적으로 자연스럽게 취득된 결과에 의한 것이기 때문에 이어도에 한국의 해양과학기지를 세운 것은 한국의 당연한 주권적 권리 행사에 의한 것이다.

둘째, 이 부근 해역은 중국의 산둥, 장쑤, 저장, 푸젠, 대만 등 5개 성의 어민들이 예로부터 어업활동을 하던 어장으로, 근대 이래, 일본, 한국을 포함해 그 어떤 국가도 이에 대해 이의를 제기한 적이 없다.

중국 연안 어민들은 수천 년 전부터 이 암초를 알고 있었다. "산해경, 대황동경" 제14권(기원전 475년~221년)을 보면, "東海之外, ……, 大荒之中, 有山名曰猗天蘇山(동해 바깥쪽에, ……, 멀고 먼 세상 끝에 의천소산(猗天蘇山)이라는 산이 있다)"라고 적혀 있다. 여기서 말하는 소산이 바로 蘇巖礁로 동해 멀리 있다고 기록한 것이 사실과 부합된다. 1880~1890년 청나라 말기 북양함대가 해도에 蘇巖을 명확하게 표시해 놓았다. 산해경(山海經)에도 신주(神州)35)와 동해봉래(東海蓬萊)36) 사이에 바다 밑 선산(仙山)이 있다는 기록이 있다. 수당(隋唐) 이래 고려·일본 조공사신과 유학생들, 우리나라 인사들도 이 암초를 봤으며, 역사기록을 봐도 이 암초가 중국에 속한다는 것은 의심의 여지가 없다.

중국은 이어도가 자신들의 영토라는 근거를 BC.475~BC.221년경부터 쑤엔자오가 중국역사에 나타나는바, 즉 ≪山海經≫에 "東海之

---

35) 예부터 중국을 '신주(神州)'라 불렀다.

36) 중국 신선사상에서 말하는 삼신산(三神山)의 하나. 기원적으로는 전국시대(戰國時代)에 발해(渤海) 연안에 연(燕)·제(齊)나라의 방사(方士 : 신선의 술법을 닦는 사람)들이 신기루 현상과 신선술을 억지로 맞추어 주장한 것이다. ≪사기(史記)≫ 등에 따르면 발해 가운데에는 봉래·방장(方丈)·영주(瀛州)의 삼신산이 있는데 이곳에는 신선이 살고 죽지 않는 약이 있으며 산 위의 새와 짐승은 모두 순백색이고 신선이 사는 궁전은 금·은으로 만들어져 있다. 또 이 삼신산은 멀리서 보면 구름처럼 보이는데 가까이에서 보면 바다 가운데에 있고 속인(俗人)이 가까이 가면 바람이 불어와 갈 수 없다 한다. 연·제나라의 여러 왕들은 불로불사의 신약을 얻기 위해 이 신산을 찾게 했으며 실제로 진(秦)나라의 시황제는 방사 서복(徐福)을 보냈다.

外……, 大荒之中, 有山名曰猗天蘇山(동해 밖, 대황 가운데 산이
있으니, 이름 하여 의천소산이라 한다)"이라는 문구에서 찾는다. 그
들은 그 문구의 끝 '蘇山'이 바로 '蘇岩'과 같으므로 이어도를 자오
(礁)에 쑤엔(蘇岩)을 붙여 쑤엔자오라 부르기 시작했다는 것이다. 이
런 주장에 대해 조성식 교수는 중국이 산해경 신화를 이어도 전설에
맞불을 놓기 위하여 그 내용을 자의적으로 가감하여 급조하였다고
한다.

조성식은 구체적으로 중국 측의 지명 날조 왜곡을 지적한다. 그에
의하면 산해경의 원문에는 '……猗天蘇山'이 아니라 '……猗天蘇
門'이라 되어 있음에도 '蘇門'의 '門'을 '山'이라 견강부회적으로
해석하고 나서 이 '山'을 다시 '岩'이라고 지칭하여 왜곡하고 있다
는 것이다. 또한 '높아서 아름다운 하늘'이라는 뜻인 '猗天'을 해석
하기를 '하늘가 아득한 곳'이라고 해석하는 것은 그 의도가 너무 옹
색하다는 것이다(Cho, 2008). 따라서 이어도에 대한 중국의 쑤엔자오
란 명칭 부여에는 정당성이 없음을 알 수 있다. 그들은 왜곡 날조된
무국적 지명을 마치 당연한 것처럼 대중에게 전달하고 있는 것이다.

또한 중국은 "산해경(山海經)에도 신주(神州)[37]와 동해봉래(東海
蓬萊) 사이에 바다 밑 선산(仙山)이 있다는 기록이 있다"라며 '선산
(仙山)'이 소암초임을 주장하려 한다. 중국의 신화 왜곡은 여기서 극
에 달한다.

《산해경》에 '東海蓬萊'란 문구는 없다. 다만 '蓬萊山 在海中'
이라고만 되어 있고 이 내용은 해내동경이 아닌 해내북경에 기록되
어 있다. '해내'란 중국의 영역권 내를 의미하며, '북경'이란 지리적
으로 '발해'와 관련된다. 해내북경에 달려 있는 주(註)에는 분명히

---

37) 여기서의 '신주(神州)' 또한 중국 자체를 일컫는다.

'선인이 살고 있고(上有仙人)' '발해 가운데 있다(在渤海中也)'고 표현하고 있다. ≪史記≫ 봉선서(封禪書)에도 "봉래 방장 영주의 삼신산은 발해 가운데 있다. ……여러 신선과 불사약이 있다. 그곳의 물건이나 금수는 모두 희며, 황금과 백은으로 궁궐을 지었다(蓬萊 方丈 瀛州 此三神山者 在渤海中 蓋嘗有至者 諸仙人及不死藥在焉其物禽獸盡白 而黃金白銀爲宮闕)"라고 하고 있다.

여기서 말하는 '渤海'는 해내경에서 보이는 北海(東海之內 北海之隅 有國名曰朝鮮天毒)와 동일한 것으로 봉래산이 설령 동해에 있다 하더라도 그 동해는 오늘날의 동지나해를 말하는 것이 아니고 당시에는 황해를 일컫는 바다 이름이었다(http://www.bc8937.pe.ne.kr). 봉래산과 기천소문을 쑤엔자오(이어도)와 일치시키려는 중국의 왜곡 실상이 적나라하게 드러나는 부분이다.



민국시대(民國時代)라면 19세기 후반으로서 즉, 중국이 아편전쟁에 의해 개항이 되고 태평천국운동, 양무·변법운동, 의화단운동 등 중국의 혼란한 근대 변혁기를 말하는 것으로 사료된다. 하지만 이 혼란기에 그것도 바다를 등한시하는 전통을 가진 중국이 115만㎢에 이르는 광대한 해저에 대해 과연 지질조사를 해서 이어도 해저가 중국의 대륙판에 속한다는 사실을 밝혔다는 것을 어떻게 믿을 수 있을까? 지질학자 누구에 의해, 언제, 어떻게 해저지질조사를 했는가? 그 입증 자료는 존재하는가? 이에 대한 아무런 구체적인 논거 자료를 제시함이 없이 주장만 하는 것은 비과학적인 것으로 제국의 패권주의 소산일 수밖에 없다.

다음에 "이어도가 중국에 기원한 대륙붕에 있고 중국 영해와 200 해리 EEZ에 있기 때문에 중국 영토"라고 하는데, 이어도가 위치하는 동중국해는 거의가 대륙붕을 이루지만, 동중국해 대륙붕이 오직 중국대륙에만 속한다는 근거는 무엇인가. 이어도가 중국의 200해리 내에는 존재하고 한국의 200해리 내에는 존재하지 않는가?

한·중·일을 포함하는 동아시아의 지질구조와 지형형성사, 그리고 형태로 볼 때 황해와 동중국해는 유라시아판(Eurasian plate) 위에 있기 때문에 한국과 중국의 공유대륙붕인 것이다. 동중국해는 지도에서 보다시피 한반도와 중국대륙, 일본 류쿠열도로 둘러싸인, 후빙기의 해침에 의해 형성된 동아지중해인 것이다.

신생대 제4기의 마지막 빙기인 뷔름빙기 이후의 후빙기가 시작되기 전 1만 년 전까지 동아지중해는 해수면이 지금보다 120m 정도 하강한 상태로 한국과 중국, 일본 모두는 하나의 육지로 연결되어 동아대륙을 형성하고 있었던 것이다. 일본열도는 이후 동아대륙과 분리되어 환태평양조산대의 신기조산대에 위치하게 되었으나 한국은 중국과 동일하게 안정지괴와 고기조산대로서의 공통된 지질구조를 보이는 것이다.

해양경계를 중간선(등거리) 원칙이 아닌 대륙붕의 경계 획정 원칙(자연연장설)을 주장하는 중국은 또한 황하와 양자강에서 흘러 내려온 퇴적물이 쌓이면서 형성된 실트 선을 따라서 EEZ 경계선을 그어야 된다고 한다. 그렇게 되면 동중국해 대륙붕의 3분의 2가 중국에 속하게 되는데 심사숙고함이 없이 중국은 실제로 그렇게 성급히 주

장하고 있다. 그러나 중국의 해저지형에 따라 경계를 획정해야 한다
는 논리는 일관성 없이 중국은 베트남과의 통킹 만 경계 획정 시는
해저지형을 무시하고 중간선을 주장 관철해서 2004년 6월 초 양국
은 통킹 만 대륙붕 경계 획정에 관한 협정을 체결한 바 있다. 통킹
만 대륙붕은 모양상 3분의 2가 베트남 쪽에, 3분의 1이 중국 쪽에
속해 있는데 양국 간의 경계 획정에서는 이 같은 해저지형이 반영되
지 않았다. 중국이 이와 같이 이중적인 잣대로 해양을 구획하고 있
기 때문에 한국을 비난할 정당성이 없는 것이다.

중국이 생각하는 것처럼 한국이 이어도를 '유효점령(effective
occupation)'에 의해 영토화한 바가 없다. 그것은 이어도가 바닷속의
간출암으로서의 암초이기 때문이었다. 다만, 두 가지 점, 즉 이어도
는 한국인(제주인)의 이어도 전설이나 소설, 시, 그림, 음악 등 문예
작품 등에서의 토대(팩트)가 되었다는 '문화연관론', 이어도의 위치
가 중국보다 한국에 더 근접하기 때문에 시원적으로 한국의 영토가
된다는 '종물이론'에 의해서 자연적으로 한국의 영토화가 되었음을
강조할 수 있다.

문화연관론은 다른 공간에서 이미 논했기 때문에 종물이론을 보기
로 하자. 이어도는 위치로 보나 형성 과정으로 보나 한반도(제주도)
와 구조적으로 지리적 연속성을 갖는다. 지리적 연속성으로 보았을
때, 환언하면 중간선(등거리) 원칙에 의하면 당연히 주물(主物)인 한
반도(제주도)의 종물(從物)로서 한국의 영토임을 부정할 수 없다. 지
리적 연속성(continuity) 혹은 지리적 근접성(proximity)은 원래 유효
한 점령이 수행될 수 없는 특별한 사정하에서 특정 국가의 영토가
아닌 공간을 취득하기 위해 주장된 이론이다. 지리적 연속성이란 일
정한 공간이 그 관할권 취득을 주장하는 나라 영토의 자연적 연장이

라고 생각되기 때문에 권리 주장의 자격이 있다는 것이다. 그 구체적인 법적 이론으로는 종물이론이 있다. 종물은 주물에 따른다는 일반 법원칙에 따라 관할권을 주장하는 국가의 영토와 그의 자연적 연장으로 생각되는 공간은 일종의 주·종물관계를 유출할 수 있기 때문에 종물인 비국가적 영토는 주물인 국가 영토에 속하게 된다는 것이다.

중간선(등거리) 원칙을 정당화시키는 것도 실정법 이전의 자연법적 종물이론이라 할 수 있다.

> 넷째, 한국은 역사학자 등을 동원해 이어도가 제주도 어민들의 전설에 나오는 '환상의 섬', '피안의 섬'이라고 하는 식의 신화를 날조 조작했다

어느 국가사회든 과학적 인구조사에 의한 호적류의 문서작성이 보편화되기 이전의 전근대에서는 성명이 없는 사람들이 대부분이었고 성명이 있다 하더라도 한 나라는커녕 한 지역 내에서조차 한정된 범위 내에서 통용되었기 때문에 저명인사라도 국제화된다는 것은 상상할 수도 없다. 지명도 마찬가지로서 이어도의 명칭은 제주 해민들에 의해서만 사용되어 왔고 그것이 세간에 주목을 받게 된 것은 주지하다시피 1901년 세계를 지배하던 영국 해군의 소코트라호가 이어도에 난파되면서다. 이후 이어도에 ' Socotra rock', '하로우수', '파랑도(波浪島)' 등의 이름이 나타났지만, 이런 이름들은 고래로 구전 전승되는 이어도 전설, 문예물 등과 같은 제주문화에 대해 무지했기 때문이다. 그렇다고 해서 그들에게 제주문화를 알고 호칭해야 된다는 의무가 부여될 수 있는 것은 아니며 또한 당시엔 요구할 수 있는 상황도 아니다. 제주인들 역시 이어도가 이어도인 것을 그들에게 굳

이 제주문화를 알려 호칭하라고 할 시대적 상황은 아니었다.

이어도 항로를 앞마당처럼 오가며 이를 토대로 전설을 만들어 낸 고대 제주 해민들로서는 이방인들이 붙인 이어도에 대한 이름은 객인이 함부로 작·개명 호칭한 것에 지나지 않았다. 제주 해민들은, 이를테면 자기 집에 기르는 개를 지나가는 객인이 멋대로 이름(Socotra rock)을 지어 부른 것에 대해 알지도 못했고 중국처럼 자의적으로 남의 집 개에다 이름(蘇岩礁)을 붙여 끌고 가려는 것도 몰랐었다.

이어도는 세속적인 지리명칭이자, 진실의 지리명칭이다. 이어도 전설의 발생 토대로 볼 때 그것이 제주 해민들의 서사(敍事)일 수 있음이 인정되면 그것은 곧 이어도의 사실 존재가 '지리적 진실'이었음을 천명하는 것이다. 이어도는 흔히 유토피아사상들이 그러하듯이 삶과 죽음이 만나 공존하는 양가성의 지리적 장소이다. 거주와 구축하기, 땅과 하늘 그리고 신과 언젠가는 죽어야만 하는 인간의 융합이 완성되면 지리적 공간은 장소화되면서 본질적으로 신성해진다.

문화적으로 이어도는 암초 자체로서가 아니라 생과 사가 만나는 신성한 장소의 '형상'으로서 관심의 대상이 되었다. 자연지리적 사물로서의 이어도는 인문적으로 '읽혔다'. 그 암초는 배후에 있는 의미를 드러냈다. 이어도는 죽은 자에게 다가가는 사다리이자, 흔적이자, 길이었다. 그리고 지리적 사물로서의 이어도는 '암호문'이었다. 따라서 제주 해민들은 암초에서 실천적·기술적이 아니라 영원의 삶을 위한 미적 행위를 가한 것이었다. 엘리아데(M. Eliade)는 그런 장소에 대해서 우리는 여기서 신성하고 신화적인 설화지리를 마주하게 되는데, 세속적 지리와 반대되는, 사실상 유일한 '진실(real)의 지리'라고 했다. 세속적 지리는 팩트에 기초한 '객관적' 성격의 지리인데, 추상적이고 비본질적이다. 이어도 사유를 혼동해서는 안 된다. 사유는 종교적 혹은 영성적 믿음과 관련전설 내용과 이어도의 지리적 실체를 혼동해서는 안 된다. 즉, 존재와 된 상대적인 개념이지만 존재는 과학적 혹은 감각적 인식과 관련된 절대적인 개념이다.

　사람들은 언제나 실재하는 대상(존재) 그 자체보다 그것이 갖는 상징성(사유)에 열광하게 마련이지만 히말라야 설산 너머에 있다는 샹그릴라(Shangri－La)[38]를 찾아가는 사람들이 많았다. 그러나 이들을 다시 본 사람은 이어도 전설에서 그랬던 것처럼 아무도 없었다. 샹그릴라는 성스러운 말띠 해 4월 보름달이 뜨는 시각에만 그곳으로 들어가는 길이 열려 도처의 부처[奇巖]를 볼 수 있다고 한다. 이어도도 아무 때가 아닌 대체로 춘·추분에만 엿볼 수 있는 '대양 중'의 수중 여(礖)이다. 환상의 섬, 신비의 섬인 이어도를 실재한다고 한국 측이 조작했다고 비난하면서 중국인들 스스로는 불가사의한 그리고 신비한 샹그릴라는 실재한다고 공식화했다. 중국 측의 그 주장에 대해 실증적인 역사자료나 객관적인 근거는 제시하고 있지 않다.

　이어도 전설에서 이어도라는 구체적인 증거물이 없었다면 전승이 불가능하거나 민담(folktale)으로 전환되었을 것이다. 신화는 주인공이 신적 능력을 발휘함으로써 종교적인 숭고함을 지향한다. 그리고 민담은 대체로 낙천적이고 희극적인 결말을 갖는다. 그러나 전설은

---

38) 오늘날 분리독립을 쟁취하려는 티베트인들의 불교(밀교) 경전(칼라차크라 탄트라)에 불국정토 이상향으로서의 샹발라(Shamballah: 香巴拉, '마음속의 해와 달'이라는 뜻) 전설이 전해 내려오고 있었다. 이 샹발라가 이상향 샹그릴라(Shangri－La)라는 이름으로 세계에 널리 알려지게 된 것은 영국의 힐턴(Hilton, James)이 1933년 발표한 소설 ≪잃어버린 지평선(Lost Horizon)≫에 의해서다. 이어도를 세계에 알린 이청준의 소설 ≪이어도≫도 이와 맥락을 같이한다. 히말라야 설산 너머 어딘가에 있다는 샹그릴라의 실재 여부에 대한 조사는 일찍부터 이루어졌지만 최종 결말은 미국인 탐험가 베이커와 다른 두 명에 의해 이루어졌다. 1998년 이를 후원한 '미국지리학회'는 베이커의 공로를 인정해 그를 '밀레니엄 시대의 탐험가' 6인 중 1명으로 선정했다. 이에 덩달아 중국 정부는 1997년 9월 14일 '샹그릴라(Shangri－La)'라는 이상향이 윈난 성 중뎬(中甸) 현 대협곡에 실재한다고 공식 발표하고 '중뎬'의 지명을 샹그릴라고 바꾸게 된다.

주인공이 예기치 않았던 사태에 좌절하기에 운명론적 비극성에 도달한다. 이어도 전설에 운명론적 비극성이 존재함을 아무도 부인할 수 없을 것이다. 이어도는 신화 아닌 전설이다. 이어도는 '신화의 섬'이 아니라 '전설의 섬'이다. 이어도 전설 자체만은 사유이나 이어도라는 '여'는 존재이다.



중국의 역사에 이어도가 기록되고 검증 확인될 수 있는 내용은 아직도 제시하고 있지 못한다. 그것이 있으면 이어도는 마땅히 중국이 영유해야 한다. 하지만 문화적 권원 그리고 실효적 지배에 의해 이어도는 당연히 한국의 영유가 된다.

중국 민간인들에 의한 위의 주장에 대해 "대향국 사이가 400해리가 안 되는 내대륙붕(內大陸棚, inner‑continental shelf)39)에서는 관련 국가 간의 해양경계를 정함에 있어서 지질학적인 또는 지형학적인 요소들을 참작하지 않고 순수하게 지리학적인 관점에서 중간선(등거리) 원칙에 의해 해양경계선을 정하고 있는 것이 현재 국제해양법에서 각종 사법적 판결과 국가 관행이 일관되게 따르고 있는 원칙이다" 그리고 "해양 경계 획정이나 영토의 권원을 결정함에 있어서 일반적으로 국제해양법은 '누구랑 가까우면 누구의 것이다'라는 간단한

---

39) 200해리 범위를 초과하는 외대륙붕(外大陸棚, outer‑continental shelf) 혹은 광역대륙붕이라고도 한다.

논리를 적용하지 않는다. 한국은 단지 이어도가 중국 서산다오보다 제주도와 가까워서 한국에 속해야 한다고 강변하고 있는 것이 아니고, 중간선 원칙을 적용하여 이어도가 한국 쪽에 있다는 것을 지적한 것에 불과하다"라고 설명한다(Kim, 2008). 참고하면 분쟁수역의 거리, 즉 마라도와 서산다오 사이의 거리는 236해리(436㎞)밖에 되지 않는다(마라도~이어도=81해리, 서산다오~이어도=155해리). 따라서 이 경우는 국제관례에 따라 당연히 중간선 원칙에 의한 경계획정이 이루어진다.

중국 측이 거론하는 하중도(河中島)인 신도(薪島)는 한·중 양국의 본토(country proper)만을 기준할 때는 물론 중국 쪽에 가깝다. 그러나 그것은 지리학에 무지한 평면적인 주장이고 압록강과 같은 국제하천인 경우의 경계는 입체적, 즉 하천의 침식사면에 근접하여 형성되는 깊은 골의 연장선인 탈베그를 따라 경계선을 획정하는 것이 일반적이다. 탈베그는 곧 가항수로(可航水路)롤 의미한다. 신도와 한국(북한)본토와는 갯벌 위를 지나는 야트막한 용천(龍川)이 지나고 있을 뿐이지만. 중국 본토와는 깊고 넓은 압록강의 본류가 가로놓여 중국과의 접근성을 낮추었기 때문에 전통적(역사적)으로 한국인들의 삶의 터전이 되어 온 섬이다. 부연하자면, 압록강 자체가 거대한 탈베그가 되기 때문에 현대 해양법적으로도 한국의 영토가 됨은 물론 그로 인한 역사적으로 한국이 실효지배를 해 와서 역사적으로도 한국이 주권적 권원을 갖게 된다.

대마도에 대한 중국인의 지적은 한국으로서는 뼈아픈 지적이 된다. 대마도 역시 강대국의 논리에 따라 영토가 재단된 탓도 있지만 조선의 근시안적 영토관리로 인해 일본의 영토가 되고 만 것이다.[40) 대

---

40) 메이지 유신을 계기로 일제정부의 관리가 쓰시마를 통치하게 된다.

마도는 지적한 대로 규슈까지의 거리는 약 132㎞ 되나 한반도와의 거리는 약 49.5㎞밖에 되지 않는다.



'육지영토의 자연연장 이론'을 이미 '과거에 속한 것'으로 취급하게 되는 것은, 200해리 미만의 '좁은 대륙붕'의 국가 간 분쟁인 경우에만 국한된다. 그러나 분쟁국 간의 바다 간격이 200해리가 넘거나 대륙 변계가 200해리 이원(以遠)으로 계속되는 이른바 '광역 대륙붕'의 경우에는 '육지영토의 자연연장 이론'은 여전히 살아 있어서 대륙붕의 한계를 정할 때 등거리 원칙을 적용하기보다는 지질학적 및 지형학적 기준을 참작하여 해양 경계를 정하게 되어 있다(http://www.kfprogress.org). 이 국제적 관례에 따라 한국은 중국과의 EEZ회담에서 "양국 해안선의 중간선을 EEZ경계로 하자"는 주장을 했지만 중국 측은 "대륙붕의 기원과 수심 외에 해안선의 길이[41]나 인구수 등을 고려해 경계로 하자"는 기론억설을 폈다. 이른바 '형평의 원칙'에 의해 경계가 획정되어야 한다는 것이다.

언론을 통해 전해지는 바에 의하면 한국정부는 이에 대한 논리와 명분을 충분히 개발해 내지 못한 듯하다. 오직 '중심선(등거리) 원

---

대한민국의 초대 대통령 이승만은 정부 수립 직후인 1948년 8월 18일 성명에서 '대마도(쓰시마)는 우리 땅'이니 일본은 속히 반환하라고 했다. 일본이 항의하자 이승만은 외무부를 시켜 1948년 9월 '대마도 속령(屬領)에 관한 성명'을 발표했다. 또한 1949년 1월 7일에도, 같은 주장을 하였다. 또한 1951년 샌프란시스코 강화조약 초안 작성 과정에서 4월 27일 미국 국무부에 보낸 문서에서 대마도의 영유권을 돌려받아야 한다는 요구를 한 적이 있다. 그러나 미국은 이러한 요구를 거부하였다.

41) 일본은 2만 9751㎞의 해안선을 갖고 있으며 세계 6위가 된다.

칙'(Common Rejoinde, 1968)만이 국제관례라며 버티기를 하였다. 그러나 중심선(등거리) 원칙은 바다 경계를 획정하는 여러 개 원칙 중의 하나에 불과한 것으로 오히려 국제해양법에서는 중국의 주장대로 형평의 원칙에 경사된 사례가 있었다.

중국 주장에서 대륙붕(자연) 연장설은 이미 언급한 바가 있으므로, 그리고 인구수는 국가 간 경계 획정에서 거론된 사례가 거의 찾아볼 수 없기 때문에 논외로 하고 여기서는 연안선의 길이만을 가지고 논하기로 한다.

중국의 해안선의 총길이는 3만 2000㎞(세계 3위)로서 2413㎞(53위)의 해안선을 갖는 한국의 15배나 된다. 한·중 양국은 이미 이러한 해안선의 길이, 3위와 53위에 부합된 해양을 관할하고 있다. 그런데 문제 된 해역에 관해서 중국 측은 중국 쪽 해안선의 길이가 821㎞이며 한국 쪽은 659㎞이므로 그 비율이 1:0.8이라면서 0.2만큼 더 갖겠다는 것이다. 중국이 0.2를 더 가지면 이어도는 중국의 관할로 들어갈 수 있게 된다. 국제수로기구(IHO)에 의하면 황해의 범위는 양쯔 강 하구 북각(北角)과 제주도 서단을 연결하는 일종의 폐쇄선을 동중국해와의 경계로 삼고 있지만 이 해역과 관련하여 한국과 중국의 해안선의 길이는 기준을 어떻게 잡느냐에 따라 달라진다. 즉, 직선기선으로 비교하면 중국의 해안선이 한국의 그것에 비해 1.39배 길고 통상기선으로 보면 오히려 한국의 해안선이 중국의 그것보다 1.18배가 길다(Kim, 2008). 두 개의 값을 평균해도 1:1.224로 한국의 해안선의 길이가 중국보다 길게 된다. 문제는 중국 측이 영해 획정선에서 보듯이 국제규범에 한참 벗어나게 직선기선을 적용하고 있다는 것이다.

중국의 위와 같은 주장은 1969년 국제사법재판소(ICJ)가 해안선의 길이를 참고한 '북해대륙붕사건 판결'에서 고무받아 나온 것이 분명하다. 하지만 이 판결은 정면으로 서로 마주보는 '대향국(對向國· opposite states)'이 아닌 이웃해 붙어 있는 '인접국(隣接國: adjacent states)'들 간에 있어 해안의 일반적 형상이 '오목한' 지리적 특성에 주목해 해양경계 획정 시 '해안선 길이'란 요소를 함께 고려할 수 있다는 점을 지적했을 뿐이다. 따라서 대향국 사이에 있는 이어도의 관할권 문제에 형평의 기준 등을 적용하려는 것은 법리의 오해요, 논리의 비약이라고 할 것이다(Brown, E. D., 1983).

1958년 '대륙붕협약' 제6조는, 대향국 간의 경계는 중간선(median line)으로(1항), 인접국 간의 경계는 등거리선(等距離線: equidistant line)으로(2항) 획정하도록 규정하고 있다. 1969년 북해대륙붕사건의 판결에서 ICJ도 역시 이 두 경우를 구별하여 논하고 있다.

위치적으로 인접(접경)국가라는 지리적 특성 때문에 발생한 해양경계선 획정 사건은 '북해대륙붕사건', '튀니지 · 리비아 간 대륙붕사건', '캐나다 · 미국 간 Maine만사건' 등이 있는데 분쟁의 효시로서, 그리고 대표적인 사건으로서는 '북해대륙붕사건'이다. 이 사건을 사례로 하여 지리적인 해안선의 형태로 인한 국가 간에 해양경계 획정이 어떻게 이루어지고 있으며 이로써 한 · 중 간의 장래 있을 이어도 영유권과 관련된 동중국해의 경계 획정 시에 평화로운 해결 방안이 무엇인지를 모색할 필요가 있다(Friedman, Wolfgang, 1970).


## 4. 결 론

이어도에 대해 한국과 중국은 민중들의 어로활동을 거론하며 '역사적으로' 서로 우리 것이라고 하지만 구체적인 사료는 어느 쪽도 제시하지 못하고 있다. 신화와 같이 제시되는 자료라고 해도 견강부회적으로 왜곡하거나 과장하고 있다. 따라서 이어도에 대한 문제 해결은 시원적 권원과 실효적 지배(effective control)가 어느 쪽에 의해 행사되고 있느냐가 중요하며 여기에 해양법에 따른 국가 간 경계 획정의 방법, 즉 중간선 원칙(principle of median line)과 등거리 원칙(principle of equidistance)의 적용 논리를 동중국해라는 구체적인 지리적 사실에 찾아 정합적 논리를 제시하는 것이 관건이었다.

중국은 '자연연장설' 즉, 대륙의 퇴적물인 실트(silt)를 근거로 동중국해 대륙붕 대부분을 자신들이 차지해야 한다고 하나 동중국해의 기저는 유라시아판의 일부일 뿐만 아니라 지질사적으로 한반도에 의한 그 대륙붕의 형성 기여도는 중국대륙과 동일하다. 이어도는 중국으로서는 '신화의 섬'이지만 한국으로서는 구체적 팩트가 제시되는 '전설의 섬'으로 존재하기에 역사적 권원 이전에 이미 문화적 권원(시원적 권원)이 한국 측에 있다. 덧붙인다면 이어도는 국제해양법상 배타적 주권을 행사할 수 있는 영토의 기점이 될 수 없기 때문에 관례에 따라 중간선 원칙을 적용하여 경계 획정을 해야 한다.

# 참고문헌


Kim, Y. G., 2008, *Solution Methods of Ieodo Issue in Maritime law*, Northeast Asian History Foundation(김영구, 2008, 『이어도 문제의 해양법적 해결방법』, 동북아역사재단).

Mun, Ⅰ. J., 2008, Research and Forecast Survey of Typhoon Arrived at Korean Peninsula with Ieodo Research Station, *2008 Reseach Seminar of Ieodo*(in Korean).

Song, S. D., 2007, "Ieodotopia, Meeting of Myth and Science", *What is Ieodo to us*, Haenyeo Museum, 59 – 86 (in Korean).

Song, S. D., 2007, "Geographical Review of Project on Ieodo", *2007 Ieodo Seminar,*

Korea Ocean Research & Development Institute, 16 – 33(in Korean).

Song, S. D., 2009, "Ieodotopia in Jejuian Seamanship", *Cultural and Historical Geography* 21(1), 170 – 190(in Korean).

Sim, J. S. · Min, Ⅰ. G., 2007, "Construction of Ieodo Ocean Research Station and Analyses of Observation Data", *2007 Ieodo Seminar*, Korea Ocean Research & Development Institute(in Korean).

Jeong, D. G. · Sim, J. S., 2001, "Formation and Evolution of Ieodo(Scotra Rocks)", *Journal of Geological Society of Korea* 37(7), 537 – 538(in Korean).

Jeong, J. S.(translation with notes), 1993, *Shan Hai Jing*, Mineumsa(鄭在書 譯註, 1993, 『山海經』, 民音社).

Bureau of Maritime Policy, 2005, *Construction of Ieodo Ocean Research Station*(海洋政策局, 2005, 『이어도 綜合海洋科學基地 構築現況』).

Common Rejoinder(30 Aug. 1968) by Denmark and Netherlands to ICJ para54, 58. and 75.

North Sea Continental Shelf cases ICJ Reports(1969), Map 3. FRG. Memorial para. 86.

Brown, E. D., "The Delimitation of the Continental Shelf: Recent Trend", 28 KJIL(1983).

Friedman, Wolfgang, "The Nort Sea Continetal Shelf Cases – A Critique – ", 64 AJIL(1970).

# 제2부

# 지형과 기후

# 한라산 아고산 초지대 나지의 확대 속도와 침식작용

김태호

## 1. 서 론

초지대에서 소규모의 계단상 지형을 따라 노출된 토양이 제거됨으로써 지표의 식생피복이 파괴되는 삭박프로세스를 초지박리(turf exfoliation)라고 한다(Pérez, 1992). 초지박리가 처음 보고된 아이슬란드에서는 초지대 가장자리에 형성된 작은 단애의 기저부에서 토양입자가 취식(deflation)으로 제거되면서 단애 아래쪽이 파이게 되면 위쪽의 식생이 밑으로 드리워지고 결국 뜯겨져 나가는 형태로 침식이 진행된다(Sapper, 1915). 그러나 초지박리는 취식에 의해서만 발생하는 것은 아니며, 주빙하 환경의 초지대에서는 동결작용에 의해서도 유사한 현상이 일어나고 있다(King, 1971, Hastenrath and Wilkinson, 1973; Troll, 1973; 多田, 1974; Pérez, 1992; 原田ㆍ小泉, 1997; Rost, 1999; Grab, 2002; 김태호, 2002).

한편 한라산의 표고 1,400m 이상 아고산대에 넓게 분포하고 있는 초지대에는 등산로 주변은 물론 등산로에서 멀리 떨어져 있는 완사면에도 식생피복이 제거되고 토양이 노출된 훼손지가 많이 분포하고 있다(한라산국립공원관리사무소, 1997; 제주도, 2000a). 아고산대는 기온이 낮고 바람이 강할 뿐 아니라 일교차가 커서 동결융해가 빈번하게 일어나는 지역이다. 또한 강수빈도가 크고 강수량도 많은 기후특성을 지니고 있으므로 유수로 인한 토양침식을 비롯하여 동결작용과 취식 등 다양한 침식작용으로 나지가 빠른 속도로 확대될 수 있다. 따라서 태풍 루사 피해복구공사와 장구목 녹화마대 피복공사 등 나지복구를 위한 토목사업이 최근까지 활발하게 이루어지고 있다. 그러나 나지 확대에 관여하는 침식작용에 대한 규명 없이 복구사업이 진행되고 있으므로 한라산 아고산 초지대는 여전히 훼손위험에 노출되어 있다고 볼 수 있다.

아고산대에 분포하는 나지 가운데 등산로에서 멀리 떨어진 완사면에 출현하는 나지는 인위적인 요인보다는 바람이나 서릿발과 같은 자연적인 요인에 의해 형성된 것으로 생각된다. 그러나 등산로 주변 나지에 비하여 눈에 쉽게 띄지 않는 장소에 위치하므로 주목을 받지 못하고 있으며, 그 결과 이들 나지에 대해서는 대책수립은 물론 정확한 실태도 파악되지 않은 상태이다.

따라서 본고에서는 나지의 효과적인 복구와 초지대의 훼손예방을 위하여 한라산 아고산대에서 일어나고 있는 초지박리의 특성을 밝히고자 한다. 즉 규모와 형태 등 나지의 지형특성을 조사하고 확대 속도를 장기간에 걸쳐 관측함으로써 한라산 아고산대의 나지 확대에 관여하는 침식작용의 유형과 특징을 규명하고자 한다.

## 2. 연구지역 및 방법

### 1) 연구지역

한라산은 완사면으로 이루어진 순상화산으로서 표고 600m 이상 산악지대에 위치하는 국립공원의 경우 70.5%의 구역이 15° 이하의 경사를 보이고 있다(제주도, 2000a). 국립공원의 9.2%를 차지하는 아고산대도 오름과 하곡사면을 제외하면 완사면으로 이루어져 있으며, 특히 초지대가 넓게 분포하는 만세동산과 선작지왓 일대의 경사는 5° 이하에 불과하대[그림 3 - 1]. 아고산대에는 윗세오름을 비롯하여 전부 13개의 오름이 분포하고 있으며 주로 분석구(cinder cone)이다.

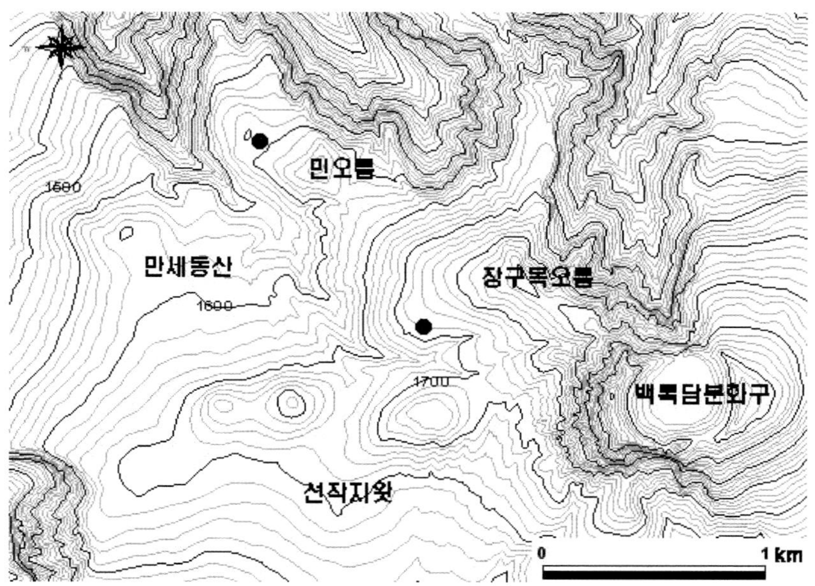


[그림 3 - 1] 연구지역과 조사나지(흑색 원으로 표시)

연구지역에는 조면현무암과 조면암으로 분류되는 4개의 암층이 나타난다(제주도, 2000b). 조면현무암 가운데 가장 넓게 분포하는 백록담조면현무암은 백록담 분화구 동쪽으로 나타나며, 서쪽과 남쪽으로는 법정동조면현무암과 윗세오름조면현무암이 분포한다. 반면에 백록담 서벽을 중심으로 장구목, 큰두레왓 및 영실 일대에는 7만 년 전(玉生, 1990)에 분출한 것으로 알려진 한라산조면암이 분포한다.

표고 970m에 위치한 어리목의 연평균기온은 9.7℃이므로 기온체감률을 적용하면 아고산대의 하한고도인 표고 1,400m는 7.3℃이며 한라산 정상은 4.1℃로 추정된다(표 3 - 1). 또한 백록담 동쪽 화구륜에서 관측한 자료에 의하면 연평균기온은 3.7℃이며, 11월부터 3월까지 동계 5개월의 평균기온은 −4.2℃로서 11월을 제외한 4개월은 월평균기온이 영하로 내려간다(고정군, 2000).

어리목의 연평균강수량은 3,356.5㎜이다. 월별로는 태풍이 많이 북상하는 8월과 9월이 631.0㎜와 443.5㎜이며, 장마철인 7월이 575.5㎜를 기록하고 있다. 한라산에서도 강수량의 하계 집중도는 높은 편이나 100㎜ 이상의 강수량을 기록한 달이 11개월에 달할 정도로 전년에 걸쳐 강수가 발생하는 해양성기후의 특징을 보인다(<표 3 - 1>).

〈표 3 - 1〉 어리목 자동기상관측소의 3년간(2002~2004년) 평균기온 및 강수량

| 기후요소 | 1월 | 2월 | 3월 | 4월 | 5월 | 6월 | 7월 | 8월 | 9월 | 10월 | 11월 | 12월 | 전년 |
|---|---|---|---|---|---|---|---|---|---|---|---|---|---|
| 기온(℃) | −2.4 | 0.0 | 3.6 | 9.9 | 13.7 | 17.2 | 20.5 | 20.6 | 16.9 | 10.1 | 5.6 | 0.5 | 9.7 |
| 강수량(mm) | 85.7 | 111.3 | 150.8 | 361.2 | 410.2 | 273.0 | 575.7 | 631.0 | 443.5 | 103.5 | 102.0 | 108.7 | 3356.5 |

연구지역에는 구상나무로 대표되는 침엽수림을 비롯하여 관목림과 초본군락이 넓게 분포한다(임양재 등, 1991). 이 가운데 관목림과 초본군락은 한라산 정상을 중심으로 서쪽과 남쪽의 평탄지와 완사면에 나타난

다. 그러나 동일한 지역에서도 북향사면이나 하곡사면에는 분포하지 않으며, 이러한 장소에는 구상나무로 이루어진 교목림이 출현한다. 따라서 남향 및 서향사면에 편재되어 있는 관목림과 초본군락의 분포 특성에는 일사로 인한 건조현상이나 바람이 영향을 미치는 것으로 추정하고 있다 (김찬수·김문홍, 1985). 반면에 산불이나 과거 한라산 고지대에서 여름철에 이루어진 방목을 원인으로 보는 경우도 있다(김문홍, 1985).

## 2) 연구방법

한라산 북서사면의 초지대에는 다양한 규모와 형태의 나지가 분포한다. 그러나 나지의 확대 속도 관측에 필요한 나지 가장자리의 단애가 모든 나지에 나타나지는 않는다. 특히 최근 한라산에서 빠르게 확산되고 있는 제주조릿대(*Sasa quelpaertensis*)가 단애를 완전히 덮음으로써 외관상 나지 확대가 정지한 것처럼 보이는 경우도 많다. 따라서 명료한 단애를 지니고 있을 뿐 아니라 등산로에서 접근하기 쉬운 장구목오름 남서사면의 표고 1,710m 지점과 민오름 북서사면의 표고 1,600m 지점의 두 나지를 선정하고 규모와 형태 등 지형특성을 조사하였다[그림 3 - 1].

초지박리는 나지와 초지의 경계를 이루고 있는 단애의 침식에 따른 현상이므로 단애 후퇴량을 구하면 나지의 확대 속도를 파악할 수 있다. 따라서 나지 가장자리의 단애에 길이 40㎝, 직경 5㎜의 금속제 침식핀을 수직방향으로 30㎝ 이상 박아 넣고 노출된 침식핀의 길이를 정기적으로 계측하여 단애 후퇴량을 구하였다. 단애가 높지 않으면 1～2개의 침식핀을 설치하였고 높은 경우에는 10㎝ 간격으로 5～8개를 설치하였다[그림 3 - 2]. 장구목오름 나지는 15개소에

[그림 3-2] 장구목오름 나지의 단애에 10㎝ 간격으로 설치된 침식핀

43개의 침식핀을, 민오름 나지는 25개소에 38개의 침식핀을 2002년 9월 29일과 10월 1일에 각각 설치하였다. 단애 후퇴량은 평균 2개월 간격으로 계측하였다.

## 3. 결 과

### 1) 나지의 규모와 형태

한라산 아고산대에는 표고 1,400m의 사제비동산 주변을 비롯하여 1,600m의 만세동산과 민오름 일대, 1,700~1,800m의 장구목오름 주변 등 북서사면의 초지대에 규모가 큰 나지가 분포하고 있다. 나지의 형태는 산릉의 평탄지나 완사면에서는 원형이나 타원형이 많고 경사도가 큰 사면에서는 등고선과 평행하게 늘어선 세장형이 많다. 규모는 직경 50m를 넘는 나지부터 급사면에 테라세트(terracette) 형태로 출현하는 직경 1m 이하의 나지까지 다양하며, 대형 나지가 평탄지에 발달하는데 비하여 경사도가 큰 사면에는 소형 나지가 출현하는 경향을 보인다.

장구목오름 나지는 7.6°의 사면에 출현하며 남북방향 26m, 동서방향 12m의 크기로 형태는 타원형이다[그림 3 - 3]. 나지의 가장자리에는 남서쪽을 제외하면 전부 단애가 형성되어 계단상 지형을 보인다. 서쪽과 남쪽 단애는 제주조릿대로 완전히 덮여 있으며, 동쪽과 북쪽 단애는 10~28㎝ 정도 튀어나온 단애 최상부가 아래로 드리워져 단애를 일부 가리는 장소도 나타난다[그림 3 - 4]. 북동쪽 단애에서는 2002년 겨울철에 쌓인 눈 때문에 단애 위쪽 식생 돌출부가 아래로 많이 드리워지면서 돌출부에 틈이 벌어져 떨어지지 직전의 모습을 보이는 등 단애의 노출부분은 줄어들고 있다.

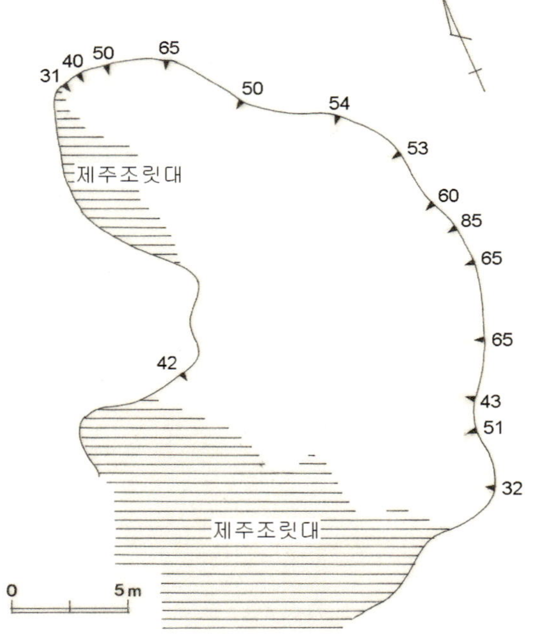


빗금부분은 나지 안쪽에 나타나는 제주조릿대 분포범위, ▲는 침식핀 설
치지점, 수치는 단애 높이(㎝)를 가리킨다.

[그림 3-3] 장구목오름 나지 전경(위)과 평면형(아래)

최상부의 식생부분을 제외한 단애의 높이는 31∼85㎝로 동쪽과 북동쪽에서 가장 높고 서쪽과 남쪽으로 갈수록 작아진다. 단애의 단면형태는 수직에 가까운 직선단면과 오목단면이 모두 나타난다. 오목단면을 보이는 단애에서는 돌출부 바로 아래쪽이 가장 많이 후퇴한 모습으로 단애가 높을수록 오목단면의 형태는 명료해진다. 식생 돌출부가 떨어져 단애에 걸려 있기도 하나 시간이 지나면서 떨어진 부분은 결국 제거되고 새로운 단애가 드러난다.

[그림 3-4] 나지 가장자리의 단애 위로 드리워진 지표식생과 나지 표면을 덮고 있는 각력

나지 표면에는 김의털(*Festuca ovina*)과 시로미(*Empetrum nigrum* var. *japonicum*)가 일부 분포하나 대부분 중력(中礫)과 대력(大礫) 크기의 각력으로 덮여 있고 직경 70㎝의 암괴도 산재한다[그림 3-4]. 암설은 서릿발작용에 의한 암석포행을 통하여 사면 아래쪽으로 이동하

고 있으며, 나지의 남쪽 가장자리에서는 솔리플럭션 로브(solifluction lobe)와 유사한 형태를 보인다. 나지 표면에는 여러 곳에 유수의 흔적이 나타나고 있어 지표류에 의해서도 암설이 사면 아래쪽으로 이동되는 것으로 생각된다.

한편 민오름 나지는 평탄면에 출현하며 남북방향 67m, 동서방향 52m의 크기로서 형태는 직사각형에 가깝다[그림 3 - 5]. 나지 가장자리에는 전부 단애가 형성되어 있으나 서쪽 단애는 높이가 15㎝ 이하에 불과하여 계단상 지형이 명료하지 않다. 남쪽과 북동쪽 단애는제주조릿대로 완전히 덮여 있고 나머지 단애에서도 2~38㎝ 정도 튀어나온 단애 위쪽의 식생 돌출부가 아래로 드리워져 있으나 단애는 대부분 노출된 상태이다. 단애의 높이는 장구목오름 나지에 비하여 낮은 편으로 북쪽 단애에 최대 70㎝의 장소도 보이나 대부분 40㎝를 넘지 못한다.

단애의 단면형태는 수직에 가까운 직선단면과 오목단면이 모두 나타나나 단애가 높지 않으므로 오목단면의 형태는 장구목오름 나지에 비하여 명료하지 않다. 동쪽 단애 앞에는 최근에 떨어진 것으로 보이는 김의털이 산재하고 있으나 나지 전체에 걸쳐 단애 최상부가 떨어질 조짐을 보이는 장소는 출현하지 않는다.

나지 표면에 식생은 나타나지 않으며 대부분 중력과 대력 크기의 각력으로 덮여 있다. 동쪽 단애 부근에는 나지가 확대되는 과정에서 잔류한 직경 1.6m, 높이 1.5m의 암괴가 보이는 등 암괴도 일부 나타난다. 각력의 크기와 피복도는 남쪽으로 갈수록 증가한다. 동쪽 가장자리에는 나지 바깥쪽으로 우곡이 발달하고 있으며, 우곡으로 이어지는 유수의 흔적이 동쪽 단애 앞에 보인다.

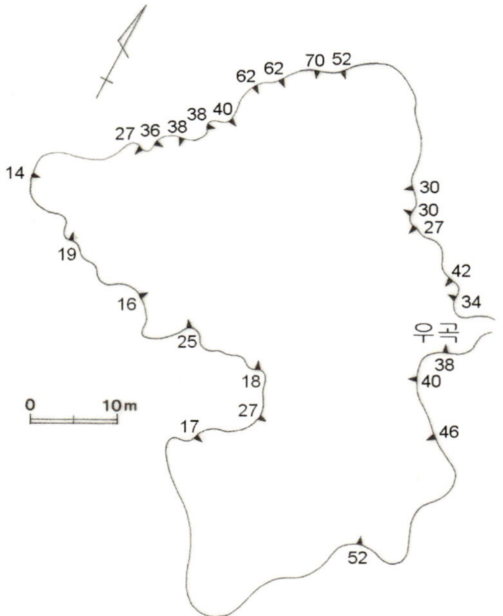


▲는 침식봉 설치지점, 수치는 단애 높이(㎝)를 가리킨다.

[그림 3-5] 민오름 나지 전경(위)과 평면형(아래)

## 2) 나지의 확대 속도

단애의 후퇴량 계측은 2002년 9월 29일과 10월 1일 침식핀을 설치한 후 2002년 12월 5일, 2003년 4월 4일(4월 26일), 6월 15일, 7월 25일, 10월 1일, 11월 30일, 2004년 5월 5일, 6월 18일, 8월 2일, 10월 1일까지 겨울철 적설기를 제외하면 약 2개월 간격으로 이루어졌다. 2003년 4월 계측은 민오름 나지 4일, 장구목오름 나지 26일로 다른 날짜에 이루어졌으며, 이는 4일 시점에 장구목오름 나지가 눈으로 덮여 있어 계측일을 단애에서 적설이 사라진 하순으로 늦추었기 때문이다. 계측이 이루어진 2년간 발생한 단애의 평균후퇴량은 장구목오름 나지 44.6mm, 민오름 나지 33.3mm이다. 따라서 전체 평균은 39.2mm로서 연간 평균후퇴량은 19.6mm를 기록하였다.

후퇴량의 최고치와 최저치를 계측지점별로 비교하면 장구목오름 나지는 131mm와 4mm, 민오름 나지는 88.5mm와 0mm로서 차이가 크다. 민오름 나지의 최고치 지점은 2003년 4월 4일과 6월 15일 사이에 78mm를 기록하여 2년간 후퇴량의 88%를 차지하고 있다. 그러나 이러한 큰 폭의 후퇴는 노루가 단애면을 밟고 올라가면서 생긴 결과로서 매우 예외적인 경우이다. 최소치 지점은 2004년 3월 26일까지 11mm가 후퇴하였으나 이후 단애 위쪽으로부터 흘러내린 토양이 침식핀을 덮음으로써 결과적으로 후퇴량이 기록되지 않은 경우이다. 따라서 실제로는 모든 지점에서 단애의 후퇴가 발생한 것으로 볼 수 있다. 장구목오름 나지의 최저치 지점은 제주조릿대의 치수(稚樹)가 단애를 덮고 있는 장소이므로 식생에 의해 단애가 침식작용으로부터 보호받은 경우이다.

단애의 평균후퇴량은 계절별로도 달라지고 있는데, 12월부터 4월까지의 기간에 가장 많은 후퇴량을 보이고 있다[그림 3 – 6]. 즉 2002년도 9.1㎜, 2003년도 13㎜의 후퇴가 발생하였으며, 이러한 현상은 장구목오름 나지에서 더욱 두드러져 2002년 12월 5일부터 2003년 4월 26일까지의 기간에 17.7㎜, 2003년 11월 30일부터 2004년 5월 5일까지의 기간에 16.2㎜의 후퇴량이 계측되었다.

연구지역 인근의 백록담분화구에서는 최고 40㎝ 깊이까지 동결되는 등 한라산 아고산대의 지면은 겨울철에 콘크리트 상태로 동결된다(김태호, 2001). 또한 민오름 일대는 12월부터 3월까지 장구목오름 남사면도 4월까지 눈으로 덮여 있는 장소이므로 적설에 의해 단애가 보호를 받는 점을 고려하면 계측기간이 5개월에 달한다고 하더라도 실제로 단애에 침식작용이 활발하게 일어나는 시기는 4월 융해진행기에 국한된다. 적설이 사라진 직후인 2003년 4월 5일 계측한 민오름 나지의 후퇴량이 1㎜에 불과한 사실도 이를 뒷받침한다.

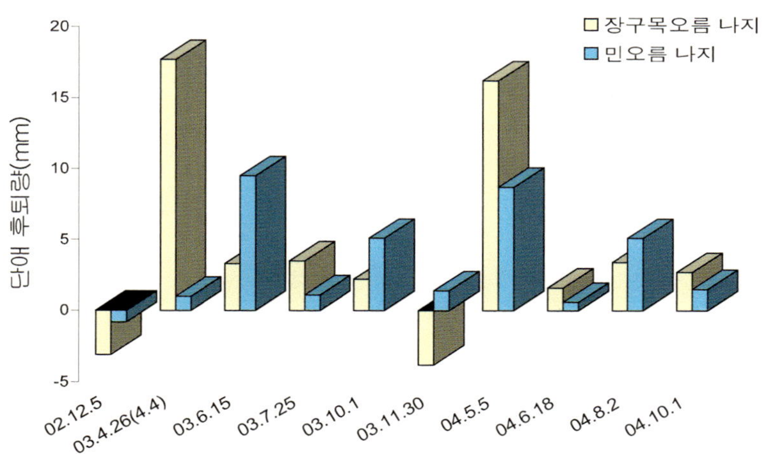


2003년 4월 민오름 나지의 계측은 소설 직후인 4일에 이루어졌다. 따라서 6월 15일 9.5㎜의 많은 후퇴량이 기록된 것은 4월 융해진행기의 후퇴량이 포함되었기 때문이다.

[그림 3 – 6] 2002년 10월부터 2004년 9월까지 계절별 단애의 평균후퇴량

융해진행기와 기후조건이 유사한 10월 중순부터 12월 초순까지의 동결진행기에 발생한 후퇴량은 2002년도 −2㎜, 2003년도 −2.5㎜로서 오히려 마이너스 값을 보이고 있다. 이러한 경향도 장구목오름 나지에서 더욱 현저하여 2002년 9월 29일부터 12월 5일까지의 기간에 −3.1㎜, 2003년 10월 1일부터 11월 30일까지의 기간에 −3.8㎜를 기록하고 있다. 그러나 동결진행기에 마이너스 값이 나타나는 것은 단애 위쪽으로부터 흘러내리거나 떨어진 토양입자가 단애 아래쪽에 쌓인 결과로서 실제로는 융해진행기와 같이 토양침식이 활발하게 일어나고 있다. 예를 들면 같은 기간 단애 위쪽에 설치된 침식핀만을 대상으로 후퇴량을 구하면 2002년도 4.0㎜, 2003년도 2.5㎜를 기록하고 있다. 따라서 융해진행기의 후퇴량에는 동결진행기의 후퇴량도 일부 포함된 것으로 볼 수 있다.

여름철은 봄철의 융해진행기에 비하여 후퇴량이 크지 않은 편이다. 그러나 장마기에는 후퇴량이 다소 증가하여 2003년도 2.4㎜, 2004년도 4㎜를 기록하고 있다. 장구목오름 나지는 2003년 6월 15일부터 7월 25일까지의 기간에 3.5㎜, 2004년 6월 18일부터 8월 2일까지의 기간에 3.4㎜ 후퇴하였으며, 민오름 나지는 같은 기간에 각각 1.1㎜와 5.1㎜ 후퇴하였다. 태풍의 북상으로 강수량이 많은 8월과 9월의 후퇴량은 장마기에 비하여 다소 작다.


## 4. 고 찰


### 1) 초지박리에 관여하는 침식작용

초지박리가 처음 보고된 아이슬란드에서는 초지대의 침식현상을 취식의 결과로 해석하였다(Sapper, 1915). 그러나 바람이 강하지 않은 주빙하지역에서도 유사한 현상이 발생하고 있으므로 초지박리의 원인으로 취식보다는 점차 서릿발작용이나 동결융해작용을 중시하게 되었다. 따라서 현재는 아이슬란드에서도 취식은 이차적인 침식작용에 불과하며, 하루 주기의 동결융해가 빈번하게 발생하는 장소에서의 초지박리는 야간의 서릿발 형성과 주간의 융해와 관련된 동결작용을 일차적인 원인으로 보고 있다(Kim, 1967).

어리목관측소의 2003년도 기상자료와 한라산 아고산대의 기온체감률 −0.58℃/100m(공우석, 1999)을 이용하여 추정한 표고 1,710m와 1,600m 지점의 동결융해 교대일은 각각 105일과 101일로서 3개월 이상에 걸쳐 하루주기의 동결융해가 일어나고 있다[그림 3−7]. 특히 4월과 11월에는 15일 이상 동결융해가 반복되고 있는 등 한라산 아고산대는 동결작용이 활발하게 일어나는 장소로 볼 수 있다. 물론

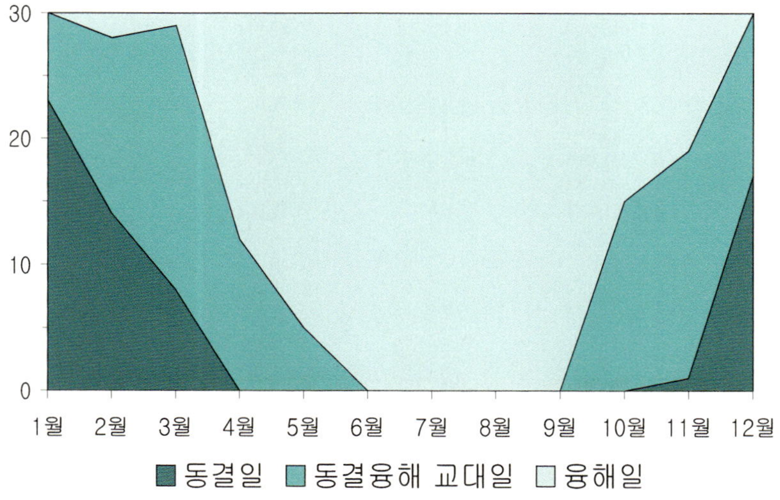


[그림 3−7] 표고 1,710m 장구목오름 나지의 추정 동결융해일

토양이나 암석의 동결형태는 수분조건을 비롯하여 공극의 크기와 분포에 따라 달라지기 때문에 온도가 0℃를 오르내리는 횟수만으로 동결작용의 강도를 결정하기는 어렵다고 할지라도 단애 후퇴량에 비추어 나지 확대에 관여하는 가장 중요한 침식작용으로 동결작용을 들 수 있다.

모세관현상으로 토양 중의 수분이 지표면으로 상승하는 과정에서 빙정으로 변함으로써 출현하는 서릿발이 지표면이나 지표면 바로 아래에 발생하면 토양표층을 들어 올려 토층을 교란시킬 수 있다. 또한 서릿발이 성장할 때 토양입자나 암설은 사면에 대하여 직각방향으로 들어 올려지나 서릿발이 녹으면 연직방향으로 떨어지게 되므로 서릿발의 성장과 융해가 반복되면 사면 아래쪽으로 물질이동이 발생한다. 따라서 서릿발작용을 중위도나 저위도의 산악지역에서 일어나는 초지박리의 가장 탁월한 침식작용으로 보는 사례가 많다(King, 1971; Hastenrath and Wilkinson, 1973; Pérez, 1992; Grab, 2002).

조사나지에서도 동결진행기와 융해진행기에는 단애 전면에 걸쳐 항상 서릿발이 발생하고 있으며, 이로 인하여 이완된 토양입자가 단애 하부를 덮고 있어 서릿발의 효과를 쉽게 확인할 수 있다[그림 3 - 8상]. 서릿발이 녹으면서 공급되는 수분으로 이완된 토양입자가 포화되고 또 액성한계를 넘게 되면 젤리플럭션(gelifluction)에 의해 아래쪽으로 흘러내림으로써 단애에서 제거될 수 있다[그림 3 - 8하]. 이와 같은 직접적인 역할뿐 아니라 서릿발작용은 토양표층을 이완시킴으로써 가동성(可動性)이 커진 토양입자를 취식이나 우세와 같은 다른 침식작용을 통하여 효과적으로 제거시키는 간접적인 역할도 중요하다(King, 1971; Troll, 1973).

(상) 서릿발의 성장과 함께 들어 올려진 토양입자
(하) 서릿발이 녹으면서 떨어져 이완된 토양입자와 수분으로 포화되어 단애 아래쪽으로 흘러내리는 토양입자

[그림 3-8] 동결작용에 의한 단애의 침식

세립물질이 바람에 날아감으로써 진행되는 취식은 전통적으로 초지대의 중요한 침식작용으로 간주되고 있다(Sapper, 1915; Arnalds, 2000). 산악지역에서는 나지의 형태가 바람의지 방향으로 늘어져 있거나 나지 가장자리의 단애가 바람받이 쪽에만 나타나고 있는 등 바람의 영향을 쉽게 확인할 수 있다(原田·小泉, 1997; 福井·小泉, 2001). 그러나 취식은 응집력이 없는 건조한 토양에서 잘 일어나므로 강한 바람이 불더라도 응집성 토양으로 이루어진 지역이라면 취식의 효과는 크지 않다. 베네수엘라 안데스에서는 최대 6.8㎧의 월평균풍속이 기록됨에도 불구하고 취식이 미약하게 나타나는 것은 토양의 수분함량이 증가하는 우기에 강풍이 불고 취식이 효과적으로 일어날 수 있는 건기에는 풍속이 3.9㎧ 이하로 약해지기 때문이다(Pérez, 1992). 따라서 취식이 초지박리를 일으키는 중요한 침식작용임에는 틀림없으나 바람이 약한 지역은 물론 바람이 강한 지역일지라도 단애의 수분함량이 높은 경우라면 그 역할은 제한적이라고 할 수 있다.

연구지역의 민오름 정상에는 풍식나지로 판단되는 작은 나지가 많이 분포한다[그림 3-9]. 등고선 방향으로 길게 늘어진 길이 3m, 폭 60㎝의 나지 표면은 전면 자갈로 덮여 있고 세립물질은 보이지 않는다. 나지를 덮고 있는 이러한 잔류자갈의 존재나 현지에서 관찰되는 비사현상 등으로부터 나지 확대에 미치는 취식의 영향을 확인할 수 있다. 자료가 부족하여 한라산 아고산대의 바람특성을 논의하기는 어려우나 2000년 2월부터 8월까지 장구목오름의 표고 1,810m 지점에서 관측한 자료에 의하면 7개월간의 평균풍속은 16.7㎧이며, 214일의 관측기간 가운데 19㎧ 이상의 풍속을 기록한 일수가 34일로서 한라산 아고산대의 강풍환경을 잘 보여 주고 있다(제주도, 2000c).

[그림 3-9] 잔류자갈로 덮여 있는 민오름 정상 부근의 풍식나지

지표면에 직접 떨어지는 빗방울의 충격으로 토양입자가 제거되는 우적침식(rainsplash erosion)은 나지에서 일어나는 중요한 침식작용의 하나이다. 직경 1.3～2.5㎜의 빗방울이 떨어지는 속도는 7～9㎧로서 빗방울의 충격으로 지표면은 쉽게 파이고 이때 토양입자는 빗물과 함께 흩어진다. 또한 한 번의 충격으로 직경 1㎝의 자갈도 움직일 수 있다(町田 등, 1981). 따라서 빗방울이나 우박이 단애에 직접 떨어지는 경우에는 충격으로 단애가 후퇴할 수 있다[그림 3-10]. 특히 강풍을 동반하는 강우가 빈번하게 발생하면 바람받이 쪽의 단애가 가장 많은 빗방울을 받게 되고 결국 가장 빠르게 후퇴하므로 나지는 탁월풍과 같은 방향으로 확대된다(지谷 등, 1997; 福井・小泉, 2001).

[그림 3-10] 위쪽에 돌출부를 지니지 않은 단애에 우적침식으로 생긴 자갈 밑의 흙기둥

그러나 조사나지의 단애 위쪽에는 최대 38㎝ 길이의 식생으로 덮인 돌출부가 출현하며, 일부 단애는 돌출부의 식생이 단애 위로 드리워져 있다[그림 3-4]. 따라서 단애에 직접 빗방울이 떨어지기 어려우므로 우적침식의 영향은 크지 않은 것으로 보인다. 반면에 강우나 융설로 생긴 유수가 돌출부에서 단애로 직접 떨어지는 경우에는 낙숫물의 충격으로 단애에 구멍이 파이므로 빗방울보다 더욱 효과적으로 침식이 일어난다[그림 3-11].

[그림 3-11] 낙숫물에 의해 단애에 파인 구멍

    강우강도가 빗물의 토양침투율을 상회하면 빗물은 지표면에 저류되거나 사면을 따라 흘러내리면서 토양입자를 제거하는 우세(rainwash)가 발생한다. 우세는 포상류(sheet flow)에 의한 포상침식과 릴류(rill flow)에 의한 릴침식으로 구분된다(권혁재, 1999). 조사나지에서는 단애 앞에 작은 물길이나 유수의 흔적이 자주 관찰되는데, 사면에 위치하고 있는 장구목오름 나지에서 더욱 현저하다[그림 3-12]. 이러한 유수는 세립물질을 쉽게 운반함으로써 단애 하부를 침식하여 단애의 후퇴를 조장할 뿐 아니라 직접 단애를 따라 흘러내리면서 이완된 표층물질을 효과적으로 제거할 수 있다[그림 3-11].

[**그림 3-12**] 단애로부터 나지 안쪽으로 형성된 릴

    산악지역의 초지대는 여름철 방목지로 활용되는 장소이므로 가축의 활동이 초지박리를 일으킬 수 있다(Hastenrath and Wilkinson, 1973; Pérez, 1992; Watanabe, 1994; Rost, 1999). 한라산 아고산대에서는 1988년부터 방목활동이 전면적으로 금지되었으므로 가축에 의한 훼손은 사라진 것으로 볼 수 있다. 그러나 1980년대부터 노루 보호운동이 시작되면서 개체수가 꾸준히 증가하여 노루의 서식밀도는 0.138마리/ha로 조사되고 있다. 특히 표고 1,600m 이상 지역은 0.38마리/ha로서 서식밀도가 매우 높다(오장근 · 신용만, 2001). 따라서 나지 표면과 단애에 보이는 노루 발자국이나 뿔을 사용한 흔적으로부터 최근에는 우마를 대신하여 노루가 초지박리에 영향을 주고 있음을 알 수 있다[그림 3-13상].

(상) 단애를 밟고 올라간 노루의 발자국
(하) 오소리에 의해 단애에 파인 구멍과 배설물

**[그림 3-13]** 동물에 의한 단애의 침식

장구목오름 나지에서는 오소리가 단애에 높이 16㎝, 폭 10㎝, 깊이 5~12㎝의 크기로 구멍을 파고 그 안쪽에 배설을 한 흔적도 보인다 [그림 3-13하]. 남아프리카에서는 단애 부근 초지에 구멍을 뚫고 사는 시궁쥐에 의해 단애가 후퇴한다고 보고되는 등(Grab, 2002) 초지대에 서식하는 동물이 나지 확대에 영향을 줄 수 있다.

### 2) 계절별 탁월 침식작용

한라산 아고산 초지대의 가장 탁월한 침식작용은 단애 후퇴량에 비추어 융해진행기와 동결진행기에 일어나는 동결작용으로 판단된다. 단애 후퇴량을 계절별로 비교하면 적설이 사라지기 시작하는 3월 후반부터 5월 전반까지의 융해진행기에 가장 큰 값을 보이며, 10월 후반부터 적설이 발생하는 12월 전반까지의 동결진행기에도 높은 편이다. 또한 연구지역 일대는 연간 100일 이상에 걸쳐 동결융해 교대일이 발생하고 4월과 11월에는 15일 이상 동결융해가 반복되는 것으로 추정되므로 한라산 아고산대는 동결작용이 활발하게 일어나는 장소로 볼 수 있다. 특히 4월에는 융설수가 지속적으로 단애 위로 흘러내리기 때문에 서릿발로 이완된 토양입자는 융설수의 우세에 의해서도 효과적으로 제거된다. 따라서 4월의 융해진행기에 단애 후퇴량의 최대치를 기록하는 것은 서릿발작용과 함께 젤리플럭션, 융설수에 의한 우세 등이 결합된 결과이다.

한라산 아고산대는 항상 강풍이 부는 지역이므로 취식은 계절에 관계없이 일어나는 침식작용이다. 그러나 단애가 바람으로부터 보호를 받는 겨울철 적설기와 토양의 응집력이 커지는 우기에 취식의 효과는 나타나지 않거나 미약하다. 즉 단애가 눈으로 덮이는 12월 중순~3월 하순의 겨울철을 비롯하여 이동성 저기압의 잦은 통과로 강수일이 많은 4월 중순~5월 중순, 장마에 해당하는 6월 중순~7월 중순 그리고 집중호우를 동반하는 태풍이 많이 북상하는 8월 중순~9월 중순을 제외하면 취식은 나지 확대에 관여하는 침식작용이다. 단 연구지역에서는 3월 하순부터 4월 중순에 걸쳐 적설이 사라지나 위쪽의 사면으로부터 흘러내리는 융설수로 단애가 젖어 있으므로 이 시기에도 취식은 발생하기 어렵다. 반면에 10월과 11월의 동결진행기에는 아직 눈이 쌓이지 않은 상태이므로 서릿발작용과 취식이 결합하여 단애의 후퇴를 조장하는 것으로 보인다.

여름철에는 강우와 관련된 우세와 우적침식이 탁월하게 나타난다. 특히 6월 중순~7월 중순의 장마를 비롯하여 8월 중순~9월 중순, 4월 중순~5월 중순 등 강수가 많이 발생하는 시기에는 우세가 가장 중요한 침식작용이다. 봄철의 4월에도 융설수로 인한 우세가 발생한다. 반면에 연구지역의 단애 위쪽에는 식생으로 덮인 최대 38cm 길이의 돌출부가 출현하고 있으며, 일부 단애에서는 돌출부가 단애 위로 드리워져 빗방울로부터 단애를 보호하므로 우적침식은 우세만큼 중요하지 않다.

노루를 비롯한 동물의 작용은 눈이 녹는 4월부터 적설이 나타나기 직전의 11월까지 나타나게 되나 국지적인 성격이 강하므로 나지 확대에 미치는 영향은 제한적이다. 단애의 후퇴를 일으키는 침식작용을 시기별로 정리하면 [그림 3-14]와 같다.

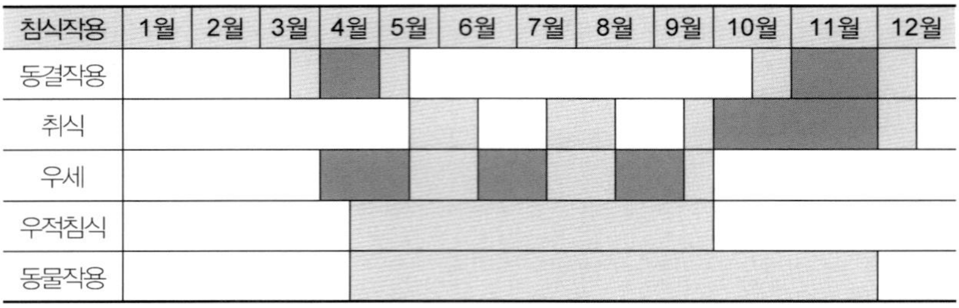

| 침식작용 | 1월 | 2월 | 3월 | 4월 | 5월 | 6월 | 7월 | 8월 | 9월 | 10월 | 11월 | 12월 |
|---|---|---|---|---|---|---|---|---|---|---|---|---|
| 동결작용 |  |  | ░ | ▓ | ░ |  |  |  |  | ░ | ▓ | ░ |
| 취식 |  |  |  |  |  | ░ |  | ░ | ░ | ▓ | ▓ | ░ |
| 우세 |  |  |  | ▓ | ░ | ▓ | ░ | ▓ | ░ |  |  |  |
| 우적침식 |  |  |  |  | ░ | ░ | ░ | ░ | ░ |  |  |  |
| 동물작용 |  |  |  |  | ░ | ░ | ░ | ░ | ░ | ░ | ░ |  |

(░ = 해당 침식작용의 시기, ▓ = 짙은 색)

짙은 색은 해당 침식작용이 더욱 강화되는 시기를 의미한다.

[그림 3-14] 초지박리에 관여하는 침식작용의 계절변화

## 5. 결 론

표고 1,400~1,800m의 한라산 아고산대 북서사면에 위치하는 사제비동산, 만세동산, 민오름 및 장구목오름 등의 평탄지와 완사면에는 비교적 규모가 큰 나지가 여러 곳에 분포하고 있다. 이 가운데 표고 1,710m 장구목오름 남서사면과 표고 1,600m의 민오름 북서사면에 출현하는 두 개의 나지를 선정하여 규모와 형태 등 지형특성을 조사하였다. 또한 2002년 10월부터 2004년 9월까지 2년간 침식핀을 이용하여 나지 가장자리의 단애 후퇴량을 계측하고 나지 확대에 관여하는 침식작용의 유형과 특징을 조사하였다.

나지의 가장자리에는 단애가 형성되어 계단상 지형을 이루고 있다. 단애의 높이는 최고 85cm에 이르는 경우도 있으나 같은 나지에서도 단애가 나타나지 않은 채 나지상태의 지면이 초지로 이어지는 등 매우 다양하다. 식생으로 이루어진 단애 최상부는 앞쪽으로 2~38cm 정도 튀어나와 있으며, 많이 돌출한 최상부는 시간이 지나면서 아래쪽으로 드리워져 단애를 가리게 된다. 나지 표면은 중력과 대력 크

기의 각력으로 덮여 있으며 암괴도 일부 나타난다.

침식핀 계측이 이루어진 2년간 발생한 단애의 평균후퇴량은 장구목오름 나지 44.6mm, 민오름 나지 33.3mm이다. 따라서 전체 평균은 39.2mm로서 연간 19.6mm의 후퇴량을 기록하였다. 후퇴량을 지점별로 비교하면 최고치는 장구목오름 나지의 131mm, 최소치는 민오름 나지의 0mm로서 지점별로 차이가 크다. 단애 후퇴량은 계절에 따라서도 달라져 4월의 융해진행기에 가장 크고 10월, 11월의 동결진행기와 6월, 7월의 장마기에도 큰 편이다.

나지 확대를 가져오는 단애의 후퇴에는 동결작용을 비롯하여 취식, 우세, 우적침식 및 동물작용 등 다양한 침식작용이 관여하고 있다. 특히 우세나 취식과 결합된 서릿발작용은 한라산 아고산대의 100일 이상으로 추정되는 동결융해 교대일을 비롯하여 융설, 강풍환경 등을 고려하면 가장 탁월한 침식작용으로 판단된다. 또한 한라산은 국내 최다강수량을 기록하는 지역이므로 우기에는 릴침식과 같은 우세도 간과하기 어려우나 우적침식은 단애 위쪽에 나타나는 식생으로 덮인 돌출부로 인하여 크지 않은 편이다. 우마의 방목활동이 금지되어 가축으로 인한 초지대의 침식은 일어나지 않고 있으나 최근 지속적으로 개체수가 증가하고 있는 노루의 영향은 충분히 예상된다.

한라산 천연보호구역에 속하는 아고산 초지대에서는 나지복구를 위해 녹화마대 피복, 앙카매트 포설, 새 심기 등 다양한 공법이 적용되고 있다. 녹화마대 공법은 복구성과를 올리고 있으나 많은 비용이 소요될 뿐 아니라 공사용 자재 운반을 위하여 모노레일 시설이 필요하고 저지대에서 가져온 토양에 포함된 씨앗과 미생물에 의해 아고산대의 생태계가 교란될 수 있는 등의 문제가 지적되고 있다. 또한 아고산대의 침식작용에 대한 고려 없이 시행된 앙카매트 공법은 낮

은 식생피복율과 지속적인 토양유실로 복구성과를 올리지 못하고 있
다(고정군, 2002).

따라서 나지복구로 인해 초래되는 이러한 문제점을 최소화시키면
서 효과적인 사업수행을 위해서는 본 연구와 같은 아고산대에서의
다방면에 걸친 기초조사와 모니터링이 필요하다. 나지 확대를 일으
키는 침식작용은 계절은 물론 단애의 형태와 향(向), 토양, 식생, 미
기상 등 환경요인의 영향도 받으므로 장소에 따라서도 탁월한 침식
작용은 달라질 수 있다. 본 연구에서 환경요인을 다루지는 않았으므
로 금후 상이한 환경조건에 놓인 나지를 대상으로 면밀한 조사와 모
니터링이 이루어진다면 그 결과는 한라산 아고산대의 보전과 관리에
충분히 활용될 수 있을 것이다. 이와 동시에 지리산, 설악산, 덕유산
등의 국내 산지뿐 아니라 아고산대와 고산대가 넓게 분포하는 북한
의 산지연구를 위한 모델로도 의미를 부여할 수 있을 것이다.


## 謝辭

현지조사에 도움을 주신 한라산국립공원 관계자들에게 감사드립니다.

# 참고문헌


고정군, 2000, "한라산 고산식물의 생태생리학적 연구", 제주대학교 박사학위논문.

고정군, 2002, "한라산의 아고산대의 훼손지복구 및 식생복원", 한라산연구소 조사연구보고서, 1, 1 – 27.

공우석, 1999, "한라산의 수직적 기온 분포와 고산식물의 온도적 범위", 대한지리학회지, 34, 385 – 393.

권혁재, 1999, 『지형학』, 법문사, 서울.

김문홍, 1985, "한라산의 식생 개관", 한라산 천연보호구역 학술조사보고서, 41 – 45, 제주도.

김찬수 · 김문홍, 1985, "한라산 아고산대 초원 및 관목림의 식물사회학적 연구", 한라산 천연보호구역 학술조사보고서, 311 – 330, 제주도.

김태호, 2001, "한라산 백록담 화구저의 유상구조토", 대한지리학회지, 36, 233 – 246.

김태호, 2002, "한라산 아고산대의 초지 박리현상", 한국지형학회지, 9, 71 – 81.

오장근 · 신용만, 2002, "한라산 노루의 분포 특성", 한라산연구소 조사연구보고서, 1, 101 – 113.

임양재 · 백광수 · 이남주, 1991, 『한라산의 식생』, 중앙대학교출판부.

제주도, 2000a, 한라산 기초조사 및 보호관리계획수립.

제주도, 2000b, 서귀포 · 하효리도폭 지질보고서.

제주도, 2000c, 자연친화적인 한라산 삭도설치 타당성조사.

한라산국립공원관리사무소, 1997, 한라산정상보호계획.

多田文男, 1974, "芝地の剝離 – 周氷河現象として", 東北地理, 26, 118.

福井幸太郎 · 小泉武榮, 2001, "木曾駒岳高山帶での風食ノッチの後退とパッチ狀裸地の擴大", 地學雜誌, 110, 355 – 361.

刈谷愛彦 · 佐佐木明彦 · 鈴木啓助, 1997, "月山の强風砂礫斜面における通年氣象觀測と地形形成環境", 地理學評論, 70A, 676 – 692.

玉生志郎, 1990, "韓國濟州島の火山岩のK – Ar年代とその層序的解釋", 日本地質調査所月報, 41, 527 – 537.

原田經子 · 小泉武榮, 1997, "三國山脈 · 平標山におけるパッチ狀裸地の形成プロセスと侵食速度", 季刊地理學, 49, 1 – 14.

町田貞 · 井口正男 · 貝塚爽平 · 佐藤正 · 榧根勇 · 小野有五, 1981, 地形學事典, 二宮書店.

Arnalds, O., 2000, The Icelandic 'rofabard' soil erosion features, *Earth Surface Processes and Landforms*, 25, 17 – 28.

Grab, S. W., 2002, Turf exfoliation in the High Drakensberg, southern Africa, *Geografiska Annaler*, 84A, 39 – 50.

Hastenrath, S. and Wilkinson, J., 1973, A contribution to the periglacial morphology of Lesotho, southern Africa, *Biuletyn Peryglacjalny*, 22, 157 – 165.

Kim, D. J., 1967, Die dreidimensionale Verteilung der Strukturboden auf Island in ihrerklimatichen Abhängigkeit, Diss. Bonn, Math. Nat. Fak., 227S.

King, R. B., 1971, Vegetation destruction in the sub – alpine and alpine zones of the Cairngorm Mountains, *Scottish Geographical Magazine*, 87, 103 – 115.

Pérez, F. L., 1992, Processes of turf exfoliation(Rasenabschälung) in the high Venezuelan Andes, *Zeit für Geomorphologie, N.F., Suppl. Bd.*, 36, 81 – 106.

Rost, K. T., 1999, Observations on deforestation and alpine turf destruction in the central Wutai Mountains, Shanxi Province, China, *Mountain Research and Development*, 19, 31 – 40.

Sapper, K., 1915, Rasenabschälung, *Geographische Zeitschrift*, 21, 105 – 109.

Troll, C., 1973, Rasenabschälung(Turf Exfoliation) als periglaziales Phänomen der subpolaren Zonen und der Hochgebirge, *Zeit für Geomorphologie, N.F., Suppl. Bd.*, 17, 1 – 32.

Watanabe, T., 1994, Soil erosion on yak – grazing steps in the Langtang Himal, Nepal, *Mountain Research and Development*, 14, 171 – 179.

# 제주도 용암동굴의 보존 및 관리 방안에 관한 연구

김범훈 · 김태호

## 1. 서 론

제주도에는 171개의 천연동굴이 분포하고 있으며, 이 가운데 용암동굴은 전체의 80%를 차지하는 136개에 달하고 있다(손인석, 2005). 앞으로도 용암동굴의 수는 탐사활동과 주민제보를 통하여 계속 늘어날 것으로 예상되므로 용암동굴의 보고로서 제주도의 가치도 갈수록 높아질 것이다. 이러한 사실은 한라산, 성산 일출봉과 함께 거문오름 용암동굴계를 구성하고 있는 만장굴, 김녕굴, 용천동굴, 당처물동굴, 선흘벵뒤굴이 최근 유네스코(UNESCO)의 세계자연유산으로 등재된 '제주 화산섬과 용암동굴'의 핵심을 이루고 있는 것에서도 잘 나타난다.[42]

이와 같이 제주도의 용암동굴은 미래 후손들에게 영원히 물려주어야 할 값진 자연유산임에도 불구하고 일부 공개되고 있는 만장굴, 협재굴, 쌍용굴 외에는 그 진면목이 잘 알려져 있지 않다. 그 결과

---

42) 문화재청과 제주도는 2006년 1월 외교통상부를 통하여 '제주 화산섬과 용암동굴'을 유네스코에 세계자연유산으로 등재를 신청하였으며, 2007년 6월 27일 뉴질랜드에서 개최된 유네스코 세계유산위원회 총회에서 한국 최초로 세계자연유산으로 등재되었다.

"

용암동굴이 지닌 가치뿐 아니라 이들의 보존에 대한 인식도 매우 빈약한 실정이다. 무엇보다도 용암동굴은 지하수의 용식작용을 통하여 계속 성장하는 석회동굴과는 달리 동굴이 생성된 이후 줄곧 붕괴과정을 밟기 때문에 한번 훼손되면 복원이 불가능한 특성을 갖고 있다(제주도, 1989). 실제로 제주도의 용암동굴 내부는 천장의 붕괴와 낙반현상으로 원형 훼손이 심각한 상태이며(문화재청, 2003; 한국건설안전기술협회, 2004; 한국보훈복지의료공단, 2004), 동굴 지상에서의 각종 개발사업이 계속되면서 훼손이 급속하게 진행될 위험성도 커지고 있다.

또한 관광을 위한 동굴 공개로 인하여 발생하는 오염과 훼손 문제도 끊이지 않고 있다. 예를 들면, 관람객 통행을 위하여 설치한 조명시설이 동굴 내부에 녹색오염을 일으키고 있으며(북제주군, 1993, 2003), 일부 동굴에서는 입구 관리가 부실하여 일반인이 자유롭게 동굴에 출입하는 경우도 나타나고 있다. 그러나 이러한 문제들을 종합적으로 파악하고 개선 방안을 제시한 연구(예를 들면, 제주환경연구센터·서울대학교, 1999; 문화재청, 2000a; 손인석, 2001)는 매우 부족한 실정이다. 따라서 본 연구에서는 천연기념물로 지정된 제주도 용암동굴을 대상으로 그 실태를 진단하고, 이를 토대로 지속 가능한 보존 및 관리 방안을 종합적으로 제시하는 데 그 목적을 두고 있다.

본 연구를 위한 문헌 및 현지조사는 2006년 1월부터 2007년 4월까지 이루어졌다. 현지조사를 위한 기초자료로 (사)제주도동굴연구소의 김녕굴, 만장굴, 소천굴, 빌레못동굴, 당처물동굴, 용천동굴 및 수산굴 평면도와 (주)한림공원의 협재굴, 쌍용굴 및 황금굴 평면도를 활용하였다. 현지조사와 GPS를 이용하여 축척 1:5,000 및 1:25,000 지형도에 동굴 위치와 평면도를 기입하였다. 천연기념물은 학술 및 경관적 가치가 매우 높으므로 법률에 의해 엄격하게 보호받고 있다.

이런 측면에서 볼 때 천연기념물로 지정된 용암동굴의 실태는 제주
도 용암동굴에 대한 관리와 보존의 현주소라고 평가할 수 있으므로
본 연구에서는 천연기념물 지정 용암동굴을 대상으로 조사하였다.


## 2. 용암동굴의 분포 및 특징

### 1) 용암동굴의 분포 특성

현재까지 확인된 용암동굴 136개의 지역별 분포를 보면 제주시 90
개, 서귀포시 46개로서 북부지역에 더 많이 분포하고 있다[그림 4-1].
행정구역별로 세분하면 제주시는 동지역 14개, 한경면 6개, 한림읍
24개, 애월읍 5개, 조천읍 11개, 구좌읍 27개 및 우도면 3개이며, 서
귀포시는 동지역 11개, 안덕면 5개, 남원읍 5개, 표선면 8개 및 성산
읍 17개이다. 한편 동굴 입구를 기준으로 용암동굴의 고도별 분포를
비교하면, 표고 200m 이하의 해안지대에 92개가 분포하여 전체의
67.6%를 차지하고 있다. 이어서 표고 200~600m의 중산간지대에
41개, 표고 600m 이상의 산악지대에 3개가 분포하고 있다.
제주도의 4단계 화산활동사(이동영, 1994; 이문원, 1994)에 의하
면 제2분출기에는 틈분화를 통하여 용암대지가 형성되었다. 제주도
전역에 걸쳐 분포하는 장석감람석현무암이 이 분출기를 대표하는 화
산암으로 표선을 중심으로 동서 해안지대에 넓게 분포하므로 표선리
현무암으로도 불린다. 제3분출기에 분화양식이 제주도 중앙부의 중심
분화로 변화하면서 중앙화구를 중심으로 화산체의 고도가 높아지면
서 한라산 순상화산이 형성되었다. 중산간과 산악지대에 분포하는
장석현무암과 비현정질현무암이 이 시기에 분출한 화산암이며, 제주

도 북부와 남부지역에서는 제3분출기의 현무암질 용암이 해안까지 흘러가 분포하고 있다. 따라서 제주도는 섬 중앙의 한라산을 중심으로 해안지대의 비교적 평탄한 용암대지로 이루어져 있으며, 용암동굴의 출현빈도는 해안지대로 갈수록 높아지며 특히 동부 해안지대에서 가장 높게 나타난다[그림 4-1].

1. 제1·2분출기 화산암, 2. 제3분출기 화산암, 3. 제4분출기 화산암
4. 응회암, 5. 스코리아, *. 용암동굴
주: 원종관(1975) 및 손인석(2005)을 바탕으로 재작성.

[그림 4-1] 제주도의 지질 및 용암동굴 분포

용암동굴은 굳어진 용암류의 중앙부에 형성된 긴 공동(空洞)으로서 비교적 두꺼운 용암류가 유동하는 경우 공기와 접하는 겉 부분이 먼저 식어 굳어지므로 용암은 중앙부를 통하여 하류로 흘러가게 된다. 공급원으로부터 용암의 공급이 멈추고 중앙부의 용암이 모두 빠져나가면 용암동굴이 출현하게 되며, 현무암질의 파호이호이용암(pahoehoe lava)에서 가장 잘 발달한다(자연지리학사전편찬위원회, 1996).

용암동굴이 가장 많이 출현하는 동서부 해안지대에는 제2분출기의 표선리현무암과 제3분출기의 시흥리현무암이 넓게 분포하고 있다(원종관, 1975). 파호이호이용암에 속하는 이들 현무암질 용암류의 높은 유동성으로 인하여 이 일대에는 매우 완만한 지형면과 함께 대규모 용암동굴도 발달하게 되었다. 반면에 남북부 해안지대와 중산간지대에는 유동성이 크지 않은 제주현무암과 하효리현무암 등 아아용암(aa lava)이 분포하고 있어(원종관, 1975) 지형면의 경사도 급하고 출현하는 용암동굴의 크기와 수도 많지 않아 대조를 이루고 있다.

## 2) 천연기념물 지정 용암동굴의 특징

김녕굴이 1962년 최초로 천연기념물로 지정된 이래 현재까지 전부 10개의 용암동굴이 천연기념물로 지정되었다(표 4 - 1). 지역별로는 동부 해안지대에 김녕굴, 만장굴, 당처물동굴 및 용천동굴 등 4개, 서부 해안지대에 소천굴, 협재굴, 쌍용굴, 황금굴 등 4개 그리고 중산간지대에 빌레못동굴과 수산굴의 2개이다[그림 4 - 2].

〈표 4 - 1〉 제주도의 천연기념물 지정 용암동굴

| 동굴명 | 위치 | 번호 | 지정일 | 길이(m) | 비고 |
|---|---|---|---|---|---|
| 김녕굴 | 제주시 구좌읍 동김녕리 | 제98호 | 1962. 12 | 705 | 비공개 |
| 만장굴 | | | 1970. 3 | 7,416 | 공개(1km) |
| 소천굴 | 제주시 한림읍 협재리 | 제236호 | 1971. 9 | 3,099 | 비공개 |
| 황금굴 | | | | 180 | 비공개 |
| 협재굴 | | | | 99 | 공개 |
| 쌍용굴 | | | | 393 | 공개 |
| 빌레못동굴 | 제주시 애월읍 어음리 | 제342호 | 1984. 8 | 9,020 | 비공개 |
| 당처물동굴 | 제주시 구좌읍 월정리 | 제384호 | 1996.12 | 110 | 비공개 |
| 용천동굴 | 제주시 구좌읍 월정리 | 제466호 | 2006. 2 | 2,478 | 비공개 |
| 수산굴 | 서귀포시 성산읍 수산리 | 제466호 | 2006. 2 | 4,520 | 비공개 |

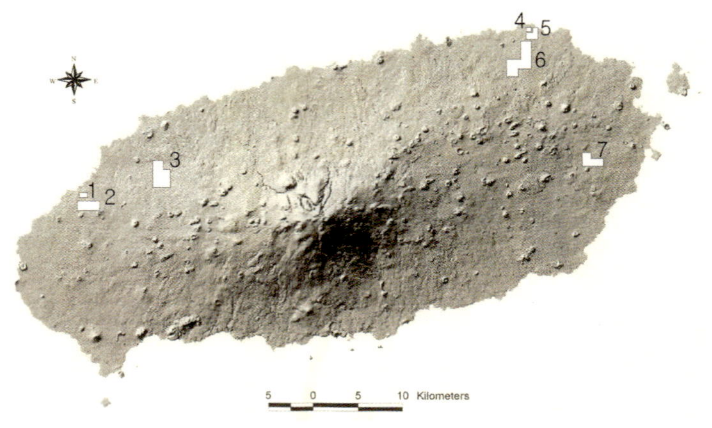



1. 협재굴·쌍용굴·황금굴,    2. 소천굴,    3. 빌레못동굴
4. 당처물동굴, 5. 용천동굴, 6. 김녕굴 · 만장굴, 7. 수산굴

[그림 4-2] 천연기념물 지정 용암동굴의 분포

천연기념물 지정 용암동굴은 지형특성에 근거하여 크게 두 유형으로 구분된다. 하나는 유동성이 큰 현무암질 용암류의 분출과정에서 생성된 전형적인 용암동굴의 경우로서 김녕굴, 만장굴, 소천굴, 빌레못동굴 및 수산굴이 해당한다. 다른 하나는 해안 인근에 위치한 용암동굴 가운데 동굴 지상의 패사 퇴적물이 용해되어 흘러 들어오면서 동굴 내부가 석회동굴과 같이 스펠레오뎀(speleothem)으로 이루어진 의사카르스트(psudo-karst) 용암동굴로서 황금굴, 협재굴, 쌍용굴, 당처물동굴 및 용천동굴이 해당된다.

김녕굴은 용암동굴로서는 국내 최초로 1962년 천연기념물 제98호로 지정되었다. 동굴 길이는 705m로 본래 만장굴과 같은 동굴계를 이루고 있었으나 천장이 붕괴되면서 만장굴과 분리되었다. 만장굴은 제주도 동부 해안의 용암동굴지대를 대표하는 대형 동굴로서 1970년 김녕굴에 편입되는 형태로 천연기념물 제98호로 지정되었다. 동굴 길이는 7,416m로 제주도 용암동굴 가운데 2위, 세계 용암동굴 가운데 11위이다.[43] 동굴 입구는 3개로서 모두 천장의 함몰로 형성 되었다. 이 가운데 1967년부터 일반인에게 개방되고 있는 제2입구는 표고 84m에 위치하며 이곳으로부터 1km의 구간을 공개하고 있다. 만장굴은 천장이 최대 20m에 이르고 폭도 10m를 넘는 등 공동의 규모가 세계적이며, 동굴 내부에는 용암종유, 용암석순, 용암석주 외 에 15개의 용암교와 21개의 용암구(lava ball)가 집중되어 나타나는 등 다양한 동굴생성물[44]이 발달하고 있다.

소천굴은 협재굴, 쌍용굴, 황금굴과 함께 제주도 용암동굴지대에 포 함되어 1971년 천연기념물 제236호로 지정되었다. 동굴 길이는 3,099m 로 제주도 용암동굴 가운데 5위, 세계 용암동굴 가운데 39위이다. 동 굴 바닥은 아아용암으로 이루어져 있고 용암종유와 용암주석이 잘 나 타나며, 동굴 지상에 사구층이 분포하는 구역에는 탄산염 성분의 동 굴생성물도 발달한다. 동굴 막장은 공동 전체가 외부에서 유입된 모 래로 완전히 막혀 있으며, 길이 240m의 동굴 속의 동굴(tube in tube) 로 불리는 미니동굴은 소천굴의 가장 큰 특징이다.

빌레못동굴은 길이가 9,020m로 제주도 용암동굴 가운데 1위, 세 계 용암동굴 가운데 9위를 차지하는 대형 동굴이다. 동굴 입구는 중 산간지대인 표고 252m에 위치하므로 탄산염 성분의 동굴생성물은 나타나지 않는다. 그러나 규산주(silicate column), 용암구 등의 동굴 생성물과 동굴 막장에서 발견된 용암수형이 이목을 끈다. 또한 가지

---

43) 동굴의 길이와 순위는 다음 자료에 의거하였다.
Commission on Volcanic Caves of International Union of Speleology, 2007, List of the Longest Lava Tubes, Newsletter 48, 23－24.
44) 동굴 내부에 발달한 미지형(微地形)과 지물(地物)을 총칭하는 용어로서 2차 생성물이라고도 부른다.

굴의 길이가 주굴 길이의 세 배 이상이 될 정도로 미로굴의 특징을 보이는데, 이는 용암류로 피복되기 이전의 원지형이 기복이 많은 요철면을 이루고 있었기 때문으로 판단된다. 빌레못동굴은 대륙에서 서식하는 갈색곰 화석이 발견되어 학술적 가치도 높은 동굴로 평가받고 있다(제주도, 1989).

천연기념물 제466호로 2006년에 지정된 수산굴은 동굴 길이 4,520m로 제주도 용암동굴 가운데 3위, 세계 용암동굴 가운데 20위이다. 동굴의 함몰로 형성된 입구는 표고 135m에 위치하며, 부분적으로 2층 또는 3층 구조를 보이는 등 가지굴이 잘 발달한 동굴이다. 용암종유와 용암교가 잘 나타나며, 특히 용암선반의 발달이 현저하다.

협재굴, 쌍용굴, 황금굴은 길이가 각각 99m, 393m, 180m로 비교적 짧은 소형 동굴이다. 그러나 다양한 동굴생성물이 자라고 있어 그 가치가 매우 높아 천연기념물로 지정되었으며, 현재 (주)한림공원에서 관리하고 있다. 이 가운데 개방 동굴인 협재굴과 쌍용굴은 동굴 지상에 형성된 사구층으로 인하여 용해수가 천장으로부터 스며들면서 탄산염 성분의 동굴생성물인 종유관, 석순, 종유석이 잘 나타난다. 황금굴은 협재굴과 쌍용굴보다 패사 퇴적에 의한 탄산염 성분의 동굴생성물이 더 잘 발달하나 이들의 보호를 위해 동굴 내부는 현재 공개하고 있지 않다.

천연기념물 제384호인 당처물동굴은 길이 110m, 폭 5.5~18.4m, 천장 높이 0.3~2.7m의 소형 동굴이다(북제주군, 2000). 동굴 내부에 용암종유, 용암석순, 용암석주와 같은 용암동굴 특유의 동굴생성물은 거의 나타나지 않는다. 반면에 해안 인근에 위치하는 관계로 동굴 지상을 덮고 있는 패사 퇴적물로 인하여 탄산염 성분이 동굴 안으로 흘러 들어와 석회동굴로 착각을 일으킬 만큼 종유관, 종유석,

석순 및 동굴산호 등 동굴생성물이 다양하게 나타난다.

수산굴과 함께 2006년에 천연기념물 제466호로 지정된 용천동굴은 전신주를 교체하는 작업 중에 발견되었으며, 동굴 길이는 2,478m로 제주도 용암동굴 가운데 6위, 세계 용암동굴 가운데 46위에 해당한다. 그러나 동굴 내부에 길이 200m, 폭 7~15m, 깊이 6~15m 규모의 동굴호소[45]가 출현하며(문화재청, 2005a), 이 호소 너머로는 아직 조사가 이루어지지 않아 동굴의 정확한 규모는 밝혀져 있지 않다. 용천동굴도 지상을 덮고 있는 사구층에 의해 탄산염 성분의 동굴생성물들이 다양하게 발달하고 있으며, 동굴 전문가로부터 제주도 용암동굴 가운데 경관적, 학술적 가치가 가장 높다는 평가를 받고 있다(문화재청, 2005a).


## 3. 용암동굴의 보존 및 관리 실태

### 1) 동굴 입구의 관리

김녕굴의 입구는 2곳으로 만장굴 진입도로에 면한 입구는 출입을 막기 위한 철책시설이 설치되어 있으나, 도로 반대쪽에 위치한 입구에는 제주도의 전통적인 출입문인 정낭이 설치되어 있을 뿐으로 출입통제 기능을 상실한 상태이다[그림 4-3a]. 입구가 3곳인 만장굴의 경우 비공개 구간으로 이어지는 제1입구와 제3입구는 출입이 통제되고 있으며, 제2입구는 관람객이 출입하는 공개 구간의 입구로 이용되고 있다. 그러나 제2입구는 경사가 매우 급하여 관람객 출입

---

에는 위험이 따른다. 빌레못동굴의 입구는 1곳으로 출입을 통제하기 위한 철문이 단단하게 설치되어 있다[그림 4-3b]. 그러나 입구가 주변 지표면보다 낮은 곳에 위치하고 있으므로 강수 시 토사가 동굴 내부로 유입되면서 입구 안쪽으로는 상당 구간에 걸쳐 바닥에 토사가 퇴적되어 입구 파괴는 물론 동굴 내부의 훼손 요인이 되고 있다.

한편 미공개 동굴인 소천굴, 황금굴, 수산굴은 일반인 출입을 전면 통제하기 위하여 철책시설이 견고하게 설치되어 있다[그림 4-3c]. 당처물동굴과 용천동굴의 경우도 수직형의 입구를 철판과 콘크리트로 철저하게 밀봉한 상태로 입구 관리는 양호한 편이다[그림 4-3d].

a. 김녕굴.  b. 빌레못동굴.  c. 소천굴.  d. 용천동굴

[그림 4-3〉 용암동굴의 입구

## 2) 동굴 천장의 낙반

동굴 천장의 붕괴에 따른 낙반현상은 대부분의 제주도 용암동굴이 지닌 문제이다. 김녕굴의 낙반지대는 1곳에 불과하나 입구로 사용되고 있는 함몰구 주변도 천장 암반에 절리가 크게 벌어진 상태로서 동굴 출입이 위험할 정도로 낙반의 우려가 큰 곳이다. 만장굴에는 전부 23곳의 낙반지대가 출현한다. 지질공학적 안정성 검토에 의하면 미공개 구간에 형성된 2층굴 천장 암반의 안정상태는 지하수 유입과 파쇄작용으로 매우 불량하여 앞으로도 지속적인 낙반이 예상되나 주굴의 천장과 측벽은 암질상태가 양호하여 2층굴을 충분히 지지할 수 있을 것으로 보고 있다(북제주군, 2003). 공개 구간에 위치하는 6곳의 낙반지대는 천장에 발달한 절리를 따라 오래전에 발생한 것으로서 현재는 천장 보강공사가 실시되어 균열은 보이지 않는다. 그러나 공개 구간 끝에 위치한 용암석주 일대의 천장에는 절리가 잘 발달하고 있어 향후 낙반 발생이 예상된다.

소천굴은 지상으로 도로가 통과하는 지점에서의 낙반이 현저하며, 천장의 조밀한 균열도 여러 곳에서 확인된다. 이들 장소는 대부분 천장의 두께가 얇을 뿐 아니라 절리를 통해 지표식물의 뿌리가 동굴 내부로 깊숙이 침입하고 있어 식물 생장이 천장 붕괴를 초래할 수 있을 것으로 판단된다.

빌레못동굴은 천장에 균열이 많이 발달하고 있으며 절리를 따라 지하수도 유입하고 있다. 그 결과 천장 붕괴가 활발하게 일어나 60곳에 이르는 낙반지대가 확인될 정도로 낙반현상이 매우 심한 동굴이다[그림 4 - 4]. 동굴 입구부터 말단부에 이르기까지 전 구간에 걸쳐 낙반이 일어나고 있는데, 동굴 천장이 두꺼운 지표층을 형성하지 못한 것도 한 요인으로 보인다.

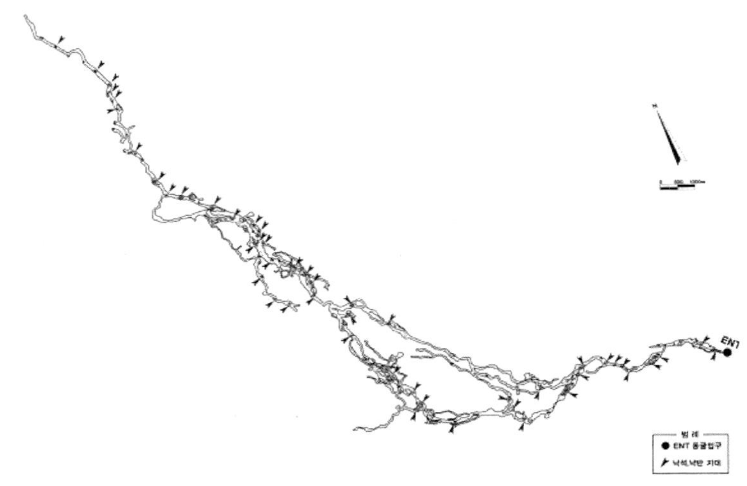



주: 빌레못동굴 평면도(제주도동굴연구소, 2005)를 바탕으로 재작성.

[그림 4 - 4〉 빌레못동굴의 낙반지대

수산굴은 제주도 용암동굴 가운데 천장 붕괴가 가장 심한 동굴로
서 전부 29곳의 낙반지대가 나타난다. 특히 입구로부터 1㎞ 정도 들
어간 지점부터 최대높이 10m를 넘는 암괴더미가 수백 미터 이상 이
어지고 있으며[그림 4 - 5a], 동굴 바닥도 전혀 드러나지 않아 '낙석
광장'이라는 표현을 사용할 정도이다(남제주군, 2004). 수산굴은 낙
반현상만 놓고 보면 위험성이 가장 높은 동굴로 판단된다.

당처물동굴은 동굴 길이가 짧은데도 불구하고 3곳에 낙반지대가
나타난다[그림 4 - 5b]. 그러나 당처물동굴은 동굴 내부를 훼손시키
는 요인이 극히 적었다는 점에서 볼 때, 이들 낙반은 동굴 형성 이
후의 초기단계에서 발생되는 자연적인 현상으로 판단된다.

a. 수산굴, b. 당처물동굴

[그림 4-5〉 동굴 내부의 낙반지대

## 3) 동굴생성물의 보존

김녕굴은 동굴 입구가 크고 오래전부터 많은 사람들이 출입한 탓에 동굴 내부환경뿐 아니라 동굴생성물도 심하게 훼손되어 있다. 반면에 만장굴은 용암석주를 비롯하여 용암석순, 용암구, 용암교, 용암선반 등 동굴생성물이 전 구간에 걸쳐 잘 발달하고 있으며 보존상태도 양호하다. 소천굴의 동굴생성물도 용암선반, 튜브 인 튜브, 코핀(coffin), 용암종유, 새끼줄용암, 동굴산호, 용암주석, 2층굴 등으로 다양하고 보존상태도 양호하나, 낙반이 발생한 구간에서는 동굴생성물이 심하게 파손되어 있다. 빌레못동굴은 용암선반, 용암주석, 용암구 등의 동굴생성물이 발달하고 있으나, 동굴의 암반구조가 약하고 천장 붕괴가 심하므로 앞으로 동굴생성물의 파손 가능성은 클 것으로 보인다. 수산굴도 동굴생성물이 대규모로 발달하고 있으나, 용암선반을 비롯한 많은 동굴생성물이 여러 곳에서 천장 붕괴와 함께 심하게 훼손되어 있다[그림 4 - 6].

[그림 4-6] 수산굴의 천장 붕괴와 훼손된 용암선반

　황금굴, 당처물동굴 및 용천동굴 등 내부에 탄산염 성분의 동굴생성물이 발달한 소형 동굴은 천장의 낙반이 심하지 않고 외부로부터의 환경변화 요인도 크지 않으므로 동굴생성물의 원형이 비교적 잘 보존되어 있다[그림 4-7]. 황금굴의 경우 발견 이후 40년간 일반인의 접근이 봉쇄됨으로써 동굴 내부가 많은 종유관으로 장식되어 있을 뿐 아니라 황금색 탄산염 성분으로 코팅되어 있는 등 동굴 내부의 보존상태가 매우 양호하다. 그러나 동굴 지상의 토지이용 변화에 따른 사구층 파괴로 외부환경이 변화함으로써 앞으로도 동굴 내부가 온전하게 보존될지는 의문이다.

[**그림 4-7**] 당처물동굴에 발달한 탄산염 성분의 동굴생성물 군락

## 4) 동굴 지상의 토지이용

김녕굴과 만장굴의 지표는 암반을 5~50㎝ 두께로 패사층이 덮고 있어 경작지로는 매우 불량하며, 대부분 소나무와 잡목 숲으로 이루어져 있다. 문화재보호법에 의해 동굴 지상의 토지 78필지, 면적 1,242,62㎡가 문화재보호구역으로 지정되어 있다(표 4-2). 토지 가운데 국유지와 도유지가 73.1%, 사유지가 26.9%이며, 지적도에서는 99.9%가 임야로 이용되고 있다. 따라서 작물 재배를 목적으로 농약을 사용하거나 사구층을 제거하는 등의 동굴 위해요인은 없는 상태이다.

<표 4-2> 천연기념물 지정 용암동굴의 지상 문화재보호구역 내 토지이용 현황

| 동 굴 | 계 | 공유지 | 사유지 | 이용실태 |
|---|---|---|---|---|
| 김녕굴·만장굴 | 78필지/<br>1,242,621㎡ | 53필지/<br>907,809㎡ | 25필지/<br>334,812㎡ | 임야 99.9% 기타 0.1% |
| 소천굴·협재굴<br>쌍용굴·황금굴 | 204필지/<br>498,568㎡ | 10필지/<br>58,747㎡ | 194필지/<br>439,821㎡ | 임야 80.2% 밭 13.8%<br>기타 6.0% |
| 빌레못동굴 | 86필지/<br>227,212㎡ | 1필지/<br>8,610㎡ | 85필지/<br>218,602㎡ | 임야 51.6% 밭 44.2%<br>기타 4.2% |
| 당처물동굴 | 30필지/<br>704,801㎡ | 26필지/<br>45,667㎡ | 4필지/2,009㎡) | 임야 92.9% 밭5.8%<br>기타 1.3% |
| 용천동굴 | 384필지/<br>477,519㎡ | 117필지/<br>234,638㎡ | 267필지/<br>242,881㎡ | 임야 62.2% 도로 18.3%<br>밭16.9% 기타 2.6% |
| 수산굴 | 136필지/<br>457,912㎡ | 7필지/<br>27,708㎡ | 129필지/<br>403,222㎡ | 임야 90.9% 목장 4.2%<br>밭 1.7% 기타 3.2% |

소천굴 지표에는 사구층이 분포하고 있다. 사구층의 식생은 1950년대 방사림으로 식재된 소나무가 탁월하며, 덩굴식물, 띠, 억새 등 초지식물이 혼생하고 순비기나무도 분포하고 있다. 지상 토지의 88.2%가 사유지이나 경작지는 매우 적어 사구층 주변에 훼손 흔적은 보이지 않는다. 그러나 소나무 뿌리가 동굴 천장의 균열을 통하여 내부로 침입하고 있으므로 식물 생장이 동굴의 위해요인이 되고 있다.

빌레못동굴의 지상 구역은 임야 51.6%, 밭 44.2%로 이루어져 다른 동굴에 비하여 경작지가 많은 편이다(표 4-2). 특히 빌레못동굴은 사유지 비율이 92.2%로 매우 높아 동굴 지상을 공유화하여 보존하는 데 어려움이 예상된다. 임야 비율이 90%를 넘는 수산굴의 경우 주로 방목지로 이용되고 있으나 대부분의 토지가 사유지이므로 향후 대책 수립에는 어려움이 예상된다.

협재굴, 쌍용굴, 황금굴 일대의 지상 토지는 주로 임야로서 한림공원구역은 잔디밭으로 관리되고 있다. 1971년 공원을 설립하면서 사방

사업으로 식재된 소나무는 뿌리가 지하수와 함께 천장을 뚫고 동굴 내부로 뻗어내려 동굴 안전에 위험하다는 지적에 따라 제거된 상태이다.

해안에 인접한 당처물동굴의 지상은 사구층이 두껍게 쌓여 있다. 한때 농경지로 개간하기 위하여 사구층을 제거함으로써 천장 두께가 얇아지는 상황이 발생하였으며, 그 결과 탄산염 성분으로 이루어진 동굴생성물 일부가 지표로부터 유입된 산성 토양수에 의해 부식되었다(북제주군, 2000). 그러나 당시 북제주군이 인근 토지를 매입하고 모래를 포설하여 사구층을 보강하고 잔디를 심은 결과, 현재의 내부 환경은 안정상태를 보이고 있다.

용천동굴의 지상 구역은 김녕굴 입구 북서쪽 100m 지점으로부터 북동쪽으로 2.2㎞에 걸쳐 펼쳐져 있다. 이 지역은 제주도의 대표적인 사구지대로서 지표에는 원래 많은 사구가 분포하고 있었다(한태홍, 1998). 그러나 경작지로 개간되거나 건축자재 및 객토용으로 모래가 이용되면서 사구가 훼손되었고, 이러한 변화는 탄산염 성분의 동굴생성물 보존과 발달에 위해요인으로 작용하고 있다[그림 26].

[그림 4-8] 사구층이 제거된 후 경작지로 이용되고 있는 용천동굴 지상의 토지

## 5) 동굴 지상의 도로시설

김녕굴은 2차선 포장도로인 만장굴 진입도로가 동굴 위 2곳을 지나고 있다. 만장굴 진입도로는 단체관광객을 수송하는 대형 버스가 빈번하게 통행하는 대표적인 광광도로이므로 교통량에 따른 하중을 동굴 천장의 암반이 지탱할 수 있는지에 대한 진단이 필요하다.

소천굴도 2차선 포장도로가 동굴 위 3곳을 통과하고 있다. 소천굴의 경우 관광도로는 아니지만 중산간지대의 공사용 대형 화물차량이 빈번하게 다니고 있으므로 차량 하중이 천장 암반에 주는 영향을 충분히 예상할 수 있다. 실제로 도로 교차지점의 동굴 내부에는 다량의 낙석이 발견되고 있다(한국보훈복지의료공단, 2004). 또한 동굴 천장에도 균열이 많이 발생하였으며, 이곳으로 지하수를 따라 패사가 유입한 흔적도 관찰되었다.

[그림 4-9] 용천동굴 지상을 통과하고 있는 제주공예단지 앞 왕복 4차선 일주 도로

빌레못동굴 위로는 마을 진입도로인 1차선 포장도로가 2곳, 시멘트포장 농로가 2곳 통과하고 있다. 간선도로가 교차하고 있지는 않지만 빌레못동굴은 지질구조가 전반적으로 약한 상태이므로(제주도, 1989) 이들 도로로 인한 하중은 동굴 천장을 더욱 약화시킬 것으로 판단된다.

수산굴은 성읍리와 수산리를 연결하는 2차선 포장도로가 동굴 지상을 통과하고 있다. 수산굴 도로는 대형 관광버스와 공사용 화물차량의 교통량이 많으며, 이를 반영하여 도로 통과지점에서의 낙반현상이 현저하다. 시멘트포장 농로도 수산굴 위 5곳을 교차하고 있다.

용천동굴은 제주도 용암동굴 가운데 동굴 지상을 통과하는 교통량이 가장 많은 동굴이다. 특히 4차선 포장도로인 제주도 일주 도로가 용천동굴을 통과하고 있다[그림 4 - 9]. 일주 도로 교차지점은 만장굴로 진입하는 차량과 제주공예단지 해안으로 내려가는 차량도 가세하는 등 교통이 매우 혼잡한 장소이므로 도로시설로 인한 악영향이 크게 우려된다. 이외에 2차선 포장도로인 만장굴 진입도로도 용천동굴 위 2곳을 지나고 있다.

## 6) 공개 동굴의 오염

동굴은 항온 및 항습환경 아래에서 안정상태를 유지할 수 있으므로 동굴 안 대기의 급격한 변화는 동굴 훼손의 원인이 된다. 예를 들어 동굴 내부가 지나치게 건조해지거나 기온이 높아지면 건화현상이 일어나 동굴생물의 서식이 어려워진다. 만장굴은 동굴 입구가 3개이며, 천장 두께가 얇고 공동이 크므로 외부환경의 영향을 동굴 안 깊숙이까지 받는 편이다. 만장굴의 평균기온은 14℃, 평균습도는

80~90%로 대기환경의 변화는 거의 일어나지 않고 있다(북제주군, 2003). 협재굴과 쌍용굴도 8개소에서 관측이 이루어지고 있으나 대기환경의 변화는 보고되고 있지 않다.

한편 관람객은 개방 동굴의 환경변화를 일으키는 주요 요인이다. 즉 관람객이 동굴생성물을 만지거나 또는 이들이 운반하는 미세먼지로 인하여 암석이 검게 변하는 흑색오염이 발생할 수도 있으며, 관람객의 의복이나 신발에 묻은 흙을 따라 들어온 균류가 번식함으로써 동굴 생태계에 지장을 줄 수도 있다(문화재청, 2001). 또한 각종 쓰레기 발생도 무시할 수 없다.

현재 만장굴 공개 구간의 벽면에는 부분적으로 흑색오염이 발생하고 있으며, 많은 관람객이 일시에 들어가게 되면 이산화탄소 농도가 증가하여 흑색오염은 가중될 수 있다(제주도, 2005). 그러나 석회동굴과는 달리 관람객이 만져서 생기는 흑색오염은 동굴 암석의 색과 구별하기 어렵고, 또 동굴의 규모가 커서 관람객이 만지는 것이 별로 관찰되지 않으므로 흑색오염은 심각하지 않다는 견해도 있다(북제주군, 2003). 협재굴과 쌍용굴은 안내원의 감시활동과 동굴 내부의 동선으로 인하여 관람객이 동굴생성물이나 벽면을 직접 만져 보기는 어렵다. 그러나 단체관광객이 일시에 몰려드는 경우에는 혼잡을 틈타 동굴생성물이나 벽면에 손을 대거나 쓰레기를 버리는 등의 돌발적인 상황을 배제하기는 어렵다.

한편 만장굴에는 1976년부터 동굴 양쪽 벽면에 조명등 185개를 설치하고 관람시간 내내 조명등을 켜 놓고 있다. 그러나 같은 곳만 밝히는 이들 조명등으로 인하여 하등식물이 자라는 등 93%의 조명등이 녹색오염을 일으키고 있다. 즉 21.1%의 조명등에서 곰팡이, 32.9%에서 조류, 95.6%에서 선태류, 77.6%에서 양치류가 발견되는 등 한 개의 조명등에서 두 종류 이상의 녹색오염이 복합적으로 발생하고 있다(북제주군, 1993). 협재굴과 쌍용굴에도 91개의 조명등이 설치되어 있으나, 조명등의 위치를 주기적으로 바꾸고 있어 녹색오염 문제는 크게 발생하고 있지 않다.


## 4. 용암동굴의 보존 및 관리를 위한 개선 방안

### 1) 동굴 내부

첫째, 동굴 천장의 낙반 위험도를 정기적으로 모니터링할 필요가 있다. 제주도 용암동굴은 대부분 천장의 붕괴로 인하여 동굴 내부에 많은 낙반지대가 출현하고 있으며, 이는 동굴 벽면과 동굴생성물의 파괴로까지 이어지고 있다. 따라서 천장의 붕괴와 낙반을 최대한 방지할 수 있도록 위해요인을 차단하고 저감하는 것이 동굴 보존의 핵심과제라고 할 수 있다. 그러나 동굴 지상의 토지이용, 식생, 도로, 각종 개발사업 등 천장의 낙반을 일으키는 위해요인은 언제나 동굴과 상존하고 있으므로 동굴 위 지표면으로부터 동굴 천장까지의 안정성 진단은 필수적이다. 즉 지반 두께에 대한 물리탐사를 비롯하여 암석의 지질공학적 특성, 절리의 발달상태를 종합적으로 측정하고 외부 하중으로 인한 진동이나 충격에 따른 균열의 움직임을 지속적으로 감시하여 이상 징후가 포착되면 그곳을 중심으로 보강 대책이 세워져야 한다.

둘째, 동굴 내부의 대기환경 관리는 보다 과학적으로 이루어져야 한다. 제주도 용암동굴의 대기환경은 변화가 없는 것으로 보고되고 있다(북제주군, 2003). 그러나 이러한 결론은 관측이 장기적으로 이루어지지 않았을 뿐 아니라 관측 결과에 대한 평가에도 과학적 기준이 부족한 등 여러 문제점을 지니고 있다. 또한 최근 지구온난화로 생태계가 급변하고 있다는 점을 동굴 진단에서는 간과하고 있으나 용암동굴의 생태계도 온난화의 예외가 될 수는 없다. 따라서 최소 수년간의 관측치를 토대로 동굴의 대기환경 변화를 분석해야 하므로 관리 주체의 장기적인 자료 축적과 더불어 학술용역이나 안정성 진단용역을 발주할 경우에도 이러한 항목을 과업지시에 포함시키고 이를 토대로 대기환경 변화를 평가하는 기준치를 만들어야 한다.

셋째, 조명시설의 개선은 필수적이다. 동굴의 녹색오염을 방지하기 위하여 조명등의 수를 최소화하고 빛의 밝기도 관람객이 다닐 수 있는 최소 수준으로 설정하며 관람객이 없을 때에는 자동적으로 소등되어야 한다. 현행 법규도 조명시설의 설치기준을 정하고 이의 준수를 요구하고 있듯이 공개 동굴의 관리에는 조명시설이 중요하다. 현재 만장굴 공개구간과 협재굴, 쌍용굴의 조명시설 관리는 개선되고 있다. 특히 만장굴 조명시설의 경우 그동안 녹색오염을 심화시키고 관람객의 시야까지 방해한다는 지적을 받아 왔으나(북제주군, 2003), 2005년부터 외국의 전문가로부터 조명설계와 정비공사의 자문을 받아 교체작업이 진행되고 있다. 그러나 천연동굴 보존·관리지침(문화재청, 2000b)의 규정대로 조명시설이 녹색오염의 발생을 억제하고 관람객의 편의를 증진시키고 있는지에 대해서는 작업 이후에도 정기적으로 관계 전문가의 진단을 받을 필요가 있다.

넷째, 불필요한 일반인 출입을 통제하고 동굴환경에 대한 교육이 이루어져야 한다. 공개 동굴에서는 관람객 출입에 따른 훼손과 오염을 원천적으로 차단하기는 어려우므로 최대한 저감하는 쪽으로 접근하는 것이 바람직하다. 동굴 안에서의 감시활동과 입굴하기 직전의 예방교육을 강화하고, 관람객이 직접 운반하는 오염원의 제거도 중요하므로 입굴에 앞서 관람객의 복장을 청결하게 하는 사전교육도 필요하다. 그러나 수학여행단과 같은 단체관람객이 몰려드는 경우에는 현실적으로 관리가 어렵고 또 많은 관람객으로 인하여 이산화탄소 농도가 증가하여 흑색오염이 가중될 수도 있으므로 관람객 수를 통제하는 것이 가장 근본적인 처방으로 생각된다. 이를 위해서는 제주도 행정당국을 비롯하여 제주도관광협회, 단체관광객을 안내하는 지역 여행사와의 긴밀한 상호협력이 필요하다.

## 2) 동굴 외부

첫째, 동굴 입구를 철저하게 또한 보다 과학적으로 관리해야 한다. 김녕굴의 입구 1곳은 방치된 상태로서 이는 일반인의 무분별한 출입을 통하여 동굴 훼손을 조장하므로 추가적인 통제시설이 필요하다. 또한 미공개 동굴의 경우 입구 통제가 잘되고 있다고 할지라도 동굴 내부의 훼손방지 차원에서 과학적인 관리기법이 필요하다. 예를 들면, 빌레못동굴의 입구는 주변보다 낮은 곳에 위치하여 호우 시 주변 경작지의 세립질 토사가 우수와 함께 동굴 내부로 흘러 들어와 동굴 바닥의 훼손으로 이어지고 있다. 이를 해결하기 위해서는 입구를 포함하여 주변을 전부 매립하는 방안, 우수를 다른 곳으로 배수시키는 방안, 입구만 밀봉하는 방안 등을 생각할 수 있으나 동굴 입구는 동굴 내부환경을 유지하는 길목이 된다는 점에서 적합한 방안의 선정에는 과학적인 접근이 필요하다. 즉 입구를 밀봉하게 되면 박쥐의 동굴 출입이 지장을 받게 되는데, 박쥐의 배설물인 구아노는 동굴미생물의 필수 영양분으로서 동굴 생태계 유지에 중요한 역할을 하고 있기 때문이다.

둘째, 동굴 위 지표환경의 변화는 동굴 천장의 안정을 위협할 수 있을 뿐 아니라 탄산염 성분으로 이루어진 동굴생성물의 성장을 방해할 수 있으므로 동굴 지상의 토지이용 및 식생 관리에도 만전을 기할 필요가 있다. 용천동굴과 당처물동굴 등 탄산염 성분의 동굴생성물이 잘 발달한 동굴 지상에는 해안사구가 넓게 분포하고 있다. 그러나 이 일대가 경작지로 활용되는 과정에서 패사층이 파괴되고 동굴 내부로 탄산염 공급이 차단됨으로써 동굴 보존에 위협적인 상황이 발생하고 있다. 또한 경작지에 농약과 화학비료를 사용함에 따라 이들 성분이 동굴로 침투하여 동굴생성물이 훼손될 가능성도 크다. 따라서 동굴 지상의 경작지를 조성하는 과정에서 제거되었던 사구의 복구가 시급하며, 농약과 화학비료에 의한 오염원의 차단이 필요하다.

소천굴은 천장 두께가 얇은 탓도 있으나 식물뿌리가 동굴 안으로 깊숙이 침입하여 천장의 균열을 조장하고 있다. 따라서 동굴 안정성을 위하여 인근의 협재굴, 쌍용굴, 황금굴과 같이 지상에 식재된 나무를 모두 제거하는 것이 바람직하다. 그러나 소천굴 일대의 소나무는 1950년대 사방림 사업으로 조성된 식생이므로 수종 교체나 제거는 행정당국과 주민의 협의를 통하여 검토할 필요가 있다.

한편 동굴 지상의 토지현황을 보면 사유지 비율이 높아 소천굴, 빌레못동굴, 수산굴은 90% 이상을 사유지가 차지하고 있어 문화재 보호구역의 효율적인 관리에 어려움이 따른다. 따라서 앞으로 이들 사유지를 정부와 제주특별자치도가 적극적으로 매입할 필요가 있다. 현재 세계자연유산 관리 차원에서 거문오름 용암동굴계에 속한 용천동굴과 선흘 벵뒤굴의 지상 사유지 매입에 2013년까지 125억 원을 투자할 방침이나 소천굴, 빌레못동굴, 수산굴에 대해서는 아직 토지 매입 계획이 세워져 있지 않다. 그러나 제주도 용암동굴이 각각 나름의 경관적, 학술적 가치를 지니고 있다는 점에서 볼 때, 보존 가치의 선후를 가리는 것은 근시안적 시각이므로 모든 천연기념물 지정 용암동굴에 대한 사유지 매입 계획이 연차적으로 제시되어야 한다.

셋째, 동굴 지상을 통과하는 도로는 천장의 낙반뿐 아니라 동굴 함몰의 원인이 될 수 있으므로 그 관리가 시급하다. 지금까지 용천 동굴의 4차선 일주 도로 1곳을 비롯하여 소천굴과 수산굴의 2차선 중산간도로 4곳, 김녕굴과 용천동굴의 2차선 마을 진입도로 4곳 등 전부 25곳에서 도로가 동굴 위를 지나가고 있는 것으로 밝혀졌다. 소천굴에서 확인할 수 있듯이 일반적으로 도로 통과지점에는 낙반과 천장 균열이 많이 나타나고 있으므로 교통량이 많은 도로의 이설과 정비는 동굴 보존을 위하여 반드시 필요하다. 그러나 동굴 지상의 문화재보호구역 지정보다 도로 개설이 먼저 이루어졌고, 도로마다 교통량에도 차이가 있으므로 기존도로의 활용도를 검토한 이후에 우회도로를 신설하는 방안을 추진해야 한다.46) 이와 더불어 예방 차원의 대책으로서 동굴 지점에 도달하기 전에 동굴 지상을 통과하는 도로임을 알려 주는 경고판을 설치하고 통과 구간에도 안내판을 설치하며, 차량의 적재량을 제한함으로써 대형 차량은 인근 도로로 우회하도록 유도해야 한다.

넷째, 문화재보호구역에 대한 정기적인 모니터링이 필요하다. 천연기념물 지정 용암동굴은 문화재보호법에 의해 문화재보호구역으로

---

46) 세계자연유산 관리계획에 의하면 2010년부터 2015년까지 총 26억 원이 투자되어 용천동굴 지상을 통과하는 일주 도로 위로 길이 30m, 폭 20m의 교량을 건설하여 동굴 천장에 가해지는 외부 하중을 줄일 방침이다.

또한 제주특별자치도 특별법에 의해 절대보존지역으로 지정하여 개발사업을 엄격하게 제한하고 있다. 또한 제주특별자치도 문화재보호조례에도 건설공사 인허가를 받기 전에 공사시행이 문화재에 미치는 영향을 검토하도록 규정하고 있으며, 용암동굴은 보호구역 외곽경계로부터 500m 이내 지역을 대상으로 하고 있다. 그러나 보호 대상지역이 광범위하고 개발사업이 은밀하게 이루어지는 경향도 있어 인력부족을 겪고 있는 행정당국의 감시활동이 충분하지 못한 경우가 많다. 특히 용천동굴 지상의 사구층 파괴와 같이 경작지를 조성하는 과정에서 발생하는 소규모 개발은 감시에 한계가 있다. 따라서 동굴 지상의 보호구역에 대한 모니터링체계가 보다 확실하게 구축될 수 있도록 지역주민을 동굴 보존 프로그램에 참여시키는 방안을 적극적으로 추진해야 한다. 즉 지역주민을 문화재보호구역 관리요원으로 임명하여 훼손된 사구와 식생 복원에 참여시키고 보호구역의 감시 역할을 담당하게 하는 것이 가장 효율적인 방안으로 생각된다. 보존 프로그램 참여는 지역주민에게 세계자연유산을 지킨다는 자긍심도 고취시킬 수 있을 것이다.


## 5. 결론 및 제언

천연기념물로 지정된 제주도 용암동굴은 김녕굴, 만장굴, 소천굴, 빌레못동굴 및 수산굴과 같이 유동성이 큰 현무암질 용암류의 분출과정에서 생성된 전형적인 용암동굴의 경우와 황금굴, 협재굴, 쌍용굴, 당처물동굴 및 용천동굴과 같이 동굴 지상의 패사 퇴적물이 용해되어 흘러 들어오면서 동굴 내부가 스펠레오뎀으로 이루어진 용암동굴로 구분할 수 있다. 그러나 유형에 관계없이 제주도의 용암동굴은 부실한 입구 관리, 천장의 붕괴와 낙반, 동굴생성물의 훼손, 공개 동굴 내부의 오염, 동굴의 위해요인이 되는 지상의 토지이용, 식생, 도로 및 개발사업에 대한 감시부족 등 많은 문제점을 드러내고 있다.

이에 본 연구에서는 용암동굴의 지속 가능한 보존과 관리를 위하여 동굴 내·외부의 두 측면에서 개선 방안을 제시하였다. 내부의 경우 우선 동굴 천장의 낙반 현상에 대한 정기적인 모니터링을 실시하며, 동굴의 대기환경 관리에도 보다 과학적인 접근이 필요하다. 특히 공개 동굴에서는 녹색 및 흑색오염을 일으키지 않도록 조명시설의 개선과 함께 탐방객의 출입에 제한을 두며 동굴환경에 대한 교육도 강화시켜야 한다. 외부의 경우에는 과학적이고 철저한 입구 관리를 통하여 불필요한 출입과 외부물질의 유입으로 인한 동굴 훼손을 방지해야 한다. 또한 천장 낙반과 동굴 함몰을 일으킬 수 있는 지상 도로의 관리가 시급하며, 문화재보호구역을 효율적으로 보호, 관리할 수 있도록 사유지 매입이 적극적으로 이루어져야 한다. 이와 같은 개선 방안이 적용되고 또 체계적인 연구 활동이 이어진다면 유네스코 세계자연유산으로서 제주도 용암동굴의 가치는 더욱 높아질 것으로 생각된다. 이와 관련하여 다음의 두 가지 방안을 추가 제언하고자 한다.

첫째, 용암동굴을 대상으로 한 지리정보체계, 즉 CGIS(Cave Geographic Information System)를 구축해야 한다. 아직까지 CGIS를 구축하여 활용하고 있다는 외국 사례를 확인하지는 못했으나, 문화재청(2005b)은 문화재 지리정보체계 구축사업의 일환으로 CGIS 구축을 위한 일차적인 단계로서 천연동굴의 기초정보(규모, 종류, 가치), 위치도, 구조도(평면, 종단, 횡단), 지질도 및 동굴생성물 정보

등 데이터베이스의 필요성을 지적하고 있다. 그러나 제주도 용암동굴의 경우에는 이러한 수준의 자료가 이미 축적되어 있으므로 데이터베이스를 동굴의 지하 환경구조나 안정성까지 포함하는 수준으로 상향시켜 추진해야 할 것이다.

둘째, 가칭 '제주도 국제동굴센터'의 건립이 필요하다. 제주도 용암동굴은 경관적 아름다움과 지질학적 가치를 인정받아 국내 최초로 유네스코 세계자연유산으로 등재되었으므로 이들 경관적, 학술적 가치를 보다 체계적으로 관리하고 교육하기 위해서는 국제동굴센터와 같은 전문적인 전담기구의 설립이 필수적이다. 국제동굴센터에는 동굴 박물관을 비롯하여 동굴 체험관, 동굴 연구기관, 청소년 학습장 등이 들어설 수 있을 것이다. 따라서 국제동굴센터는 유네스코 세계자연유산으로서 제주도 용암동굴의 보존과 관리체계를 더욱 확고히 하는 모체가 될 것으로 생각된다.


## 謝辭

동굴 탐사를 도와주시고 또 귀중한 자료까지 제공해 주신 (사)제주도동굴연구소의 손인석 소장님, 이규섭 부소장님 그리고 박화용, 송지인 연구원에게 감사의 말씀을 전합니다.

# 참고문헌


남제주군, 2004, 수산굴 · 마장굴 실태조사보고서.

문화재청, 2000a, 천연기념물 공개동굴 실태조사 및 보존대책 보고서.

문화재청, 2000b, 천연동굴 보존 · 관리지침.

문화재청, 2001, 동굴 흑색오염 방지 및 제거방안 연구보고서.

문화재청, 2003, 제주도 천연동굴 일제조사보고서.

문화재청, 2005a, 제주 용천동굴 기초학술조사보고서.

문화재청, 2005b, 문화재 지리정보체계구축사업 문화재 GIS 개발보고서.

북제주군, 1993, 만장굴 학술조사보고서.

북제주군, 2000, 당처물동굴 종합학술조사보고서.

북제주군, 2003, 만장굴 실태(학술)조사 및 안전진단보고서.

손인석, 2001, 제주도의 천연동굴과 보존, 자연보존, 114, 8 - 12.

손인석, 2005, 제주도의 천연동굴, 나우출판사.

원종관, 1975, 제주도의 형성과정과 화산활동에 관한 연구, 건국대학교 이학논
집, 1, 7 - 48.

이동영, 1994, 제주도의 화산활동사, 제주도(편) 한국의 영산 한라산, 69 - 76.

이문원, 1994, 제주도의 형성사와 지질구조, 대한지하수환경학회(편), 제주도 지
하수자원의 환경학적 보전과 개발이용, 54 - 74.

자연지리학사전편찬위원회, 1996, 자연지리학사전, 한울아카데미.

제주환경연구센터 · 서울대학교, 1999, 제주도 용암동굴 보전을 위한 학술조사보
고서.

제주도, 1989, 빌레못동굴 학술조사보고서.

제주도, 2003, 유네스코 지정을 위한 제주도 자연유산지구 학술조사보고서.

제주도, 2005, 제주자연유산 등록신청서작성 학술용역보고서.

제주도동굴연구소, 2005, 빌레못동굴 평면도.

한국건설안전기술협회, 2004, 제주 미천굴 안전진단보고서.

한국보훈복지의료공단, 2004, 소천굴 종합학술조사 안전진단보고서.

한림공원, 1991, 협재동굴지대 학술조사보고서.

한태흥, 1998, 제주도 연안 해빈과 사구 연구, 한국지형학회지, 5, 73 - 87.

Commission on Volcanic Caves of International Union of Speleology, 2007,
List of the Longest Lava Tubes, Newsletter No. 48, 23 - 24.

# 조선시대 제주도의 기상재해와 관민(官民)의 대응 양상[*]

김오진

## 1. 서 론

최근 전 지구적으로 이상기후가 빈번하게 발생하여 많은 인명과 재산 피해를 야기하고 있다. 세계기상기구(WMO)와 유엔환경계획(UNEP)에 따르면 기상재해로 인한 세계의 경제적 피해는 1970년대에 연간 평균 1,301억 달러(약 125조 원)에서 1980년대 2,040억 달러, 1990년대 6,290억 달러로 크게 늘었고, 2000년대 들어서는 연간 7,000억 달러 이상의 경제적 손실이 발생했다고 한다. 우리나라에서도 최근 기상재해로 인한 피해가 급증하고 있다. 통계개발원(2008)에 따르면 지난 10년간(1997~2006년) 기상재해로 인한 연평균 인명피해는 119명, 재산피해는 1조 9,642억 원에 달한다고 한다. 연평균 기상재해 피해액이 1980년대에는 5,000억 원이었으나 1990년대에는 7,000억 원, 2000년대 들어서는 2조 7천억 원으로 급증하였다.

---

[*] 이 논문은 대한지리학회지 제43권 제6호(2008. 12)에 게재한 것을 일부 수정 보완했음.

해상에 위치한 제주도는 태풍의 길목으로 재해가 많은 섬이다. 제주특별자치도의 『제주 풍수해 백서(2008)』에 따르면, 1970년 이후 2006년까지 제주도에 영향을 미친 태풍과 호우 등 풍수해는 총 94회 발생하였으며, 같은 기간 인명피해는 총 177명, 재산피해는 2,091억 1천만 원이 발생했다. 1970년 이후 연평균 풍수해 발생 횟수는 2.5회, 인명피해는 4.7명, 재산피해액은 55억 3백만 원이었다. 최근 제주도에 내습하는 기상재해의 발생 빈도와 강도가 점차 높아지는 추세다. 1970년대의 풍수해 발생 횟수는 11회였으나, 2000~2007년에는 총 29회로 3배 가까이 증가했다. 2003년 태풍 '매미'가 통과할 때 제주와 고산 지역의 순간최대풍속은 60m/sec에 이르렀고, 2007년 태풍 '나리'가 통과할 때 제주지역의 일 최대강수량은 420㎜를 기록하였다. 또한 지난 10년간 자연재해로 인한 주택과 선박, 농경지, 공공시설 등의 피해로 1,768억 원의 재산 손실을 입었는데, 이를 복구하기 위해 투입된 예산은 갑절이나 많은 3,836억 원에 달했다(제주신문, 2007.9.20).

기후 및 기상에 대한 관심과 투자가 증대되고 있음에도 기상재해로 인한 피해는 증가하고 있는 것이다. 기후환경은 끊임없이 변동해 왔으며 인류 문명의 발달과 인간 생활에 중요한 영향을 끼쳤다. 기후변동은 한 패턴에서 다른 패턴으로 돌변할 수 있으며 그 영향력은 막대하고 때로는 결정적일 수도 있다(Fagan, 2000).

기후변동의 중요성은 소빙기(Little Ice Age)라 일컬어지는 16세기에서 19세기의 기간에 잘 나타났다. 이 시기는 전 세계적으로 기후의 불규칙성과 이상저온현상이 빈번하게 발생했으며 이로 인해 기상재해와 기근이 심했다(Lamb, 1995). 이때 우리나라도 소빙기의 영향을 받아 기온과 강수의 변동이 심했으며 수많은 한발과 홍수, 기근을 야기하여 산업, 정치, 사회, 경제적으로 큰 영향을 끼쳤다(김연옥, 1984; 이태진, 1996; 김연희, 1996). 제주도는 예로부터 풍재, 수재, 한재가 많다고 하여 삼재도(三災島)라 불려 왔다. 그럼에도 불구하고 이에 대한 고기후학적 연구가 부족한 편이며, 특히 소빙기에 해당하는 조선시대 제주도의 기후와 주민생활과의 관련성을 분석한 연구는 전무한 실정이다.

이에 본 연구에서는 사료를 통해 조선시대의 제주도 기후 및 기상재해 특성을 살펴보고, 정부와 제주민들은 기상재해에 어떻게 대응했는지를 분석해 보고자 한다.


## 2. 연구 방법 및 자료

인간이 생활하는 과정에서 자연현상에 의해 인명과 재산 피해를 입었을 경우 재해라고 한다. 제주도에서 발생한 자연재해의 대부분은 기상재해에 해당한다. 본 연구에서는 조선시대 제주도의 기상재해를 "사료에 기록된 태풍·홍수·호우·강풍·풍랑·해일·조수·대설·가뭄 등 대기현상으로 인하여 발생한 재해"로 정의하고자 한다. 조선시대 제주도의 기상재해를 분석하기 위한 정량적 통계자료는 『조선왕조실록』, 『증보문헌비고』, 『비변사등록』, 『승정원일기』, 『탐라기년』 등 편년체 사료를 이용했다. 『조선왕조실록』은 조선 500여 년 동안의 역사서로 매일 일기식으로 기록한 편년체의 사서로 방대한 기록물이다. 『증보문헌비고』는 1908년 편찬한 것으로 <상위고>에 상고시대부터 대한제국 말기까지 기상재해, 천문, 천재지변, 여역 등 각종 이변이 상세히 기록되어 있다. 『비변사등록』은 비변사에서 작성한 일지로 1617~1892년간의 기록이 남아 있다. 『승정원일기』
는 승정원에서 왕명의 출납과 제반 행정 사무 등을 일지식으로 기록
한 것으로 1623~1894년간의 기록이 전해진다. 『탐라기년』은 김석
익이 고려 태조 때부터 조선 광무 10년(1906)년까지의 제주도 관련
사실들을 수집하여 수록한 편년체 사료이다. 개인의 여행기나 일기
등에도 기상재해 상황이 기록되어 있었으나, 자료의 연속성 미비로
통계처리 하는 데는 한계가 있어서 재해 상황을 파악하는 정성적 자
료로만 활용했다. 『조선왕조실록』은 시대 상황과 기록자에 따라 양
적·질적 편차가 있지만 제주도의 재해와 관련된 기록이 가장 풍부
했다. 『비변사등록』, 『증보문헌비고』, 『승정원일기』, 『탐라기년』 등
은 『조선왕조실록』에 누락된 기록을 보완해 주고 있다.


## 3. 조선시대 제주도의 기후 특성

### 1) 제주도의 기후에 대한 전통적 인식

　제주도의 풍토 특성과 기후를 설명할 때 많이 인용했던 사료가 김
정의 『제주풍토록』이다. 그는 "제주의 겨울은 매우 온화하고 따뜻하
며, 여름은 비교적 서늘하여 일기 변화가 극심해 의식을 조절하기
어렵고, 질병에 걸리기 쉽다. 운무가 늘 자욱하여 흐린 날이 많고 광
풍이 끊이지 않으며 덥고 축축하다"고 했다.47) 김상헌도 제주의 기
후 특성을 『남사록』에서 잘 표현하고 있는데, 그는 "겨울에 강풍을 동
반한 한파가 엄습할 때는 지내기 힘들지만 비교적 온난하여 결빙을

---

47) 김정, 『濟州風土錄』, 氣候冬或溫夏或涼. 變錯無恒. 風氣似暄而着人甚尖利. 人衣食難
　　節. 故易於生疾. 加以雲霧恒陰翳少開霽. 盲風怪雨. 發作無時. 蒸濕沸鬱.

보기 힘들고 바람이 약해지면 봄날과 같은 날씨가 된다. 겨울에도 나비가 날아다니고, 가난한 자들이 옷을 얇게 입거나 망석(網席)을 입고 다녀도 온화한 겨울 날씨로 동사자가 별로 없다"고 했다.48) 제주는 연평균기온이 15.5℃이고, 1월평균기온이 5.6℃로 한반도에 비해 따뜻하다. 고기록에서도 이와 같이 온화한 제주도의 기후 특성을 잘 표현하고 있다.

제주는 연평균풍속이 3.8m/s이고, 태풍이 연평균 3.4회 정도 통과하며, 바람의 강도와 빈도가 높은 지역이다. 임제는 『남명소승』에서 "한라산 북사면 지역은 북풍이 강하기 때문에 나무들이 남향으로 심하게 편향되어 있다. 바람이 강하게 불 때는 해수가 비 오듯 흩날리고, 해안 지역의 초목들은 모두 소금기에 절여 있을 정도이다. 한라산 북쪽은 강한 바람으로 하늘과 바다가 뒤집히는 듯해도 남쪽은 세초도 움직이지 않을 정도로 바람이 약하다"고 하여 편향수와 조풍해, 바람의 지역차 등을 기술하고 있다.49)

제주도의 국지풍으로 '느롯'이 있다. 이와 관련해 "보리 느롯에 늙은이 얼엉 죽나"라는 속담이 전해 온다. 보리의 성장, 결실기인 봄철 새벽에 노인들이 보리밭에 일하러 갔다가 느롯에 노출되면 동사할 정도로 춥다는 것이다. 느롯은 '한라산 정상에서 저지대로 흐르는 차가운 공기'를 지칭하는 것으로 가을에서 봄까지 발달한다. 느롯은 새벽에 한라산 쪽에서 불어오는 산풍이기 때문에 풍속이 강한 바람이라기보다 기온이 낮고 차가운 바람이다. 느롯의 발생 빈도는 한라산 남북사면 지역이 많고 동서사면 지역은 상대적으로 적다. 한라산 남

---

48) 김상헌 『남사록』, 樹木多冬靑 如薺菜等雜花 開謝無節 積雪滿庭 蝴蝶飛來庭中 草色長靑 與京城三月無異 民之甚貧者 或以一簑依掩體 或穿網席𥸤走服役 而得免凍死者以此也.

49) 임제 『남명소승』, 漢拏以北 恒多北風 八方風北爲最勁故 濟州一境 樹木皆南指若禿帚 每風起噴沫如雨 近海十里之間 草木皆着鹹氣 二縣之境 亘古無北風.

사면은 겨울에도 ㄴ롯이 자주 발생하지만 북사면 지역은 겨울에 강한 북서계열의 탁월풍 때문에 ㄴ롯이 발생하는 경우가 드물고, 봄이나 가을에 발달하는 경우가 오히려 많다. ㄴ롯이 발달하는 날은 이동성 고기압의 영향으로 대기가 안정되고 고요하기 때문에 바람이 약하다. 그래서 "아침 ㄴ롯 쩨민 날씨 좋다"라는 속담도 전해진다.

제주도의 연강수량은 1,000~1,800㎜ 정도로 우리나라의 다우지 중 하나이다. 제주의 경우 여름에는 680㎜, 겨울에는 174㎜로 계절차가 크다. 제주의 연강수량은 1,456mm이고, 서귀포는 1,850㎜이다. 이러한 강수 특성이 고기록에도 잘 나타나 있다. 『남사록』에 "춘하에는 흐리고 비가 많으며, 추동에는 하늘이 개지만 강설이 많다. 또한 춘하에는 한라산 남쪽이, 추동에는 북쪽이 강수가 많다"고 하여50) 제주도 강수의 계절적 특성과 지역차도 기술하고 있다.


## 2) 사료에 나타난 이상기상

조선시대에는 기상에 대한 관심이 많았으며 중앙에 서운관(書雲觀) 등의 천문기상 관제(官制)를 두었다. 천문·지리·풍수·측후 등 특수 기술을 전수시킨 관리들에게 천문 및 기상을 관측하도록 하여 풍운기(風雲記), 서운관지(書雲觀志) 등에 기록하게 하고 이상기상 현상은 보고하도록 했다. 제주도는 변방 지역이며 기상 및 천재지변을 전문적으로 관측하고 기록하는 관리가 없었기 때문에 천문·기상에 대한 기록이 풍부하지는 않지만 이상기상으로 피해를 입었거나 특이한 기상현상이 있을 경우에는 장계(狀啓)를 올려 중앙 조정에 보고했다.

---

50) 김상헌, 『남사록』, 每歲春夏 雲霧晦冥 恒雨少日 山南尤甚 至秋冬開霽 又多暴風 雪深丈餘 山北尤甚.

『조선왕조실록』 등의 사료에는 제주도에서 발생한 강풍 관련 이상기상을 '풍(風), 대풍(大風), 표풍(飄風), 구풍(颶風), 광풍(狂風), 맹풍(盲風), 용(龍)' 등으로 다양하게 표현하고 있으며,51) 그중 '대풍(大風)'으로 기록한 것이 가장 많다. 재해와 관련시켜서 '풍재(風災), 풍황(風蝗)', 풍향과 관련시켜서 '동남풍(東南風)' 등으로 기록하기도 했다.

호우 관련 이상기상은 '우(雨), 수(水), 우수(雨水), 대우(大雨), 대수(大水), 대우수(大雨水), 취우(驟雨), 폭우(暴雨), 음우(陰雨)' 등으로 기록하였다.52) 그중 '대우(大雨)'라고 기록된 건수가 가장 많았다. 수해와 관련시켜 '수재(水災)'로 기록하기도 했다.

제주도는 사면이 바다여서 조풍해(潮風害)가 많이 발생했으며, 이를 '함우(鹹雨), 함수(鹹水), 함수(鹹水), 노도분설(怒濤噴雪)' 등으로 기록하고 있다.53)

가뭄 관련 이상기상은 '한(旱), 대한(大旱), 항한(亢旱), 불우(不雨)'로 기록하고 있다. 재해와 기근에 관련시켜 '한재(旱災), 한발(旱魃)'이라 기록하기도 하였다.54) 눈이나 한파 관련 이상기상은 '설(雪), 대설(大雪), 한(寒), 동폐(凍斃), 동뇌(凍餒)' 등으로 기록하고 있다.55)

---

51) 대풍(大風)은 강한 바람, 표풍(飄風)은 회오리바람, 구풍(颶風)은 남양(南洋)에서 불어오는 바람, 광풍(狂風)은 미친 듯이 사납게 휘몰아치는 거센 바람, 맹풍(盲風)은 세차게 부는 강한 바람, 용(龍)은 용오름(waterspout)으로 바다나 육지에서 일어나는 맹렬한 회오리바람을 의미한다.

52) 대우(大雨)·대수(大水)·대우수(大雨水)는 큰비, 협우(峽雨)는 골짜기에 내리는 비, 취우(驟雨)는 소나기, 폭우(暴雨)는 갑자기 세차게 많이 쏟아지는 비, 음우(陰雨)는 오랫동안 계속해 내리는 음산한 비를 의미한다.

53) 함(鹹)은 짠 바닷물을 의미하고, 醎(함)은 鹹(함)의 속자(俗字)이다. 함우(鹹雨)는 해수 입자가 바람에 날려 육지 쪽으로 이동하여 비처럼 내리는 것을 말한다. 노도분설(怒濤噴雪)은 성난 파도로 해수가 눈가루처럼 날리는 것을 의미한다.

54) 대한(大旱)은 큰 가뭄, 항한(亢旱)은 아주 극심한 가뭄, 불우(不雨)는 비가 오지 않음, 한재(旱災)는 가뭄으로 인한 재앙, 한발(旱魃)은 가뭄을 맡고 있는 귀신이란 뜻으로 심한 가뭄을 의미한다.

55) 대설(大雪)은 눈이 많이 온 것, 동폐(凍斃)는 얼어 죽은 것, 동뇌(凍餒)는 추위와 굶주림에

지방관들은 천재지변이 발생하면 중앙정부에 보고하는 것이 중요한 책무의 하나이지만, 고도(孤島)의 특수성 때문에 보고가 누락되는 경우가 많았다. 또한 장계를 올리더라도 제주에서 한양까지 가는 데는 한 달 정도 소요됐기 때문에 중앙 조정에서 다루는 중요 현안에서 제외되는 경우가 많았다.

<표 5-1> 조선시대 제주도의 이상기상(異常氣象) 기록 건수

| 시기 | 강풍 | 호우 | 가뭄 | 한파 | 합계 |
|---|---|---|---|---|---|
| 15세기 | 6 | 3 | 2 | 2 | 13 |
| 16세기 | 5 | 5 | 4 | - | 14 |
| 17세기 | 19 | 13 | 8 | 6 | 46 |
| 18세기 | 12 | 5 | 6 | - | 23 |
| 19세기 | 2 | 4 | 3 | 2 | 11 |
| 계 | 44 | 30 | 23 | 10 | 107 |

※ '-'는 자료 없음.
자료: 『조선왕조실록』, 『증보문헌비고』, 『비변사등록』, 『승정원일기』, 『탐라기년』 등.

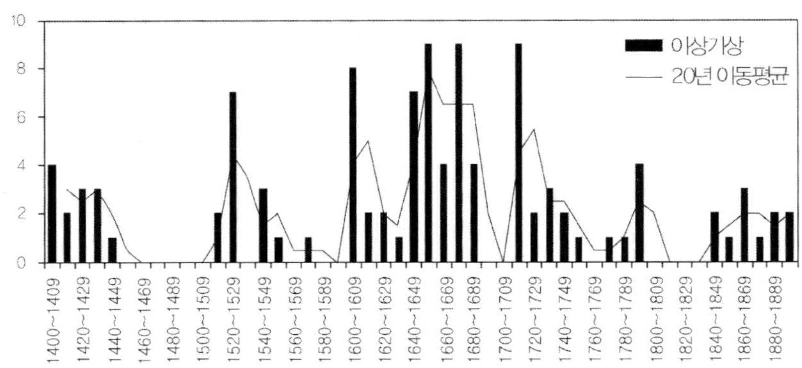


16세기 중반부터 이상기상 발생 빈도가 증가하고 있으며, 17세기에 접어들어 발생 빈도가 현저히 증가하였다. 18세기에도 발생 빈도가 높게 나타나고 있으나 19세기에는 감소하는 추세를 보이고 있다(자료: 『조선왕조실록』, 『증보문헌비고』, 『비변사등록』, 『탐라기년』 등).

[그림 5-1] 조선시대 제주도의 이상기상 추이

시달린 것을 의미한다.

<표 5－1>의 통계는『조선왕조실록』,『증보문헌비고』,『탐라기년』,『비변사등록』,『승정원일기』 등의 이상기상 기록을 추출하여 정리한 것이다. 15세기부터 19세기까지 전체 이상기상 기록 건수를 보면 총 107건이다. 이를 시기별로 살펴보면, 17세기가 46건으로 가장 많고, 18세기 23건, 16세기 14건, 15세기 13건, 19세기 11건이다. <표 5－1>의 이상기상 기록은 평시의 단순한 기상 상태를 기록한 것이 아니라 인간과 동·식물에 피해를 준 기상현상을 기록한 것이다. 기록된 재해 내용을 보면 '대풍으로 인한 낙과와 파손된 민가의 숫자, 죽은 우마의 숫자' 등이 구체적으로 기술되어 있다. <표 5－1>의 강풍 관련 기록 44건 중 42건에 재해 내용이 기술되어 있었고, 나머지 2건도 '다섯 마리 용이 승천했다', '큰 바람이 불었다'고 하여 재해가 발생했음을 암시하고 있다.

가뭄 관련 기록 23건 중 19건에 대해서는 재해 내용이 구체적으로 포함되어 있다. 나머지 4건은 '6개월 동안 가뭄', '여름에 큰 가뭄', '석 달 동안 심한 가뭄', '윤2월부터 5월까지 가뭄' 등으로 기록되어 있어 구체적으로 표현하지는 않았지만 어떤 형태로든 가뭄 피해가 있었음을 알 수 있다.

[그림 5－1]은 제주도의 이상기상 기록 건수를 1400년부터 1900년까지 10년 단위로 나타낸 것이다. 이를 통해 조선시대 제주도의 이상기상 발생 추이를 살펴보면, 15세기는 발생 빈도가 낮게 나타나고 있다. 그러나 16세기 중반부터 이상기상 발생 빈도가 점차 증가하고 있으며, 17세기에 접어들어 발생 빈도가 대폭 증가하였다. 18세기에도 발생 빈도가 높게 나타났으나 19세기에는 감소하는 추세를 보였다. 17세기는 다른 시기에 비해 강풍, 호우, 가뭄 등 각종 이상기상 발생 빈도가 높았음을 알 수 있다. 특히 한파의 10건 중 6건이

17세기에 집중되어 있어 17세기는 다른 시기에 비해 추웠던 시기였음을 알 수 있다.

〈표 5 - 2〉 『조선왕조실록』의 조선시대 이상기상 기록 건수(전국)

| 구 분 | 시기 | 대풍 | 호우 | 가뭄 | 때 아닌 눈비 | 유색(有色)눈비 | 우박 | 서리 | 계 |
|---|---|---|---|---|---|---|---|---|---|
| 제1기 | 1392~1450 | 137 | 98 | 73 | 41 | 11 | 156 | 62 | 578 |
| 제2기 | 1451~1500 | 99 | 51 | 64 | 22 | 4 | 58 | 13 | 311 |
| 제3기 | 1501~1550 | 120 | 237 | 16 | 84 | 5 | 552 | 138 | 1,152 |
| 제4기 | 1551~1600 | 63 | 106 | 39 | 43 | - | 246 | 268 | 765 |
| 제5기 | 1601~1650 | 119 | 168 | 177 | 49 | 10 | 247 | 87 | 857 |
| 제6기 | 1651~1700 | 114 | 216 | 111 | 119 | 6 | 295 | 123 | 984 |
| 제7기 | 1701~1750 | 103 | 77 | 44 | 65 | 4 | 202 | 73 | 568 |
| 제8기 | 1751~1800 | 7 | 27 | 8 | 8 | 8 | 79 | 7 | 144 |
| 제9기 | 1801~1863 | 8 | 82 | 4 | 1 | - | 26 | 1 | 122 |
| 계 | | 770 | 1,062 | 536 | 432 | 48 | 1,861 | 772 | 5,481 |

※ '-'는 자료 없음.
출처: 이태진(1996) p.97.

이태진(1996)은 『조선왕조실록』에 기록된 전국적인 이상기상 기록 건수를 시기별, 유형별로 추출하여 <표 5 - 2>와 같이 제시하였다. 본 연구에서는 필자가 제시한 <표 5 - 1>과 비교하기 위하여 이태진(1996)의 이상기상 통계자료 중 '하늘의 이상현상'인 유성(流星)·금성·혜성·객성(客星) 등의 출현과 유색 천기(天氣), 해·달무리 현상 및 지진·해일·병충해 등은 제외했고, 수해는 호우로, 한해는 가뭄으로 표현했다. <표 5 - 2>의 『조선왕조실록』에 기록된 이상기상 건수를 통해 전국의 이상기상 추이를 분석해 보면, 제1기와 제2기인 15세기는 비교적 발생 빈도가 낮았으나, 16세기 전반인 제3기에는 가장 많이 발생하고 있다. 제5기, 제6기, 제7기까지 발생 빈도가 여전히 높았고, 18세기 후반인 제8기에는 감소하는 경향을 보이고 있다. 비율로 보면, 16세기가 35%로 가장 많고, 17세기 34%, 15세기 16%, 18세기 13%, 19세기 2%이다. 필자가 작성한 표 5-1에서의 제주도 이상기상 비율은 17세기가 43%이고, 18세기가 22%, 16세기가 13%, 15세기가 12%, 19세기가 10%를 보이고 있다. 이태진(1996)의 연구에서 전국의 이상기상 현상은 16세기와 17세기에 많이 발생했음을 알 수 있으며, 제주도를 대상으로 한 본 연구에서도 비슷한 경향을 보이고 있음을 알 수 있다.

Fagan(2000)은 소빙기(Little Ice Age)가 16세기부터 시작되어 19세기 중반까지 계속된 것으로 보고 있다. 이 시기는 극심한 기후변동이 전개되었는데 비교적 안정된 기후가 단기간 유지되다가 현저하게 춥거나 비가 잦은 기후가 찾아왔고, 강풍과 심한 폭풍우 등을 일으켜 흉작을 야기했다. Lamb(1995)은 16세기 중반부터 150년 동안 신생대 제4기 최종 빙기 이후에 가장 추운 기후가 내습했다고 했다. 그는 이 기간을 소빙기의 절정으로 보고 있다. 김연옥(1984)은 『증보문헌비고』의 기상 요소에 관한 기록을 가지고 우리나라의 소빙기를 1551~1650년의 제1기, 1701~1750년의 제2기, 1801~1900년의 제3기로 구분했다. 제1기의 기후적 특성은 극심한 한발과 다우였고, 제2기는 다우기였으며, 제3기는 극심한 다우기라고 했다. 이태진(1996)은 『조선왕조실록』에서 기후 및 대기 현상을 추출하여 소빙기적 현상을 규명하고자 했다. 그는 표 5-2에서처럼 1392~1863년간을 50년 단위로 9기로 나누어 조선시대의 소빙기를 분석하고 있는데 제3기부터 제7기까지인 1501~1750년간을 소빙기로 파악하고 있다. 그 근거로 기온강하와 관련 있는 현상인 우박, 서리, 때 아닌 눈 등의 통계자료를 제시하고 있으며, 유성·혜성의 출현, 해·달무리, 운석의 충돌 등을 내세우고 있다. 소빙기를 연구한 학자들은 17세기를 가장 극심했던 소빙기의 최성기로 보고 있으며 이를 '17세기의 위기'라고 표현하기도 했다(허진영, 1980; 홍치모,1981; 나종일, 1982).

제주도의 이상기상 발생 빈도를 분석해 보면 17세기에 이상기후가 빈번하게 발생했음을 알 수 있다. 17세기 제주도의 이상기상 발생 상황을 구체적으로 살펴볼 수 있는 사례로 1601년 안무어사로 제주도에 파견되었던 김상헌의 일기와 치계를 들 수 있다. 그는 "신이 제주도에 도착한 지 한 달이 지났는데도 그 사이에 하루 이틀을 제외하고는 비가 오지 않는 날이 없었고, 바람이 불지 않는 날이 없었습니다. 제주의 기후가 원래 그런 줄 알고 괴이하게 여기지 않았는데, 제주민들에게 탐문한 결과 금년 9월 이후부터 항상 흐리고 계속 비가 내려 여러 달 개지 않아 여름철보다 더욱 심하다고 했습니다. 도로가 진창이 되어 장마철과 같았고, 들판에 가을 곡식이 손상되어 추수할 것이 없어 농민들은 곳곳에서 울부짖었고 곳곳에서 아사자가 수없이 발생하여 곤핍한 상황은 차마 눈 뜨고 볼 수 없는 지경입니다. 노인들은 연일 계속되는 악천후를 '근고에 없는 재이'라고 합니다"라고 치계를 올렸다.56) 그의 일기를 보면 "제주의 가을과 겨울은 하늘이 개는 때이지만 1601년 9월부터 다음 해 1월까지 5개월간 3광(해·달·별)을 볼 수 있었던 일수는 수십 일밖에 되지 않았다"고 기술하고 있다.

1601년 제주도의 '근고(近古)에 없는 재이(災異)'를 당시 세계의

---

56) 『조선왕조실록』, 선조 143권 34년(1601) 11월 1일. 臣到本州, 經旬踰月, 而其間一二日外, 無日不雨, 無日不風, 以爲海國氣候, 本來如此, 無足怪者, 久乃詢于儒生故老, 則自今年九月以後, 恒陰連雨, 積月不開, 有甚於夏, 今盲風大作, 晝夜不止, 此實近古所未有之災異云云. 臣目見道路(泲)[泥]淖, 如春夏霖潦之時, 田野之間, 秋穀自損, 太半(委)[萎]葉腐爛不收, 農民束手, 處處呼泣. 飢荒困乏之狀, 所不忍見. 秋而如此, 何以卒歲 此地民生之事, 實爲矜惻.

기후 상황과 비교 분석해 볼 필요가 있다. 17세기는 소빙기가 절정을 이루었던 시기로 기후사적으로 의미 있는 화산 분출이 6회 정도 일어났다. 그중 1600년 2월 16일부터 3월 5일까지 페루의 화냐푸티나(Huaynaputina) 화산 폭발 위력이 강력했다. 화냐푸티나 화산의 분화는 지구 곳곳에 기상이변을 가져왔다(Briffe *et al.*, 1998).

1601년 여름은 1400년 이래 북반구에서 가장 추웠다(Shanaka and Zielinski, 1998). 북아메리카의 서부 지역에서는 4백년 만에 처음 겪는 추운 여름이 닥쳤으며, 스칸디나비아에서는 1600년 만에 처음 보는 추운 여름이 엄습했다. 중국에서는 태양이 붉고 흐릿했으며 태양 흑점이 크게 보였다. 화산 폭발 1년 후에 이상저온 현상이 전 세계적으로 나타난 것은 화산 가스 및 화산재가 성층권에 도달하고 이것이 확산되는 데 시간이 걸렸기 때문이다. 1601년 제주도의 '근고에 없는 재이'는 그해 지구 곳곳을 강타했던 이상기후의 출현과 시기적으로 매우 유사함을 발견할 수 있다.

〈표 5-3〉 17세기 제주도의 주요 이상기상 기록

| 연 도 | 이상기상 내용 | 출 처 |
|---|---|---|
| 1601 | 연일 계속되는 대풍우로 흉년, 기근이 심각함, 아사자 속출, 근고에 없는 재이 | 『선조실록』 |
| 1602 | 봄에 황무로 흉년, 산죽실(제주조릿대)을 먹으며 기근 대응 | 『탐라기년』 |
| 1603 | 전 해에 대설, 적설량 2자, 정월에 한파, 감귤 동해, 겨울이 지나도 눈이 녹지 않음 | 『선조실록』 |
| 1603 | 풍해, 수해로 흉년, 충해로 기민 발생 국사둔(國私屯)의 우마 먹이 고갈, 해남 등지에서 미곡 3천석 운송 | 『선조실록』 |
| 1604 | 풍해, 한해로 인한 기근, 세입곡 수송하여 구휼 | 『선조실록』 |
| 1610 | 대풍수로 흉년, 아사자 다수 발생 | 『탐라기년』 |
| 1645 | 6개월 가문 뒤 대풍우 닥침, 나무가 뽑히고 말 200필 죽음 | 『인조실록』 |
| 1646 | 여름에 대풍과 한발로 흉년, 도토리 열매로 기근에 견딤 | 『탐라기년』 |
| 1650 | 대풍우로 가옥 파손, 절목, 우마 손상 | 『효종실록』 |

| 연 도 | 이상기상 내용 | 출 처 |
|---|---|---|
| 1652 | 대풍우로 인명 및 말 사상, 휼전 시행 | 『효종실록』 |
| 1652 | 대풍우로 제주성 남·북수구 홍문 파괴 | 『탐라기년』 |
| 1655 | 큰 눈 내려 국마 9백여 필 동사 | 『효종실록』 |
| 1666 | 여름에 큰 비와 큰 가뭄으로 흉년 | 『현종실록』 |
| 1667 | 큰 비 온 후 가뭄으로 흉년, 조 만여 섬을 진휼 | 『탐라기년』 |
| 1670 | 윤 2월부터 5월까지 가뭄, 여러 달 대풍우 계속됨, 수해, 풍해, 조 풍해 참혹, 만고에 없는 재변, 대설로 적설량 한 길이나 됨, 산에서 열매 줍던 91명 동사 | 『현종실록』 |
| 1683 | 대풍우, 가옥 파손, 농작물 손상, 인명과 우마 사상 | 『숙종실록』 |
| 1687 | 여름에 크게 가물어 흉년 | 『탐라기년』 |

<표 5-3>은 17세기 제주도의 주요 이상기상 현상 기록을 정리한 것이다. 대풍, 폭우, 가뭄, 대설 등이 빈번하게 발생했고, 이것이 재해로 이어져 인명과 재산에 많은 피해를 주었다. 특히 1601년과 1670년에 재해가 심했으며, 1670년은 가뭄, 풍수해에다 폭설까지 내려 재해가 극심했다. 대기근에 견디다 못한 주민들이 산에 나무열매를 구하러 갔다가 갑자기 내린 폭설로 90여 명이 동사하는 참사가 발생하기도 했다.

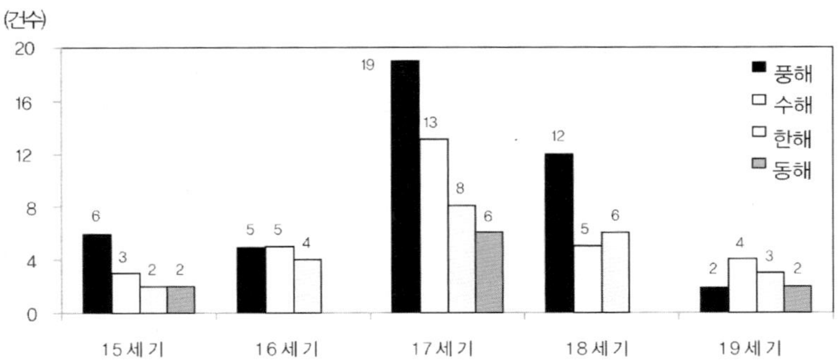



시기별로 보면 17세기에 기상재해가 가장 많이 발생했고, 유형별로 보면 풍해가 가장 많았다(자료: 『조선왕조실록』, 『탐라기년』, 『비변사등록』, 『증보문헌비고』 등).

[그림 5-2] 조선시대 제주도의 유형별 기상재해 기록

## 3) 제주도 기상재해의 유형별 특성

기상재해는 풍해, 수해, 설해, 한해, 냉해, 상해 등으로 구분할 수 있다. [그림 5-2]는 조선시대 제주도의 기상재해 발생 현황을 나타낸 것이다. 유형별로 보면 풍해가 44건(41%)으로 가장 많고, 수해 30건(28%), 한해 23건(22%), 동해 10건(9%) 순이다. 풍·수·한해가 전체 기상재해 중 91%로 대부분을 차지하고 있다. 앞의 표 2에서 제시한 『조선왕조실록』에 기록된 전국의 재해 관련 자료를 보면 (이태진, 1996) 수해, 풍해, 한해 순으로 나타나고 있다. 한반도는 수해가 가장 많지만, 제주도는 풍해가 가장 많음을 알 수 있다.

지역별로 확인할 수 있는 풍·수·한해의 기록 건수를 보면 제주도 북부 지역인 제주목이 52건으로 가장 많고, 남서부 지역인 대정현이 47건, 남동부 지역인 정의현이 43건이다. 제주목은 한라산 북사면이라 풍해가 많았고 수해 또한 많았다. 대정현은 한해가 많아 다른 지역에 비해 강수량이 적은 지역임을 알 수 있다.

풍해 기록 건수를 보면 15세기에 6건, 16세기에 5건, 17세기에 19건, 18세기에 12건, 19세기에 2건이다. 용오름에 대한 기록도 2건이 있다. 17세기와 18세기는 다른 시기에 비해 기록 빈도가 높아 기후가 불순했음을 알 수 있다. 풍해의 대표적인 사례를 보면, "1514년 8월 16일과 17일에 바람이 크게 일어 나무뿌리가 뽑히고 기와를 날려서 관사와 창고가 많이 무너졌고, 곡식이 거의 모두 손상되었다. 무너진 민가가 452호이고, 떠내려 간 민가가 78호였으며, 82척의 배가 파선되었고 사망자도 많았다. 정의현 지경 해변에는 해일로 밤새도록 잠겼으므로, 육지로 나와 죽은 물고기가 셀 수 없을 정도로 많았다"라고 기록되어 있다.[57] 1670년 7월 27일에도 큰 피해가 발생

했는데 "광풍으로 노도가 크게 일고 극심한 조풍해로 사람이 호흡하
면 꼭 짠물을 마시는 것 같았다. 산야의 초목은 소금에 절인 것 같
고, 서리와 눈에도 죽지 않는 굴·유자·소나무·대나무 등이 마르
지 않은 것이 없었고, 땅 위에 초목이라는 것은 모두 생기를 잃어버
렸다"라고 풍해로 인한 재해 상황을 기록하고 있다.58)

두 사례는 열대성 저기압에 의한 것이다. 1514년 음력 8월 16일
과 17일은 양력 9월 13일과 14일이고, 1670년 음력 7월 27일은 양
력 9월 10일이다. 1514년의 태풍은 폭우를 동반한 우태풍이었지만,
1670년의 태풍은 초기에 폭우를 동반하여 극심한 수해를 야기했지
만, 후기에 건태풍(乾颱風)으로 변질되면서 강풍에 날린 해수 입자
가 농작물과 나무, 풀 등을 고사시키는 극심한 조풍해(潮風害)를 야
기했다.

사료에 기록된 풍해의 대부분은 태풍이었고 그 피해가 극심했던
시기는 주로 초가을이었다. 풍해 발생 일자를 확인할 수 있는 7건
중 4건이 양력 9월이었고, 2건이 8월이었다. 늦여름과 초가을은 바
람이 약한 편이나, 태풍이 내습하면 기상이 돌변하여 강풍이 몰아치
고, 폭우가 쏟아지면서 풍수해를 야기했다. 또한 해수 입자가 바람에
날려 농작물 및 식물에 심한 조풍해를 야기했다.

제주도의 수해 기록 건수는 총 30건이다. 15세기에 3건, 16세기에

---

57) 『조선왕조실록』, 중종 20권 9년(1514년) 9월 27일. 濟州及大靜, 旌義等官, 八月十六
日, 十七日, 風雨大作, 拔木飛瓦, 官舍, 倉庫多數頹落, 早晩禾穀幾盡損傷, 民家頹落
四百五十二戶, 漂流七十八戶, 人物溺死者亦多, 船隻漂流破碎者八十二. 且旌義縣沿
邊二里許, 海波蕩溢, 終夜沈沒, 大小雜魚, 出死於陸者, 不可勝數.

58) 『조선왕조실록』, 현종 18권 11년(1670) 9월 9일. 七月二十七日狂風暴雨, 白晝昏黑,
怒濤噴雪, 因成鹹雨, 遍滿山野, 人吸其氣, 若飲鹹水. 草木如沈鹽, 橘柚松篁霜雪之所
不能殺者, 無不焦枯, 所謂土地之毛, 皆無一分生意. 各種木實, 幾盡隕落, 黍粟豆太,
莖葉俱乾. 農民相聚, 處處號哭, 一島生類, 將至於靡有孑遺. 此實萬古所未有之慘災.
前頭濟活罔知收措云.

5건, 17세기에 13건, 18세기에 5건, 19세기에 4건으로 17세기가 가장 많았고, 18세기가 그 다음이다. 수해 피해 발생 일자를 확인할 수 있는 6건 중 3건이 양력 9월이며, 2건은 8월, 1건은 7월로 열대성 저기압이 제주도를 통과하는 시기에 수해가 많았음을 알 수 있다. 수해 30건 중 24건이 강풍을 동반한 풍수해로 폭우가 내릴 때는 강풍을 동반하는 경우가 많았음을 알 수 있다. 수해를 야기한 주요인은 태풍과 장마이며 제주도를 통과할 때 집중호우로 인해 인명과 재산에 피해를 입혔다.

제주도는 지표수 함양에 불리한 지질 특성 때문에 가뭄이 빈번했다. 사료에 기록된 제주도의 가뭄 건수는 23건으로 풍재, 수재와 더불어 삼재를 구성하고 있다. 15세기 2건, 16세기 4건, 17세기 8건, 18세기 6건, 19세기에 3건으로 17세기와 18세기에 많이 발생했다. 제주도는 흉황과 기근이 빈번하게 발생했는데 그 원인이 미기된 것이 많다. 가뭄은 진행속도가 느리고 판단하기 어려운 특성 때문에 다른 재해에 비해 기록에서 누락된 경우가 많았을 것으로 추정된다.

계절에 맞지 않은 눈이나 겨울의 폭설로 설해를 입거나 이상한파로 동해 피해를 입기도 했는데 이를 설동해로 분류했다. 설동해와 관련된 기록 건수는 총 10건으로 15세기에 2건, 17세기에 6건, 19세기에 2건이다. 17세기에 설동해가 집중 분포되어 있다. 17세기는 전 세계적으로 소빙기의 최성기여서 제주도도 비교적 저온 현상이 많았던 것으로 추정된다.

# 4. 기근에 대응한 관(官)의 구황정책

## 1) 구휼 시설 설치 및 진휼

조선시대에는 기상재해가 발생하면 대부분 흉황(凶荒)과 기근(饑饉)으로 이어졌다. 제주도는 재해가 빈번하고 토질이 부박한 환경 때문에 잉여 식량 확보에 불리하여 기근에 대비한 식량 비축이 어려웠다. 또한 고온 다습한 기후 특성으로 곡식을 비축하면 쉽게 부패해 버렸다. 때문에 구휼곡은 제주도 내에서 자체적으로 확보하기보다는 한반도에서 이전해 왔다. 기상재해가 발생하여 집단적 기근 상태에 직면하면 제주의 수령은 구휼미를 청하는 계를 조정에 신속하게 올렸다. 조정에서는 구휼곡의 양과 동원 지역을 선정하여 이전곡을 확보한 다음 선박으로 제주로 수송했다. 제주의 수령들은 이전곡을 가지고 제주민에게 진제를 실시했던 것이 관에서 주도한 황정(荒政)의 기본 패턴이었다. 재해와 기근이 수습된 후에는 민심의 동요를 막기 위해 치제, 위무, 부세 감면 등의 조치가 행해졌다.

제주도에 기상재해로 기근이 발생했을 때 이전곡을 양남 연해에서 멀리 떨어진 고을에 배정할 경우 신속히 운송하는 데 어려움이 있었다. 이에 1704년(숙종 30년)에 제주도와 지리적으로 가까운 갈두진[59]에 제주 전담 진제창을 설치했다. 구휼곡을 제주도에 이전하여 분급해 주면 제주민들은 어곽(魚藿)으로 대납했다. 수합한 어곽을 갈두진창으로 수송하면 이를 매매하여 곡물을 구입한 후 갈두진창에 저치했다가 흉년이 일어나면 제주도로 수송했다.[60] 그러나 갈두진

---

59) 전라남도 해남군 송지면 갈두리이다. 갈두리는 한반도 중에서 최남단에 위치해 있기 때문에 '토말', '땅끝'으로 잘 알려져 있다. 최근 땅끝의 이미지를 높이고자 마을 이름을 '갈두리'에서 '땅끝리'로 변경했다.

배후 지역은 잉여 식량이 풍족지 않은 지역이므로 비축미 확보에 불리했다. 이러한 폐단을 해결하기 위해 구휼곡 확보에 유리한 임피현의 나리포창61)으로 옮겼다. 나리포창은 1722년(경종 2년)에 전라도 임피현에 두었던 구제창으로 평시에 곡식을 비축해 두었다가 제주에 흉년이 들면 구휼곡을 이송해 제주민을 구제하였다. 나리포창은 수운이 편리한 금강 하구에 위치해 있고, 배후지에는 호남평야, 논산평야 등 우리나라 제일의 곡창지대가 펼쳐져 있어 구휼곡 확보에 유리했다. 또한 조선시대 우리나라의 3대 시장의 하나였던 강경과 근접해 있어 구휼곡의 대물로 이전한 어곽과 양대(凉臺)62) 등 제주 특산물을 매매하기에 유리했다. 그러나 1786년(정조 10년)에는 제주민 구제창을 나주의 제민창63)으로 옮겼다. 나리포는 해로가 먼 데다 거친 칠산 해역을 통과하는 과정에서 해난사고가 빈번했기 때문이다. 제민창으로 옮긴 결과 제주도에 흉년 발생 시 진휼미를 신속하게 운송할 수 있었고, 대납한 제주 특산물을 한반도로 안전하고 빠르게 운송할 수 있었다.

제주도에 기근이 발생하면 정부에서는 신속하게 구휼곡을 이송하여 진휼 정책을 폈는데 사료에 기록된 진휼 건수는 152건이다. 그중 진휼곡 이동 상황을 알 수 있는 것이 87건이다. 기근이 극심한 해에는 여러 차례에 나누어 진휼곡을 수송했다. 진휼곡 공급지로는 전라

---

60) 『승정원일기』, 숙종 31년(1705) 2월 10일, 康津·海南等處, 設倉儲穀, 以備濟州移轉
事, 旣有所定奪, 而兩邑之去濟州, 水路之便順, 皆不如葛頭山, 倉舍林木, 亦難辦出云.
自賑廳, 爲先分付於下去別將, 以其蟲損之木, 造作倉舍, 而穀物每每推移入送, 似爲
未易. 上年濟州移轉穀中, 數千石, 使本州, 從民願, 以魚藿代捧, 出送于葛頭山, 而換
穀儲置, 値凶歲輸送.

61) 나리포창은 전라남도 군산시 나포면 나포리의 원나포 마을에 있었다. 나포와 원나포는 모두
나리포창에서 비롯된 지명이다.

62) 어곽(魚藿)은 고기와 미역, 양대(凉臺)는 갓양태를 말한다.

63) 제민창은 현재 나주시 안창동 제창마을에 있었다. 제창마을은 제민창에서 비롯된 지명이다.

도 66건, 경상도 13건, 경기도 4건, 충청도 2건, 황해도 2건이다. 전라도는 제주도를 관할하는 지역이었고 접근성이 양호한데다 식량이 풍부하여 흉년이 발생할 때마다 많은 곡식이 제주로 이송되었음을 알 수 있다.

## 2) 기근 해결을 위한 사민정책

세종 연간에 제주도에 기상재해와 기근이 연속적으로 발생하자 구황책의 일환으로 제주민을 한반도로 이주시키는 사민정책을 폈다. 1435(세종 17년)년에 병조에서 "제주의 인구는 많고 토지는 좁아서, 흉년을 구제하는 폐단이 해마다 반복되고 있으니, 전지와 직업이 없는 양민은 자원에 따라 한반도로 옮겨 살게 하고, 사천(私賤)도 본주인을 따라 자원하여 육지로 나오게 하소서"라고 건의하였고 세종은 이에 따랐다.[64] 토지 대비 과잉 인구압으로 해마다 기근이 발생하고 있다고 판단한 조정에서는 여연·자성·무창·우예·강계 등북방 변경지대에 제주민을 이주시키는 사민정책을 편 것이다. 토지와 일자리가 없는 양민과 노비들을 자원 이주케 했으나, 제주민은 자원사민 모집에 대한 관심과 지원이 저조했다. 이에 정부에서는 기근 시 국영목마장에 방목 중인 우마(牛馬)를 잡아먹은 도민을 색출하여 강제 이주시키는 초정사민(抄定徙民) 정책을 취했다. 사민정책 실시 직전인 1435년(세종 17년)에 제주도 인구는 63,093명이었으나 1454년(단종 2년)에는 18,897명으로 44,196명이 격감한다.[65] 20년

---

64) 『조선왕조실록』, 세종 70권, 17년(1435) 12월 12일. 兵曹與政府諸曹同議啓: "濟州三邑, 人多地窄, 民戶九千九百三十五, 人口六萬三千九十三, 田則九千六百十三結四十八卜. 地利有限, 食之者衆, 救荒之弊, 無歲無之. 無田業良人, 各從自願, 徙居陸地, 私賤亦從本主, 自願出陸" 從之.

65) 1435년 인구는 세종 17년 12월 12일 병조에서 보고한 것이고, 1454년 인구는 단종 2년

단기간의 대량 인구감소는 세종 연간의 빈번한 재해와 기근 및 역병 등으로 인한 사망자의 대거 발생에 의한 것으로 추정된다. 또한 사민정책으로 인한 제주민의 이주도 인구감소에 영향을 주었던 것으로 판단된다. 성종 때까지 조정에서 제주민을 이주시키는 문제가 거론되었던 것으로 보아 사민정책은 조선 전기에 꾸준히 추진되었음을 알 수 있다.


## 5. 기후 및 기상재해에 대한 제주민의 대응

### 1) 기후 및 기상재해에 대한 농민들의 대응

제주도의 토양은 대부분 화산회토인 데다 공극률이 높고 기반암에 절리가 발달해 있어 투수가 양호하기 때문에 며칠만 비가 안 와도 쉽게 한해를 입는다. 이에 대응한 대표적인 농법으로 '답전(踏田)' 농법을 들 수 있다. 답전은 씨앗을 파종한 뒤 마소 떼로 경지를 단단히 밟게 하는 진압 농법으로 제주어로는 '밧볼림'이라 한다. 관서지방에서도 봄철에 가뭄 극복을 위해 진압농법이 행해졌지만 제주도에서는 조, 피 등 여름작물을 파종한 후에 주로 이루어졌다. 이형상은 『남환박물』에서 "제주도의 토성이 푸석푸석하고 메마르기 때문에 경작하려면 반드시 우마로 밟아 주어야 하는데 이를 답전이라고 한다"고 했다.[66] 밧볼림은 조와 산도(山稻), 피 등을 파종한 후 이루어졌다. 겨울 작물인 보리를 수확한 후 1~2차례 밭갈이하고 씨앗을

---

에 편찬한 『세종실록지리지』에 기록된 것이다.

66) 이형상, 『남환박물』, 土性浮燥 墾田者 必驅牛馬以踏之 不踏則不播 不糞則不秀故 驅出牛馬 終日踩躪 謂之踏田.

파종했는데 밧블림은 반드시 파종한 날에 했다. 조와 피같이 종자가 가벼운 작물은 바람에 쉽게 흩날리고 비가 오면 휩쓸려 버릴 수 있기 때문이다. 밧블림을 하면 씨앗이 표토 깊이 묻힘으로써 가물어도 발아에 유리하고, 싹튼 다음에 뿌리를 땅속에 단단히 내릴 수 있다. 또한 땅이 단단해져 수분 증발이 억제되고 보수력을 증진시킴으로써 가뭄을 극복하는 데 도움을 준다. 밧블림의 주목적은 한해(旱害)에 대응하기 위한 농법이지만 풍해, 수해 등에도 대비하는 복합적인 기능을 가지고 있다. 경지를 단단히 진압하면 유수와 바람에 의한 토양 침식과 종자 손실을 방지할 수 있다. 수십 필의 말 떼를 몰고 다니며 답전업에 전문적으로 종사하는 동아리가 출현하기도 했고, 이웃과 수눌면서 답전하기도 했다.

산도(밭벼)나 조, 메밀, 참깨 등의 씨앗을 파종한 후 '섬피'라는 농기구를 끌고 다니며 씨앗이 흙 속에 잘 묻히게 하는 '복토(覆土)' 농법이 행해지기도 했다. 섬피(끄슬기)는 누룩나무, 개꽝나무, 보리수나무, 소나무 등 길쭉한 나뭇가지를 부채모양으로 엮은 농기구로 길이는 150㎝ 내외, 폭은 130㎝ 내외이대[그림 5 - 3]. 무게가 가벼워 복토가 잘 안 될 때는 돌을 얹어 사용하기도 했다. 경지 규모가 소규모일 경우 사람이 섬피를 끌면서 복토했지만, 경지규모가 크거나 작업효율을 높여야 할 경우는 우마의 힘을 이용하기도 했다.67) 토양에 수분이 많고 밭이 질면 밭갈이할 때 흙덩어리인 '벙에'가 많이 생기는데 이를 잘게 부수어 줘야 씨앗의 파종과 섬피질 작업이 수월하다. 벙에를 잘게 부술 때는 대형 망치처럼 생긴 '곰베'를 사용했다. 섬피질을 하면 씨앗이 흙 속에 묻혀 가뭄에 덜 타고 바람에 흩날리거나 빗물에 휩쓸리는 것을 막을 수 있으며 조수의 먹이가 되는 것을 방

---

67) 제보: 2007년 제주시 구좌읍 한동리 윤상규(74세).

당근 씨앗을 파종한 후 '끄슬기'를 끌고 다니면서 복토 작업을 하고 있다. 복토 작업을 하면 가뭄을 덜 타고 씨앗이 발아와 작물의 생장에 유리하다.

[그림 5-3] 섬피를 이용한 복토 작업(제주시 구좌읍, 2007년 7월)

지할 수 있다. 또한 씨앗이 흙 속에 묻힘으로써 발아를 돕고 작물의 건실한 생장에 도움을 주었다.

제주도는 다우지여서 토양 속에 함유된 가용성 성분이 우수에 쉽게 용해되어 하층으로 씻겨 내려가 버린다. 고온 다습한 지역이기때문에 용탈 속도가 한반도에 비해 더욱 빠르다. 척박한 화산회토에 유기질의 과다한 용탈은 농경에 불리하게 작용했는데 매년 연작하면 농지는 기가 빠져 버려 농경에 불리하게 작용한다. "땅을 못 준디게 굴민 용시(농사) 잘 안 된다"는 속담이 있는 것처럼 사시사철 쉬지 않고 연작하면 지력의 고갈로 농사가 제대로 안 된다는 것이다. 이에 대응하여 농민들은 2~3년에 1회 정도 정기적으로 휴경했다. 휴

경지에 우마를 몰아넣어 그 분뇨로 유기질을 공급하여 빠르게 비옥
도를 증진시키는 농법을 '바령'이라고 했다. "경지 안에 팔장(八場)
을 만들어서 소를 기르고, 쇠똥을 채집하여 밭에 뿌린 후 파종을 하
고 소들로 하여금 밭을 밟게 해야(踏田) 농사를 지을 수 있는데, 소
를 육지로 내보내라는 명령 때문에 농사짓는 데 지장을 초래하고 있
으니 이를 정지시켜 달라"는68) 세종 때 제주민의 상소로 미루어 보
아 바령 농법은 조선 초 이전부터 널리 행해졌음을 알 수 있다. 우
마의 부족으로 바령할 능력이 없는 민가는 밭을 놀리다가 중간에 쟁
기로 갈아엎어 지력을 회복하게 하는 방법을 썼는데 이를 '번한다'
고 했다. 경지가 부족한 빈가는 항시 식량을 확보하는 것이 중요하
므로 휴경과 바령을 하기가 어려웠다. 연작하면 지력의 과다 소모로
결실이 불량했지만 최소한의 식량을 확보하기 위해 이를 감수해야
했고, 시비와 노동의 집약적 투입으로 이 문제를 해결하려 했다.69)

강풍으로 유명한 제주도에서 풍해에 대비한 대표적인 '방풍' 농법
은 돌담의 축조와 방풍수의 식재이다. 『남사록』에 "제주의 밭들은
돌담으로 둘러져 있고, 인가에도 높은 돌담을 만들었다. 제주성 안에
과원이 있는데 외곽을 빙 두르는 돌담을 쌓고 대나무를 심어서 풍재
를 막고 있다"고 했다.70) 제주도는 섬이기 때문에 바람이 대양을 통
과하는 과정에서 풍속이 가속되어 제주 해안지역에 도달하면 거센
강풍이 된다. 제주도 해안에 도달한 바람은 지표층의 거칠기 효과로

---

68) 『조선왕조실록』 세종 45권, 11년(1429년) 8월 26일, 本州土性瘠薄, 農夫於田內, 必造
    八場, 養牛取糞, 播種後必聚牛踏田, 乃能立苗. 今受敎內, 令牛隻盡出陸, 本州之民,
    無以耕農. 且牛隻孳息之戶, 本不多. 晝則放于人戶近處, 夜則入處八場, 與牧場之馬
    全不相雜. 請停牛隻出陸之令, 以慰民望.
69) 제보: 2007년 서귀포시 대포동 김봉찬(80세) 등 다수.
70) 김상헌, 『남사록』, 爲田畝者 必繚以石垣 人家皆築石 爲高墉以作門 巷雖高夫文三姓有
    牛馬千頭 而寢室無埃 果園一在城內南隅 一在城內北隅 外築石墻圍 以竹樹以護風災.

맴돌이(eddy) 운동에 의하여 풍속과 풍향이 무작위로 변하는 난류로 특징지을 수 있다. 난류들은 해안에서 내륙 쪽으로 이동하면서 지표면의 영향으로 풍속이 감속되는데, 방풍수와 밭담은 난류의 풍속을 경감시킬 수 있는 좋은 시설이다[그림 5-4]. 밭담은 바람이 강한 해안가 지역으로 갈수록 높게 축조되어 있다. 밭을 갈 때 흙덩어리인 '벙에'가 생기기도 하는데 이를 곰베로 잘게 부수어 줘야 씨앗 파

조선시대 제주의 북과원 모습으로 귤나무가 심어져 있고 돌담이 이를 에워싸고 있으며, 돌담 안쪽에는 대나무가 조밀하게 심어져 있다(출처: 『탐라순력도(1702)』).

[그림 5-4] 조선시대 관과원(官果園)의 방풍 경관

종과 생육이 용이하다. 그러나 강풍지역인 한경면 판포리 지역에서
는 벙에가 생겨도 곰베질하지 않고 그대로 보리 씨앗을 파종했다.
곰베질을 하여 흙을 잘게 부숴 버리면 강풍에 의한 토양 침식으로
보리의 발아와 생육이 저하될 수 있기 때문이다.[71]

제주도는 우리나라의 최다우지로 폭우로 인해 농경지가 침수되고
토양이 유실되는 등 그 피해가 심했다. 제주도는 순상화산체여서 한
라산을 중심으로 해안 방향으로 고도가 완만하게 낮아진다. 폭우 시
경사 방향을 따라 흐르는 유수는 표토를 심하게 침식시킨다. 제주도
는 토양층의 두께가 얕기 때문에 표토의 침식은 농경에 치명적이며
경지는 황폐화되고 만다. 이에 대응한 농법이 '시둑'을 쌓는 것이었
다. 시둑은 등고선 방향을 따라 잡석과 흙을 적절히 이용하여 축조
했는데, 그 간격은 경사가 급할수록 좁고 완만할수록 넓다. 또한 경
사진 경지에 밭을 갈 때는 등고선을 따라 'ㄱ로 밧갈기'를 했다. 경
사 방향으로 밭을 갈면 고랑이 수로 역할을 함으로써 토양 침식이
가속화되고 농지는 황폐화되고 만다. ㄱ로 밧갈기를 하면 이랑이 둑
역할을 하여 유속을 완화시키고 표토 유실을 막아 경지를 보호하는
역할을 했다. ㄱ로 밧갈기를 해도 시간이 지나면 풍우의 침식으로
"이랑이 고랑 되고, 고랑이 이랑 된다"는 속담처럼 평탄화된다. 경사
방향을 따라 밭을 갈면 '경 밧 갈았당 비왕 끄서빌민 어떵허젠 햄서'
라며 동네 사람들이 등고선 방향으로 밭 갈 것을 권고한다.[72] 우수
에 의한 토양 침식을 방지하여 경지와 작물을 보호하기 위한 지혜인
것이다.

---

71) 제보: 2007년 제주시 한경면 판포리 고권수(75세).
72) 제보: 2007년 서귀포시 대포동 김서복(73세).

## 2) 바람에 대응한 제주 해민들의 해상 활동

조선시대에 수령과 관리 및 진상선 등 공무로 제주도를 왕래하는 남해안의 출입항은 영암 이진포, 강진 남당포, 강진 마량포, 해남 관두포가 널리 이용되었다. 남해안과 제주도 간을 왕래할 때는 추자도를 중간 목표로 항해했다. 악천후일 때는 추자도에 피항하여 후풍(候風)했지만, 순풍일 때는 곧바로 목적지로 항해했다. 제주에서 한반도로 출항할 때는 동풍, 남풍, 동남풍을 이용했고, 한반도에서 제주로 출항할 때는 북풍이나 북서풍을 이용했다. 순풍을 만나면 제주도－남해안 간 아침에 출발하여 저녁에 도달할 수 있었으나, 바람이 없거나 역풍을 만나면 아무리 우수한 선박이라도 제주해협을 도해하기 쉽지 않았다. 추자도 북쪽은 다도해여서 폭풍이 불더라도 섬에 의지하여 정박할 수 있다. 그러나 추자도와 제주도 사이에는 배를 댈 만한 섬이 없기 때문에 강풍과 풍랑이 일면 표류하기 다반사였다. 북동풍이나 동풍에 표류하면 중국에 닿았고, 북서풍에 표류하면 일본이나 유구에 닿았다. 동쪽이나 서쪽으로 표류하다 북풍이 불면 유구, 중국, 안남까지 표류했다.

제주도는 예로부터 목마장으로 유명했다. 제주도의 국영 목장에서 마소를 방목하다 어느 정도 성장하면 취합하여 음력 5, 6월에 조정에 진상했다. 이때는 북태평양고기압이 확장하면서 남풍계열의 기류가 발달하는 시기로 이를 이용하여 제주해협을 건넜다. 김성구(1682)의 『남천록』에 보면 "매년 5, 6월 사이에 감영에서 3읍의 말을 골라 봉진한다. 조천관에서 바람을 기다리게 하고 3읍의 수령들이 윤번으로 차원을 정하여 그로 하여금 실어 보내는 일을 맡게 한다. 금년은 대정현감이다. 말을 실은 배는 다른 배와는 달라서 반드시 강한 바람이 있은 연후에 비로소 배를 출발시킨다. 대개 실은 것이 무거울 뿐 아니라 만약 하루 만에 도달하지 못하면 여러 섬에서 머물러야 하므로 말이 많이 상하기 때문이다"라고 했다.[73] 제주에서 육지로의 진상마 헌상은 동풍, 남풍이 발달하는 5, 6월에 행해졌음을 알 수 있다. 음력 5, 6월이면 여름철에 해당한다. 여름철은 남동, 남서기류가 발달하는 시기이다. 남풍계열의 바람을 이용하여 제주해협을 건넜다. 진마선은 수십 마리의 말을 적재하므로 배가 무거워 바람이 약하면 속력이 늦어졌다. 해상에서 운송시간이 길어지면 말이 상할 우려가 있기 때문에 최단시간에 건너야 했다. 운송시간의 최소화를 위해 풍속이 강한 날 출항했는데, 강풍일은 거센 풍랑에 의해 선박의 전복 위험도가 높았다. 이에 대비하여 진마선에는 안전 항해용 돌을 적재했다. 강한 바람과 격랑으로 배가 요동칠 때 무게 중심을 잡기 위한 것이었다. 강풍 시 진마선은 전복 위험도가 높기 때문에 배의 안정성과 복원성을 확보하기 위해 선박 중앙에 무게 중심을 두어야 할 필요가 있었다. 선박 중앙 하부를 무겁게 하여 무게 중심을 두어 전복 위험도를 감소시켰다.[74]

---

73) 金聲久, 『南遷錄』.
　　"每年五六月間　自營擇封三邑馬　待風于朝天館　以三邑守令輪足差員　使之次知載送今年則大靜倅也　載馬船與他船不同　必健風然後　始放船　盡非但載重　若不得達於一日　則留滯諸島　馬多致傷故也"

74) 선박의 안정성과 복원성을 확보하기 위하여 바닥에 돌과 모래 등을 싣는 것을 '밸러스트(ballast)', '각하[脚荷 : 바닥짐]'라고 한다. 철선들은 선박의 복원성을 확보하기 위하여 선박의 양 현측에 바닷물을 담아 두는 'ballast tank'을 두기도 했다. 폭풍으로 파랑이 거셀 때는 해수(ballast water)를 탱크에 담아 선박의 무게 중심을 확보하고, 날씨가 좋으면 이를 배출하여 선박의 무게를 가볍게 하여 빠르게 항해했다.

진마선에는 선박의 안정성과 복원성을 확보하기 위하여 돌을 선적했다. 진상마의 하역지였던 북평면 이진리의 해안가와 민가 곳곳에서 조선시대에 버려진 안전항해용 제주현무암을 발견할 수 있다.

[그림 5-5] 조선시대 제주도 선박의 안전항해용 현무암력(전남 해남군 북평, 2007년 8월)

　　말을 실어 육지로 출항할 때는 안전 항해용 제주석(濟州石)을 적재했고, 제주로 귀항 때는 육지의 하역지에 버렸다. 진상마의 하역지였던 전남 해남군 북평면 이진리의 해안가에 있는 제주산 현무암들이 그 증거이다[그림 5-5]. 진상마를 실은 배가 제주를 출발하면 기착지는 해남의 이진포와 강진의 마량, 해남의 관두포였다. 해남군 북평면 이진리에는 그 지역의 기반암과 확연히 구별되는 제주도 현무암을 곳곳에서 볼 수 있다. 과거 제주도 돌들이 지천으로 널려 있었으나 최근 조경석으로 가치가 높기 때문에 타 지역에 반출되어 그 양이 줄었다고 한다.75) 제주석은 현재 방파제 축항 석재, 민가의 돌

---

75) 제보: 2007, 전라남도 해남군 북평면 이진리, 박도귀(80세) 외 다수.

담 중에 섞여 있기도 하고, 갯벌에서도 간간이 발견된다. 진상마는 강진의 마량과 해남의 관두포, 이진포 등에서 하역 후 일정 기간 적응과정을 거쳐 한양에 보내졌다.[76]

## 6. 결 론

제주도는 중위도 대양상에 위치해 있어 바람이 강하고, 해양과 지형 효과로 강수가 많으며, 토질이 부박한 데다 토양의 공극률과 기반암에 절리가 발달한 지질 특성상 가뭄이 빈번했다. 때문에 제주도를 예로부터 삼재도라 부를 정도로 재해가 많았는데 조선시대의 사료에도 이러한 기후 특성이 잘 표현되어 있다. 『조선왕조실록』 등 편년체 사료를 분석한 결과, 조선시대 제주도의 이상기상 기록 건수는 107건이었다. 시기별로 분석해 보면 17세기가 46건으로 가장 많았고, 18세기는 23건, 16세기는 14건, 15세기는 13건, 19세기는 11건 순이었다. 조선시대 제주도의 이상기상 발생 추이를 보면, 15세기는 발생 빈도가 낮았으나 16세기 중반부터 발생 빈도가 점차 증가하고 있으며, 17세기에 접어들어서는 발생 빈도가 현저히 증가하고 있다. 18세기에는 17세기에 비해 감소하고 있으나 여전히 발생 빈도가 높은 편이다. 이를 통해 17세기는 다른 시기에 비해 강풍, 수해, 가뭄, 동해 등 이상기후 현상이 빈번했던 시기임을 알 수 있다. 기상재

---

76) 마량(馬良)은 제주마와 관련된 지명이다. 제주마가 도착했던 곳을 '신마(新馬)', 육지의 풍토에 잠시 적응시켰던 곳을 숙마(宿馬)라고 했으며 현재도 그 지명이 마을 이름으로 남아 있다. 해남 관두포 앞의 해상에 있는 삼마도(三馬島: 상마도, 중마도, 하마도)도 제주의 진상마와 관련된 지명으로 보인다. 삼마도 해역을 통해 관두포로 들어온 진상마는 화원 일대의 목장에서 적응 기간을 거친 뒤 한양으로 보내졌다. 관두포 일대에도 안전 항해용 제주돌들을 볼 수 있었으나 지금은 그 흔적을 찾기 힘들다[제보: 2008, 전라남도 해남군 송지면 관동리, 김영민(50세) 외 다수].

해를 유형별로 분석해 보면 풍해가 44건, 수해가 30건, 한해 23건, 동해 10건이다. 풍해는 9월 초가을에 태풍이 통과할 때 많았으며 수해는 태풍과 장마가 통과하는 여름과 초가을이 많았다. 지역별로 확인할 수 있는 풍·수·한해의 기록 건수를 보면 제주목이 52건으로 가장 많았고 대정현 47건, 정의현 43건으로 제주목은 풍수해가 많았고 대정현은 한해가 많았다.

기상재해는 흉년과 기근을 야기했으며 관에서는 민생안정을 위한 구황책으로 갈두진창, 나리포창, 제민창 등을 설치하여 평상시 구휼곡을 저치했다가 기근이 발생하면 제주도로 이송하여 백성을 구제했다. 또한 민심의 동요를 방지하기 위해 부세 감면, 위무 등의 조치를 취했으며, 북방 사민정책을 펴기도 했다.

제주도 농민들은 기상재해의 지역성을 반영한 독특한 농법을 전개했다. 답전 농법은 씨앗을 파종한 후 우마를 이용하여 경지를 단단히 진압하는 농법으로 한해, 수해, 풍해 등에 대응한 것이다. 복토는 씨앗을 파종 후 섬피로 흙을 덮어 주는 농법으로 한해, 수해, 풍해에 대비한 것이다. 바령 농법은 유기질을 공급하여 토양을 신속하게 지력을 회복시키는 방법이었다. 시둑 농법은 유수에 의한 표토의 유실을 방지하는 토양 보전 방법이었다. 돌담을 축조하고 방풍수를 식재하여 강풍에 대응했다. 해민들은 해양 활동에 기후와 기상 지식을 적절히 활용했다. 제주에서 한반도로 출항할 때는 동풍, 남풍, 동남풍을 이용했고, 한반도에서 제주로 올 때는 북풍이나 북서풍을 이용했다. 강풍과 격랑으로 선박이 요동칠 때 선박 중앙에 무게 중심을 두어 안정성과 복원성을 확보하기 위해 현무암을 선적하기도 했다.

본 연구는 사료를 중심으로 조선시대의 기후와 기상재해 특성을 분석하고 이에 대한 조선 정부와 제주도민들의 대응을 고찰하였다.

차후 퇴적물, 화석, 나이테, 동위원소 분석 등의 과학적 기법을 통해
제주도의 고기후를 분석하는 후속 연구가 필요하다.

# 참고문헌


김연옥, 1984, "한국의 소빙기 기후 - 역사 기후학적 접근의 일반론", 지리학과 지리교육, 14, 1~16.

김연옥, 1987, "조선시대의 기후환경 - 사료분석을 중심으로 - ", 지리학논총, 14, pp.411~423.

김연희, 1996, "조선시대의 기후변동에 관한 연구", 경북대학교 석사학위논문.

나종일, 1982, "17세기 위기론과 한국사", 역사학보, 94 · 95, pp.421~473.

이태진, 1996, "'소빙기'(1500~1750년)의 천체 현상적 원인", 국사관논총, 72, pp.89~126.

제주특별자치도, 2008, 『제주 풍수해 백서』.

통계개발원, 2008, 푸른 들, 숲, 바다, 그리고 삶 - 농림업총조사 종합분석보고서.

허진영, 1980, "17세기 위기론에 대한 일고", 대구사학, 15 · 16, pp.569~585.

홍치모, 1981, "17세기 서구의 위기론에 대한 검토", 총신대학논문집, 1, pp.89~115.

國譯朝鮮王朝實錄 CD - ROM, 한국학데이터베이스연구소(2001).

國譯增補文獻備考 象緯考(1 · 2), 세종대왕기념사업회(1980).

南冥小乘, 林悌, 제주문화방송(1994).

南遷錄, 金聲久, 제주문화방송(1994).

南宦博物, 李衡祥, 제주도교육위원회(1976).

南槎錄, 金尙憲, 제주도교육위원회(1976).

備邊司謄錄中濟州記錄, 제주문화(2004).

承政院日記 濟州記事, 제주사정립사업추진협의회(2001).

濟州風土錄, 金淨, 제주도교육위원회(1976).

耽羅紀年, 金錫翼, 제주도교육위원회(1976).

耽羅志, 李元鎭, 탐라문화연구소(1991).

Briffe, K. R., P. D. Jomes, F. H. Schweingruber and T. J. Osborn, 1998, Influence of volcanic eruptions on Northern Hemisphere summer temperature over the past 600 years, Nature, 393, 450~455.

Fagan, B., 2000, The Little Ice: How Climate Made History 1300~1850, Basic Book, New York.

Lamb, H. H., 1995, Climate, History and the Modern World, Routledge, London.

Shanaka, L. de Silva. and G. A. Zielinski, 1998, Global influence of the AD 1600 eruption of Huaynaputina, Peru, Nature, 393, 455~460.

# 조선시대 이상기후와 관련된 제주민의 해양 활동[*]

김오진

## 1. 서 론

제주도는 화산 지질적인 환경 때문에 토질이 척박하고, 대양상의 섬이라 기상재해가 빈번하여 농업 활동에 불리했으며 토지 생산력도 낮았다. 식량과 생활 물자를 확보하기 위해 제주민들은 일찍부터 바다로 진출했으며, 주변 지역과 활발하게 교역했다. 제주도는 한반도와 중국 및 일본을 연결하는 해상 십자로의 중심에 위치해 있기 때문에 주변 지역과 교류하기에 유리했다. 제주도의 연근해는 대륙붕이 광활하게 발달해 있고, 용암류가 해저에 넓게 분포하고 있어 해조류 및 어류가 풍부하여 어로 활동에 유리했다.

과거 범선 시대의 해양 활동에는 기후와 기상 조건이 절대적으로 큰 영향을 주었다. 그중 바람 요소가 가장 중요하게 작용했다. 제주민들은 해양 활동 중 예기치 않은 돌풍과 역풍을 만나 표몰되거나 실종되는 경우가 많았다. 제주도 근해를 통과하던 이국인들도 이상

---

* 이 논문은 기후연구 제4권 제1호(2009. 2)에 게재한 것을 일부 수정 보완했음.

기상으로 표류하다 제주도에 표착하는 경우가 많았다.

전통시대에 기후와 기상에 비교적 민감하게 대응하면서 생산활동에 종사했던 대표적인 사람들은 해양 활동에 종사했던 해민들이다. 제주 해민들의 해양 활동에 관한 연구가 다수 있지만(고창석, 1993; 송성대, 2001; 황경수, 2003; 고용희, 2006), 기후와 관련시켜 분석한 연구는 매우 빈약한 편이다. 이에 본 연구에서는 조선시대 제주 해민들이 이상기후에 어떻게 대응하며 해양 활동을 전개했는지 분석해 보고자 한다.


## 2. 연구방법 및 자료

인간은 오랫동안 평균적으로 나타나는 기후 현상에 적응하며 생활해 왔다. 평균 상태에서 크게 벗어난 대기 현상이 출현하면 적절하게 대응해야 하며 그러지 못할 경우 재해를 입기도 한다. 계절 혹은 월별 평균값이 평년값에서 크게 벗어나는 상태가 지속적으로 나타나는 것을 이상기후라고 한다. 본 연구에서의 이상기후는 '조선시대의 사료에 기록되어 있는 정상 상태에서 크게 벗어난 대기 현상'으로 정의하고자 한다. 대기의 정상 상태는 오늘날 평년값 등 다양한 기준이 제시된다. 조선시대에는 그러한 기준이 없었기 때문에 당시 제주민들의 생업 및 활동 과정에서 이상 기상 및 기후로 인명 및 경제적 손실을 야기했을 경우를 정상 상태에서 벗어난 대기 현상으로 한정했다.

해난사고의 형태는 표류 · 침몰 · 좌초 · 충돌 등 여러 종류가 있다. 태풍과 돌풍 등 기상 현상이 원인이 되어 발생하기도 하지만 과적 · 과

실·부주의 등 인위적 요인에 의해 발생할 수도 있다. 본고에서의 해난사고는 '조선시대에 사료에 기록된 제주도 주변 해역에서 대기 현상으로 인해 발생한 각종 선박과 인명 사고'로 한정했다. 또한 해난사고의 발생 건수는 통계의 일관성을 위해 편년체 사료에 기록된 것으로 한정했다.

조선시대 제주도의 해난사고를 분석하기 위한 정량적 통계자료는 『조선왕조실록』, 『비변사등록』, 『승정원일기』, 『탐라기년』 등의 사료를 이용했다. 『조선왕조실록』은 조선 태조 때부터 순종 때까지 기록한 편년체의 사서이다. 『비변사등록』은 비변사에서 작성한 일지로 1617~1892년간의 기록이 남아 있다. 『승정원일기』는 승정원에서 왕명의 출납과 제반 행정 사무 등을 기록한 것으로 1623~1894년간의 기록이 전해진다. 『탐라기년』은 김석익이 고려 태조 때부터 조선 광무 10년(1906)까지의 제주도 관련 자료들을 수집하여 수록한 편년체 사료이다.

이 밖에 개인의 각종 여행기나 일기 등의 사료에도 해난사고 상황을 부분적으로 기술하고 있으나, 자료의 연속성 미비로 통계 처리하는 데는 한계가 있다. 따라서 제주도 연근해에서의 해난사고 상황과 해양 활동 양상을 파악하는 정성적 자료로만 활용했다.


## 3. 조선시대 제주도 근해에서의 해난사고

### 1) 제주도와 한반도 간 해상교통로

김정호의 『대동지지』에는 3개의 해로가 기록되어 있다. "나주에서 출발하여 무안 대굴포, 해남 어란포를 거쳐 추자도에 이른다. 해남에서 출발하면 삼촌포, 거요량, 삼내도를 거쳐 추자도에 이른다. 강진에서 출발하면 군영포, 삼내도를 지나 추자도에 이른다. 추자를 경유하여 사서도, 대·소화탈도를 지나 애월포 및 조천관에 정박한다”고 하였다.77) 이 해로는『고려사』,『신증동국여지승람』등에 기록되어 있어 고려시대 이래 조선시대까지 널리 이용되었던 것으로 보인다. 그러나 나주－제주 해로는 다른 항로에 비해 거리가 멀고 항해 시간이 많이 소요되어 제주도를 출입하는 관리의 공행(公行)에는 별로 이용되지 않았던 것으로 보인다. 조선시대에 관리 및 진상선 등의 공행에 많이 이용되었던 남해안의 주요 출입항은 이진포·남당포·관두량이었다.78) 제주도에서는 화북진과 조천관이 한반도를 연결하는 주요 출입항이었고, 도근포·애월포·어등포·산지포 등도 출입항으로 이용되었다.79) 남해안과 제주도로 왕래할 때 중간 목표지점으로 추자도를 설정하여 항해했다. 순풍을 만나면 해남·영암·강진에서는 반나절이면 추자도 인근에 도착했다. 추자도 해역을 통과하여 대·소화탈도 해역을 지난 다음 제주도의 조천포·화북포·애월포·도근포 등에 입항했다[그림 6－1].

---

77) 김정호,『대동지지』. 凡入濟州者發羅州則歷務 安大掘浦靈岩火無只島瓦島海南於蘭梁巨要梁至楸子島 發海南則從三寸浦歷巨要梁三內島至楸子島 發康津則從軍營浦歷高子黃魚露島三內島至楸子島 由楸子過斜鼠島大小火脫島泊于涯月浦及朝天館風利則一日可泊.

78) 이진포는 전남 해남군 북평면 이진리, 남당포는 전남 강진군 강진읍 남포리, 관두량(관두포)은 전남 해남군 화산면 관동리에 있었다.

79) 화북포는 제주시 화북동, 조천관은 제주시 조천읍 조천리, 도근포는 외도포라고도 하며 제주시 외도동과 내도동 사이, 애월포는 제주시 애월읍 애월리, 어등포는 제주시 구좌읍 행원리에 있었다.

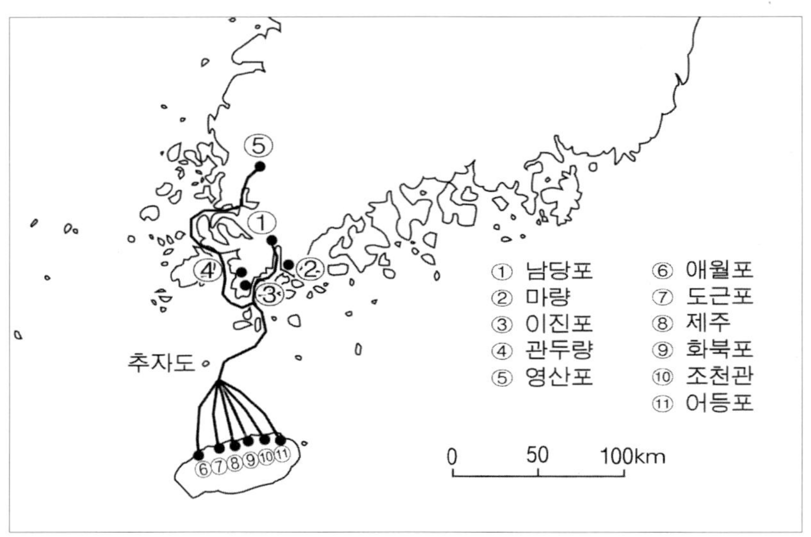



[그림 6-1] 조선시대 제주도와 남해안 간 주요 해로

강진·해남·영암 3읍은 윤번으로 도회관(都會官)[80)]을 정하여 각각 1년씩 돌아가면서 제주도에 출입하는 수령과 관리 및 감색(監色: 진상품 운반 감독), 선격(船格: 뱃사공) 등을 접대하고 입출항에 따른 공무를 처리했다. 제주도의 공물(貢物)을 운반하는 진상선은 제주목사의 감사·봉인 후 제주도를 출발하여 제주해협을 건넜다. 육지의 강진·해남·영암 중 그해의 도회관에 입항하여 검사를 받은 후 서해안 연안을 따라 해로로 운반하기도 했고, 진상물을 도회관에

---

80) 이원조(李源祚)의 『탐라지초본(耽羅誌草本)』에는 도회관(都會官)을 다음과 같이 설명하고 있다. "영암과 해남, 강진 세 고을에서 해마다 돌아가며 정한다. 신구임 관리를 마중하고 배웅하는 비용과 월령, 진상 물품의 수송 및 공문서의 전달을 담당하여 시행한다. 제주도로 들어오려는 상인이나 여행자는 도회관에서 발급하는 증서가 있어야만 비로소 바다를 건너는 일이 허락된다." 여기서 도회관이란 특정 지역에서 어떤 행사를 하도록 지정한 것을 말한다. 강진과 해남, 영암은 1년씩 돌아가면서 제주도로 들어가는 관리나 사신을 접대하는 도회를 맡아 처리했다. 도회를 맡은 곳은 이들에게 숙식은 물론, 제주해협을 건너는 데 필요한 선박 및 인원을 지원했다.

하선한 후 육로로 운반하기도 하였다. 조선 세종 때 제주에서 한양까지 해로를 따라 공물을 운송했던 내용을 보면, "제주에서 공물을 운반하는 배가 매년 3척이 내왕하는데, 한 척마다 영선천호 1명, 압령천호 1명, 두목 1명, 사관 4명이고, 격군은 큰 배에 43명, 중간 배에 37명, 작은 배에 34명이다. 생명을 물에 걸고 바다를 건너 내왕하오니 논공할 만하다. 공물 배가 5차례를 무사하게 경강(京江)에 도착하면, 사관 이상은 각각 전직으로 인하여 해령으로 제수했다"고 기록되어 있다.[81] 제주에서 한양까지 공물을 수송하는 것은 힘든 해로였기 때문에 5회 무사고로 임무 수행하면 품계를 올려 주는 등 상까지 내렸다. 또한 한 배에 공물을 적재하고 30～50여 명이 승선한 것으로 보아 배의 규모가 상당했음을 알 수 있다.

도회관에 도착한 후 호남대로를 따라 육로로도 운송했는데 그와 관련된 기록을 보면, "진헌(進獻)은 육지로 운반하는 것이 가장 좋은 방법인데 연로의 각 읍에서 제때에 전달하지 않아서 매번 썩었다. 대체로 배로 운반하는 경우 다행히 순풍을 만나면 한 달 안에 도착할 수 있지만 혹 바람에 막히면 지체되어 썩는 것은 마찬가지였다. 그러나 백성들과 나라의 비용이 육지로 운반하는 것보다 훨씬 덜 들기 때문에 배로 운반하는 것으로 정하였으며, 배 두 척에 분배하면 비용이 800냥이다"라는 내용이 있다.[82] 육로를 이용하여 운송하는 과정에서 지체되어 공물이 부패하는 문제가 자주 발생했음을 알 수

---

81) 『世宗實錄』 卷29. 世宗 7年(1425) 7月 15日條.
　　濟州貢船每年三隻來往. 每一隻領船千戶一. 押領千戶一. 頭目一. 射官四. 格軍大船
　　四十三名. 中船三十七名. 小船三十四名. 寄命水上. 涉海往還. 亦可論功. 請貢船五次
　　無事到京江. 其射官已上. 各因前職. 海領授職.

82) 『高宗實錄』 卷21. 高宗 21年(1884) 6月 27日條.
　　進獻 陸運. 誠爲萬全之策. 而沿路各邑. 不節替傳. 每至腐傷. 蓋船運則幸値利颰. 可
　　期一朔抵泊. 設若阻風遲滯. 腐傷則一也. 而民國之冗費. 大減於陸運. 故定以船運. 分
　　排兩隻. 則所費爲八百兩.

있다. 따라서 비용과 노력이 절감되는 해로를 많이 이용하였음을 알
수 있다.

　제주해협을 횡단하는 항해의 결절축은 추자도였다. 한반도에서 제
주도로 가는 배나 제주도에서 육지로 가는 배들은 추자도 부근 해역
을 거쳐서 갔다. 추자도에는 '당포'[83)라는 천혜의 포구가 있다. 당포
는 북서풍을 등진 곳에 만입을 이루고 있어 후풍처(候風處)로 적격
이다. 순풍이 불면 순조롭게 제주해협을 건넜지만 출항 후 예기치
않은 돌풍과 역풍을 만나거나 파랑이 거세어 항해가 어려워지면 추
자도의 당포에 피항하여 후풍했다. 그래서 추자도를 후풍도(候風島)
라 부르기도 했다. 제주해협에서 가장 파도와 물살이 센 거친 바다
는 화탈도(化奪島)[84) 일대이다(김상헌, 1602). 추자도 북쪽에는 섬
들이 많이 있기 때문에 강풍이 불더라도 섬에 의지하여 정박할 수
있다. 그러나 추자도와 제주도 사이에는 배를 멜 만한 섬이 없기 때
문에 역풍이나 돌풍이 불면 종종 표류했다. 북동풍이나 동풍에 의해
서쪽으로 표류하면 중국에 닿았고, 북서풍에 의해 동쪽으로 표류하
면 일본에 닿았다. 동쪽이나 서쪽으로 표류하다 남쪽으로 표류하면
중국, 일본, 유구(오키나와), 멀리는 안남(베트남)까지 표류했다.

---

83) 포구 북쪽에 당이 있어 당포(堂浦)라 했다. 현재 제주특별자치도 제주시 추자면 대서리로 면
　　소재지이기도 하다.

84) 추자도와 제주도 사이에 있는 작은 섬으로 지금은 '관탈도(冠脫島)'라 부른다. 과거 유배자
　　들은 이 섬을 보고 제주도에 다 왔다고 생각하며 머리에 썼던 관을 벗었다고 해서 관탈(冠
　　脫)이라 불린다는 이야기가 전해진다. 대관탈도와 소관탈도로 구분되는데 10여 킬로미터 떨
　　어져 있다. 무인도로 날씨가 조금만 나빠도 배가 접안하기가 어렵다.

추자면 대서리의 당포 모습으로 북서풍을 등진 곳에 만입을 이루고 있어 바람을 피하고 기다리는 후풍처로 적격이다.

[그림 6-2] 추자도 당포(堂浦) 전경(제주시 추자, 2008년 4월)


## 2) 제주도 연근해의 악천후로 인한 해난사고

조선시대에 제주도는 중앙정부에 완전히 편입되었고, 조정에서 필요로 하는 방물(方物)의 공급지로 부각되면서 진공선의 출입이 증가했다. 중앙에서 파견된 관리의 출입도 빈번해졌고, 제주도가 유형지로 활용되면서 유배인들도 많이 유입됐다. 제주도를 출입하는 공·사선들이 제주 연근해에서 예기치 않은 돌풍을 만나 표류하거나 침몰하는 해난사고를 입는 경우가 빈번했다. 제주도는 대양상에 위치해 있는 절해고도인 데다 저위도와 고위도의 열교환 통로인 중위도에 위치해 있기 때문에 바람이 많고 강하다. 강한 바람은 주민 생활에 많은 영향을 주었으며 특히 태풍과 겨울철 계절풍의 영향이 컸다(이승호, 1985).

　　제주도를 기점으로 제주 해민과 관리 및 상인들은 해양 활동 과정에서 돌풍이나 역풍을 만나 타국에 표류하는 경우가 빈번했다. 표류인들이 타국에 표류한 후 송환될 때는 일정한 루트가 있었다. 즉 조선·중국·일본 간에는 상호국의 표류인 송환체제가 형성되어 있었다. 우리나라와 중국 간에는 기본적으로 육로를 통한 송환체제가 성립되어 각기 양국을 왕래하는 사신 편에 송환되었다. 일본에 표류하면 여러 경로를 통해 대마도로 인계되었고, 대마도주가 조선으로 송환하는 업무를 대행했다. 대마도를 경유하지 않고 제주도나 한반도로 직접 송환되기도 했다. 유구(오키나와)에 표류하면 중국과 일본을 경유하여 송환되었다. 표류인들이 타고 갔던 선박이 양호할 경우에는 문정(問情)을 받고 난 후 해당 국가의 지시에 따라 선박과 함께 해로로 송환되기도 하였다. 조선시대에 제주민과 제주도 왕래자들의 해난사고 건수를 『조선왕조실록』 및 『비변사등록』, 『탐라기년』 등을 통해 분석해 보면 총 152건이다. 그중 18세기에 58건으로 가장 많았고, 15세기에 31건, 19세기에 26건, 16세기에 23건, 17세기에 14건 순이다. 17세기에 해난사고 기록 건수가 가장 적은 것은 인조 7년(1629)부터 제주민의 도외 출입을 금지한 '출륙금지령'에 기인한 것으로 보인다. 잡역 및 잡세의 과다 등 관리들의 가혹한 수탈 때문에 탈도하는 제주민이 급증하게 된다. 이에 조정에서는 제주민의 도외 출륙을 원천적으로 봉쇄하기 위하여 1629년에 출륙금지령을 내리게 된다. 이로 인해 17세기에는 도민의 해상 활동이 상대적으로 위축되었으며 해난사고의 발생 건수도 감소한 것으로 판단된다. 18세기 이후에도 출륙금지령이 계속되었지만 17세기에 비해 관의 통제가 완화되었고 해상 활동이 활발해지면서 해난사고도 증가한 것으로 볼 수 있다. 제주도 인근 해역에서 악천후로 표류하다 주변국에 표착하여 극적으로 귀환하는 사례도 많았다. 『조선왕조실록』 및 『비변사등록』, 『탐라기년』 등을 바탕으로 송환 건수를 분석해 보면 총 63건인데, 그중 중국에서의 송환은 31건으로 가장 많고, 일본에서 22건, 유구(琉球)[85]에서 9건, 안남(베트남)에서 1건 순이다[그림 6-3].

　제주도는 동북아시아 해상의 중심에 위치해 있고, 쿠로시오해류 및 태풍의 길목에 있기 때문에 이국인들이 빈번하게 표도(漂到)했다. 조선시대에 악천후로 제주도에 표도한 기록 건수는 총 99건이다. 19세기에 37건으로 가장 많고, 18세기에 29건, 17세기에 19건, 15세기에 7건, 16세기에 7건이다. 표도한 외국인을 출신지별로 보면 중국인이 53건으로 가장 많고 일본인 21건, 유구인 15건, 유럽인 3건, 여송인[86] 1건이며 국적 불명은 6건이다[그림 6-4].

[그림 6-3] 제주민의 표착지 비율

85) 유구(琉球)는 독립왕국이었으나 일본이 1609년 무력으로 복속시켰으며, 1879년 메이지(明治) 정부는 유구의 반발을 누르고 오키나와(沖繩)라는 이름으로 완전 편입시켜 직접 지배하였다.
86) 여송(呂宋)은 필리핀을 가리킨다. 1801년 여송인 5명이 대정현 당포에 표도했다.

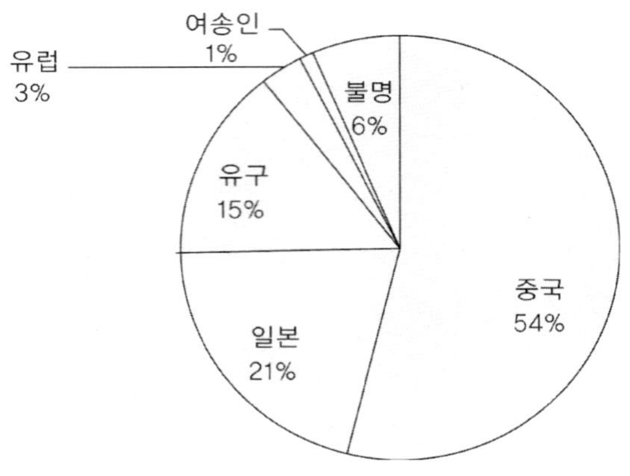


[그림 6-4] 표도인 출신지별 비율

표도인을 본국으로 송환할 때는 일정한 루트가 있었다. 제주도에 표착한 중국인은 대부분 육로로 사신 편에 동행하여 송환되었고, 일본인은 해안 및 국토 방어상 보안 문제로 육로를 이용하여 송환되는 경우는 드물었고, 해로로 대마도를 통해 일본으로 송환되었다. 유구인은 중국이나 일본을 경유하여 송환되었으며, 유구와 일본 간의 관계가 악화되면 유구인들은 일본을 경유하여 송환되기보다 중국으로 가서 자국의 상인이나 사신 편에 동행하여 귀환하는 경로를 선호했다. 표도한 이국인들의 선박 상태가 비교적 양호할 경우에는 수리하여 해로로 귀환하기도 하였다.

## 4. 이상기후에 대응한 제주민의 활동

### 1) 제주도 근해의 항해와 바람

제주도에서 한반도로 관선이 출항할 때 바람을 기다리는 후풍관

(候風館)은 화북진과 조천관에 있었다. 선박이 출항할 때는 악천후에 대비하여 일기를 점풍(占風)을 하였다. 돌발적인 이상기상에 적절히 대응하며 항해했던 대표적인 사례가 김상헌의 『남사록』에 잘 기록되어 있다. 선조 때 안무어사로 왔던 김상헌은 임무를 완수한 후 한반도로 돌아가기 위해 한 달 가까이 화북포와 조천관에서 후풍했다. 후망인(候望人)은 김상헌에게 수시로 해상 상황을 보고했다. 풍세를 관찰하여 날씨를 예측하는 점풍가(占風家)가 동풍이 불자 김상헌에게 출항할 것을 권고했다. 아침에 출항하여 화탈도(관탈도)를 지나 추자도 근해에 접어들어 역풍이 불고 파랑이 격해지면서 표몰 상황에 직면한다. 한밤중에 가까스로 추자도에 접안하여 당포에서 6일 동안 피항했다. 북풍에서 서풍으로 풍향이 바뀌자 배에 기를 걸어 바람을 확인하고 출항하여 해남의 어란포[87]에 입항했다. 김상헌 일행의 출항 및 피항 등 항해 과정을 통해서 조선시대에 이상기후에 대응하며 항해하는 모습을 엿볼 수 있다. 선박의 출항에 바람이 맞지 않으면 순풍이 불 때까지 후풍관에서 대기했다. 선박 출항에 적합한 날씨와 풍세인지를 예보하는 일종의 기상 전문가라 할 수 있는 점풍가와 해상 상황과 날씨를 관측하여 보고하는 후망인이 있었다. 선박에는 풍향을 인지할 수 있는 상풍기(相風旗)가 설치되어 있었다. 또한 제주의 포작인으로 구성된 격군들은 돌발적인 악천후와 깊은 한밤중에도 추자도의 안전한 곳으로 배를 접안시킬 수 있는 능력을 갖추고 있었다.

임제는 『남명소승』에서 "배가 항해 중 강풍으로 심히 빨리 가다가 돛이 찢겼으나 한 사공이 돛노 위로 기어 올라가 13척이나 되는 돛머리에서 이를 보완했다. 빠르기가 나는 원숭이 같았다. 제주 사람들

______________________________

87) 전라남도 해남군 송지면 어란리에 있었다.

은 배를 다루는 게 마치 말을 다루듯 한다"고 감탄하고 있다.[88] 제주 해민들의 위기관리 능력과 악천후에 대응하는 항해술을 엿볼 수 있는 대목이다.

[그림 6-5]는 이형상(1702)의 『탐라순력도』에 그려진 제주도 전통배의 모습이다. 바람을 이용하여 배가 전진할 수 있도록 돛대[帆檣]와 돛을 설치했다. 돛대는 돛을 다는 데 필요한 기둥으로 중간에 세운 허릿대, 선수에 세운 야훗대 2개로 구성되어 있다. 돛은 돛대에 매어 펴 올리고 내리게 할 수 있도록 만든 넓은 천으로 면포와 마포를 사용하였다. 돛의 모양은 주로 사각형이며, 양 현 방향으로 다는 가로돛이었다. 돛면은 바람을 잘 받게 하기 위해 적당히 만곡을 이

배의 모양이 날렵하게 생겼고 돛대가 2개이며, 풍향을 관측할 수 있도록 상풍기가 설치되어 있다(출처: 『탐라순력도(1702)』, 「호연금서」).

[그림 6-5] 조선시대 제주도 전통배의 모습

---

88) 임제, 『남명소승』, 催船擧帆 風馼波生 舟行甚疾帆席小裂 有一篙工 攀帆索上 十三尺
　　檣頭以補之 捷若飛猱 信乎南人使舟如使馬也 漁手掠過役 以玉頭魚數尾 聊充多饌.

루었다. 배에는 풍향을 감지할 수 있도록 상풍기(相風旗)가 설치되었다. 『정조실록』에 보면, 주교사(舟橋司)가 주교절목(舟橋節目)을 올린 내용 중에 "모든 배에는 각기 바람을 살필 수 있는 깃발을 한 개씩 세워 바람을 점칠 수 있게 한다"는 내용이 있다.[89] 『탐라순력도』의 「호연금서(浩然琴書)」에도 선수와 선미에 상풍기가 설치되어 있는 모습을 확인할 수 있다.

제주 해민들은 파선에 대비하여 별도의 구조선을 준비하기도 했고, 혼탈피모(渾脫皮毛)[90]와 표주박, 미숫가루, 떡 등을 준비했다(이원진, 1653). 배가 파선되면 혼탈피모를 몸에 두르고, 표주박에 의지하여 장시간 표류했다. 비상식량으로 미숫가루와 떡을 준비하였다. 초둔[草芚: 뜸][91]을 선로에 묶어 길게 늘어뜨려 배가 침몰되는 것을 막기도 했고, 배에 실은 물건들을 바다에 던지기도 했다(이익태, 1696).

한반도에서 제주도로 출항하는 배는 북풍이나 서북풍을 이용했고, 제주도에서 한반도로 출항하는 배는 동풍, 남풍을 이용했다. 순풍을 만나면 아침에 남해안에서 출발하여 저녁에 제주도에 도달할 수 있었으나, 바람이 없으면 아무리 뛰어난 배라도 건널 수가 없었다.[92] 조선시대에 풍력을 이용한 제주도 – 한반도 간 항해의 성패는 바람에 의해 좌우되었다.

제주도는 대양상에 위치해 있기 때문에 해양과 육지의 비열차에

---

89) 『正祖實錄』 卷37, 正祖 17年(1793) 1月 11日條.
　　"每船又各竪相風旗一面　以爲占風之地"

90) 혼탈피모(渾脫皮毛)는 털이 없는 가죽옷을 의미한다. 표류 시 구명대 혹은 구명복으로 사용했고, 장기간 표류 중 바닷물에 부풀어지면 뜯어 먹을 수도 있기 때문에 비상식량으로도 가능하다.

91) 새(茅)로 거적처럼 엮어 만든 것이다. 짚이나 부들로도 만든다.

92) 이건 『제주풍토기』, 其入也. 必以西北風. 其出也. 必以東南風. 若得順風. 一片孤帆. 朝發夕渡. 不得順風. 雖有鷹鶻之翼星霜之變. 無以可渡. 而海波東南低. 西北高. 入去時則勢如順 流而下. 舟行頗易. 出來時則勢若遡流而上. 舟揖甚難. 故出來之艱. 有倍於入去時云.

의한 해륙풍이 탁월하다. 주간에는 해양에서 한라산 방향으로 해풍
이 불고, 밤에는 한라산에서 바다로 육풍이 분다. 계절과 지역에 따
라 다르지만 제주도의 해풍은 오전 9시쯤에 시작되어 오후 1~3시
에 최고조에 달하고 그 후 차차 약해진다. 육풍은 오후 7~8시경에
발생하기 시작하여 새벽 2~5시에 최고조에 달하고 그 후 점차 약해
진다(김유근, 1988). 외해에서는 해륙풍의 영향이 적으나 연안 부근은
현저하여 선박이 입출항하거나 항해하는 데 영향을 미쳤다. 제주 해
민들은 이러한 해륙풍을 감지하여 육풍의 영향을 받는 새벽에 출항
했고, 해풍이 발달하는 오후에 입항했다. 연근해에서 어로작업과 입출
항 과정에서 돌풍이나 역풍을 만나면 주변 지역으로 자주 표류했다.

## 2) 바람과 어로작업

제주 해민들의 고기잡이는 '당일치기'와 '머정'으로 나눌 수 있다.
당일치기는 1일 이내에 이루어지는 어로 활동으로 주로 아침에 출어
하여 오후에 귀항했다. 머정은 멀리 출어하여 2~3일 동안 바다에서
계속 어로작업한 후 돌아오는 어로 활동이다. 서귀포시 대포 마을의
경우 주어기(主漁期)는 음력 9월에서부터 섣달까지이다. 이 시기에
는 북풍 계열의 바람이 강해 당일치기를 주로 하였다. 포구에서 멀
리 떨어진 어장까지 출어하면 귀항하기 힘들었기 때문이다. 북서풍
이 불면 대포의 해민들은 포구에서 서쪽으로 치우쳐 출항했다. 입항
할 때 북서풍을 비껴 받으며 포구로 귀항하다 보면 동쪽으로 치우칠
수밖에 없기 때문이다. 머정은 대체로 청명에서부터 음력 5월까지
이루어졌다. 하늬바람(북풍)이 불 때 출항하며 2~3일 작업하다 보
면 풍향이 바뀌어 샛바람(동풍)이 불었고 이를 이용하여 귀항했다.

이 시기에는 하늬바람이 불다가도 2~3일 지나면 풍향이 바뀌는 기후 현상을 이용한 어로 행위였다.

전통배인 풍선은 바람을 정면으로 받으며 항해할 수 없기 때문에 30°~40° 정도 바람을 빗겨 받으며 전진 항해했다. 바람을 빗겨 받으며 계속 항해하다 보면 목적지와 점점 멀어질 수 있기 때문에 일정 거리를 간 다음 풍선을 반대 방향으로 돌려야 하였다. 반대 방향으로 틀어 일정 거리를 항해한 후 또 방향을 반대로 틀어 바람을 빗겨 받으며 지그재그로 전진 항해했다. 이렇게 바람이 선수(船首) 정면에서 불어오면 갈지(之)자식으로 항해하였으며, 이를 '환전(環轉)' 혹은 '환치기'라고 하였다. 환전하며 해안가로 접근한 후 입항에 바람이 적절치 않으면 돛을 내리고 노를 저어 입항했다.[93]

선미 방향에서 순풍이 불 경우 항해에 유리하지만 강하게 불면 오히려 위험하였다. 타[舵: 배의 방향을 조종하는 키]를 조정하기 힘들 뿐만 아니라 강한 풍압에 의한 과속으로 선체가 위험해질 수 있기 때문에 돛을 접거나 조절하여 감속하면서 안전 운항했다.[94]

제주 해민들은 이처럼 기상과 바람을 적절히 이용하며 해상 활동을 전개했으며, 악천후로 어로작업이 힘들면 어구를 손질, 농사일을 했다. 태풍이나 폭풍이 엄습할 때는 거센 파랑과 해일로 배가 파손되거나 떠내려 갈 우려가 있다. 이에 대비하여 배를 뭍으로 끌어올렸는데, 이때는 해민들뿐만 아니라 마을 주민들의 노동력이 동원되기도 했다.[95]

제주도 해민들은 제주의 기후 특성을 잘 인식하고 있었으며, 이를

---

93) 제보: 2007년 서귀포시 대포동 김서복(73세).
94) 제보: 2008. 서귀포시 하효동. 김평오(71세) 외 다수.
95) 제보: 2007. 서귀포시 대포동. 변영호(78세).

적절히 이용했다. 제주도에는 "어부는 3일 정도의 일기는 안다"는
속담이 있다. 제주도의 해민들은 오랫동안의 해양 활동 경험에서 기
상변화에 대응하는 기술을 체득하여 항해 및 해양 활동에 활용하였
음을 보여 준다.

해녀 작업은 주로 썰물 때 이루어졌으며 풍향과 조류를 적절히 이
용했다. 바람이 강할 경우 코지(곶)를 경계로 바람의지 쪽에서 작업
을 하였다. 서귀포시 대포동의 해녀들은 하늬바람(북풍) 불 때는 바
람의지인 '배튼개' 어장에서 작업을 했고, 샛바람(동풍) 불 때는 바
람의지인 코지나 '연디밋디' 어장에서 물질을 하였다. 제주시 구좌읍
행원리의 해녀들은 샛바람 불 경우 행원마을 앞바다에서 물질을 했
고 하늬바람 불 때는 행원코지 동쪽의 '더뱅이물'에서 물질을 하였
다. 바람받이 어장을 피해 바람의지 어장에서 전복과 소라 등을 채
취했다.[96]

### 3) 풍태의 채취

강풍은 해저의 해조류를 뜯어 올려 거름으로 이용할 수 있게 하는
긍정적 역할도 했다. 태풍이나 폭풍이 불 때 해조류인 '풍태(風苔)'[97]
를 채취하여 건조시킨 후 거름으로 사용했다[그림 6 - 6]. 풍태의 채
취는 강풍이 지나간 다음 행해졌고 마을 사람들끼리 일정 구역을 배
분했다. 같은 바다를 할당받은 사람끼리 동아리를 구성하여 공동으
로 풍태를 채취했으며, 해안가에 풍태가 밀려왔는지 망을 보는 사람
이 있었다. 망보는 사람은 폭풍이 불고 바다가 거칠어 풍태가 밀려

---

96) 제보: 2007년 제주시 구좌읍 행원리 이순아(86세).

97) 바람과 파도에 밀려왔다고 해서 '풍태(風苔)'라고 한다. 화학비료의 발달로 최근에는 풍태 이
    용이 저조하다.

올 만한 날씨이면 바닷가에 가서 이를 살피고, 해조류가 떠밀려 왔
으면 동아리 회원들에게 알렸다. 동아리 회원들은 갯가의 풍태를 뭍
으로 올려 건조시킨 후 공동 분배했다. 공동 작업 후 망본 사람에게
는 좀 더 많이 배분해 줬다. 중산간마을은 바다가 없기 때문에 해조
류를 거름으로 사용하기 어려웠지만 해안가 마을은 거름으로 유용하
게 사용했다. 성장 중인 해조류를 채취하여 건조시킨 다음 거름으로
이용하기도 했는데, 대표적인 해초가 '뭄(모자반)'이다. 해녀가 물속
에 들어가서 호미로 베어 내면 어부들이 그것을 긴 나무로 걷어 올
려 배에 싣고 뭍으로 운반하여 건조시킨 다음 거름으로 이용했다.

바람이 강하고 파도가 거셀 때 해조류들이 해안가로 떠밀려 온다. 지역 주민이 거름으로 사용하기 위해 풍
태를 채취하고 있다.

[그림 6-6] 거름용 풍태 채취(제주시 조천, 2007년 6월)

## 4) 풍신을 모시는 민간 풍습

제주도는 바람이 강한 지역이기 때문에 이와 관련된 문화가 발달
하였다. 제주도에 불어오는 바람을 맞이하고 보내는 대표적인 민간
풍습이 영등제이다. 영등제는 음력 2월 초하루부터 열나흘까지 바람
의 신인 '영등할망'을 맞이하고 보내는 축제이다. '영등할망'은 겨울
에서 봄으로 바뀌는 시기에 찾아오는 신이다.

'영등할망'이 제주도에 오는 달인 음력 2월을 '영등달'이라 하고, 이
때 부는 바람을 '영등바람'이라 하며, 이 바람을 맞이하며 벌이는 굿을
'영등굿'이라 했다[그림 6-7]. 『신증동국여지승람』이나 『남사록』 등에
는 영등굿을 연등(燃燈)이라고 표기하고 있다. 『신증동국여지승람』의

바람이 강한 제주도에서는 매년 음력 2월에 풍신인 '영등할망'을 환영하고 송별하는 영등제가 행해졌다.

[그림 6-7] 칠머리당굿의 영등송별제(제주시 건입동, 2008년 3월)

영등제에 대한 기록을 보면 "2월 초하루에 귀덕·김녕 등지에서는 나뭇대 열둘을 세우고 신을 맞이하여 제사를 지냈다. 애월에 사는 사람들은 떼 모양을 말머리와 같이 하여 비단으로 꾸미고 떼몰이 놀이를 하여 신을 즐겁게 했다. 보름에 이르러 이를 끝맺었으며 이를 연등이라 했다. 이 달에는 배 타는 것을 금했다"고 했다.[98]

제주 해민들은 2월 초하루부터 보름까지는 배를 띄우지 않았다. 공선(公船)은 관의 명령으로 출항하기도 했지만 파선하는 경우가 많았다. 2월은 바람이 고르지 않은 때이다. 이때는 동지섣달에 비해 날씨가 따뜻하지만 바닷바람은 한겨울 못지않게 사납고, 풍향이 변화무쌍하기 때문에 출항을 자제한 것이다.

음력 2월은 한겨울에 강력했던 시베리아고기압이 서서히 약화되는 시기이다. 그러나 약해지던 시베리아고기압이 일시적으로 강화되면 다시 겨울로 되돌아간 것과 같은 꽃샘추위가 나타난다. 제주의 영등신은 꽃샘추위로 대변되는 혹독한 북서계절풍을 몰고 온다는 풍신이다. "정이월 바람에 검은 암소 뿔 오그라진다"는 제주 속담이 있다. 검은 암소의 뿔은 단단하여 쉽게 오그라지지 않지만 봄철 문턱에 접어든 영등달에 강한 바람과 꽃샘추위에 뿔이 오그라져 버린다는 뜻으로 강력한 영등바람을 표현하고 있다.

영등달은 음력 2월이고 양력으로 환산하면 3월에 해당한다. 이때는 꽃샘추위가 빈번하여 강풍과 한파가 엄습하고 풍향이 가변적인 시기이다. 이때를 무사히 넘기면 바람이 점차 약해지고 풍향이 고르면서 해상 환경이 개선되기 때문에 안전하게 항해 및 조업을 할 수 있다. 제주 해민들은 악천후로 해상 활동이 위험한 시기에 조업 및

---

98) 『新增東國輿地勝覽』.
　　 "二月朔日歸德金寧等地立木芉十二迎神祭　之居涯月者稡槎形如馬頭自飾以彩錦作躍
　　 馬戱以娛神　至望日乃罷謂之然燈　是月禁乘船"

항해를 삼가고 풍신인 영등신이 무사히 지나가길 기원하는 영등제를 올렸다. 이처럼 영등문화는 겨울에서 봄으로 전환하는 시기에 강풍과 일기 변화가 극심한 기후 현상을 극복하는 제주도 해민들의 기후문화의 일면을 잘 보여 준다.

### 5) 풍향에 대한 해민들의 인식

조선 후기 실학자 이익(李瀷)은 『성호사설(星湖僿說)』에서 "동풍은 사(沙), 북동풍은 고사(高沙), 남풍은 마(麻), 동남풍은 긴마(緊麻), 서풍은 한의(寒意), 남서풍은 완한의(緩寒意), 북서풍은 긴한의(緊寒意), 북풍은 후명(後鳴)이라 한다"고 팔방풍(八方風)을 기록하고 있다.99) 하늬[寒意]바람, 샛[沙]바람, 마[麻]바람 등의 명칭을 기록하고 있는데, 이 바람 명칭은 조선시대부터 사용되어 왔음을 알 수 있다. 이익(1740)의 기록은 조선 후기 경기도 광주지역의 풍향 명칭이다. 조선시대의 제주도 관련 사료에는 풍향에 따른 바람의 명칭을 기록으로 남긴 것이 없다. 그러나 제주도 노인들은 이익의 기록에 나와 있는 풍향을 지금도 사용하고 있다. 본 연구에서는 제주시, 구좌읍, 우도면, 서귀포시, 성산읍, 한림읍, 애월읍, 한경면 지역의 노인들과 면담 조사에서 이를 확인할 수 있었다. 제주에서 풍향에 따른 바람의 명칭은 [그림 6-8]와 같다. 그러나 제주도 내에서도 풍향의 명칭은 표 6-1에서 보는 바와 같이 지역에 따라 다소 차이가 있다.

---

99) 李瀷, 『星湖僿說』.
 　"東風謂之沙　東北風謂之高沙　南風謂之麻　南東風謂之緊麻　西風謂之寒意　西南風謂之緩寒意　或謂之緩麻　西北風謂之緊寒意　北風謂之後鳴"

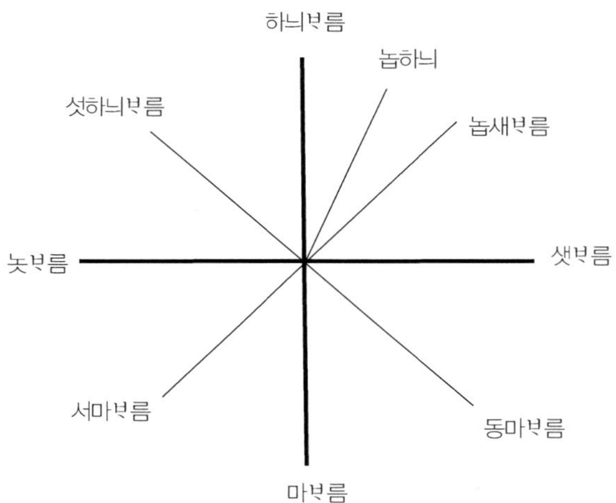


제주시 건입동과 화북동을 중심으로 조사한 풍향으로 북풍은 하늬ᄇᆞ름, 남풍은 마ᄇᆞ름, 동풍은 샛ᄇᆞ름, 서풍은 놋ᄇᆞ름이다.

[그림 6-8] 제주의 전통적인 풍향 명칭

북쪽에서 불어오는 바람을 '하늬ᄇᆞ름'이라 했고, 북극성을 좌표로 삼아 판별했다. 우도(牛島)에서는 북풍을 '높ᄇᆞ름'이라 불렀다. 서귀포 지역에서는 북쪽인 한라산 방향에서 불어온다고 하여 '상산ᄇᆞ름'이라고도 했다. 북동풍은 보통 '높새ᄇᆞ름'이라 했는데, '동하늬ᄇᆞ름'이라고도 했다. 제주시 지역에서는 '높하늬ᄇᆞ름'이라고도 했는데, '높새ᄇᆞ름'과 비슷한 풍향이나 높새바람보다 조금 서쪽에 치우쳐 부는 바람이다.

동풍은 '샛ᄇᆞ름'이고 동남풍은 '동마ᄇᆞ름'이라고 했으며 동마ᄇᆞ름과 샛보름 사이로 부는 바람을 제주도 동부지역에서는 '을진풍(乙辰風)'이라고도 했다. 24방위에서 을진(乙辰)은 동남쪽을 의미했다. 남풍은 '마ᄇ름'이라 했으며, 남서풍을 '서마ᄇ름', '서갈ᄇ름', '늦하늬', '골마ᄇ름' 등으로 불렀다. 서풍을 '갈ᄇ름', '놋ᄇ름'이라 했으며, 우도에서는 '하늬ᄇ름'이 서풍이다, 북서풍을 '섯하늬ᄇ름', '서하늬ᄇ름', '높하늬' 등으로 부르기도 했다.

〈표 6-1〉 제주도의 전통적인 풍향 명칭

| 지역 \ 풍향 | 북 | 북동 | 동 | 남동 | 남 | 남서 | 서 | 북서 |
|---|---|---|---|---|---|---|---|---|
| 제주 | 하늬ᄇ름 | 높하늬ᄇ름<br>높새ᄇ름 | 샛ᄇ름 | 동마ᄇ름 | 마ᄇ름 | 서마ᄇ름 | 놋ᄇ름<br>갈ᄇ름 | 섯하늬ᄇ름<br>된하늬ᄇ름 |
| 서귀포 | 하늬ᄇ름<br>상산ᄇ름 | 동하늬<br>높새 | 샛ᄇ름 | 동마ᄇ름 | 마ᄇ름 | 서갈ᄇ름 | 갈ᄇ름 | 서하늬ᄇ름 |
| 우도 | 높ᄇ름 | 높새ᄇ름<br>정새ᄇ름 | 샛ᄇ름 | 을진풍<br>동마ᄇ름 | 마ᄇ름 | 골마ᄇ름<br>늦하늬<br>갈ᄇ름 | 하늬ᄇ름 | 높하늬ᄇ름 |

※ 현지답사를 통해 필자 작성.

시베리아고기압은 한겨울에 한파와 강풍을 가져왔지만 봄이 되면 세력이 약화되었다. 청명이 지나면 시베리아고기압은 그 세력이 미약해져 제주도에 큰 영향을 미치지 못하므로 바람이 약해져 어로작업하기에 알맞은 날씨가 되었다. 여름과 초가을에는 태풍이 내습하여 풍수해를 입혔다. 제주도에서는 태풍을 '놀ᄇ름' 혹은 '노대ᄇ름'이라고 불렀다. 제주에는 "6월에 태풍 오면 그 해에는 여섯 번 온다"는 속담이 있다. 첫 태풍이 일찍 내습하면 그만큼 태풍이 발달할 수 있는 기상조건이 태평양상에 형성되기 때문에 내습 빈도가 높음을 의미한다.

# 5. 결 론

제주도는 척박한 토양 환경으로 농업 생산력이 낮았기 때문에 이를 보완하기 위해 전통적으로 어로 및 해양 활동을 중시했다. 조선시대 한반도와 연결하는 제주도의 주요 포구는 화북포 · 조천포 · 도근포 · 애월포 · 어등포이고, 한반도의 남해안에서 제주로 출발하는 주요 포구로는 남당포 · 이진포 · 관두포이다. 제주도에서 한반도로 나갈 때는 남서, 남동 기류를 이용했고, 들어올 때는 주로 북서 기류를 이용했다.

항해 중 예기치 못한 역풍과 돌풍으로 선박이 표몰하는 사고가 많이 발생했다. 『조선왕조실록』 등의 사료에 의하면 조선시대에 제주 연근해에서 발생한 해난 사고는 총 152건인데, 그중 18세기에 58건으로 가장 많았고 15세기에 31건, 19세기에 26건, 16세기에 23건, 17세기에 14건 순이다. 17세기에 해난사고 기록 건수가 가장 적은 것은 인조 7년(1629)부터 제주도민의 도외 출입을 금지한 '출륙금지령'의 영향을 받은 것으로 여겨진다. 악천후로 표류하다 주변국에 표류한 것은 63건인데, 그중 중국이 31건으로 가장 많았고, 일본 22건, 유구 9건, 안남(베트남) 1건 순이다. 이국인들이 제주도에 표도한 기록 건수는 총 99건인데, 19세기에 37건으로 가장 많았고, 18세기에 29건, 17세기에 19건, 15세기에 7건, 16세기에 7건이었다. 표도인 중 중국인이 53건으로 가장 많았고 일본인 21건, 유구인 15건, 유럽인 3건, 필리핀인 1건이며 국적 불명은 6건이었다.

해양 활동에 가장 큰 영향을 준 기후 요소는 바람이다. 바람은 해양 활동에 지장을 주는 요소이기도 했지만 조장하는 요소이기도 했다. 순풍이 불 때는 선박의 항해를 원활하게 했지만 예기치 못한 강풍이나 역풍이 불 때는 재해를 야기했다. 제주 해민들은 바람을 적절히 이용하며 항해 및 어로작업을 했다. 제주 해민들은 돌발적인 해난사고에 대비하여 일종의 구명대인 혼탈피모와 표주박 등을 휴대했고, 장기간 표류에 대비해 미숫가루와 같은 비상식량을 준비했다. 악천후 시 강풍과 파도에 의해 해안가로 떠밀려 온 풍태는 농사에 귀중한 거름으로 사용되기도 하였다. 제주도에서 풍신을 맞이하고 달래기 위한 대표적인 민간 신앙이 음력 2월 초에 행해졌던 '영등굿'이다. 음력 2월은 겨울과 봄의 교체기로 일기변화가 극심하고 매서운 바람이 빈번할 때이다. 이때 영등신을 환영하고 환송하면서 달랬고, 가급적이면 항해를 삼갔다. 영등신앙은 겨울과 봄의 교체기에 일기의 급변을 체득한 제주 사람들의 기후 문화였으며 지금까지 이어져 내려오고 있다.

이상에서 조선시대 제주민의 해양 활동을 이상기후와 관련시켜 살펴보았다. 제주 해민들은 기후환경에 적절히 대응하며 해상 활동을 전개했음을 알 수 있었다. 앞으로 기후가 해양 활동뿐만 아니라 제주도 주민들의 생활양식과 정체성 형성에 어떠한 영향을 미쳤는지에 대한 연구가 필요하다. 또한 조선시대와 오늘날 주민생활의 모습을 기후와 관련시켜 비교, 분석하는 연구가 더 이루어져야 할 것이다.

# 참고문헌


고용희, 2006, 바다에서 본 탐라의 역사, 도서출판 각.

고창석, 1997, "19세기 제주인의 표류 실태", 19세기 제주사회연구, 일조각, 202~242.

김유근, 1988, 제주도 지방의 해륙풍의 기후학적 특성과 Simulation에 관한 연구, 부산대학교 대학원 박사학위청구논문.

송성대, 2001, 문화의 원류와 그 이해, 도서출판 각.

이승호, 1985, 제주도지역의 겨울철 바람에 관한 연구, 건국대학교 대학원 석사학위청구논문.

황경수, 2003, "해방 이전 제주항로의 변천사 연구", 탐라문화, 23, 87~115.

高麗史, 제주문화방송(1994).

國譯朝鮮王朝實錄 CD - ROM, 한국학데이터베이스연구소(2001).

南冥小乘, 林悌, 제주문화방송(1994).

南槎錄, 金尙憲, 제주도교육위원회(1976).

大東地志, 金正浩, 제주도교육위원회(1976).

備邊司膽錄中濟州記錄, 제주문화(2004).

星湖僿說, 李瀷.

承政院日記 濟州記事, 제주사정립사업추진협의회(2001).

新增東國輿地勝覽, 탐라사료문헌집(2004).

濟州風土記, 李健, 제주도교육위원회(1976).

知瀛錄, 李益泰, 제주문화원(1997).

耽羅紀年, 金錫翼, 제주도교육위원회(1976).

耽羅志草本, 李源祚, 제주교육박물관(2007).

耽羅志, 李元鎭, 탐라문화연구소(1991).

# 제3부

# 도시와 촌락

강민정 · 권상철

# I. 서 론

　도시화를 연구하는 것은 도시 발전의 요인과 결과 그리고 그 지역의 발전 과정을 검토하는 것으로(김인, 1995; 강대현, 1980), 도시화의 공간적 특성은 그 지역의 특수성이 보편성과 함께 포괄되어 있다. 제주시는 도서지역의 도시로 전통적인 취락구조는 내륙 쪽보다는 용천대가 있는 해안을 따라 인구의 집중과 도시기능의 집적이 이루어져 해안도시라는 특성을 보인다. 제주시의 성장은 1970년대의 관광개발과 함께 본격적으로 이루어지는데, 도외 그리고 도내 인구의 유입과 함께 관광개발계획의 수용에 의해 도시성장이 영향을 받는다. 이와 같이 제주시는 전통적인 해안도시로서의 자연적 특성과 더불어 관광개발에 의해 도시성장이 이루어지는 지역 특수적인 상황이 대다수의 도시에서 나타나는 보편적인 도시화의 양상과 더불어 나타날 것으로 기대된다. 우리나라의 도시화 연구는 많은 도시 지역을 대상으로 활발하게 이루어져 왔으나, 아직 제주시를 위시한 해안도시에 대한 연구는 미진하며, 특히 관광개발과 같은 지역특수적인 도시화의 경험을 육지부에서 보편적으로 나타나는 도시화 양상과 비교할 수 있는 토대 연구가 필요한 실정이다.

이 글에서는 제주시의 도시화를 인구와 지가 분포 그리고 이들의 변화를 분석하며 제주시 도시화의 공간적 특성을 파악하고, 이를 도시화의 일반적 공간모형으로 제시해 보고자 한다. 이는 전반적인 도시화 연구가 내륙도시 위주로 진행되어 해안도시이며 관광개발에 따른 도시화를 경험하고 있는 제주시를 일반적으로 사용되는 도시화 지표인 인구와 지가를 시기별로 분석해 제주시 도시화의 보편성 그리고 특수성을 검토해 보고자 하는 것이다. 또한 지금까지의 제주시 도시화 연구는 주로 도시 전체를 대상으로 시기별 변화를 분석하고 있어, 이 연구는 제주시라는 도서 해안도시 도시화의 공간적 특성을 살펴봄과 동시에 육지부 도시와의 비교를 위한 기초를 제공하고자 시도되었다.


## II. 우리나라 도시화 연구동향과 방법


도시화에 대한 개념은 시대, 지역, 학자에 따라 여러 학문 분야에서 다양하게 정의되어 어느 한 유형을 정하여 도시화를 정의하기란 불가능하다. 이 연구에서는 지리학적인 관점에서 도시화의 개념을 공간화 과정, 즉 도시화를 특정지역에 대한 공간적 집중화 과정, 지리공간상에서 접근성의 증대과정, 중심지로부터 주변 지역에 대한 확산과정 및 인간정주체계의 형성과정 등 공간질서 형성과정으로 고려하며 접근하고자 한다(김인, 1995; 남영우, 1993).


## 1. 우리나라 도시화 연구동향


우리나라에서 도시사회에 대한 학문적 관심이 본격적으로 대두되기 시작한 것은 1960년대 중반기이다. 이는 1962년에 제1차 경제개발 5개년 계획이 시작되면서 대규모 이촌향도 현상과 함께 서울 중심의 급격한 인구성장은 갖가지 심각한 도시문제를 야기했는데 이후부터 도시화와 도시문제에 학문적 관심을 가지고 다양한 연구가 이루어져 왔다. 도시화에 대한 초기 연구는 서울을 위주로 한 대도시 중심의 연구가 이루어졌는데, 서울시의 도시화 과정과 요인을 인구현상으로 분석한 연구(이숙임, 1969)에서 시작하여, 지가 변화에 대한 연구로 확대되며 진행되고 있다(장영희, 1987; 남영우·윤삼숙, 1984; 선철균, 1976). 그리고 조선시대부터 1970년대까지 시계열별로 서울의 도시화와 이와 관련된 지역구조의 변화를 분석하는(강대현, 1980) 등 다양한 연구들이 도시화 과정과 도시화 단계의 지리적 특성을 파악하고자 시도되었다.

최근 들어 대도시 전역 그리고 주변 지역과 연계된 도시화 과정에 걸친 포괄적인 연구가 진행되고 있는데(문석남, 1993; 박수영, 1990; 권용우, 1977), 특히 1990년대 들어서면서 지방화 흐름에 맞춰 서울 이외의 다른 대도시 그리고 중·소도시의 중요성의 인식과 함께 이들에 대한 도시화 연구가 활발히 이루어지고 있다. 부산을 대상으로 하여 도시화 수준, 인구성장, 초등학교와 파출소의 분포, 교통량의 변화, 지가의 공간변화 등을 지표로 하여 도시화를 규명한 연구(변정희, 1998; 김광성, 1984; 김원경, 1984), 울산의 도시화 과정을 인구, 지가, 그중에서도 부분적 입자로서 전체적 패턴과 도시경관을 좌우하는 요소라 할 수 있는 건축 활동을 중심으로 분석한 연구(박재홍, 1998; 김선범, 1997) 등이 있다.

한편 주변 지역과 연계된 도시화 과정, 혹은 광역적 도시화 과정에 대한 것으로, 부천시를 대상으로 한 연구(박은순, 1998; 한영희, 1993)는 토지이용과 사회경제 측면을 병행하여 실증적인 연구와 대도시 주변의 역사성과 함께 인구수, 토지이용, 산업구조를 분석 지표로 사용하여 도시기능을 파악하고 있다. 또, 광명시에 대한 연구는 인구, 산업활동, 지가변동을 분석하여 도시화를 규명하고 공간행태 변화를 통근, 통학패턴과 이주행태를 분석하여 공간 변화를 접근하였다(성윤정, 1994). 중·소도시 연구는 지방도시인 강릉시, 원주시, 경주시, 동해시, 천안시 등에 대한 연구들이 있다. 여기에는 인구, 토지이용, 산업구조, 경관형태 등 인구적인 측면과 사회경제적인 측면에서 도시화 과정을 구명하기 위한 도시화 지표들이 다루어진다.

예를 들어, 강릉시를 인구적 측면과 토지이용, 도시적 시설 면에 관련된 지표를 선정하여 분석한 연구(김경추, 1986), 원주시의 도시화 과정을 도시의 형태 변화적 측면을 만들어 내는 건축물을 중심으로 시대별, 업종별, 동별, 건물층수별로 통계적 방법, 지도화 분석을 통해 고찰한 연구(김경추, 1990), 경주시를 대상으로 한 연구는 우리나라에서 진행되어 온 도시화 과정을 종합적으로 조사·분석하면서 도시개념을 재검토하며 도시들 간의 비교를 가능하게 기준을 설정하는 과정의 문제점과 기능적 특성과 성장잠재력에 대한 요인을 규명하는 접근을 제시하는 연구(윤정원, 1992) 등을 들 수 있다. 그리고 동해시의 도시화 과정을 규명하는 연구는 상업, 수산업, 공업으로 특화된 중소도시의 인구증감, 토지이용 및 지가의 변화, 도시적 시설의 증가 및 입지변화를 지표로 고찰하고 있다(심재민, 1996).

제주지역에 대한 연구로는, 제주시의 도시화 특성을 관광도시로의 발전과 함께 접근해 관광거점 기능 증대에 따라 나타나는 관광객의 증가, 교통의 발달, 음식숙박업 및 토산품점 등의 증가와 경제적 기반의 역할을 분석하며 경관의 형성과 분화를 검토한 연구가 있다(송성대, 1980). 서귀포시를 대상으로 한 연구는 도시로의 집적과 주변지역으로의 분산 원리의 관점에서 인구, 경관, 산업구조를 지표로 하여 도시화 단계를 규명하고자 하였다(문지호, 1984). 제주시와 서귀포시 그리고 제주시의 성장잠재력을 도시기능에 기초하여 분석한 연구(강형석, 1994; 1992), 보다 도시화에 초점을 맞추어 제주시의 도시화를 인구에 초점을 맞추어 분석한 연구(송성대, 1985; 강상배, 1978), 도시생태학 요인분석을 이용해 제주시의 공간구조를 분석한 연구(정대연, 1984), 관광개발에 따른 정부주도의 도시성장(조성윤, 1995), 제주시의 거주지 분화(김은희, 1999)에 대한 기술적 연구 등이 있다. 그러나 이러한 다양한 연구에도 불구하고 제주시의 성장과 변화를 공간적으로 분석, 접근하는 도시화에 대한 연구는 아직 이루어지지 못하고 있다.

우리나라의 도시화에 관한 다양한 연구들은 기본적으로 인구, 경관, 시설, 경제기반, 또는 지가에 기초한 도시화 접근의 사례 연구들로 다양한 개별 도시를 대상으로 도시화 과정을 분석, 기술하고 있는데, 도시의 전반적인 또는 특정 면모에 초점을 맞춘 사례 연구들이 점차 누적되고 있다.[100] 이들 연구들은 개별 도시 전체 또는 특정 요소에 초점을 맞추어 개별 도시의 독특한 상황과 특성이 부각되며 도시화의 일반화를 도출하기 어렵게 하고 있다. 또한 도시 전체의 시기별 변화과정을 주로 분석하고 있어 도시 내부 공간구조의 역동에는 관심이 부족하다.

그러나 도시화 연구에서 보편적으로 사용하는 지표는 인구와 지가로, 이들 지표들의 분포, 집중도 증가와 증감률 분석을 통해 도시화의 일반적인 패턴을 도출하고 있다. 여기에 비추어 제주시와 같은 도서 해안도시의 도시화 특성을 인구와 지가에 기초하여 분석하는 것은, 제주시의 지역상황을 일반적 도시화 지표에 기초하여 검토함으로써 제주시 도시화의 보편성과 특수성을 동시에 고려할 수 있게 해 줄 것이다. 즉, 제주시의 도시화는 도서 해안도시 그리고 관광개발에 기초하여 이루어졌을 것으로 이를 도시화의 보편적 지표인 인구와 지가를 통해 접근함으로써, 도시화의 사례연구로서 그리고 도시화의 계통적 연구의 비교를 위한 기초연구로서 의의를 가지게 된다.


## 2. 연구방법 및 지역개관

도시화를 연구하는 데 있어서 지표 설정은 무엇보다도 중요하다. 이 연구에서는 도시화 과정의 기초적인 지리적 요소로 인구와 지가를 중심으로 분석하고자 한다. 인구와 지가를 지표로 선정한 것은 인구는 특정한 지역의 여러 사회적, 경제적 조건을 복합적으로 가장

---

100) 예를 들어, 인구에 초점을 맞춘 연구로 천안시(박동수, 1996), 전주시(김재구, 1982), 광주시(김일봉, 1985), 지가에 초점을 맞춘 연구로 대전시(이건호 · 박신원, 1999), 광주시(이현욱, 1991), 대구시(최병후, 1984), 원주시(정승모, 1990)를 들 수 있으며, 개별 도시의 도시화를 포괄적으로 다루는 연구로 천안시(장귀복, 1987), 인천시(채진석, 1994), 부천시(한영희, 1994), 구미시(박소진, 1996) 등을 들 수 있다.

잘 반영하고 있기 때문이며, 지가 또한 모든 지표현상의 언어로서 도시 지역성의 표면형태를 가장 잘 나타내 주어 도시 지역을 분석하는 데 있어 인구현상을 통한 지역사회의 지리적 현상에 접근하는 것과 더불어 중요한 지표가 된다. 또한 인구와 지가에 기초한 분석은 우리나라 기존 도시화 사례 연구와의 비교·연계를 통해 보편성과 특수성을 동시에 검토할 수 있게 해 준다.

본 연구의 공간적 범위는 제주시이며 시간적 범위는 관광개발의 영향이 나타나기 시작한 1970년대부터 동 단위별 지가 자료가 이용 가능한 1999년으로 하였다.[101] 인구 자료는 지가 자료와 일치시키기 위해 같은 연도의 통계를 사용하였다. 연구방법은 동별, 시기별 인구 수와 지가 분포, 그리고 이들의 10년 단위 변화율을 지도화하여 검토하며 도시화의 공간적 특성을 도출하고, 이를 종합하여 제주시 도시화의 공간모형을 제시하였다. 제주시는 2000년 현재 40개의 법정동, 19개 행정동을 포함하고 있는데, 행정동 단위의 분석에서 2개의 동으로 분리되어 있는 일도동, 이도동, 삼도동, 그리고 용담동을 하나의 동으로 묶어 전체 15개 동 단위로 분석하였다.[102] 인구자료는 제주시 통계연보와 통계청 인구주택총조사를 활용하였고, 지가 자료는 한국감정원의 토지시가조사표(1970~1989년)와 건설교통부의 개별공시지가(1990~1999년)에 기초한 동별 자료를 이용하였다. 그 밖에 제주시 도시기본계획도를 활용하고, 최근의 주요 개발 상황을 도

---

101) 지가는 한국감정원에서 토지에 대한 대체적인 시가를 행정구역별로 조사·작성하여 오다가, 1990년 이후부터 전국 토지 가운데 대표성이 있는 필지를 골라 표준공시지가를 산정하고 이를 기초로 개별공시지가를 산정하였다. 그러나 2000년부터는 전국 모든 지역에서 매년 일제히 지가조사를 하지 않고 지가 안정 지역은 2~3년에 한 번씩만 조사를 하고 있다(지종덕, 2005). 본 연구는 동 단위의 자료가 구득 가능한 1999년까지를 분석시기로 하였다.

102) 지도는 행정동에 기초한 15개 동에 기초하여 그려졌으나, 참고로 법정동의 경계를 배경에 남겨 두었다.

시화에 대한 내용으로 기술하였다.

제주시는 예로부터 제주도의 중심지로 역할을 해 왔으며, 1946년 도제(道制)로 바뀌며 각 관공서, 공공기관, 학교 등의 신설 및 증설이 증가하였고 인구의 증가, 도시건설에 의해 도시화가 빠르게 진행되었다. 1955년 시 승격안이 국회를 통과하며 시(市)제가 실시되며, 제주시의 도시화는 더욱 빠르게 진행되는데, 특히 관광지로 개발되며 급성장하게 되었다.

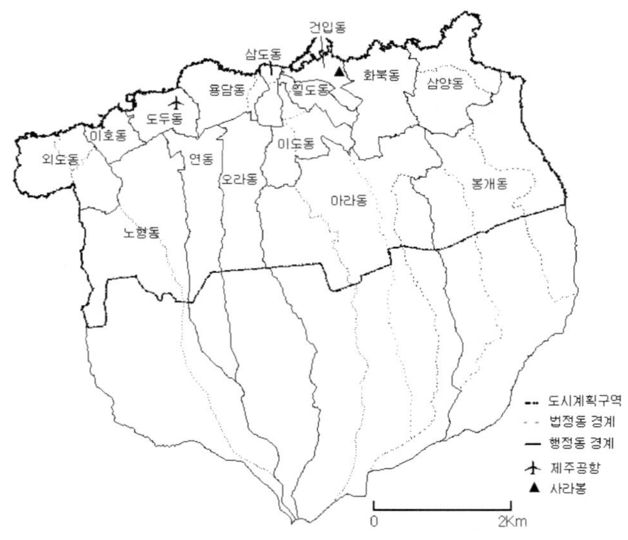



일도동, 이도동, 삼도동, 용담동은 각 2개의 행정동이 있으나, 각 1개 동으로 고려하였음.

[그림 7-1] 제주시의 행정구역 경계와 주요 지형지물(2000년)

제주시의 2000년 현재 인구수는 279,996명(남자 138,932명, 여자 141,064명)으로 시로 승격한 이후 자연증가와 더불어 도내 그리고 도외로부터의 이주로 연평균 약 3.5퍼센트의 지속적인 완만한 증가를 보이며 성장이 이어져 오고 있다.[103] 인구는 대다수 해안지역을 중심으로 분포하고 있으며, 내륙 한라산 쪽으로는 해발 300미터 정도까지 도시계획구역이 지정되어 대략적인 주거 영역을 보여 준다 [그림 7-1].

## Ⅲ. 제주시 도시화: 인구, 지가, 그리고 도시화 모형

제주시는 도서 해안도시이면서 관광개발에 의해 도시성장이 이루어져 왔다. 이 연구는 이러한 배경을 고려하며 제주시 도시화를 인구와 지가에 기초하여 분석하며 공간적 특성을 도출해 보고자 한다. 인구와 지가 자료는 동별 인구수와 주택 및 상업용 지가의 분포를 1970년부터 10년 단위로 그래프로 나타내고, 인구와 지가의 증감률이 평균을 훨씬 상회하는 동을 지도에 나타내어[104] 도시화를 공간적으로 검토하였다. 그리고 인구와 지가 분포와 변화에서 얻은 결과를 토대로 제주시 도시화의 일반적 공간모형을 제시하였다.

### 1. 인구로 본 도시화

도시화를 파악하는 가장 객관적이고 명확한 지표는 인구변화를 추적하는 것이며, 도시화의 공간적 특성을 파악하기 위해서는 이의 내

---

103) 제주시의 인구증가는 1955년 시제 실시 이후 예외적인 1971년과 1991년 약 2퍼센트 전후의 감소가 나타난 때를 제외하고는 지속적으로 연평균 약 3.5퍼센트 전후의 증가를 보이며 현재에 이르고 있다.

104) 인구와 지가 증가율이 높은 지역을 지도에 표시할 때 도시계획구역만을 사용하였는데, 이는 도시계획구역 외곽은 해발고도 300미터 이상으로 인구희박지역으로 나타나기 때문이다.

부지역별 분포를 검토하게 된다. 인구가 한 지역에 집적하는 것은 도시화의 과정이며, 근본적으로 도시화를 이끌어 내는 가장 중요한 원인이다. 이에 따라 제주시의 동별 인구수와 인구 증감률을 분석하며 제주시의 도시화를 검토하였다.

제주시의 동별, 연도별 인구수는 [그림 7−2]과 같다. 1970년 제주시에서 가장 인구수가 많은 곳은 일도동이며, 다음으로 삼도동, 용담동, 이도동, 그리고 건입동 순으로 나타나고 있다. 이들 동들은 인구수 1만 명 이상으로 상위 그룹을 형성하고 있으며, 다음의 중위그룹으로 삼양동 5,473명, 오라동 4,122명, 화북동 3,906명 등이 기타의 동들과 구분된다.

1980년에는 이러한 동별 인구수 순위 그리고 상위 집단에서 큰 변화가 나타나지 않지만, 건입동을 제외한 나머지 상위 집단 동들이 급속한 성장을 보이며 기타 집단과의 인구규모 격차를 벌리고 있다. 특히 이도동이 용담동과 삼도동보다 빠른 속도로 인구증가를 보이며 두 번째 규모의 동으로 성장한다. 1990년에 이르러는 동별 인구수에 따른 순위 변화가 나타나는데, 이도동은 일도동을 제치고 가장 인구수가 많은 동으로 성장하고, 연동이 새로운 인구집중지로 부상하고 있으며, 노형동, 화북동, 오라동, 아라동, 그리고 삼양동이 상대적으로 급성장한 모습을 보인다.

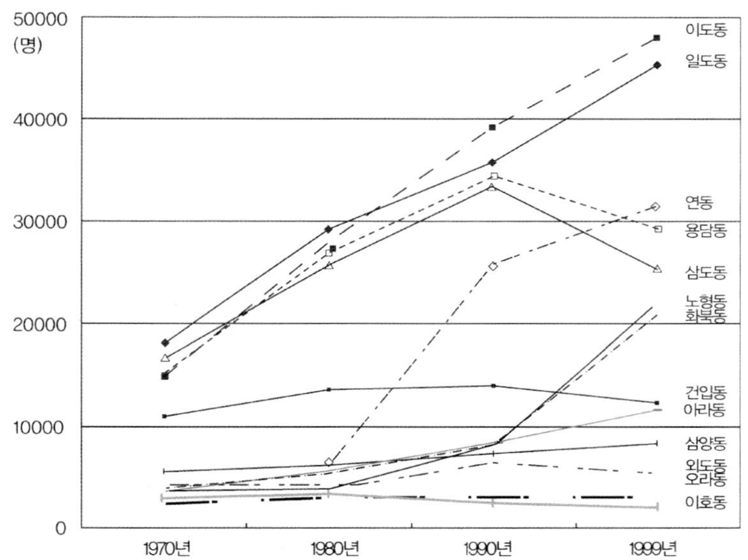



주: 연동은 1979년 오라동으로부터 분리되었음.

[그림 7-2] 제주시 동별, 연도별 인구수

최근 1999년에는 상당한 변화가 나타나고 있는데, 이도동과 일도동이 독보적인 두 인구집중지로 나타나며, 연동이 세 번째로 큰 동으로 성장하였다. 반면 용담동과 삼도동은 중심지로 역할을 해 왔으나 인구가 급격히 감소한 모습을 보이고 있다. 새로운 급성장 지역으로는 노형동과 화북동이 두드러져 인구집중지로 등장하고 있는 모습이다. 아라동은 비교적 높은 인구 증가를 보이며 인구 감소를 보이는 건입동에 거의 육박하고 있고, 삼양동 또한 비교적 인구가 크게 증가하여 하위그룹과는 구분되고 있다.

제주시 동별 10년 단위 인구변화율로 지도화해 보면 [그림 7-3]과 같다. 1970년대(1970~1979년)는 시 전체 평균 증가율이 약 37퍼센트로, 표준편차 1 이상의 빠른 증가율을 보이는 곳은 이도동, 용담동, 그리고 아라동의 3곳, 표준편차 0.5 이상의 증가율을 보이는 곳은 일도동과 삼도동으로 나타난다. 이러한 양상은 전통적 중심지의 성장과 인접지역으로 성장이 확산하는 모습으로 이해할 수 있다. 1980년대(1980~1989년)의 인구증가율은 전체 평균 약 47퍼센트로 1970년대에 비해 약간 더 증가한 모습이다. 증가율이 평균보다 표준편차 1 이상인 곳은 연동과 노형동으로 각 298퍼센트, 114퍼센트의 증가를 보인 곳이다. 그 외의 지역들은 평균을 전후한 성장률을 보이고 있어, 시 전체의 성장이 연동과 노형동에 의해 주도되고 있으며 1970년대의 빠른 성장지역과는 구분되는 남서쪽 방향의 신제주 등장을 보여 준다. 1990년대(1990~1999년)는 전체 약 30퍼센트의 성장률을 보이며, 표준편차 1 이상의 성장률은 노형동과 화북동에서 나타나는데, 노형동의 경우 1980년대의 성장이 이어져 신제주의 확장, 화북동의 경우는 동쪽으로 새로운 주거지가 형성되는 양상을 나타내고 있다.

인구수의 동별 분포와 10년 단위의 증감을 고려해 보면, 제주시는 일도동이 전통적인 중심지역으로 이도동으로 확장되고, 이후 삼도동과

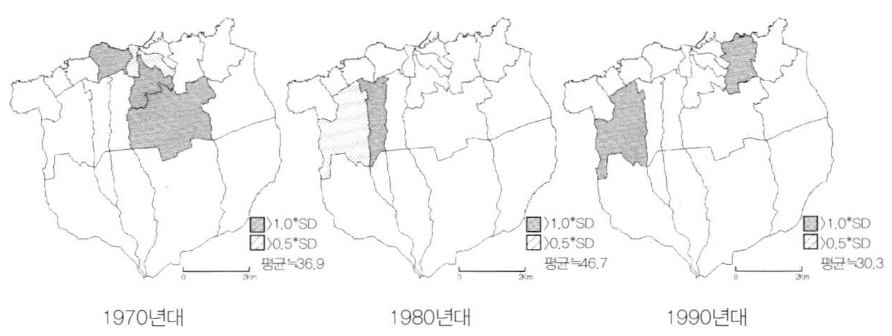


[그림 7-3] 제주시 급속한 인구증가 동(洞)의 연대별 분포

용담동으로 확대되는 공간적으로 연속적인 도시화 양상을 1970년대까지 보인다. 1980년대에는 신제주의 등장이 두드러진 변화로, 연동의 성장은 관광산업의 발전에 따른 기존 그리고 새로운 도시업무의 수용, 주택부족문제 해결의 복합적인 기능을 담당하도록 개발한 것에 기인하는데, 남서쪽으로의 도시 성장이 급속히 이루어지며 제주시의 불균형 발전 문제가 제기되기에 이른다. 1990년대에는 제주시의 다핵도시화가 뚜렷하게 나타나는 시기로 도심기능을 수행하는 일도동과 이도동, 서부생활권의 연동과 이의 확장으로 성장하는 노형동, 그리고 지역균형발전 측면에서 개발된 주거와 업무 기능을 분담하는 화북동을 중심으로 한 동부생활권의 등장을 보여 준다.

## 2. 주택, 상업지역 지가로 본 도시화

지가는 자연적, 사회경제적인 여러 조건의 복잡한 종합적 성격을 갖는 모든 지표현상의 결정체로서 '도시의 언어'라고 일컬어진다(남영우, 1993). 이러한 도시의 지가는 도시의 발전적 동태를 여실히 표현하는 중요한 척도가 된다. 지가는 토지의 이용 방법과 용도에 의해 영향을 받고 다시 지가는 토지의 이용방법과 용도를 규제하게 되어 토지이용과 유기적 관계를 가지고 있다. 따라서 제주시의 용도지역별 지가로 주택 지역과 상업 지역을 중심으로 동별, 시기별 지가분포와 10년 단위의 변화율 지도화를 통해 도시화의 공간적 양상을 검토하였다.

## 1) 주택지역 지가와 변화

제주시 동별, 시기별 주택지역의 지가를 보면[그림 7 - 4], 1970년에는 최근에 비해 상대적으로 동별 차이가 크게 나타나지 않는 모습이다. 그러나 전통적 중심지인 일도동이 최고 지가를 보이고 다음으로 이도동, 삼도동, 건입동, 용담동 순으로 높게 나타나며 이들 지역이 인구분포와 유사하게 상위 그룹으로 중심지역을 형성하고 있다. 1980년에는 동별 지가가 차이를 나타내기 시작하는데, 전통적인 중심지역인 일도동, 이도동, 삼도동, 건입동 그리고 용담동이 빠른 상승을 보이며 높은 지가 지역으로 뚜렷이 구분되고, 연동이 새로운 높은 지가 지역으로 등장한다.

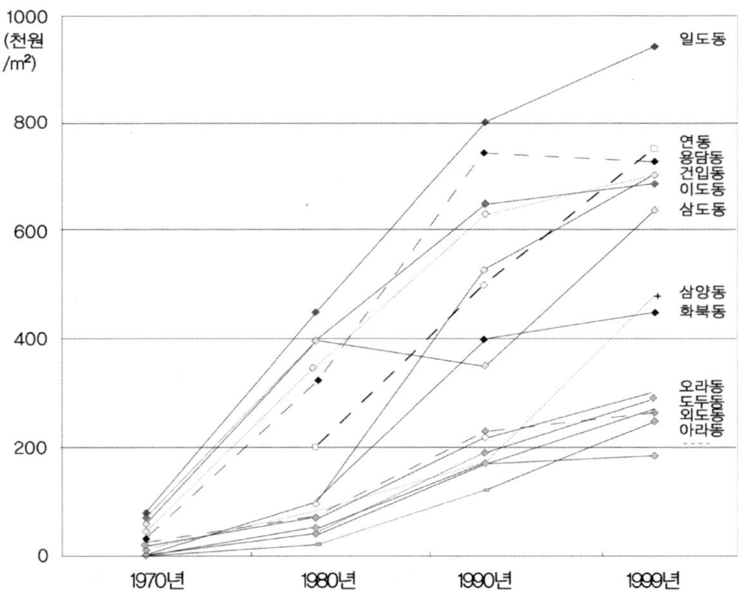


주: 연동은 1979년 오라동으로부터 분리되었음.

[그림 7 - 4] 제주시 동별, 연도별 주택지역 지가

1990년에는 상위 그룹의 동들이 여전히 높은 지가를 보이고 있지
만, 삼도동은 지가 하락을 보이며 상위 그룹에서 탈락하고, 노형동이
높은 지가로 연동과 더불어 중위 그룹으로 나타나고 있으며, 화북동
또한 높은 지가를 보이며 삼도동을 능가하고 있다. 1999년에는 점진
적으로 벌어지던 동별 지가 격차가 더욱 크게 나타나는데, 대략 4개
의 그룹으로 구분된다. 가장 상위에는 일도동이 독보적인 높은 지가
지역으로 구분되며, 연동, 용담동, 건입동, 이도동, 그리고 삼도동이
두 번째 높은 지가 그룹, 삼양동과 화북동이 다음의 그룹으로 구분
되며, 그리고 나머지 동들은 하위 그룹을 형성하고 있다. 이러한 시
기별 양상은 제주시의 주택지역이 점차 지역별로 격차를 벌이며, 중
심과 하부중심, 그리고 주변 지역으로 공간적으로 분화되는 양상을
반영하고 있다.

제주시 동별 10년 단위 주택지역 지가 변화율을 지도화하여 보면
([그림 7 − 5]), 1970년대(1970 ∼ 1979년)는 시 전체 평균 약 2,200
퍼센트의 증가를 보이는 급격한 상승이 나타나는데, 관광개발에 따
른 개발호제와 이에 따른 인구상승으로 인한 지가상승을 반영하고
있다. 평균 증가율에 비해 표준 편차 1 이상, 지가로는 40배 이상의
증가를 보인 곳은 이호동 그리고 화북동과 노형동 순으로 나타나 전
통적 중심지역이 아닌 외곽지역에 나타나는데, 이들은 인구증가 지
역보다 한발 앞서 증가한 모습, 즉 인구의 경우 1980년대와 1990년
대의 증가 지역에서 지가 상승이 나타나고 있다. 1980년대(1980 ∼
1989년)의 지가 증가율은 평균 약 214퍼센트로 비교적 안정된 모습
인데, 표준편차 1 이상의 증가율을 보이는 지역은 봉개동, 노형동과
도두동으로, 노형동의 경우 이전 시기의 성장을 이어가며 주변 도두
동으로 확장되는 것으로 볼 수 있으며, 봉개동은 동쪽 지역에 새로운

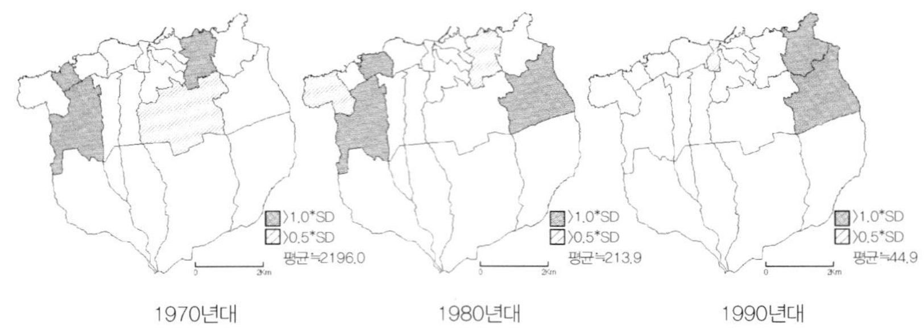


[그림 7-5] 제주시 급속한 주택지역 지가 증가 동(洞)의 연대별 분포

주거지역이 등장할 것을 예견한 수요에 따라 지가가 상승한 양상으로 해석할 수 있다. 1990년대(1990~1999년)는 전체 평균 약 45퍼센트의 증가율로 나타나는데, 이는 1997년부터 시작된 국제금융관리체제(IMF)로 인한 가격 하락의 영향을 반영하고 있다. 표준 편차 1 이상 증가한 동은 화북동과 삼양동에서 나타나 이전 시기의 동쪽 지역 성장을 이어가는 양상을 보인다. 이 또한 1990년대까지 인구 급상승지역으로 나타나지 않는 곳으로 인구증가보다 앞선 개발의 여지가 있는 지역에서의 지가 상승 양상을 보여 주고 있다.

주택지역 지가의 동별 분포와 10년 단위의 증가를 고려해 보면, 제주시는 1970년대까지는 동별 지가 차이가 뚜렷하게 나타나지 않았으나, 점차 시간이 지나며 차이가 심화되어 나타나며 동별로 그룹이 지어지는 모습이다. 이러한 그룹 간 지가 차이는 공간적으로 중심부와 외곽지역에 뚜렷한 높은 지가와 지가 상승지역을 만들고 있는데, 전통적인 중심지역의 높은 지가와 더불어 지가 급상승 지역은 시기별로 신제주지역과 화북동, 그리고 봉개동과 삼양동의 남서쪽과 동쪽지역으로 전개되는 공간적 양상을 보인다. 특히 이러한 양상은 인구증가 지역과 유사하지만 시기적으로 인구증가보다 한발 앞서 나타나는 모습으로 택지개발계획에 따른 용도지역 변경, 즉 농업용 토지에서 도시적 토지이용으로의 변경과 지가상승 기대, 그리고 개발 이후 실제 수요 증가에 따라 높은 지가 지역으로 나타나게 된다. 공간적으로 주택지역의 지가 또한 인구와 마찬가지의 전통 중심지와 남서부 그리고 동부 생활권의 다핵화 양상을 보이고 있다.

### 2) 상업지역 지가와 변화

제주시의 동별, 시기별 상업지역 지가를 보면([그림 7 - 6]), 1970년에는 동별 지가가 크게 차이가 나지 않는 모습으로 주택지역의 지가 양상과 비슷하게 시장가격 형성이 미미한 시기라 하겠다. 비교적 높은 지가는 전통적 중심지역에서 나타나는데, 최고의 지가는 일도동, 다음으로 이도동, 삼도동, 건입동 순으로 지가가 비교적 높게 평가되어 있다. 이러한 상업지역 지가 분포는 시간이 지나며 동별로 차이를 벌리는데, 1980년에는 일도동과 이도동이 상당히 높은 지가를 보이며 업무기능지구로의 성장을 반영하고 있다.

1990년에는 동별 지가 격차가 더욱 커진 모습으로, 일도동과 이도동은 중심업무지구로서의 성격을 보다 뚜렷이 하고 있으며, 삼도동과 연동이 중위의 높은 지가 그룹으로 나타나는데, 삼도동은 일도동과 이도동 업무기능의 인접지역으로의 확산, 연동은 신제주의 업무기능 분담에 따른 부심으로의 성장을 반영하고 있다. 1999년은 국제금융관리체제에 들어선 이후의 시기로 많은 동에서 지가 하락을 보이는데, 일도동, 삼도동, 그리고 도두동의 하락세가 두드러진다. 그러나 삼양동, 화북동, 연동, 그리고 용담동은 미약하나마 상승세를 보이고 있는 모습으로, 일도동과 이도동의 상위 지가 그룹, 연동과 삼도

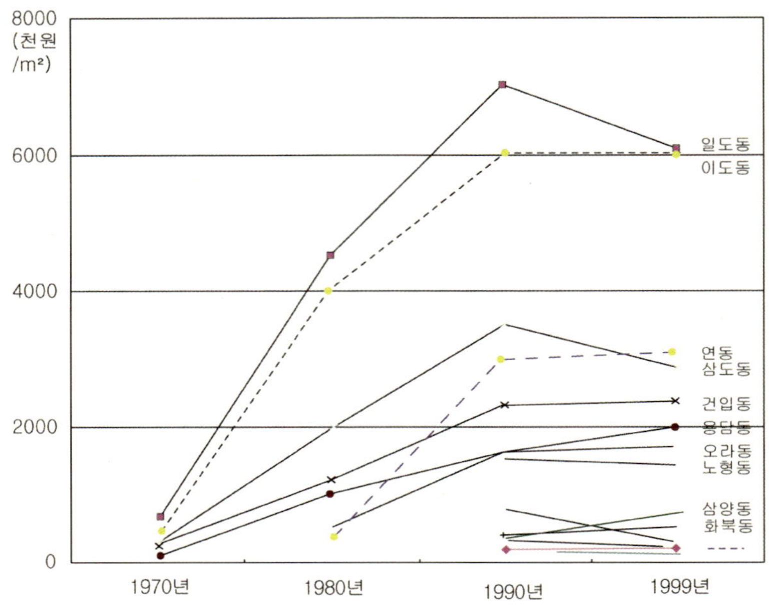


주: 연동은 1979년 오라동으로부터 분리되었음; 지가 자료가 이용 가능한 연도부터 표시함.

**[그림 7-6]** 제주시 연도별 동별 상업지역 지가

동 그리고 용담동, 오라동, 노형동의 중위 지가 그룹, 그리고 삼양동, 화북동 등의 나머지 동들이 하위 그룹을 형성하고 있는 모습이다.

제주시 동별 10년 단위 상업지역 지가 변화율을 지도화해 보면 [그림 7-7]과 같다. 1970년대(1970~1979년)의 시 전체 지가 평균 증가율은 약 765%로, 표준편차 1 이상의 증가율은 용담동에서 나타난다. 이는 시 전체적으로는 성장이 고루 분포하는 것으로 특정 지역에 업무기능이 집중하지 않은 단계라 할 수 있으며, 용담동의 급상승은 전통 중심지에서 인접지역으로의 업무기능 확산의 결과이다. 다음으로 높은 증가는 이도동의 약 900%, 약 10배의 지가 증가로 1970년대는 중심지역이 성장하는 시기라 하겠다. 1980년대(1980~

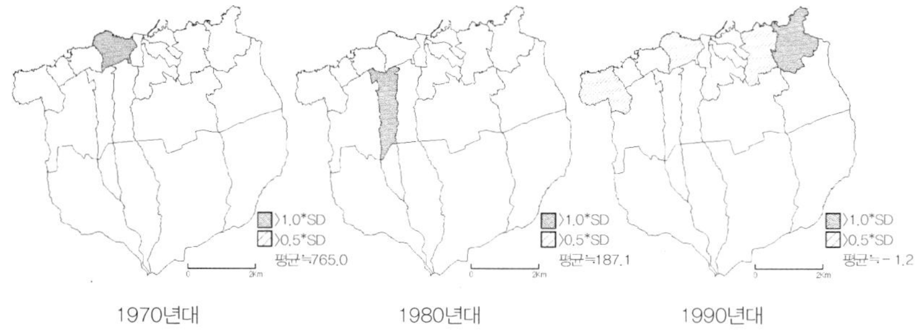


[**그림 7-7**] 제주시 급속한 상가지역 지가 증가 동(洞)의 연대별 분포

1989년)는 전체적으로 평균 약 187퍼센트의 증가를 나타내는데, 표준편차 1 이상의 증가는 연동에서 약 760퍼센트 증가로 나타나 독보적인 급성장을 경험한 지역으로 나타나고 있다. 이는 앞의 인구와 주택지역 지가에서도 나타났듯이 신제주 개발에 따른 업무와 주거기능의 분담으로 상업지와 주거지 모두에서 용도 변경과 수요 급증으로 인한 급격한 상승을 반영하고 있다. 1990년대(1990~1999년)는 국제금융관리체제에 들어간 여파로 전체적으로 약 1퍼센트의 지가 감소를 보이는데, 표준 편차 1 이상의 증가는 삼양동 한 곳에서 나타나는데 약 112퍼센트의 증가를 보인다. 다음으로 화북동, 용담동과 외도동에서 각 약 29퍼센트, 22퍼센트, 그리고 19퍼센트의 증가를 나타낸다.

상업지역 지가 분포와 10년 단위의 증가를 고려해 보면, 제주시는 1970년 이래 점차 동별 상업지역의 지가 격차가 커지기 시작하며 업무기능이 지역별로 집중하는 양상을 보이게 되는데, 일도동과 이도동이 제주시의 전통적인 중심지역으로 성장하고, 1990년대까지 중심업무지구로서의 기능을 수행하고 있음을 볼 수 있다. 년대별 급성장 지역을 보면, 1970년대는 인접한 삼도동, 1980년대는 연동, 그리고 1990년대는 화북동과 삼양동으로 나타나 전통중심지역, 남서부중심지, 그리고 동부중심지로 다핵화되어 가는 양상을 보여 주고 있는데, 주택지역 지가 증가와 비교하여 전통적인 중심지역과 동서축을 따라 급속한 증가를 보이는 모습으로, 업무기능은 보다 공간적으로 집중되어 나타나는 양상을 보여 주고 있다. 즉, 주택지역의 지가 상승은 신제주, 화북 부심의 주변 지역에서 나타나는 양상으로 업무기능과 주거기능의 공간적 분화가 진행되는 모습이라 하겠다.

## 3. 제주시의 도시화 모형

제주시는 1955년 시 승격 이후 전통 읍성이었던 지역을 중심으로 인구집중이 이루어진다. 도시화는 인구의 집중이 이루어지고, 이에 따라 지가는 상승하게 되며 동시에 낮은 지가의 주변 지역으로 확산되어 가는데, 도시화는 이러한 인구의 집중과 지가의 상승이 동시에 반영되어 진행된다. 따라서 제주시의 도시화는 인구와 지가를 통해 그 공간적 양상의 특이성과 보편성을 드러낸다.

### 1) 인구와 지가로 본 도시화 특성

제주시의 전통적 중심지는 용수 구득이 쉬웠던 산지천을 중심으로 인구가 집중하고 취락이 발달하며 형성되었으며, 현재의 일도동에서 삼도동, 용담동, 그리고 건입동으로의 동서방향 도시화가 진행되어 왔다. 이후 1970년대 관광개발이 이루어지면서 인구와 업무 기능의 집적이 가속화되며 중심지역은 급속한 성장을 경험하게 되고, 남쪽 인접지역인 이도동으로의 주거지와 업무기능 확산과 집중이 가속화된다. 1980년대 접어들면서 남서쪽으로 연동 일대에 도시개발계획에 따른 신제주가 등장하면서 도시공간구조는 이핵구조를 형성하게 된다. 신제주는 전통 중심지역의 관공서 이전과 함께 관광 관련업과 주거지의 기능을 분담하는 부심의 역할을 담당하게 되었다. 이후 점차 주변 노형동으로 주거지가 확산되며 제주시 남서쪽의 개발은 빠르게 진척이 되며, 지역불균형 발전의 문제가 제기되기에 이른다. 따라서 1990년대 들어서면서는 동쪽으로 우회도로를 확장하며 화북동에 택지개발사업을 시행하여 대규모 아파트 단지를 건설하며 새로운 주거지역을 형성하였다. 이는 기존 전통중심지역과 신제주의 이핵구조의 도시공간구조를 다핵구조로 변화시키는 계획된 도시화의 특성을 보여 준다.

이러한 다핵 도시화의 공간특성은 인구분포, 주택지역 지가, 그리고 상업지역 지가에서도 나타나고 있어 제주시 도시화 공간구조의 특성을 파악할 수 있다. 제주시는 1955년 시 승격 당시 인구 59,662명에서 1970년 106,456명으로 약 1.7배 증가하였으나, 동별 인구, 주택과 상업지역의 지가가 충분히 형성되지 못하고 동별 차이가 그다지 크지 않은 전통적인 도시였다. 그러나 1970년대는 제주도가 관광지로 개발되며 많은 변화를 겪게 되는데, 제주시는 그 중심지로 인구와 자본 유입에 따른 급속한 도시화를 경험하게 되며, 이러한 도시화의 경험은 자연적인 조건, 개발제한구역의 설정, 그리고 개발계획에 따른 도시화를 포괄하는 공간구조상의 변화를 드러내게 된다.

인구와 지가 분석에서 나타난 특징들은, 우선 동별 인구와 지가의 차이가 시간이 지나며 점차 커지며 공간적 분화가 진행되는 토대를 마련하게 된다. 1970년대의 도시화는 전통적인 중심지역인 일도동과 인접지역인 삼도동, 용담동, 건입동, 그리고 이도동의 인구밀집과 이에 따른 주택지역의 지가상승으로 나타나며, 상업지역의 지가상승은 일도동과 이도동에 한정되어 진행된다. 1980년대는 신제주의 개발과 더불어 전통 중심지역 중 건입동, 삼도동은 각 인구와 주택지역 지가에서 위축되는 반면 상업지역 지가는 상승해 기능분화가 일부 진행되는 양상을 보인다. 1990년대는 연동과 노형동과 화북동이 인구와 주택지역 지가에서 상당히 높은 위치를 점하며 다른 하위 그룹의 동 지역과의 격차를 크게 벌리며 도시 내부의 분화가 진행된 모습을 반영하고 있다. 이러한 동별 인구와 지가는 개별적으로 보면 기능분화를 반영하는데, 이들을 동시에 고려하며 공간적 측면에서 보면 일도동을 중심으로 한 중심지역과 연동을 중심으로 한 남서부의 신제주, 화북동을 중심으로 한 동부지역의 다핵 공간구조가 형성되어 있음을 드러낸다. 그러나 중심지역은 업무와 주거기능이 혼재하고 있고, 동부지역은 최근 들어 주거기능에 비해 발달하지 못한 업무기능이 성장하고 있는 공간적 기능특화의 도시화는 아직 진행 중에 있다고 할 수 있다. 이러한 제주시의 다핵구조로의 진행은 보편적 도시화의 특성을 나타내지만, 이러한 다핵화는 관광개발과 더불어 계획적으로 이루어진 도시개발의 결과이며 해안도시로 동서방향으로 진행되던 도시화가 지형적 그리고 공항, 그린벨트와 같은 인위적 장애로 인해 불연속적인 내륙으로의 부심 개발로 이어지게 되는 제주시 도시화의 특이한 상황을 또한 반영하고 있다 하겠다.

## 2) 제주시 도시화의 공간 모형

제주시 도시화의 공간적 패턴은 인구와 지가로 보았을 때 전통적인 중심지역의 성장과 더불어 남서쪽과 동쪽에 새로운 부심지역을 형성하는 양상으로 전개되어 왔음을 보여 준다. 이러한 인구와 지가 변화의 분석결과와 최근의 변화에 기초하여 제주시 도시화의 공간적 모형을 시기별(1970~2000년대)로 도식화하면 [그림 7-8]과 같다.

먼저 제주시는 1970년대까지는 일도동을 중심으로 용담동, 삼도동, 그리고 이도동의 인접지역으로 확장하는 도시화가 지배적이다. 제주시는 제주도 관광개발의 중심지로 업무기능과 인구가 집중하며, 1963년 제1횡단도로(현재의 5.16도로)가 개통되며 T자형의 내륙으로의 교통로, 그리고 1964~1966년에 걸쳐 이도동의 삼성혈지구 토지구획정리사업, 1967~1970년에 걸쳐 삼도동 서사라 토지구획정리사업으로 중심지역 성장의 토대를 마련하게 된다(제주시, 2005). 이때까지의 제주시 도시화는 구시가지 도심을 중심으로 동서로의 확장이 충족되며, 내륙으로 연접하여 확장하는 형태의 중심지역 팽창기를 겪게 된다. 그러나 서쪽의 공항과 동쪽의 사라봉은 지형적으로 동서로의 시가지 확장에 제약을 가하고, 1973년의 개발제한구역 설정 또한 기존 중심지역의 늘어나는 인구와 시설로 인해 구도심이 밀집된 발전 양상을 보이게 하였다. 그러나 1973년의 제2횡단도로(현재의 1100도로)[105] 개통과 더불어 새로운 시가지를 조성해 기존 중심지의 기능을 분담하는 불연속적인 신제주 개발계획이 수립된다.

1980년대는 1979년 이후 추진되어온 연동 개발이 관공서, 관광관련업, 그리고 주거지의 복합기능을 포함한 신제주 등장으로 이어져 제주시를 이핵구조로 변화시키게 된다. 기존 중심지역 또한 업무기능이 성장하여 1980년 시청이 해안 변의 현 삼도2동에서 내륙부의 이도동으로 이전하고, 일도동의 중심 지하상가가 1982~1990년

---

105) 현재의 99번 도로로, 제주도 남북을 한라산 서쪽 사면으로 횡단하는데 가장 높은 곳의 해발이 1,100미터여서 일반적으로 1100도로라고도 불린다.

에 걸쳐 조성되어 중심상업지역으로 성장하며, 중심업무지구(CBD)
로서의 특성을 강화하게 된다. 1990년대에는 남서쪽으로 편중된 불
균형 개발에 따른 문제제기로, 동쪽으로 우회도로가 확장되고 화북
동에 공업지역 조성과 택지개발 사업을 추진하며 인구를 유입하며
새로운 부도심이 동부지역에 등장하며 성장을 지속한다. 한편 신제
주지역에는 연동과 더불어 주변 지역인 노형동에서도 토지구획정리
사업 및 택지개발사업이 활발하게 진행되며 기존 중심업무지역과는
독립적인 부도심으로 성장하며 동부지역과 더불어 다핵도시로의 공
간구조를 확연히 하게 된다. 즉 1990년대 제주시는 구시가지 도심과
신제주의 이핵구조에서 화북동의 등장으로 다핵구조로 변모해 가는
도시화의 공간적 특성을 보여 주고 있다.

　최근 2000년대의 도시화 양상은 현재 진행 중이지만, 서부생활권
의 연동과 노형동에 대규모의 아파트 단지가 들어서며 인구집중이
지속되고 있으며, 동부생활권 역시 삼양택지지구개발이 계획·시행
되고 있어 대규모 인구증가가 이루어질 전망이다. 이러한 기존의 부
도심 지역 성장과 더불어 새로운 성장지역이 5·16도로를 따라 남
쪽으로 전개되고 있는데, 도심지역인 이도동에서 아라동으로의 학교
이전 그리고 제주대학교 부속병원과 제주국제자유도시 계획에서 추
진하는 첨단과학기술단지 조성을 대표적으로 들 수 있다(제주도, 2003;
제주일보, 2000). 이러한 최근의 변화는 제주시의 균형적인 다핵 공
간구조를 보다 복잡한 형태로 발전시키며, 점차 업무기능이 공간적
으로 분화, 전문화되는 성숙된 다핵구조로 이행하는 도시화 양상으
로 진행되고 있다.

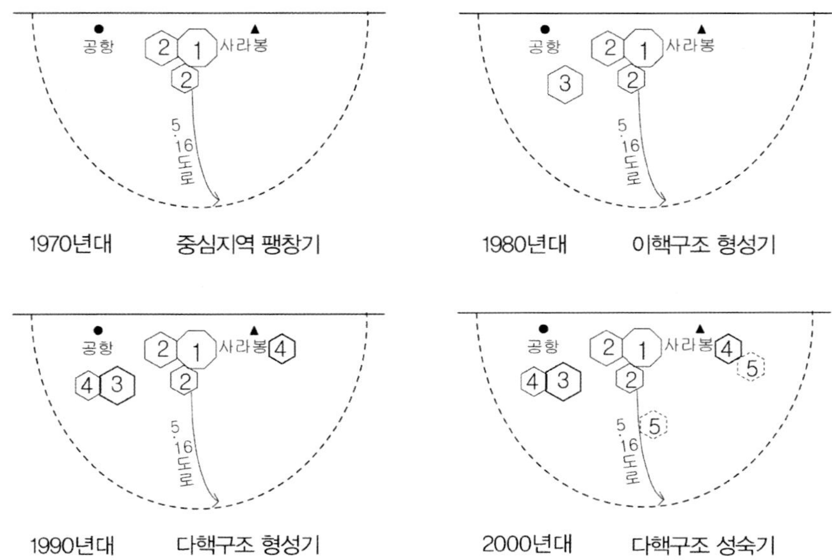


* 숫자는 전통도심[1]으로부터 인구와 지가가 급증한 지역을 순차적으로 나타내고 있음.

[그림 7-8] 제주시의 단계적 도시화의 공간모형, 1970~1990년대와 진행 중인 2000년대

이러한 제주시 도시화의 공간적 특성을 요약해 보면, 1970년대는 전통 중심지역 집중과 팽창기, 1980년대는 중심업무지구(CBD)와 부심(sub CBD)의 이핵구조 형성기, 1990년대는 다핵구조 형성기, 그리고 현재 진행 중인 2000년대는 다핵구조로의 성숙기로의 과정으로 특징지을 수 있다. 이러한 양상은 공간적으로 초기 해안을 따라 동서방향으로 확장되며 진행되던 도시화는 동쪽의 사라봉, 서쪽의 공항으로 한정되며 내륙으로의 확장으로 방향을 잡으며 T자형 개발이 이루어진다. 그러나 구도심으로부터의 확장이 개발제한구역으로 인해 불연속적으로 전개되어 신제주와 화북의 새로운 부심이 형성되었고, 최근에는 5·16도로를 따라 남쪽의 중산간지역으로 개발이 진행되며, 개발계획에 기초한 균형개발을 표방하는 공간적 양상을 뚜

렷이 나타내고 있다. 제주시의 경우 해안도시, 관광개발과 더불어 발전한 도시로서의 특성을 나타내고 있지만, 단핵도시에서 다핵도시로의 도시화 전개 그리고 부심들이 점차 업무 기능의 전문화로 이행하고 있는 양상은 도시화 과정의 보편적인 특성 또한 나타나고 있다. 따라서 제주시의 도시화는 도시화의 보편적 특성을 보여 주지만, 해안도시 그리고 관광개발에 따른 독특한 도시화의 과정을 반영하고 있는 것으로 특징지을 수 있다.

## IV. 결 론

도시화의 공간적 특성은 그 지역의 발전 과정을 반영하는 것으로, 개별 도시에 대한 사례 연구를 도시화의 일반적인 측정 지표를 통해 분석함으로써 도시화의 지역 특수성과 보편성을 동시에 고려해 볼 수 있다. 제주시는 도시지역에 위치한 해안도시라는 특성과 관광개발과 함께 도시화가 진행되었다고 볼 수 있는데, 이를 도시화 연구에서 보편적으로 사용하는 인구와 지가 지표를 이용해 동별, 시기별 도시화 과정을 검토해 보았다. 이는 제주시를 위시한 해안도시에 대한 연구가 미미하고, 개별 도시의 성장 경험을 일반적으로 사용하는 분석지표를 통해 제주시 도시화를 검토하며 공간 모형을 제시함으로써, 도서 해안도시 도시화의 사례 연구로 그리고 일반적 도시화 양상과의 비교를 위한 기초연구로 시도되었다.

제주시는 역사적으로 제주도의 중심지 역할을 수행하여 오늘에 이르고 있는데 1955년 시 승격 이후 점진적으로 인구가 증가하다, 1970

년대 관광개발과 더불어 급속한 도시화를 경험하게 된다. 이 시기에는 전통적인 중심지역인 일도동을 중심으로 인접한 삼도동, 용담동, 건입동 그리고 이후 이도동에서 밀도 있는 개발이 이루어지게 된다. 1980년대는 개발계획 아래 행정, 관광 업무기능과 주거기능을 분담할 연동의 신제주 생활권이 개발되며 이핵도시로 성장하게 된다. 1990년대는 균형개발을 기치로 화북동에 공업기능과 주거기능이 본격적으로 시행되며 다핵구조로의 도시화가 나타난다. 이후 현재 진행 중인 2000년대의 도시화는 신제주 생활권과 화북 생활권이 더욱 성장을 하는 것과 더불어 5·16도로를 따라 남쪽으로 학교, 병원, 산업단지의 업무기능이 입지, 계획되며 성숙한 다핵구조로 발전해 나가고 있다.

우선 도시화의 일반적인 양상에 비추어 제주시 도시화의 보편적인 모습은 전통적인 단핵도시에서 점차 인구증가와 업무기능의 집중으로 인한 밀집과 인접지역으로의 확산이 이루어지다 불연속적인 부심의 발달이 외곽 교통요충지에 발달하며 다핵도시로 발전하는 것에서 찾을 수 있다. 그러나 이러한 다핵도시화 전개는 육지부의 경우 비교적 대도시에서 나타나는 양상인데 제주시의 경우 관광지화에 따른 개발계획 아래 이루어져 인구규모에 비해 빠르게 전개된 모습이다. 또한 제주시는 동서방향으로의 도시성장이 도로나 지역연계 면에서 활발히 이루어졌으나, 오름, 공항, 그린벨트와 같은 자연, 인문적 장애로 인해 내륙으로의 성장이 유도되며 기존 중심업무지구와는 불연속적인 부심이 발달하게 되는 지역특수적인 상황도 반영되어 있다. 이와 같이 제주시 도시화의 공간적 특성을 일반적 도시화 측정 지표인 인구와 지가 자료에 기초하여 검토해 봄으로써, 단핵구조에서 이핵구조, 그리고 다핵구조로 발전해 나가는 도시화의 보편적 양상을 파악할 수 있었으며 이러한 다핵구조의 등장을 도서 해안도시 그리고 관광개발이라는 지역특수적 상황을 고려하며 이해할 수 있었다. 본 연구는 한 해안도시의 사례연구로 지역 특이성을 부각시킴과 동시에 제주시의 도시화 일반모형을 제시해 봄으로써 육지부 도시의 도시화 경험과 비교, 일반화를 위한 기초연구를 제시한 것에 의의가 있다.

# 참고문헌

강대현, 1980, "서울의 도시화에 의한 지역구조의 변화에 관한 연구", 경희대학교 석사학위 논문.

강상배, 1978, "제주시의 인구에 관한 연구", 제주교대논문집, 7, 135 – 156.

강형석, 1992, "도시성장잠재력에 관한 연구: 제주시·서귀포시를 중심으로", 제주전문대논문집, 13, 349 – 360.

강형석, 1994, "도시기능에 의한 제주시 도시성장에 관한 연구", 제주전문대논문집, 15, 301 – 311.

건설교통부, 각 연도, 개별공시지가, 1990~1999.

권용우, 1977, "한국도시의 지리적 변천과정", 지리학, 15, 57 – 73.

김경추, 1986, "강릉시의 도시화에 관한 연구", 논문집, 18, 329 – 349.

김경추, 1990, "원주시의 도시화 – 건축 허가 현황을 지표로", 논문집, 104, 145 – 167.

김광성, 1984, "부산시 지가의 공간적 변화에 관한 조사연구", 부산대학교 석사학위논문.

김선범, 1997, 도시공간론: 울산의 도시성장과 변화, 울산대학교 출판부.

김원경, 1984, "부산시 지가의 시기별 변화정도와 공간성에 관한 연구", 부산여대논문집, 16, 319 – 362.

김은희, 1999, "제주시의 거주지 분화의 특수성에 관한 연구", 서울대학교 석사학위논문.

김인, 1995, 도시지리학원론, 법문사.

김일봉, 1985, "광주시의 인구밀도분포 및 그 변화에 관한 연구", 전남대학교 석사학위논문.

김재구, 1982, "전주시의 인구변화에 관한 지리학적 연구", 고려대학교 석사학위논문.

남영우, 1993, 도시구조론[수정판], 법문사.

남영우·윤삼숙, 1984, "서울시의 지가분포와 상승추세", 지리학총, 11, 22 – 37.

문석남, 1993, "한국의 도시화: 그 유형과 특성", 지역개발연구, 25(1), 29 – 66.

문지호, 1984, "서귀포시의 도시화", 지리학보, 6, 11 – 19.

박동수, 1996, "도시내부 인구이동 분석에 의한 천안의 지역계층구조", 공주대학교 석사학위논문.

박소진, 1996, "구미시의 도시화 과정에 관한 연구", 성신여자대학교 석사학위논문.

박수영, 1990, "도시화의 개념과 공간적 특성에 관한 연구", 논문집, 18, 143 – 170.

박은순, 1988, "부천시의 기능과 구조변화에 관한 연구", 성신여자대학교 석사학
위논문.
박재홍, 1999, "울산의 도시화 특성에 관한 연구 1962~1994", 울산대학교 석
사학위논문.
변정희, 1998, "부산의 도시화", 부산여자대학교 석사학위논문.
선철균, 1976, "지가형성요인분석에 관한 연구 - 서울특별시를 중심으로 - ", 연
세대학교 석사학위논문.
성승모, 1990, "원주시 지가분포의 변천과 공간분화에 관한 연구", 강원대학교
석사학위논문.
성윤정, 1994, "광명시의 도시화 과정과 공간행태에 관한 연구", 성신여자대학교
석사학위논문.
송성대, 1980, "관광지역의 도시화 연구: 제주시 사례를 중심으로", 경희대학교
석사학위논문.
송성대, 1985, "제주시의 인구성장에 관한 고찰", 제주대논문집(사회과학편), 20,
241 - 257.
심재민, 1996, "동해시의 도시화에 관한 연구", 관동지리, 3, 17 - 30.
윤정원, 1992, "도시화 과정에 관한 고찰: 경주시 개발을 중심으로", 동국대학교
석사학위논문.
이건호 · 박신원, 1999, "대전광역시 지가 변화 분석을 통한 공간구조해석에 관한
연구 - 개별공시지가를 대상으로 - ", 건축 · 도시환경연구, 7, 93 - 101.
이숙임, 1969, "인구현상으로 본 서울의 도시화연구", 한국문화연구원논집, 13,
135 - 154.
이현욱, 1991, "광주시 공간구조에 미치는 지가와 지가형성의 요인", 전남대학교
박사학위논문.
장귀복, 1987, "천안시의 도시화에 관한 연구", 경희대학교 석사학위논문.
장영희, 1987, "서울시 지가변동체계에 관한 연구", 지리학, 36, 26 - 36.
정대연, 1984, "제주시의 생태학적 구조분석", 탐라문화, 3, 177 - 227.
제주도, 2003, 제주국제자유도시종합계획.
제주시, 2005, 제주시 오십년사.
제주시, 각 연도, 제주시 통계연보, 1961 ~ 1999.
제주일보, 2000. 9. 23, "제주시의 인구집중심화 3년 후 택지부족 우려"
조성윤, 1995, "제주도 도시개발의 기본구조", 신행철 외, 제주사회론, 한울아카
데미, 71 - 104.
지종덕, 2005, "공시지가 체계의 문제점과 발전방향에 관한 연구", 지리학연구,
39(2), 249 - 260.

채진석, 1994, "인천시의 도시화와 지역분화", 경희대학교 석사학위논문.

최병후, 1984, "도시지가 변동요인에 관한 연구-대구시를 중심으로-", 계명대
학교 석사학위논문.

한국감정원, 각 연도, 토지시가조사표, 1956~1989.

한영희, 1994, "부천시 도시화 과정에 관한 연구", 서울시립대학교 석사학위논문.

# 제주시 인구이동 특성과 지역발전:
## 유입, 유출 인구의 사회경제적 속성 비교를 중심으로

권상철

## I. 서 론

최근 지역균형발전에 관한 논의들이 활발하게 전개되고 있다. 이들 논의는 새로운 지식기반 지역개발 패러다임과 맞물려 기존의 물적 자원보다 지식의 중요성이 커지며 인적 자원에 대한 관심을 강조하고 있다. 인적 자원의 중요성은 기존의 지역개발이 자연자원과 지리적 위치 그리고 산업구조, 사회기반시설, 노동력 등과 같은 입지요인에 비교우위를 두고 있는 것에 반해, 새로운 내생적 지역개발을 위해 지식기반의 생산과 혁신을 보다 중요한 성장 동인으로 강조하는 것에서 나타난다(김선배, 2001; 박삼옥·최지선, 2000). 최근의 이러한 지역개발 방향은 인적 자원의 중요성을 강조하기에 인구이동에 대한 기초적인 검토를 필요로 한다.

지역발전과 연계시켜 인구이동을 고려해 보면, 인구이동은 지리적

이동임과 동시에 사회적 이동으로 인적 자원의 선별적 이주에 의해 지역불균형발전을 초래하는 요인이 된다. 특히 고급인력의 유출(brain drain)은 지방화 시대의 지역발전에 커다란 장애로 나타나며(서찬수, 2002; 임정덕·장영재, 1997), 최근 지식산업 육성을 통한 지역균형 발전을 위한 노력들은 인구의 양적 측면의 변화보다는 특정 지역 인구의 질적 변화에 따른 지방의 쇠락에 대한 관심의 표출로 고려된다. 그러나 인구이동 연구에서는 양적 그리고 지역개발 논의에서는 이론적, 정태적 측면에 관심이 치중되어 질적 그리고 동태적 측면의 인구이동 검토는 이들을 연계시키는 기초 작업으로 그 의의가 크다.

이 글에서는 제주시의 인구이동을 인적 자원의 유입과 유출이라는 측면에서 검토해 제주의 지역발전과 연계시켜 고려해 보고자 한다. 이를 위해 제주시로 유입 그리고 유출되는 인구의 개인별 속성, 특히 경제활동과 관련된 속성들을 비교해 보고자 한다. 이는 제주시 인구이동의 특징을 질적 측면, 특히 인재 유출을 포함한 인적 자원의 이동으로 고려해 보며, 최근의 지식산업경제 그리고 도서지역 상황을 고려하는 지역발전 전략의 수립을 위한 기초적인 분석이라 하겠다.

## Ⅱ. 인구이동과 지역 인적 자원

### 1. 인구이동과 지역발전

인구이동은 지리적 이동임과 동시에 사회적 이동으로 지역의 선별성과 인구 특성의 선별성을 포함한다(권상철, 2001; Foulkes and Newbold,

2000; Fielding, 1992; Savage, 1988). 대다수의 국가에서 경험했던 인구이동의 양상은 이촌향도의 대도시 지향으로 지역불균형발전을 야기해 왔다. 여기에 더하여 선별적 인구의 이동은 지역발전의 측면에서 인적 자원의 지역적 구성에 변화를 유발하여 보다 지역 간 불균형을 유발하게 되기에, 지역발전의 잠재력을 가늠할 수 있는 지표로 중요하게 고려되어야 한다(김형국, 1983). 지역발전과 관련된 인구특성으로는 인구규모의 양적인 측면과 더불어 연령, 성별구조의 기본적인 특성 그리고 교육, 직업 등이 중요한 질적 척도가 되며, 이들 특정 지역의 인구특성들은 두 지역의 사회경제적 조건차이와 이동자의 동기, 목적에 의해 이루어지는 지리적 인구이동에 의해 변화하는 양상을 보인다. 특히 교통의 발달과 정보의 보편화로 인해 인구이동은 점차 빈번해지며 지역의 인구특성을 비교적 빠르게 변화시키고 있다.

우리나라의 경우 수도권으로의 정치, 경제 기능의 집중과 이에 따른 취업, 교육기회를 찾아 이주하게 되는 인구편중은 순환누적적으로 작용하여 심각한 지역불균형발전 상태에 이르고 있다. 특히 이주성향은 젊고 높은 교육수준을 가진 개인들에게 높게 나타나 선별적으로 이루어지며, 그 결과 인적 자원은 풍족한 곳에서 부족한 곳으로 이동하기보다는 그 역으로 이동하며 더욱 지역격차를 심화시키고 있다. 이러한 인구이동에 따른 지역격차를 지방에서 보면 선별적인 이주자들의 유출은 그 지역의 교육수준을 낮추고 새로운 아이디어나 새로운 기술에 대한 투자 의욕을 낮추게 된다(류장수, 2002; Ritsila and Ovaskainen, 2001; Joly, 2000). 실제 우리나라의 경우 수도권에 전문, 기술, 행정관리직이 집중되어 있으며, 여타 지역들은 그 반대로 종속적인 발전이 이루어져 지역균형성장이 저해될 뿐만 아니라 경제의 지역 간 격차가 또다시 인력양성과 공급의 불균형을 초래하는 악순환이 야기되고 있다(이희수, 2001; 조명래, 1998). 이러한 과정에서 선별적 인구이동은 인적 자원의 지역집중으로 이어지기에 최근 새로운 성장잠재력이 높은 지식기반경제의 등장에서 핵심적인 요소로 다루어지는 지역 인적 자원 논의와 연계시켜 고려되어야 한다.

지식기반사회에서는 지역발전이 기존 비교우위 측면에서 강조되던 자원, 자본과 물리적 노동에 기반을 둔 비교우위 형성과는 달리 지식의 창출과 끊임없는 개량에 기반을 둔 지역 인적 자원의 확보에 달려 있다. 지역개발의 중심이 토지와 자원 등의 물적 자원 개발에서 새로운 인적 자원 개발로 전환되며, 인적 자본은 국가와 지역 수준에서 경쟁우위의 주된 요소로 등장하고 있다. 지역경쟁력의 결정 요소로서 자연자원과 사회간접자본이 인적 자원에 자리를 내주게 된 것이다(이희수, 2001; Mathur, 1999). 최근의 지식기반경제 논의에서 학습이라는 용어가 자주 언급되는데, 이는 지역 또는 국가의 성공은 다른 무엇보다 학습하는 능력에 달려 있는 경제를 말하며, 여기에 학습지역(learning region)이란 지역혁신체제로서 지역의 혁신성, 창의성, 학습에 초점을 맞춘 지역발전을 위한 새로운 전략으로 강조되고 있다(조명래, 1998; Morgan, 1997). 지식기반경제, 학습경제로의 이행에 상응하여 지역단위 혁신 시스템인 학습지역 만들기에 관심을 돌린 지역은 인적 자원 개발에 주목한다. 지역 또는 국가의 경쟁원천이 물적 자원에서 지식의 생산 및 활용주체인 인적 자원으로 이행하며, 양 위주의 인력(manpower) 개념에서 질 위주의 인적 자원(human resource) 개념으로 이동하면서 지식·정보 위주의 신산업 구도에 부합하는 고급 인적 자원을 개발하지 않으면 존립의 위협을 받게 되며, 성장 주도 분야가 전통적 제조업에서 첨단 업종으로 그 중심이 이동하며, 자본의 이동 못지않게 고급 인적 자원의 이동이 지역 또는 국가경제에 심각한 영향을 미치게 됨으로써 지역 인적 자원의 확보와 개발은 지식기반경제에서 핵심적인 전략이 된다(Hansen *et al.*, 2003; Clarke and Gaile, 1998).

제주도는 도서지역으로 경제규모가 작으며, 지역개발 또한 기존의 농업기반 위에 대규모 관광개발이 이루어져 보다 다변화된 지역경제 정립을 위한 노력이 필요하다. 도서지역은 '이주, 송금, 지원 그리고 공공부문(MIRAB: Migration, Remittence, Aid, Bureaucracy)'으로 특징지어지는 도서경제 모델로 접근될 수 있는데,[106] 선도적인 지역/국가의 발전 부문이 외부와의 교역이나 민간부문의 투자에 의해 이루어지기보다는 외부로부터의 자본유입, 지원에 의존하여 정부 부문이 비대한 형태로 외부경제의 변화에 취약한 의존적인 경제 특성을 보인다(Bunwaree, 2001; Treadgold, 1999). 이러한 상황에서 교육에 대한 관심과 투자는 일찍이 시작되었으나 불균등한 지역발전 상황에서는 취업 또는 교육기회를 찾아 이주가 높게 나타나며 인재 유출을 경험하는 것이 일반적이다. 제주도 또한 이러한 경제 특성과 유사한 양상이 보이는데, 감귤과 관광에 의존하고 있는 지역경제의 경쟁력은 지식경제를 추구하는 고부가가치의 지역산업구조로의 전이가 필요한 상황이다. 국제자유도시 개발이 그 대안으로 다양한 전략과 사업계획을 제시하며, 지리적 특성과 자연환경을 기반으로 보다 경쟁력을 갖춘 지역으로 발전하기 위한 전략을 추구하고 있으나, 최근의 지식기반경제, 지역 차원의 인적 자원 개발의 논의에서 강조하는 지역혁신체제와 연계된 논의는 이제 시작단계에 있는 듯하다. 제

---

106) MIRAB 용어는 태평양 도서지역의 경제·사회 특성을 기술하며 제시되었는데, 일반적으로 국가/지역발전에 중요하게 고려되는 수출상품과 민간부문 투자 비중과는 달리 경제의 주도적인 부문이 정부보조, 원조 등과 정부조직에서 나타나고 있음을 강조하고 있다(Treadgold, 1999).

주의 경쟁력은 산업특성상 연구 및 개발을 포함한 지적 자산은 매우 미미한 편이며, 지적 자산의 감소는 인재 유출로 나타나고 있다(이경주, 2003). 특히 인적 자원의 지역적 구성과 지역화를 통한 내생적 지역발전에 대한 논의보다는 외부 투자를 유인하는 제도적 환경 조성에 치중하고 있는 모습이다.107) 지역경제가 자생력을 가지기 위해서는 지역 내 우수한 인적 자원이 필요하며 이는 지역 내 기술과 자본의 외부유출을 막음과 동시에 외부자본을 지역 내로 유치할 수 있다는 점에서 지역발전의 원동력이다. 그러나 제주의 경우도 다른 비수도권지역과 마찬가지로 지역인재의 유출과 부족이 추정되기에 지역 차원의 인적 자원에 대한 관심을 기울여야 할 시점이라 하겠다. 또한 인적 자원은 일반적으로 물적 자원과 자본에 비해 상대적으로 이동성이 낮은 것으로 언급되지만, 점차 그 이동성이 교통·통신의 발달과 더불어 증가 추세에 있으며 특히 고급인력의 경우 매우 높은 이동성향을 보이기에 인적 자원에 기초한 지역발전 논의에 인구이동에 대한 고려가 포함되어야 필요성이 크다.

## 2. 연구내용과 방법

인구이동을 인적 자원의 이동으로 고려하는 것은 지역불균형발전을 인적 자원의 지역편재에서 찾아보고자 하는 접근이라 하겠다. 인구이동은 개인 차원에서 효용증대를 위해 이동결정을 하게 되고 이

---

107) 제주국제자유도시 추진은 관광·투자자유도시 건설, 교역·업무자유도시, 그리고 금융자유도시로 단계적 육성을 제시하며 이의 추진 방안에 전문인력 양성과 외국인 투자환경의 조성을 위해 교육부문의 개방화도 포함되어 있으나(양덕순, 2002; 양진건, 2002), 아직 더 구체화될 필요가 있으며 많은 논란 또한 예상되고 있다.

들의 합산은 지역별 인적 자원의 구성에 변화를 가져오며, 인구이동
은 점차 더 활발해지는 양상이다. 그러나 지역발전의 원동력으로 고
려될 수 있는 특정 지역의 인구 특성과 이동에 대한 관심은 인구규
모의 변화와 같은 양적인 면에 치우쳐, 이동인구의 교육수준, 직업과
같은 질적 측면의 특성을 지역발전과 연계시켜 고려하는 연구는 미
미하였다. 제주도는 국제자유도시의 성공적 추진을 위해 그리고 도
서지역의 특성상 인적 자원의 이동을 평가해 볼 좋은 사례지역이라
하겠다. 제주도는 인재 유출의 정도가 높을 것이라는 일상적 논의는
빈번하게 이루어지지만 자료의 한계로 인하여 실증적으로 검토한 연
구는 아직 부족하다. 그러나 최근 자율적이고 지속적인 지역성장을
위하여 강조되는 인적 자원의 중요성에 비추어 선별적 인구이동에
따른 지역 인적 자원의 질적 변화에 대한 검토는 국가 차원의 인적
자원 양성에 더하여 지역별 인적 자원의 적절한 구성과 활용을 위해
중요한 기초 연구로 그 필요성이 크다 하겠다.

　본 연구는 제주시의 인구이동을 인적 자원의 유입과 유출으로 검
토하기 위해 통계청의 5년 주기 인구주택총조사 자료 중 컴퓨터파일
형태로 이용 가능한 개인별 2퍼센트 원시자료를 분석하고자 한다.
인구주택총조사 원시자료는 개인별로 세부 자료를 제공하기에 이동
경험과 개인속성을 연계시켜 분석함으로써 인구이동을 인적 자원의
이동으로 고려할 수 있도록 해 준다. 본 연구에서는 1990년, 1995년
그리고 2000년의 인구조사 원시자료를 분석하였으며, 인구이동은 조사
항목 중 5년 전 거주지를 사용하여 유입, 유출 인구를 구분하여 이들의
속성을 비교하였다. 즉, 현재거주지가 제주시이면서 5년 전 거주지가 제
주시가 아닌 경우 유입 인구, 그리고 5년 전 거주지가 제주시이면서 현
재 거주지가 제주시가 아닌 경우를 유출 인구로 고려하였다(참조: 이창

기, 1999는 유사한 방법으로 제주도 전체를 대상으로 분석). 이를 기초
로 제주시로 유입된 인구와 제주시로부터 유출된 인구의 사회경제적 속
성을 대비시켜 봄으로써 인적 자원의 유입과 유출이라는 측면에서 제주
시 인구이동을 검토하였다. 또한 유입, 유출 인구를 육지부와 제주도로
구분지어 살펴봄으로써 도내, 도외 이동을 함께 고려하였다.

## Ⅲ. 제주시의 인구이동과 인적 자원

　　제주시는 2000년 현재 인구 279,996명으로 제주도 전체 인구 513,260
명의 약 55퍼센트를 차지하고 있는 중심도시이다. 제주는 국토의 변
경에 위치한 도서지역으로 인구의 흡인력이 미약하였으나, 1970년대
이후로는 관광산업의 발달에 따라 자연증가에 비해 인구이동에 따른
사회증가가 높게 나타나고 있다. 제주지역의 인구는 관광개발과 더
불어 육지부로부터의 유입이 늘어나며 양적인 인구증가를 보이는데,
제주도 인구의 총 이동량을 살펴보면 70년대 초반부터 크게 증가하
고 있다. 제주시의 경우 제주도 내의 중심지라는 유입요인이 작용하며
이주인구의 대다수를 수용하며 성장하였으나, 외적으로 육지부에서
꾸준히 진행된 도시화가 유출요인으로 또한 작용하며 인구의 유동성에
따른 인구구성의 변화를 경험하게 된다(송성대, 1985; 황석규, 1985).
　　제주시는 제주도 내에서 지속적인 인구집중도의 증가를 보이며
1990년 이후 제주도 전체 인구의 반수 이상을 차지하고 있다. 이는
제주시가 행정, 교육, 교통의 중심지로 도내 그리고 육지부와의 관문
도시로 역할하며, 도내 여타 지역보다 생활기회가 확대, 개방되어 있

는 데에 기인하여 점차 높은 집중도를 보이고 있다.[108) 제주시의 인구이동을 질적인 측면, 특히 선별적인 인적 자원의 이동으로 고려해보는 것은 최근의 지역개발 논의에서 강조하는 지역 인적 자원의 중요성에 비추어 제주국제자유도시의 육성을 위해 필요한 기초 작업으로 중요하다. 제주 또한 다른 지역과 마찬가지로 수도권으로의 인재 유출을 경험하며 고급 인력의 부족이 추정되고 있지만(이경주, 2003), 이에 대한 실증분석은 그다지 이루어지지 않은 실정이다. 따라서 최근 지역발전 논의에서 강조되는 지역 인적 자원에 대한 중요성과 연계시켜 제주지역발전의 방안을 모색하는 기초 연구로 시의 적절하다 하겠다.

## 1. 제주시 유입, 유출 인구의 속성 비교

제주시는 제주도 전체인구의 반수 이상을 차지하는 인구집중지임과 동시에 기능 면에서 보면 제주도 전체 사업체 수의 59.5퍼센트, 종사자 수의 61.6퍼센트를 차지하는[109) 제주도 내의 중추기능을 담당하는 도시이다. 따라서 제주시는 인구이동 면에서 제주도 내 그리고 육지부와의 연계를 담당하는 관문도시로 역할하고 있다.

제주시의 인구이동을 도내와 육지부로 구분지어 개관해 보면 표 <8-1>과 같다. 우선 제주시의 인구유입은 대략 도내와 육지부에서 반정도씩의 비율로 나타나고 있으나, 점진적으로 육지부로부터의 유입이 증가하는 모습으로 1990년의 50.4퍼센트에서 2000년에는 61.1퍼

---

108) 제주도 내 제주시의 인구집중도를 인구주택총조사 자료에 의하면, 1985년 41.5퍼센트에서, 1990년 45.2퍼센트, 1995년 51.1퍼센트, 그리고 2000년에는 54.6퍼센트를 보이고 있다.

109) 제주시의 사업체 수는 2001년 현재 23,979개(제주도는 40,331개), 종사자 수는 제주시가 101,156명(제주도는 164,320명)으로 조사되었다(제주도, 2002).

센트를 보이고 있다. 반면, 유출의 경우 육지부로 이루어지는 비율이 유입에 비해 높게 나타나고 있지만 조금씩 감소하고 있다. 유입, 유출을 비교해 보면 제주시는 도내에서는 유출 인구에 비해 유입 인구 비율이 높아 제주도 내에서의 인구집중을 보여 주고 있으며, 육지부와의 인구이동에서는 유입에 비해 유출이 높은 비율을 보여 인구유출이 이루어지고 있으나 유입은 증가 추세에 있으며 유출은 감소하고 있어 점차 유입, 유출의 차이가 줄어드는 모습이다. 제주시로 이주하는 대다수는 북제주군에서 유출된 인구이지만, 점차 그 비율이 낮아지며 서귀포시에서 이주하는 인구가 조금씩 증가하는 모습으로 나타나고 있다. 이는 제주도 내에서 제주시가 종주도시화되어 감을 보여 주는 것이며, 동시에 유출 비중이 북제주군에서 높게 나타나는 것은 제주시의 교외화를 반영하는 것으로 보인다.

〈표 8-1〉 제주시 유입, 유출 인구의 도내, 육지부 지역 분포

|  | 1990 | | 1995 | | 2000 | |
|---|---|---|---|---|---|---|
|  | 유입 | 유출 | 유입 | 유출 | 유입 | 유출 |
| 도내 | 49.6 | 21.6 | 45.3 | 27.6 | 38.9 | 35.7 |
| 서귀포 | 6.8 | 4.0 | 9.9 | 9.0 | 10.4 | 8.7 |
| 북제주군 | 25.3 | 15.2 | 19.6 | 15.4 | 15.3 | 19.3 |
| 남제주군 | 17.5 | 2.4 | 15.9 | 3.1 | 13.2 | 7.7 |
| 육지부* | 50.4 | 78.4 | 54.7 | 72.4 | 61.1 | 64.3 |
| 서울 | 14.8 | 25.2 | 16.7 | 23.8 | 15.7 | 23.7 |
| 경기도 | 5.0 | 12.5 | 8.0 | 11.9 | 10.2 | 15.1 |
| 부산 | 9.6 | 15.5 | 7.5 | 4.5 | 9.6 | 4.8 |
| 경상남도 | 2.1 | 6.4 | 4.2 | 6.7 | 3.7 | 4.0 |
| 광주 | 2.0 | 1.8 | 1.1 | 3.1 | 3.3 | 3.9 |
| 전라남도 | 4.4 | 3.3 | 2.9 | 6.2 | 1.6 | 1.4 |
| 표본 수 | 657 | 329 | 802 | 421 | 737 | 518 |

주: * 높은 비율을 보이는 도시/지역만 제시. 5세 이상의 인구만을 대상으로 함.
자료: 통계청, 각 연도, 인구주택총조사 2% 표본자료.

    제주시의 인구이동은 도내보다 육지부와 더 큰 규모로 이루어지고
있다. 육지부와의 인구이동을 지역별로 보면 서울이 매년 가장 높은
유입과 유출 비율을 보이고 있으며, 특히 제주시로부터 인구를 유입
하는 비율이 유출보다 높아 가장 선호되는 또는 기회 이주지역으로
고려된다. 다른 지역들은 그 중요도가 연도별로 차이를 보이는데,
1990년의 경우에는 부산이 두 번째의 주요 인구 유입, 유출지였으나,
점차 그 중요도 특히 유출지로서의 중요도는 낮아지고 경기도가 서
울과 유사하게 제주시로부터 이주하는 인구를 수용하는 주요 지역으
로 등장하고 있다. 전라남도는 제주로 인구를 이주시키던 지역에서
점차 그 중요도가 낮아지고 있는 추세이다. 이러한 지난 10년간 부
산과 전라남도의 비중 감소와 서울과 경기도의 비중 증가에서 보이
는 인구이동의 지리적 특성은 점차 심화되어 가는 수도권 지역의 집
중화, 특히 경기도의 인구유입지역으로의 부상은 이를 반영하고 있
다. 지리적 관점에서 보면, 인구이동에서 거리의 중요성은 점차 감소
하고 지역의 계층성을 반영하는 경제활동의 집중 등이 보다 중요해
짐을 보여 준다 하겠다.
    제주시 이주자들의 평균나이를 보면, 우선 전체적으로 활발한 경
제활동인구층인 20대 중반이 주축을 이루며 조금씩 높아지는 추세이
다. 그러나 평균 30세 미만을 보이고 있어 취업이나 학업과 관련된
이동이 주류를 이루고 있음을 반영한다 하겠다. 이주인구의 평균나
이를 도내와 육지부로 구분하여 살펴보면 도내의 경우 유출 인구가
유입 인구에 비해 나이가 많으며, 육지부의 경우에는 유입 인구가
나이가 많은 모습을 보인다. 이는 보다 젊은 층이 육지부로 이주해
나가고 도내에서는 제주시로 유입되는 양상으로 관문도시로서의 제
주시의 역할을 보여 준다 하겠다.

<표 8-2> 제주시 유출, 유입 인구의 평균나이

| | 1990 | | 1995 | | 2000 | |
|---|---|---|---|---|---|---|
| | 유입 | 유출 | 유입 | 유출 | 유입 | 유출 |
| 평균나이 | 26.9 | 26.3 | 27.0 | 29.1 | 28.4 | 28.5 |
| 도내 | 25.6 | 24.9 | 25.6 | 31.2 | 27.1 | 28.9 |
| 육지부 | 29.0 | 26.4 | 27.6 | 29.8 | 29.4 | 27.9 |
| 표본 수 | 657 | 329 | 802 | 421 | 737 | 518 |

주: 5세 이상의 인구만을 대상으로 함.
자료: 통계청, 각 연도, 인구주택총조사 2% 표본자료.


제주시 이주인구를 성별 그리고 결혼상태로 살펴보면 유입, 유출 인구 모두에서 남자가 50퍼센트 미만으로 미미하나마 여자가 이동인구에서 다수를 보이고 있다. 유입, 유출 인구 간의 성비 차이는 1995년까지는 유출 인구에서 약간 높은 남자비율이 나타나지만, 2000년의 경우 유입 인구에서 상대적으로 높은 남자비율이 나타나고 있어 두드러진 양상을 보이지는 않는다. 그러나 도내의 이동에서는 유출에서, 육지부에서의 유입에서는 남자비율이 높게 나타나는 이주성향을 보이고 있다.


<표 8-3> 제주시 유출, 유입 인구의 성별, 결혼상태(기혼/미혼) 분포

| | 1990 | | 1995 | | 2000 | |
|---|---|---|---|---|---|---|
| | 유입 | 유출 | 유입 | 유출 | 유입 | 유출 |
| 성(남자)* | 46.9 | 48.0 | 47.5 | 49.4 | 48.0 | 43.6 |
| 도내 | 45.1 | 43.7 | 45.5 | 52.6 | 47.4 | 49.7 |
| 육지부 | 48.6 | 49.2 | 49.1 | 48.2 | 48.4 | 40.2 |
| 결혼(기혼/미혼)** | 64.1/32.4 | 61.5/35.4 | 60.7/34.4 | 58.5/34.9 | 60.4/33.0 | 60.4/30.9 |
| 도내 | 60.4/34.3 | 58.8/35.3 | 49.5/46.9 | 67.7/22.6 | 50.2/42.6 | 73.3/20.7 |
| 육지부 | 67.3/30.8 | 62.5/35.4 | 70.3/23.7 | 55.1/39.4 | 67.6/26.3 | 53.0/36.7 |
| 표본 수 | 533 | 261 | 659 | 347 | 609 | 414 |

주: * 5세 이상. ** 15세 이상만을 대상으로 함. 결혼의 경우 기/미혼 외 이혼, 사별 범주가 있으나 제시하지 않았음.
자료: 통계청, 각 연도, 인구주택총조사 2% 표본자료.

　　결혼 상태를 보면 전반적으로 기혼자가 유출 인구에 비해 유입 인구에서 높은 비율로 나타나고 있다. 이는 제주시로 유입하는 인구들은 생업의 취업기회를 찾아 기혼자들이 이주해 들어오는 성향 그리고 유출 인구의 경우 미혼자가 높은 비율을 보이는 것은 취업기회와 더불어 교육기회를 찾아 이주하는 성향을 반영하는 것이라 하겠다. 세부적으로는 도내의 경우 1990년의 유사한 비율을 제외하곤 유출 인구에서 높은 기혼자 비율이 나타나며 육지부의 경우 유출 인구에서 높은 미혼자 비율이 나타나고 있다. 도내의 경우 제주시의 기혼자, 즉 어느 정도 생활이 안정된 인구층이 주거 또는 취업을 찾아 시외로 이주한 교외화를 반영하며,110) 육지부로의 유출의 경우 취업 또는 학업기회를 좇아 비교적 젊은 연령층이 이주해 나가는 것을 반영하고 있다 하겠다.

　　제주시 이동인구를 경제활동과 관련지어 살펴보면 인구이동을 보다 선별적인 인적 자원의 이동으로 고려해 볼 수 있다. 경제활동상태를 취업과 취학으로 구분하여 이주인구를 보면 유입 인구가 유출 인구에 비해 보다 높은 취업 비율을 보이고 있다. 이는 제주시로 유입하는 인구는 취업우선 또는 취업기회를 찾아 이주해 온 것으로 볼 수 있다. 취학의 경우 유출에서 높은 비율이 보이다가 점차 감소하여 2000년에는 유입에서 높은 비율을 보이며 뚜렷한 차이를 드러내지 않고 있다.

---

110) 이를 간접적으로 통근·통학인구의 변화로 보면, 1990년의 경우 북제주군에서 제주시로의 통근·학 인구는 9,386명이었으나 1995년의 경우 11,900명으로 증가하여 나타나고 있어 어느 정도 제주시 인구의 주변 북제주군으로의 교외화를 추정해 볼 수 있다. 다른 지역으로부터의 통근·학인구는 1990년 서귀포 2,706명에서 1995년 3,330명, 남제주군 3,349명에서 3,962명으로 증가하였다. 이러한 통근·학 인구의 증가는 단순히 이주에 따른 결과라기보다는 제주시의 취업·교육기회를 좇아 통근·학하는 것으로도 볼 수 있다.

<표 8-4> 제주시 유입, 유출 인구의 경제활동상태(취업/취학)

| | 1990 | | 1995 | | 2000 | |
|---|---|---|---|---|---|---|
| | 유입 | 유출 | 유입 | 유출 | 유입 | 유출 |
| 전체 | 54.4/10.3 | 49.8/13.8 | 59.8/12.7 | 52.7/13.0 | 55.8/15.6 | 54.6/12.8 |
| 도내 | 50.4/18.0 | 57.6/5.1 | 53.8/23.6 | 55.9/6.5 | 49.8/25.9 | 63.3/7.3 |
| 육지부 | 58.4/2.6 | 47.5/16.3 | 65.0/3.4 | 51.6/15.4 | 60.1/8.4 | 49.6/15.9 |
| 표본 수 | 533 | 261 | 659 | 347 | 609 | 414 |

주: 취업/취학 외 무노동 등이 있음. 15세 이상의 인구만을 대상으로 함.
자료: 통계청, 각 연도, 인구주택총조사 2% 표본자료.

　도내와 육지부로 구분하여 보면, 도내 이주의 경우 유입 인구에서 높은 취학비율이 나타나는데 이는 제주시가 도내에서 교육 중심지로 역할하고 있음을 보여 주고 있으며, 유출에서는 취업의 경우가 상대적으로 높은 비율을 보이고 있다. 반면 육지부의 경우 취학이 유입 인구보다 유출 인구에서 월등하게 높은 비중을 보이고 있어 학업기회를 찾아 육지부로 인구이동이 이루어지고 있음을 추정하게 해 준다. 따라서 제주시는 도내에서 취학인구를 받아들이는 동시에 육지부로 취학인구를 유출하는 중간도시로서의 역할을 담당하고 있다 하겠다.

　제주시 이동인구 중 취업자만을 대상으로 종사상 지위를 보면 전체 이동인구를 대상으로 한 경우에는 뚜렷한 양상이 드러나지 않는다. 그러나 도내의 경우 유입 인구에서 높은 임금근로자의 비율이 나타나며, 유출에서는 자영업자, 사업주 그리고 무급가족노동자가 높은 비율을 보이고 있어 제주시는 임금 취업기회를 제공하고 기타 지역은 농업, 관광 관련 자영업의 기회를 제공하는 것으로 나타난다.

<표 8-5> 제주시 유입, 유출 인구의 종사상 지위(임금/자영/고용/무급)

| | 1990 | | 1995 | | 2000 | |
|---|---|---|---|---|---|---|
| | 유입 | 유출 | 유입 | 유출 | 유입 | 유출 |
| 전체 | 77.9/12.8/<br>6.2/3.1 | 75.4/13.1/<br>6.2/5.4 | 71.6/11.2/<br>9.6/7.6 | 78.7/10.4/<br>4.4/6.6 | 79.4/11.8/<br>6.2/2.6 | 67.3/20.4/<br>5.8/6.6 |
| 도내 | 80.6/11.2/<br>7.5/0.7 | 55.9/11.8/<br>14.7/17.6 | 73.8/12.2/<br>7.3/6.7 | 71.2/15.4/<br>3.8/9.6 | 72.0/13.6/<br>9.6/4.8 | 50.5/30.5/<br>5.3/13.7 |
| 육지부 | 75.6/14.1/<br>5.1/5.1 | 82.3/13.5/<br>3.1/1.0 | 70.0/10.4/<br>11.3/8.3 | 81.7/8.4/<br>4.6/5.3 | 83.7/10.7/<br>4.2/1.4 | 79.4/13.0/<br>6.1/1.5 |
| 표본 수 | 290 | 130 | 394 | 183 | 340 | 226 |

주: 1985년 조사에는 종사상 지위 항목이 없었음. 15세 이상 취업자만을 대상으로 함.
임금: 임금, 봉급근로자; 자영: 고용원이 없는 자영자; 고용: 고용원을 둔 사업주; 무급: 무급 가족 종사자.
자료: 통계청. 각 연도, 인구주택총조사 2% 표본자료.

육지부의 경우 전반적인 모습은 유출 인구에서 임금근로자가 높은 비율로 나타나고 자영업자, 고용주, 그리고 무급가족노동자는 유입에서 초과를 보이고 있다. 그러나 이러한 모습은 비록 규모 면에 크지는 않지만 2000년에는 역으로 임금근로자가 유입초과를 보이고, 자영업자나 고용주가 유출초과를 보여 역전되어 나타나고 있다. 이는 1994년부터 시작된 제주도종합개발계획에 따른 투자계획이 초과 달성되며 (제주도, 2002) 나타난 확대된 취업기회를 반영한다 하겠다. 이러한 양상의 지속 여부는 2002년부터 시작되는 제주국제자유도시 계획의 추진 실적에 달려 있다 하겠다. 제주시는 도내에서는 지속적인 임금 취업기회를 제공하는 역할을 담당하고 있으며, 무급 가족 노동력에 의존하는 소규모 자영사업자들은 제주시보다 제주도 내 다른 지역에서 더욱 기회를 제공받고 있음이 보인다. 이는 농업이나 관광과 관련한 활동들이 제주시 외의 지역에서 보다 활성화되어 가고 있음으로 고려할 수 있다. 그러나 고용원을 둔 사업주는 1990년을 제외하고 유출보다 유입 인구에서 높은 비율을 보여 조금 규모가 큰 사업체의 경우 제주시로 집중하는 양상을 보여 주고 있다. 이러한 양상은 제주시가 도내에서는 주도적인 집중지로 역할을 하여 왔으며, 점차 육지부와의 인구이동에서도 취업기회를 제공하는 중심지로 성장하고 있음을 보여 준다.

인구이동을 인적 자원의 이동으로 고려할 때 가장 중요하게 검토될 수 있는 것은 교육수준과 직업의 종류이다(<표 8-6과 <표8-7>). 제주시 유입, 유출 인구의 취업자 교육수준을 보면 우선 유입, 유출 인구에서 가장 높은 비율은 고등학교 졸업에서 나타나는데 어느 해에나 대략 40퍼센트 이상을 차지하고 있다. 그러나 최근으로 오며 이동인구의 교육수준이 점차 높게 나타나 대학교 이상이 30퍼센트를 넘어서 우리나라 전체인구의 대학교 이상 교육수준 비율보다 높게 나타나고 있다.111) 이는 우리나라의 전반적인 교육수준 상승을 반영함과 동시에 이동인구의 고학력화, 즉 노동시장 영역이 교통·통신의 발달로 점차 확대되어 가며 고급·전문 인력일수록 이주성향이 높다는 것을 보여 준다 하겠다.

〈표 8-6〉 제주시 유입, 유출 인구의 취업자 교육수준
(초등이하/중학교/고등학교/전문대/대학교/대학원)

| | 1990 | | 1995 | | 2000 | |
|---|---|---|---|---|---|---|
| | 유입 | 유출 | 유입 | 유출 | 유입 | 유출 |
| 전체 | 3.8/12.1/61.4/<br>5.9/15.5/1.4 | 6.2/14.6/46.9/<br>6.2/24.6/1.5 | 4.8/8.9/46.2/<br>8.1/27.4/4.6 | 8.2/8.7/46.4/<br>12.0/21.9/2.7 | 3.8/5.3/36.5/<br>19.1/26.8/8.5 | 4.4/8.4/42.5/<br>14.2/27.9/3.1 |
| 도내 | 3.7/11.9/62.7/<br>6.0/15.7/0 | 5.9/11.8/58.8/<br>8.8/14.7/0 | 3.7/9.1/51.2/<br>12.2/23.8/0 | 7.7/9.6/65.4/<br>9.6/7.7/0 | 4.8/4.0/36.8/<br>29.6/20.8/4.0 | 6.3/9.5/54.7/<br>/12.6/16.8/1.1 |
| 육지부 | 3.8/12.2/60.3/<br>5.8/15.4/2.6 | 6.3/15.6/42.7/<br>5.2/28.1/2.1 | 5.7/8.7/42.6/<br>5.2/30.0/7.8 | 8.4/8.4/38.9/<br>13.0/27.5/3.8 | 3.3/6.0/36.3/<br>13.0/30.2/11.1 | 3.1/7.6/33.6/<br>15.3/35.9/4.6 |
| 표본 수 | 290 | 130 | 394 | 183 | 340 | 226 |

주: 15세 이상 취업자만을 대상으로 함.
자료: 통계청. 각 연도, 인구주택총조사 2% 표본자료.

---

111) 우리나라 전체 인구의 학력을 인구조사에서 보면 대학교 이상 졸업자가 1990년 14.1퍼센트, 1995년 18.3퍼센트, 그리고 2000년에는 21.0퍼센트로 나타난다(통계청. 각 연도).

도내이동에서는 제주시가 전문대학, 대학교 졸업 이상의 인력을 유입하는 것으로 나타나고 있다. 반면 고등학교졸업 이하의 경우는 유출 인구에서 높은 비율을 보여 분급작용이 이루어지고 있음을 볼 수 있다. 육지부와의 이동에서는 유입 인구에서 고등학교졸업자의 비율이 월등하게 높게 나타나며, 유출 인구에서 전문대 이상의 학력에서 높은 비중으로 나타나 전문인력의 유출이 이루어지고 있음을 보여 준다. 그러나 석사학위 이상의 경우는 점진적으로 높은 유입초과를 보이고 있어 고급인력의 유입 또한 보이고 있다. 전체적으로 제주시 이동인구 취업자의 교육수준은 전문대·대학교 학력의 전문인력의 유출과 중·고등학교 졸업의 유입의 양극화가 나타난다. 예외적으로 대학원 학력의 고급인력은 유입되고 있지만 이들은 정부기관이나 기업체에 단기 파견근무로 온 경우가 많아 이들 인적 자원의 활용을 위한 지역화에 관심을 기울일 필요가 크다.

제주시 이동인구 취업자의 직업분포를 보면 <표 8-7>과 같다. 직업구분은 인구조사 시기별로 세부 구분이 조금씩 달라 유사한 기준에서 비교하기 위하여 대분류를 따랐다.[112] 제주시의 도내, 육지부 전체 인구이동을 보면, 전반적으로 가장 높은 비율을 보이는 직업이 판매직과 노무직에서 나타나고 있다. 그러나 판매직과 노무직은 점차 그 비율이 상대적으로 낮아지고, 전문직과 사무직의 이동성이 점차 높아지고 있는 모습을 보이고 있다. 이들 고급인력의 유입과 유출 인구의 평균 비율은 1990년의 35퍼센트 정도에서 점차 증가하여

---

112) 직업구분을 유사한 기준에서 비교하기 위하여 대분류를 따랐는데, 1995년을 기준으로 대략적으로 보면, 전문직은 1. 입법공무원, 고위임직원 및 관리자, 2. 전문가, 3. 기술공 및 준전문가를 포함하며, 사무직은 4. 사무직, 판매직은 5. 서비스근로자 및 판매근로자, 농수업은 6. 농업 및 어업숙련근로자, 그리고 노무직은 7. 기능원 및 관련, 8. 장치 조작원 및 조립원, 9. 단순노무근로자를 포함한다.

2000년의 45퍼센트 이상으로 증가하는 추세이다.

〈표 8-7〉 제주시 유입, 유출 인구의 취업자 직업분포
(전문직/사무직/판매직/농수업/노무직)

| | 1990 | | 1995 | | 2000 | |
|---|---|---|---|---|---|---|
| | 유입 | 유출 | 유입 | 유출 | 유입 | 유출 |
| 전체 | 14.8/19.3/<br>40.0/2.8/23.1 | 16.4/18.8/<br>28.1/7.8/28.9 | 20.8/18.8/<br>31.7/3.6/25.1 | 29.0/8.2/<br>21.3/6.0/35.5 | 30.0/15.3/<br>30.6/2.9/21.2 | 31.1/14.7/<br>22.2/13.8/18.2 |
| 도내 | 14.2/26.1/<br>29.9/2.2/27.6 | 20.6/5.9/<br>29.4/23.5/20.6 | 20.7/20.1/<br>23.2/5.5/30.5 | 19.2/13.5/<br>21.2/11.5/34.6 | 23.2/20.8/<br>24.8/5.6/25.6 | 13.7/12.6/<br>16.8/29.5/27.4 |
| 육지부 | 15.4/13.5/<br>48.7/3.2/19.2 | 14.9/23.4/<br>27.7/2.1/31.9 | 20.9/17.8/<br>37.8/2.2/21.3 | 32.8/6.1/<br>21.4/3.8/35.9 | 33.3/11.9/<br>34.3/1.4/19.0 | 43.8/16.2/<br>26.2/2.3/11.5 |
| 표본 수 | 290 | 130 | 394 | 183 | 340 | 226 |

주: 15세 이상 취업자만을 대상으로 함.
자료: 통계청, 각 연도, 인구주택총조사 2% 표본자료.

이동인구의 직업 분포를 도내와 육지부로 구분하여 살펴보면, 도내의 경우 유출 인구가 농수업에서, 유입의 경우 사무직에서 월등히 높게 나타나며 판매직의 경우 지속적인 유입초과를 보이고 있다. 기타 전문직의 경우 제주시로의 유입이 점차 증가하는 추세이며, 노무직의 경우 유출이 유입에 비해 높은 비율을 보이고 있다. 전문직과 사무직의 경우 유입 인구에서 비교적 높은 비율이 나타나 2000년에는 약 44퍼센트를 보여 26퍼센트의 유출 인구와 커다란 차이를 보이고 있다. 반면 육지부와의 인구이동에서는 전문, 사무직, 그리고 노무직에서 높은 비율이 유출 인구에서 나타나, 인재 유출 상황과 더불어 제조업 분야에서 다수 제공되는 저숙련 기능직 일자리의 부족으로 인한 인구유출을 보여 주고 있다. 특히 2000년의 경우 전체 육지부로의 유출 인구 중 60퍼센트가 전문직과 사무직으로 나타나며 이중 전문직이 약 44퍼센트에 이르는 고급인력의 유출이 두드러진다.

교육수준과 직업종류에서 나타난 제주시 이동인구의 특성은 고급을 촉진시켜 지역혁신을인력의 이동에서 뚜렷하게 나타나며, 이는 최근의 지역기반산업 또는 지역혁신체제 육성을 통한 내생적 지역발전 논의에 비추어 고급전문인력의 이동과 활용에 대한 검토가 필요함을 제시하고 있다. 특히 전문, 고급인력은 이동성향이 높고 넓은 노동시장 영역을 가지기에 지역 차원의 육성을 넘어 이들을 유치하는 방안 그리고 고급인력들이 지역사회에서 상호학습(interactive learning)과 뿌리내림(embeddedness) 위한 사회자본(social capital)을 조성하는 방안이 내생적 지역발전의 핵심적인 내용으로 제주시의 인구이동 특성은 인재 유출의 저감과 유입되는 인재의 지역화를 동시에 고려해 볼 필요성이 있음을 보여 주고 있다.

## 2. 제주시 인구이동의 특성과 지역발전에의 함의

제주시 인구이동을 유입과 유출 인구로 구분하여 이들의 속성을 비교해 본 결과 인구이동은 지리적 이동임과 동시에 선별적인 지역 간 인적 자원의 이동임을 보여 준다. 제주시 유입, 유출 인구를 도내와 육지부로 구분하여 비교해 본 결과 두드러진 몇 가지 특성이 나타난다. 우선, 개략적인 지리적 특성으로 제주시의 인구이동은 제주도 내보다 육지부와 더 큰 규모로 이루어지고 있으며, 특히 유출 인구는 지속적인 서울로의 이주를 나타내고 있다. 근간 들어 경기도가 새로운 중요 이주지로 등장하고 있으며 유입 인구 또한 경기도에서 점차 증가하고 있어 수도권 집중화를 반영하고 있다. 한편 도내에서는 제주시가 북제주군을 위시하여 다른 도내 지역으로부터 인구를 흡입하는 집중 양상을 보이지만, 북제주군으로 유출하는 인구 또한 높은 비율로 주거지 교외화가 이루어지고 있음을 보여 주고 있다.

경제활동과 관련한 인구이동 특성을 보면, 육지부로의 인구유출은 학업기회를 찾아 이루어지고 있음이 유출 인구의 높은 취학 비율에서 보인다. 그러나 도내에서는 제주시가 취학인구를 주변 지역으로부터 유입하고 있어, 제주시가 계층화된 도시체계에서 단계적 상승 기회를 제공하는 지역(escalator region)으로서의 역할을 수행하고 있는 것으로 고려해 볼 수 있다(권상철, 2000; Fielding, 1992). 취업 인구만을 대상으로 인구이동 특성을 보면, 육지부로의 유출 인구는 봉급근로자가 높은 비율을 보이고 있는데, 이는 농업과 관광 관련 서비스로 특화된 도시경제에서 다양한 취업기회를 제공받지 못하고 있음에 기인하는 것으로 보인다. 그러나 제주시로 유입되는 육지부 인구는 자영 또는 고용사업주에서 높은 비율을 보여 관광 관련 업종에서 소규모 자영업 기회를 제공받고 있는 것으로 보인다(김진영, 1995). 육지부로의 유출 인구는 전문대 이상의 교육수준에서 비교적 높은 비율이 나타나고 있다. 예외적으로 유입 인구에서 대학원 학력의 고급인력이 수적으로는 적으나 점진적인 증가를 보이며 높은 비율을 보이고 있다. 이동인구의 직업분포는 점차 하위직에서 전문직과 사무직의 상위직종이 높은 이동성향을 보이고 있는데, 특히 전문직과 사무직의 유출 인구에서 차지하는 비중이 반수를 넘어 교육수준과 더불어 인재 유출의 양상을 보이고 있다. 도서지역 경제에 대한 MIRAB 특성 중 인구유출(migration)과 정부기관(bureaucracy) 비대는 제한된 취업기회와 이에 따른 인구유출을 강조하는 것으로 제주도의 경우도 민간기업 부재의 이러한 도서지역 경제 특성을 반영하고 있다 하겠다. 그러나 이러한 추세는 2000년에 반전되어 나타나는

데 이는 1994년부터 시행된 제주도종합개발계획에 따른 투자 효과
로 고려할 수 있으며, 앞으로의 추이에 대한 지속적인 관심이 필요
하다 하겠다.

　제주시의 인구이동 특성은 점차 근거리 지역과의 교환은 줄어들고
도시계층의 상층인 수도권지역과의 교류가 더욱 활발해지고 있으며
이러한 인구교류에서 고급 인적 자원의 유출이 나타나고 있음을 확
인할 수 있다. 여기서 높은 교육수준의 전문직 인력은 높은 이동성
향을 나타내며 이들의 노동시장 영역이 전국 또는 세계 차원인 것을
고려한다면, 지역 인적 자원 확보는 해당지역 내의 교육기회 확대를
통한 자체 양성 이상의 논의가 필요하다. 이러한 맥락에서 지방에서
취업이나 학업으로 인하여 나타나는 고급인력의 유출을 막기 위한
대안으로 인재지역할당제가 제안되고 있다. 이는 지방대학 출신을
국가고시에서 인구비례로 선발하자는 것으로 지역발전 측면에서 우
수인력을 지방에 머물게 함으로써 지역산업을 활성화시킴과 동시에
인적 자원 측면에서 좋은 기업환경을 조성하게 된다는 것이다. 즉
지역 차원의 인적 육성은 교육기회를 제공함과 동시에 이들을 위한
취업기회를 또한 확보해야 인재육성을 위한 투자가 지역 내에 머물
수 있다는 점을 강조할 필요가 있다. 이와 더불어 제주도의 경험 그
리고 최근의 지역혁신 또는 학습지역 논의에 비추어 고려해 볼 또
다른 점은 개인 차원의 인적 자원이 아닌 사회적 차원의 인적 자원
논의가 필요하다는 것이다. 기존 제주로 이주해 온 전문 인력들은
다수 정부행정직 종사자나 대기업 관리직 종사자로 일시적 거주지로
생각하고 이주해 온 경우가 많으며, 이동성향 또한 높은 집단이라
하겠다(황석규, 1985). 이러한 경우 양적 측면의 인적 자원은 충족된
다 할지라도 인적 자원의 지역화, 협력적 인간관계의 지역적 구축을

통한 지식과 정보의 생산과 더불어 이를 교환, 활용하는 상호학습을 통한 지역발전을 도모하기에는 한계가 따르게 된다. 따라서 지역 차원의 인재육성은 전문인력의 높은 이주성향과 지역화를 통한 활용 측면을 고려해, 제주지역의 상황에서는 자체 인력 양성은 농업과 관광부문의 고부가가치 지식산업화를 겨냥한 지역특화형 인력개발에 치중하고 고급인력은 외부로부터 유치하고 지역사회에서 상호학습과 협력을 도모하는 환경을 조성하여 인재를 활용하는 방안을 모색해 보는 방안을 고려해 볼 수 있다. 이는 인적 자원, 특히 고급인력의 경우 점차 이동성향이 높아지고 있어 지역 인적 자원 육성을 단지 자체 육성으로 한정 짓지 말고 인적 자원 유치를 통한 인재확보 또한 한 가능한 전략으로 고려하는 동태적인 측면의 고려가 필요함을 제시하고 있다.


# Ⅳ. 요약 및 결론

우리나라의 과도한 인구와 중추기능의 수도권 집중은 지방의 쇠락으로 이어져 최근 지역균형발전과 지방대육성을 위한 특별법을 입안하기에 이르렀다. 이러한 제도적인 노력과 더불어 최근의 지역발전 논의는 지식기반산업을 강조하며 인적 자원을 보다 중요하게 고려하며 진행되고 있다. 지방화 시대를 맞이하며 각 지방자치단체들이 지역발전을 위해 투자, 기업 유치, 사회기반시설 확충, 정보·통신 산업의 육성, 벤처기업 육성 등 다양한 전략을 구사하고 있으며, 제주지역은 국제자유도시로의 성장을 위하여 회의산업, 외국자본과 기업의 유치 등 다각적인 발전전략을 제시하고 있다. 이러한 다양한 정책, 전략의 근원적인 요인으로 인적 자원의 중요성이 점차 강조되고 있다. 특히 지역인재 확보는 이러한 전략수행을 위해 매우 중요하지만 단순히 지역 차원의 인재육성의 필요성을 제시하는 단계에 있다. 따라서 본 연구는 제주시의 인구이동을 인적 자원의 이동으로 고려하며 유입, 유출 인구의 속성비교를 통해 지역 인적 자원의 변화를 실증적으로 검토해 본 기초적인 시도라 하겠다.

최근의 인적 자원에 기초한 지역개발 논의에 비추어, 지역인재 유출은 동태적인 측면의 또 다른 중요한 주제이지만 자료의 한계로 인하여 일상적으로만 언급이 되어 실증적인 분석은 부족하였다. 인구이동을 선별적인 인적 자원의 이동으로 지역발전과 연계시켜 고려해 볼 필요성이 크다. 특히 인구이동에 대한 관심은 지방의 우수인력 확보를 단지 지역별 육성의 차원을 넘어, 인적 자원의 이동성향은 점차 교통·발달로 점차 높아지고 있으며, 특히 고급인력의 경우 국가, 세계단위의 노동시장 영역을 가지며 매우 높은 이주성향을 보이기에 동태적인 측면에서 고려해 볼 필요가 크다. 본 연구에서 사용한 자료로는 보다 구체적으로 인적 자원의 이동을 포착하는 데 한계가 있지만, 추후 지역개발 논의에서 인적 자원의 중요성을 단순히 정태적인 측면에서만 고려할 것이 아니라 이동측면을 고려한 동태적 측면의 고려가 필요함을 제시한 것에 의의가 있다. 특히 지식기반경제로의 변화상황에서 제주의 경우 한정된 인구와 경제규모로 인해 제주국제자유도시로의 발전전략에서 인적 자원의 이동에 대한 관심을 보다 구체적으로 검토해 볼 필요성을 보여 주고 있다.

# 참고문헌


권상철(2000), 「한국의 인구이동과 대도시의 역할: 지리적 이동과 사회적 이동을 중심으로」, 『한국도시지리학회지』, 3: 57－68.

권상철(2001), 「인구이동과 지역발전: 한국에서의 인적 자원 유출」, 『한국도시지리학회지』, 4: 67－79.

김선배(2001), 「산업의 지식집약화를 위한 혁신체제 구축 방향」, 『한국경제지리학회지』, 4: 61－76.

김진영(1995), 「제주지역 노동시장의 구조와 특성」, 신행철 외, 『제주사회론』, 한울: 312－342.

김형국(1983), 「인구이동과 지역발전」, 김형국, 『국토개발의 이론연구』, 박영사: 57－88.

류장수(2002), 「지역 차원의 인적자원개발체제 구축방안」, 『지역사회연구』, 10: 1－20.

박삼옥·최지선(2000), 「성장촉진을 위한 지식기반산업의 발전: 이론과 정책과제」, 『지역연구』, 16: 1－25.

박찬석(2001), 「21세기 지역분권화 정보화와 지역사회의 과제」, 『지역사회연구』, 9: 15－23.

서찬수(2002), 「지방대학 육성을 통한 지역균형발전 방안」, 『지역연구』, 18: 25－47.

송성대(1985), 「제주시 인구성장에 대한 고찰」, 『제주대학교 논문집(사회편)』, 20: 241－257.

양덕순(2002), 「제주국제자유도시의 세계경쟁력 제고」, 『국토』, 246: 84－90.

양진건(2002), 「국제자유도시 추진과 제주고등교육의 재구조화」, 『백론논총』, 4: 235－257.

이경주(2003), 「제주의 인적·지적 경쟁력 현황과 향상 방안」, 『제주발전포럼』, 4: 26－32.

이창기(1999), 『제주도의 인구와 가족』, 영남대학교 출판부.

이희수(2001), 『지역단위 인적 자원 개발 추진체제 구축방안』, 한국교육개발원.

임정덕·장영재(1997), 「지역 우수두뇌의 유출현상과 지역균형발전」, 1996년도 한국경제학회 정기학술대회.

제주도(2002), 『사업체기초통계조사보고서』.

제주도(2002), 『제주국제자유도시종합계획』.

조명래(1998), 「지방화 시대의 지역발전과 인재지역할당제 도입의 역할」, 『韓國

地域開發學會誌』, 10: 1－18.

통계청(1985, 1990, 1995, 2000),『인구주택총조사 표본원시자료』.

황석규(1985),「도시내 상층이주민의 적응에 관한연구: 제주시를 중심으로」, 연세대학교 사회학과 석사학위논문.

Bunwaree, Sheila(2001), "The marginal in the miracle: human capital in Mauritius", *International Journal of Educational Development*, 21: 257－271.

Clarke, Susan and Gaile, Gary(1998), *The Work of Cities*, University of Minnesota Press.

Fielding, A. J.(1992), Migration and Social Mobility: South East as an "Escalator" region, *Regional Studies*, 26: 1－15.

Foulkes, Matt and Newbold, Bruce(2000), "Migration Propensities, Patterns, and the Role of Human Capital: comparing Mexican, Cuban, and Puerto Rican Interstate Migration, 1985－1990", *Professional Geographer*, 52: 133－145.

Hansen, Susan, Ban, Carolyn, and Huggins, Leonard(2003), "Explaining the 'Brain Drain' from Older Industrial Cities: the Pittsburgh Region", *Economic Development Quarterly*, 17: 132－147.

Joly, Daniele(2000), "Some Structural Effects of Migration on Receiving and Sending Countries", *International Migration*, 38: 25－40.

Mathur, Vijay K.(1999), "Human Capital－Based Strategy for Regional Economic Development", *Economic Development Quarterly*, 13: 203－216.

Morgan, K.(1997), "The Learning Region: regional renewal," *Regional Studies*, 31, pp.491－503.

Ritsila, Jari and Ovaskainen, Marko(2001), "Migration and regional centralization of human capital", *Applied Economics*, 33: 317－325.

Savage, Mike(1988), "The missing link? The relationship between spatial mobility and social mobility", *The British Journal of Sociology*, 39: 554－577.

Treadgold, Malcolm(1999), "Breaking out of the MIRAB mould: historical evidence from Norfolk Island", *Asia Pacific Viewpoint*, 40: 235－249.

# 제주도 구엄마을의 돌소금 생산구조와 특성:
## 과거의 지리적 현상에 대한 미시적 접근

정광중

# I. 서 론

## 1. 연구목적 및 연구방법

지리적 현상이 일정한 지역 내에서 전개되는 것은 명백한 사실이지만, 일정지역이 지니는 자연적인 환경이 서로 다를 때, 그 위에 가시적으로 전개되는 인문현상도 균등하거나 균일하게 나타나지 않는다. 결과적으로, 지리적 현상 중에서도 특히 인문현상은 지역에 따라 대소, 다소, 소밀, 강약관계 등으로 투영되어 나타난다. 여기에서 가장 중요한 역할과 기능을 담당하는 것이 인간이라는 점은 새삼스럽게 강조할 사항은 아니다.

지리적 현상이 지역 내에 투영되는 존재형태가 다양한 만큼, 그것이 특수성을 띠든 보편성을 띠든 지리적인 의미의 함축성을 내포하고 있다는 사실을 전제할 때, 구체적인 방법과 서술을 통하여 구명되어야 하는 것은 지리학 연구자들의 기본적인 연구 자세라 할 수 있다. 그러나 최근 지리학 연구의 흐름을 전반적으로 개관하면, 지역적으로 범위가 넓고 가시적으로 확연히 주목받는 지리적 특수성만을 전제로, 현상에 대한 기술이나 원리 및 법칙의 해명에만 급급해하는 모순을 낳고 있다. 따라서 상대적으로 동일한 지역 내에 지리적 현상이 전개된다고 하더라도, 분포상에 있어서 지역적으로 미미하거나 현저하지 않은 경우에는 연구의 대상에서 제외시켜 버리는 우를 범하고 있는 것이다.

본고는 바로 이러한 시각에서 출발되었다. 지역지리학이 지리학 연구의 심화에 긴요한 역할을 담당하고 있다면, 바로 지금까지 여러 지역에서 제외되고 사장되어 버린 지리적 현상에 대해서도 신중히 거론되어 논의의 장을 마련하는 일이라고 필자은 생각한다. 그러므로 본고의 목적은 지역적으로 협소하고 나아가 전체 중의 극히 일부분을 차지하는 지리적 현상에 불과하지만 지역주민들의 생활공간인 취락(마을)단위의 입장에서는 상당히 중요성을 띨 수도 있는 지리적 사실을 거론하여, 나름대로의 평가를 내리는 데 있다.

본고의 연구방법은 현지에서의 청취조사와 고문헌의 기록을 바탕으로 미세지지의 접근형식에 의거하였다[113]. 즉, 소지역 내의 소금생산과 중단이라는 경제활동의 한 단면에 대하여 그와 직접적으로 관련되는 제반사항을 면밀히 서술해 가는 방법이다. 본 논문에서는 소금의 생산과정, 판매, 소금생산의 중단에 따른 농어가에의 파급효과를 중요한 관련 사실로 판단하고, 이들을 단계적으로 서술하는 한편,

---

113) 尾崎乕四郎, 1979, 「微細地誌 － 地誌學 · 社會科教育學の原點－」, 二宮書店(日本: 東京), p.201

역사적 배경과 사회·경제적 요인과의 관련성을 검토하였다. 따라서 논의의 주된 골격은 소금의 생산과정을 중심으로, 그에 필요한 각종 제염도구, 소금의 판매방법 및 판매지역이 될 것이다.


## 2. 선행연구의 동향과 시사점

소금은 인간생활에 있어서 필수 불가결한 것으로, 대량생산이나 교통기관이 미비했던 과거로 소급할수록 중요한 산품으로 인식되고 있었다. 이러한 사실은 고려시대에 들어오면서 인구증가와 함께 빈약한 왕실재정의 기반을 마련하는 데 중요한 재원으로 이용되었던 점이나, 자연재해로 인한 기근과 기아 시에 구황염으로서 사용되었다는 사실 등에서 충분히 이해할 수 있다.

이러한 역사적인 사실과 기록을 배경으로, 지금까지 소금의 생산과정, 염전형성의 시대적 배경과 특징, 혹은 지역별 제염법 등과 관련되는 많은 논고가 축적되었다. 이들 연구는 크게 역사학적 시점과 지리학적 시점의 연구로 대별할 수 있다. 우선, 역사학적인 시점에서 다루어진 것으로서는 고승제,[114] 김호종[115]에 의한 일련의 연구를 시작으로, 유승원,[116] 최성기,[117] 박병선,[118] 박용숙[119]의 연구 등을

---

[114] ① 고승제, 1955, 「이조염제의 기본구조」, 서울대인문·사회과학논문집 제3집 pp.317－322.
② ──── , 1956, 「이조염업의 경제구조」, 서울대인문·사회과학논문집 제4집 pp.361－398.

[115] ① 김호종, 1984, 「조선 후기 제염에 있어서 연료문제」, 대구사학, 제26집 pp.147－175.
② ──── , 1986, 「조선 후기 어염의 유통실태」, 대구사학, 제31집 pp.109－138.
③ ──── , 1988, 「조선 후기의 염업경영실태」, 역사교육논집, 제12집, pp.101－139.

[116] 유승원, 1979, 「조선 초기의 염간」, 한국학보, 제17집(겨울호), pp.30－59.

[117] 최성기, 1985, 「조선시대 염전식 자염－동해안(영해)을 중심으로－」, 안동문화, 제6집, pp.57－83.

[118] 박병선, 1984, 「조선 후기 궁방염장연구－17, 18C를 중심으로－」, 영남대대학원 석사학위논문.

지적할 수 있다. 이 연구들의 공통점은 시기적으로 볼 때 조선시대의 일정 시기나 또는 전 시기를 통하여 다루고 있다는 점과 염전의 소유 및 관리, 염전의 형태, 경영구조를 주요내용으로 하고 있다는 점이다. 따라서 시간의 흐름에 따른 염전성격의 변화나 역사적 사실에 기초한 염전의 실태파악에는 상당한 설득력을 주고 있으나, 공간적인 측면에서의 지역성을 조명하는 단계까지는 접근하지 못하고 있다.

둘째로, 지리학적인 시점의 연구 가운데 개척자적는 우선적으로 한인수[120]를 지적하지 않을 수 없다. 이전에도 염전이나 소금생산에 관한 소고형태의 보고가 없었던 것은 아니나, 지리학과 관련 학생들의 졸업논문의 성격에서 벗어나지 못하고 있었으며, 따라서 논리적인 구성 체제를 갖춘 것은 아니었다. 한인수의 연구는 1936년에 조선총독부 전매국에서 발행한 조선전매사(제3권)의 내용과 통계자료를 바탕으로, 한말에서부터 일제강점기에 이르는 기간 동안 염전의 조성과정과 소금생산의 방식 등을 체계적으로 정리한 것이다. 김일기[121]는 소금생산방식 중에서도 전오염의 제조방법에 대해 자연조건이 서로 다른 서해안 지역(인천, 남양, 서산, 부여, 영광)과 동해안 지역(강릉, 삼척, 울진)을 비교·분석하였다. 본 연구에서 그는 천일염의 제조과정이 비교적 잘 알려진 데 반해, 조선시대 말기까지 우리나라 주요 염전에서 행해졌던 전오염의 제조과정에 대한 구명이 미진함을 전제하고, 현지조사와 고증을 통하여 조선시대에 제염업이 가장 활발하였던 사례지역을 선정함으로써, 제염방법의 지역적 차이

---

119) 박용숙, 1977, 「조선 초기의 염업고」, 부산대인문·사회과학논문집, 제16집, pp.361 - 377.
120) ① 한인수, 1977, 「한말 이후 일제하의 우리나라 제염업의 실태」, 응용지리, 제1권 제1호, pp.34 - 53.
　　② ──, 1977, 「우리나라 제염업의 전개과정 소고」, 청파 노도양박사 고희기념논문집, pp.151 - 174.
121) 김일기, 1991, 「전오염 제조법에 관한 연구」, 문화역사지리, 제3호, pp.1 - 18.

를 해명하였다.

한편, 김재완[122]은 연구대상 기간을 조선 후기에 한정시키고, 크게 경기만 지역의 남한강 유역 및 북한강 유역이라는 두 지역에 초점을 맞춤으로써, 지역 간 소금생산과 유통권에 대한 분석을 행하고 있다. 이 연구는 각 지역에서 생산된 소금이 인접한 수운을 이용하여 어떻게 운반되고, 또한 하천 변에 위치한 여러 포구취락을 기점으로 소금의 유통권이 어떻게 형성되고 있는지를 상세하게 묘사하고 있어서, 당시 경기만 지역의 소금수요와 공급에 대한 지역적 특색을 파악하는 데 유용한 자료가 되고 있다.

이들 연구와는 별도로, 일제강점기에 도입된 천일염 생산지에 대한 입지특성이나 지역별 성격을 논의하는 연구들도 있다. 즉, 정명옥[123]과 서일석[124]의 연구가 그 대표적인 것인데, 이들 연구는 천일염에 대한 의존도가 높은 상황하에서 근년에 잇따른 대규모적 간척사업으로 인하여 염전의 위기가 사회적인 문제로 부각된 배경 속에서 작성된 것이다. 따라서 천일제염의 형태적 특징과 규모 또는 그에 관련되는 가옥과 제반시설들의 구성 상태에 대한 변화를 주요 논점으로 거론하고 있는 것이 큰 특징이다. 그리고 정광중·강만익[125]도 고립된 지역이라는 점에 착안하여, 제주도 염전의 성립과정과 변화에 대해 분석하였는데, 이 연구에서는 역사적 시점에서의 형성배경이나 공간적 시점에서의 염전특성에 대한 분석은 구체화되고 있지

---

122) 김재완, 1992, 「조선 후기 염의 생산과 유통에 관한 연구」, 지리학논총, 제19호, pp.29－47.

123) 정명옥, 1986, 「경기만의 천일제염업－남동, 소래 염전을 중심으로－」, 고려대대학원 석사 학위논문.

124) 서일석, 1986, 「남양만 간척지의 염전이용과 취락구조에 관한 연구」, 동국대대학원 석사학 위논문.

125) 정광중·강만익, 1998, 「제주도 염전의 성립과정과 소금생산의 전개－종달·일과·구엄 염전을 중심으로－」, 탐라문화(제주대학교 탐라문화연구소), 제18호, pp.351－379.

만, 경제적 요인과의 관련성을 검토하는 데는 다소 미진하였다.

이처럼, 지리학적 시점에서의 연구는 염전의 지역적 입지, 생산과정과 유통, 염어가의 특성 등을 논의의 대상으로 삼고 있어서, 상대적으로 역사학적인 입장에서 강조되는 시간적 변화에 대한 예리한 분석이 부족하며, 아울러 사회·경제적 측면에 대한 검토도 배제되어 버리는 경우가 많이 발견된다.

따라서 본 연구에서는 기존의 연구 성과를 충분히 수렴하면서, 전술한 지리학적 시점에서 자칫 소홀하기 쉬운 두 가지 측면을 보완하는 형태로 논의하기로 한다. 다시 말해, 작은 취락 내의 염전조성 혹은 소금생산에 대하여 시간적·공간적인 변화과정을 고찰하고, 사회·경제적 측면에서의 변화 정도와 영향력을 검토하는 것이다.


## Ⅱ. 구엄마을의 제염역사와 제염지로서의 특징


### 1. 구엄마을의 제염역사

구엄마을은 행정구역상 북제주군 애월읍에 위치하며, 마을을 기점으로 하여 동쪽으로는 동읍소속의 하귀마을과, 제주시의 외도마을로 이어지며, 서쪽으로는 동읍의 중엄, 신엄, 고내 및 애월마을로 연결된다. 구엄마을은 예로부터 '엄장포' 혹은 '엄쟁이'라 불려 왔는데, 여기서 '엄'은 다름 아닌 '鹽'의 뜻을 나타내고 있으며, '엄(嚴)'이 '鹽'에서 변화한 것으로 지적되고 있다.126) 그러므로 1950년 이전까

---

126) ① 건설부·국립지리원, 1982, 『한국지명요람』, p.758.

지도 구엄마을의 사람들은 소금을 팔러 다닌다고 하여, 인근 취락에 서는 '소금장수 엄쟁이 사람'으로 통하였으며, 지금도 주변 마을의 노년층에서는 구엄리가 '엄쟁이'로 통용되고 있다.

한편 구엄마을의 돌소금 생산의 기원에 대해서는 정확하게 기록해 놓은 문헌이 발견되고 있지 않으나, 『남사록』127)이나 『남환박물』128) 등의 고문헌을 보면 제주도 내의 염전조성에 대한 배경이나 염전의 분포와 관련되는 단편적인 내용들이 발견된다. 김상헌의 『남사록』 (1653년)에 의하면, 제주도에서 최초로 염전을 조성하게 된 것은 강 려 목사129)의 조언을 바탕으로 반도부로부터 제염법을 배우게 되었 다고 기록하고 있다. 그리고 당시의 제염지에 대해서는 '自別方之旌 義 其間有鹽田數處……'130)라 기록하고 있다. 다시 말해 지금의 북제주군 구좌읍에서 남제주군의 성산읍 및 남원읍 사이에 염전이 존재하고 있음을 나타내고 있는 것이다. 이러한 사실로 보아 당시 제염은 도내의 동부지역에서 시작된 후에, 각지로 전파되었으며 그 시기는 대략 16～18C로 추정된다.131) 따라서 구엄마을의 제염도 빠 르면, 이 시기에 해당되거나 혹은 그 이후에 시작되었을 가능성이 높다.

일제강점기에 접어들면, 구엄마을의 제염상황을 다소 구체적으로 기록하고 있다. 1910년에 조선총독부 농상공부에서 발간한 『한국수

---


② 오성찬, 1992, 『제주토속지명사전』, 민음사, p.78.

127) 김상헌, 김희동 역, 1602, 『남사록』(김희동 역, 영가문화사), pp.68-69.

128) 한국정신문화연구원, 1979, 『탐라순력도・남환박물』, p.121.

129) 조선시대 선조 때의 제주목사(절제사)로, 재임기간은 1573년 6월-1573년 10월로 알려 지고 있다.

130) '별방(별방)에서 시작하여 정의(정의)에 이르는 사이에 염전이 수처에 있다'라고 해석된다. 단, 시대적으로 보아 별방은 현재의 구좌읍 하도리이며, 정의는 표선면을 가리킨다.

131) 정광중・강만익, 1998, 「전게논문」, pp.351-379.

산지』(제3집)에는 "구엄마을의 부근은 연안이 광대하고 평탄한 암석 위에서 이토(泥土)를 이용하여, 여러 개의 작은 제방을 만들어 증발지로 하고, 해변에서 가까운 증발지에 해수를 떠올려 차례대로 그것을 상부의 증발지로 옮긴 후에, 마지막 증발지에서 농도가 20℃ 이상에 달했을 때 전오한다"[132]고 하였다. 이 기록을 통해서 볼 때, 조선시대나 일제강점기의 초기에는 해수를 함수로 만든 다음, 그것을 철부에서 전오하는 방법이 주가 되고 있었음을 알 수 있다. 그러므로 제염판으로서 철부(鐵釜)나 토부(土釜)가 아닌 암반을 이용한 제염방법은 일제가 본격적으로 한반도를 지배한 이후로 추정할 수 있으며, 가령 그렇다고 하면 암반을 이용한 돌소금의 생산은 35~40여 년 정도의 기간에 주로 행해졌음을 이해할 수 있다. 전오염의 형식에서 천일제염의 형식으로 전환하게 된 배경에 대해서는 전오하는 데 필요한 연료의 충당이 어려웠거나, 제염도구 중 가마(釜)의 입수가 원활치 않았음을 들 수 있다. 또한 제염 농어가의 수가 급증하면서 시험적인 제염방법이 널리 수용되면서 토착화되었을 것이라는 해석도 가능하다.


## 2. 제염지로서의 특징

구엄마을의 돌소금 생산장소는 기본적으로 동마을 해안의 공유수면상에 위치하는 평탄한 암반이며, 지리학적으로 보면, 파식에 의한 파식대의 일부라 볼 수 있다. 따라서 육지부의 논이나 밭처럼, 지적도는 존재하지 않는다.[133] 파식대의 일부인 암반의 전체면적은 대략

---

132) 조선총독부농상공부편, 1910, 「한국수산지(제3집)」, 조선총독부인쇄국, p.432.
133) 필자의 청취조사에서도 물론 지적도가 존재하지 않는다는 사실은 확인되었으나, 가령 당시

800~900평 정도이며, 해안의 동서 길이는 약 500m에 이른다.

[그림 9-1]을 토대로 하여 구체적으로 지적하면, 구엄마을의 포구를 형성하는 '산곶이(속칭, 쇠머리 코지)'에서 인접하는 중엄마을의 해안과 경계선을 이루는 부분까지이다. 과거에는 이 부근에 펼쳐진 암반면이 소금생산의 장소로서도 중요한 의미를 가지고 있었지만, 여름철이 되면 부분적으로는(소금을 생산할 수 없는 암반면) 아이들의 수영 도중의 휴식처로서, 또는 어른들이 여러 가지 해산물을 잡거나, 해녀들의 잠수작업 도중에 일시적으로 뭍으로 올라와 쉬는 휴식공간이 되기도 하였다. 또한 소금생산을 전후한 시기에는 연안에서 채취한 톨(톳),[134] 우뭇가사리 등의 건조장의 기능을 가지고 있었으며, 나아가 마을 내에 경조사가 있을 경우에는 공동으로 돼지 잡기(추렴) 작업[135]이 행해지는 등 그야말로 농어촌 사회에서는 필수불가결한 기능을 갖고 있는 공동적 소유공간이라 할 수 있다. 그러나 1980년대 중반 이후에 접어들면서, 이상과 같은 기능들은 대부분이 사라지고 파도에 의해 밀려온 바다 쓰레기들의 종착역이 되고 있는 실정이다.

---

의 세금관계나 혹은 각 농어가의 소유관계를 나타내기 위한 지적도와는 다른 약식지도가 있을 것으로 예상되어 수차례에 걸쳐 농어가로부터 청취조사를 시도하였으나, 결국 지도에 가까운 자료는 발견할 수 없었다. 이러한 사실은 이미 개략적으로 보고한 바 있는 고광민의 연구(고광민, 1994, 생업문화유산, 『제주의 문화유산』 한국이동통신 제주지사, pp.132-160)에서도 마찬가지임을 지적하고 있다.

134) 방언으로는 '톳'이라고 하며 제주도 인근 연안에서만 서식하는 해초의 일종을 말한다. 톨은 과거로부터 제주도민들에게는 중요한 해산물로서, 특히 여름철 각 가정의 식탁에는 거를 수 없는 반찬거리로 등장한다. 톨은 주로 음력 3-4월경에 채취하여 햇볕에 말린 후, 여름과 가을철에 반찬용이나 제사용으로 사용된다. 최근, 제주도의 거의 모든 연안에서는 반양식에 의존하여 생산되며 많은 양이 일본으로 수출된다.

135) 과거 제주도의 해안에 위치하는 마을의 경우는 경조사와 때를 같이하여, 돼지를 잡기 위하여 대부분 바닷가 부근에서 작업을 하였다. 이것은 수도가 보급되지 않았던 관계로, 잡는 과정에서 바닷물을 효과적으로 이용할 수 있고, 또한 돼지의 불필요한 부분을 쉽게 처리할 수 있다는 이유 때문이나, 현재에는 거의 볼 수 없는 경관이다. 그러나 한편 큰 포구를 끼고 있는 해안마을에서는 일부이기는 하나, 아직도 잡은 고기를 건조하는 장소로 사용하기도 한다.

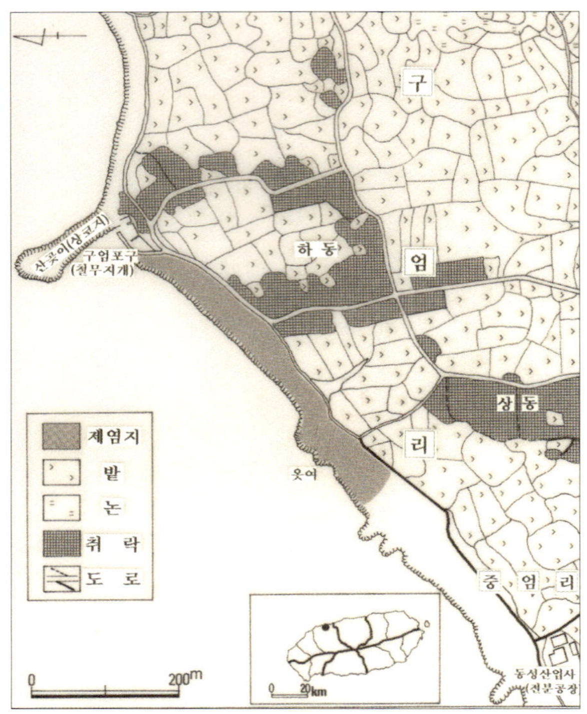



(자료: 1:5,000 지형도 및 현지조사에 의해 작성)

**[그림 9-1]** 구엄마을의 제염지와 주변의 토지이용

한편 돌소금 생산장소인 암반은 정확하게 언제부터인지는 알 길이 없으나, 각 농어가가 개인적으로 소유하여 한 집안 내에 대대로 물려주는 형태로 존속되어 왔다. 그러므로 한 집안이 소유했던 장소는 소유주의 명의는 바뀐다 하더라도, 가족 이외의 타인에게 점유당하는 일은 없었다. 이러한 소유형태는 청취조사에 의거하는 한, 대략 일제말기까지 동일한 상황하에서 이어져 온 것으로 알려진다.136)

---

136) 이에 대하여 앞서서 연구한 고광민(1994년)에 의하면, 농어가 사이에서 매매도 이루어진 것 같다는 추측을 하고 있으나, 필자의 조사에서는 매매를 했던 구체적인 농어가 또는 그

돌소금을 생산하던 농어가 수는 대략 40호 내외이며, 각 농어가당 소유했던 면적은 대략 20~30평 남짓이다. 그리고 농어가가 소유하던 암반은 10~13개의 절리선(節理線)을 따라 구획되었고, 제염과정에서는 염분농도의 고저에 따라 용도를 달리하고 있었다. 따라서 한 구획의 면적은 대략 2~2.5평 정도가 된다. 10~13개로 구성된 암반면 중에서는 반드시 1~2개가 최종단계에서 제염판[137]으로 이용할 수 있도록 정해져 있었다. 이 제염판의 기능을 갖는 암반면은 여러 개의 암반면 중에서도 가장 매끈하게 다듬어진 것이다. 제염판은 근본적으로 각 암반의 전체면적과 암반표면의 자연적 상태에 따라 다르므로, 각 농어가가 소유하는 제염판의 크기는 각기 다를 뿐 아니라, 제염과정에서의 시간이나 1회의 제염량도 달라질 수밖에 없었다. 가령 매끈한 제염용 암반이 없는 농어가에서는 인근에서 소유하는 것을 빌려서 사용하기도 하였다.[138]

## Ⅲ. 돌소금의 생산구조 및 특성

### 1. 제염과정

[그림 9-2]는 구엄마을의 돌소금 생산과정을 간략히 정리한 것이다. 이를 토대로 보면, 먼저 돌소금의 생산은 매년 음력 5월 중순~

---

시기와 관련되는 사실은 얻어 낼 수 없었다. 따라서 만약 매매가 이루어졌다면, 그 시기는 조선시대 말기나 일제강점기 초기로 더욱 거슬러 올라가야 할 것으로 보인다.

137) 제염전용의 암반면으로, 전오염에서 제염용 가마솥(철부)과 같은 기능을 가진다고 볼 수 있다.

138) 1996년 11월 10일 성봉추(여, 63세)로부터의 청취조사에 의함.

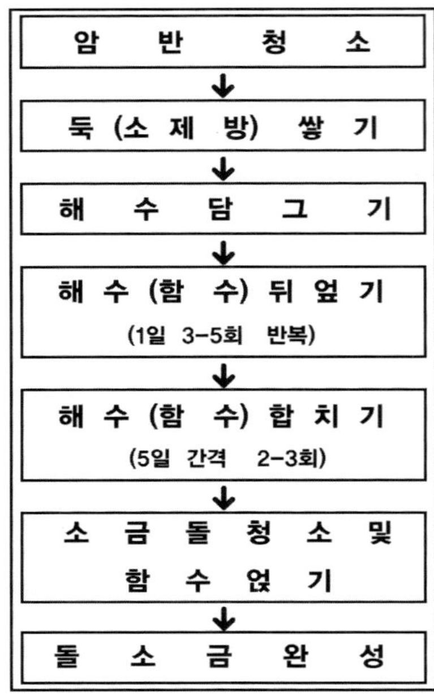


(자료: 현지조사에 의해 작성)

[그림 9-2] 구엄마을의 제염과정

하순경의 암반[139] 청소에서 시작된다. 암반청소는 대개가 한 가구당 한 사람이 행하게 되는데, 해수를 떠다가 자신의 생산 터에 쌓여 있던 흙먼지나 각종 오물을 치우는 것으로 끝난다. 물론, 이때 함수(鹹水)[140]를 일시적으로 저장해 두는 토담 함수통[그림 9-3][141]도 깨끗이 한다. 기본적인 청소가 끝나고 1~2일 후에, 암반 위에 진흙으로 '둑(소제방) 쌓기'를 한다. 둑 쌓기는 해수가 흘러내리지 않을 정도의 높이로서 약 10㎝가 된다. 둑을 쌓는 과정은 암반에 나 있는 타인과의 소유 경계선을 가장자리로 하여, 자신의 생산장소에서는 암반의 절리선을 몇 개의 작은 구획으로 나누면서 쌓는다. 이처럼 작은 구획으로 분리하는 이유는 해수를 점차적으로 염도가 높은 함수로 만들기 위해서이다.

---

139) 현지에서는 보통 '빌레'라고 하나, 제주도에서의 '빌레'의 의미는 여러 가지를 내포하고 있다. 따라서 본고에서는 정확한 의미를 전달하기 위하여 보통명사인 암반으로 통일하여 사용하였음을 밝혀 둔다.

140) 염도가 높아진 함수를 보통 '곤물'(간수의 의미)이라 한다.

141) 현지에서는 '혹' 또는 '물혹'이라 부르며, 외부형태는 직사각형의 모양을 취하고 있다. '혹'은 제염에 들어가기 며칠 전에 만들어 놓는 것이 보통이다.

암반 위의 작은 둑에 사용되는 진흙은 소금생산 기간 중에 몇 번이나 손질하게 되나, 우선은 찰기가 높은 것으로 하기 위해 인근 마을인 수산리의 수산봉 주변 혹은 마을 내의 논에서 채취한다. 둑 쌓기가 끝난 다음 날 '해수 담그기'를 한다.[142] 해수의 운반은 주로 양동이를 사용하며 수작업에 의존한다. 따라서 생산장소가 바다 쪽에서 가까운 곳에 위치하는 경우는 불과 2~3m 정도의 거리에 위치하여 비교적 단시간 내에 모든 암반에 해수 담그기를 완료할 수 있지만, 바다 쪽에서 먼 거리인 경우에는 그만큼 많은 시간과 노동력을 필요로 하게 된다. 한 가구가 소유하고 있는 소금 생산 터(각 개인이 소유하는 암반)는 약 20~30평 정도이기 때문에, 어른 한 사람이 양손으로 해수를 운반한다고 가정할 경우, 소형 양동이로 15~20회 정도를 왕복해야만 가능하다.[143] 이 정도의 양을 운반하는 데 소요되는 시간은 생산 터의 위치에 따라 다르지만, 평균 1.5~2시간이며 여름철의 조석현상을 잘 파악한 후 가급적 만조 시에 물 뜨기 작업을 해야 시간과 노동력을 절약할 수 있다.[144]

해수 담그기가 끝난 이후부터 하루에 적게는 2~3회, 많게는 5~6회를 주기로 하여 해수를 암반면의 말라 있는 부분 쪽으로 적시듯이 계속해서 걷어 올린다. 이러한 작업은 속칭 '물지치기'라 하는데,

---

142) 진흙을 쌓고 나서 이튿날 바로 해수를 넣지 않으면, 진흙이 건조해지면서 조각조각 떨어져 재차 진흙을 쌓아야만 한다.

143) 실제로는 대형 양동이를 사용하는 경우도 있다. 이 경우는 1회 1개(한 손만 사용)로 하나, 가구에 따라서는 해수를 운반하는 사람의 체력조건은 각기 다를 수가 있다. 즉, 고령의 노인, 청·장년 및 부녀자의 체력조건에 따라 양동의 크기나 노동시간도 달라진다고 볼 수 있다.

144) 권혁재(1987)에 의하면, 우리나라의 조석은 하루 동안에 만조와 간조가 두 번 반복되는 반일형이며, 달의 운동과 관련하여 만조와 간조의 시간차는 매일 50분씩 늦어진다고 한다. 따라서 음력 날짜로 판단할 때, 가장 물이 밀려나는 '사리' 때 즉 음력 2일과 17일(여덟 물), 3일과 18일(아홉 물), 4일과 19일(열 물)은 해수의 운반작업이 가장 비효율적이라 할 수 있다(권혁재, 1987, 『한국지리』, 법문사, p.93).

이는 하루 중 가장 일조량이 많은 11~2시 사이에 행해진다. 암반면은 파도에 의하여 침식당한 파식대를 이루고 있으므로, 전체적으로는 바다 쪽을 향해서 완만한 경사를 유지하고 있다. 그러므로 평상시 암반면의 해수는 한쪽 면으로 치우쳐 햇볕에 노출되는 상태에 있게 된다.

다음 단계에서는 여러 암반에 있던 해수가 점점 염분의 농도를 더해 감에 따라, 대략 10~13개의 암반에 분산되어 있는 해수를 4~5개의 암반으로 이동시켜, 같은 염도의 해수를 양적으로 증가시키는 작업이 뒤따르며, 본 단계는 각 암반에 해수를 담그고 약 5일 정도가 경과한 때가 기준이 된다. 여기서부터는 염도가 높은 함수가 되는 것이다. 염도가 높은 함수를 현지에서는 '곤물'이라 하며, 이 단계에서부터 소금을 생산할 수 있는 조건을 갖춘 것으로 여긴다. 따라서 곤물(함수)은 귀중하게 다루어지며, 매일 매일의 날씨를 점검하여 흐리거나 비가 올 확률이 농후한 때에는, 미리 함수통에 일시적으로 보관한다. 그리고 이미 비어 있는 암반에는 새로운 해수를 운반하여 담가 놓는다. 결과적으로 해수가 어느 정도 시간이 경과한 후, 염도가 높은 함수로 변하면 계속적으로 한곳으로 모으고, 반면에 다른 쪽 암반에는 다음의 소금생산을 위해 새로운 해수를 채워 놓게 되는 것이다.

결국 10~13개의 함수는 시간의 경과와 함께 단계적으로 암반 2~3개의 양으로, 그리고 1개의 암반에 필요한 양만큼 압축되며, 1개로 모아진 이후에도 2~3일간 염도를 높이는 과정을 거친다. 이윽고 계란을 사용하여 염도를 측정하고, 충분하다고 판단되면 함수통에 1일간 재운다. 이 단계에서 염도가 충분하지 않은 경우에는 다시 1~2일간을 그대로 두게 된다.145) 이렇게 하여 함수통에 보관했던

함수는 이튿날 정오를 중심으로 제염판(製鹽板)에 꺼내어,[146] 최종
적으로 제염단계를 거치게 되는 것이다. 제염판에서는 함수를 약 3㎝
정도의 높이로 재운다. 그리고 제염판에서의 제염시간은 일조량이 많
은 날을 선택하는 경우에 3～4일, 하루라도 흐린 날씨가 끼게 되면
4～5일 정도가 경과한 후에 완전한 소금의 결정체를 얻게 된다.

　돌소금의 생산량은 전술한 것처럼 각 농어가가 소유하는 제염판의
크기와 암반의 상태가 균등하지 않은 관계로, 일률적으로 서술하기
는 곤란하다. 그러나 각 농어가의 청취조사에 근거를 둔다면, 약 1.
5～2평의 제염판인 경우 1회의 생산량은 약 2～2.5말 정도로 산출
된다. 생산된 돌소금의 질은 특별히 상품과 하품 등으로 구별하는
일은 없다. 단지, 자칫 잘못하여 흐린 날씨를 선택하는 경우에는 소
금 자체에 윤기가 나지 않고, 소금 결정체인 알맹이가 작아 상품으
로 적당하지 않을 경우도 생긴다. 다시 말하여, 소금 알갱이가 작으
면, 판매하는 과정에서 그만큼 많은 양을 주어야 하기 때문에, 소금
알갱이의 윤기나 크기를 고루 갖추기 위해서 농어가에서는 최종적으
로 제염판에 얹히는 날의 오전 10시 정도에 기상조건을 정확하게 점
검하는 일이 중요한 관건이 되는 것이다. 이처럼 구엄마을의 돌소금
생산은 해수→ 함수→ 제염에 이르는 과정 하나하나가 여름철의 기
상조건에 크게 좌우되는, 아주 초보적이고 원시적인 생산방법이라
할 수 있다. 따라서 이러한 방법은 반도부의 여러 제염지역에서도
거의 찾아볼 수 없는 사례라 할 수 있다.

---

145) 여러 개의 암반에 있던 함수를 1개의 분량으로 줄여 가지만, 이 함수도 양이 많아지게 되
　　면, 짧은 시간 안에는 쉽게 염도가 높아지지 않으며, 각 농어가에서는 날씨조건에 따라 날
　　짜조정을 하는 것이 보통이다.

146) 이 과정을 현지에서는 '곤물 얹히기'라 한다.

## 2. 일부 농어가에 의한 전오염 생산

　전체적으로 구엄마을의 제염은 해안가의 암반을 이용한 극히 소규
모적인 천일제염의 형태이지만, 일부 제염 농어가 중에서는 주로 1
2~2월의 겨울철에 전오염을 행하기도 하였다. 당시 구엄마을 제염
농어가의 약 40호 중에서 전오염을 행하는 농어가 수는 극히 한정되
어 있었던 것으로 보인다. 필자의 조사에서는 약 5~6호로 확인되었
는데, 그것도 꾸준하게 매년 행하는 것은 아니었다.[147]

　전오염 생산에서의 가장 큰 특징은 대량의 연료를 필요로 한다는
점이다. 그러므로 한반도 내에 대규모적인 천일제염의 형태가 도입
되기 이전에는 주요 염전들이 해안선의 굴곡 여부나 조석간만의 차
이 등 자연적 조건과 함께 반드시 연료가 풍부한 지역에 입지하였
다.[148] 이처럼 전오염의 생산체제에서 연료취득의 문제는 제염과정
에 들어가기 전 단계에서 이미 해결되어야 할 정도로 중요한 의미를
지니는 것이었다. 구엄마을의 전오염 생산의 특징도 바로 연료를 쉽
게 구할 수 있는 농어가가 주로 행하였다는 점에서 주목된다. 이들
전오염 농어가는 대부분 일정면적의 임야를 가지고 있었던 농어가라
는 사실에 공통점이 있다.

　전오염의 생산 농어가는 본격적인 돌소금의 생산시기에 가급적 해
수를 함수로 만드는 작업에 충실하였다가, 암반 위에서의 제염작업
이 종료되고 농한기인 겨울철을 이용하여 전오염을 생산하였다. 전
오염의 작업공간은 집 안의 부엌이나 창고이며, 이용된 가마(釜)는
둥그런 무쇠 솥이거나 드럼통을 반으로 잘라서 사용하였다. 무쇠 솥

---

147) 1996년 11월 16일 성무부 씨(남, 60세)로부터의 청취조사에 의함.
148) 김호종, 1984, 전게논문, pp.147 - 175.

의 부피는 대개가 3말들이로서, 함수를 넣고 장작불로 약 12시간 정
도를 지피면 소금 결정체를 얻을 수 있었다. 이들 농어가는 전오염
의 생산에 들어가기 전에, 자가 소유의 임야는 물론 마을 공동소유
의 임야로부터도 연료를 확보해 놓았다.149) 요약하자면, 전오염 생산
농어가는 가족 노동력이나 자금투자의 능력 여하에 관계없이, 생산
과정에서 필수적인 연료를 자가 소유의 임야나 공동소유의 임야로부
터 안정적으로 공급받을 수 있다는 조건이 중요하였다.


## 3. 주요 제염도구와 용도

돌소금의 생산과정에서 사용되는 제염도구를 보면, 구엄마을의 제
염방법이 얼마나 원시적이고 초보적인 단계에 있었는지 재확인할 수
있다. 주요 제염도구는 함수통이라 할 수 있는 '물혹'(또는 혹, [그림
9 – 3])150)과 그 외의 도구로 양분할 수 있다. 먼저, 물혹은 몇 단계
에 걸쳐 염도가 높아진 함수를 일시적으로 보관함과 동시에, 소금
결정체를 얻기 전에 오물을 정수하는 시설이다. 이것은 특히 염전이
라고 하는 동일한 성격을 지니고 있음에도 불구하고, 타 제염지역에
서는 찾아볼 수 없는 구성요소가 되고 있어 매우 흥미롭다. 외부형
태는 [그림 9 – 3]에서 확인할 수 있듯이, 직사각형을 취하고 있으며
대략 농어가당 2～3개를 준비하였다. 제염 농어가가 소유하는 2～3

---

149) 구엄마을 공동소유의 임야는 마을 중심부로부터 한라산 쪽을 향하여 직선거리로 약 2.5킬
　　로미터 떨어진 곳에 위치해 있다. 속칭 '자그네미'라고 불리는 곳이다. 당시 공동소유의 임
　　야는 정기적으로 늦가을경에 간벌 및 정리 작업을 시행하였는데, 이 작업에 참여한 농어가
　　는 취사용 연료를 분배받을 수가 있었다. 이곳은 대부분이 송림으로 구성되어 있었으며, 현
　　재는 구엄마을의 공동묘지로 바뀌었다.

150) '혹'은 속칭인데, 어떤 의미를 나타내는지에 대해서는 정확한 제보를 얻지 못하였다.

개의 물혹 중에서 반드시 1개는 부피가 작은 것을 설치하여, 가장 염도가 높은 함수를 저장하는 데 사용하였다. 혹의 설치는 제염에 들어가기 며칠 전에 하게 되는데, 진흙에 물을 혼합한 후 직사각형의 벽돌형태로 만들면서 쌓아 올린다. 그리고 2~3개의 물혹을 축조하는 데는 약 7~10일이 소요되었다. 그 이유는 물혹의 재료가 수분을 포함한 점토성 진흙이기 때문에, 높이를 더해 가면 쉽게 무너져 내리기 때문으로, 하루에 축조하는 높이를 대략적으로 정하여 먼저 축조한 부분이 완전히 마른 다음에 재차 쌓아 올리는 방법을 취하였다.

물혹의 설치장소도 함수를 저장해야 하므로, 기본적으로는 밑바닥이 암반이어야 하며, 갑작스러운 강수현상 등 비상시를 대비해야 하기 때문에 돌소금의 생산장소 내에 위치하고 있다고 해도 과언이 아니다. 그러나 바로 바닷가에 연해 있는 제염장소는 파도에 의하여 물혹이 파괴될 수 있었던 관계로, 멀리 떨어진 도로변 쪽이나 다른 장소에 설치하기도 하였다. 이 경우는 해수를 운반하는 과정에서는 편리하나, 함수를 물혹으로 운반할 때는 상대적으로 다소 불편하였다. 물혹의 중요한 역할 중 다른 하나를 지적하자면, 휴식공간으로서의 음지의 역할이라 할 수 있다. 즉, 한여름철에 해수를 함수로 만드는 작업과정에서는 일시적이지만 뜨거운 햇살을 피할 수 있는 음지가 절대적으로 필요한 것이며, 시간대에 따른 물혹의 그림자는 좋은 조건이 되었다. 이 점은 한여름에 정오를 정점으로 하여 가장 일조량이 많은 시간대를 연상한다면, 나무가 전혀 없는 해안가에서는 충분히 이해할 수 있는 일이다.

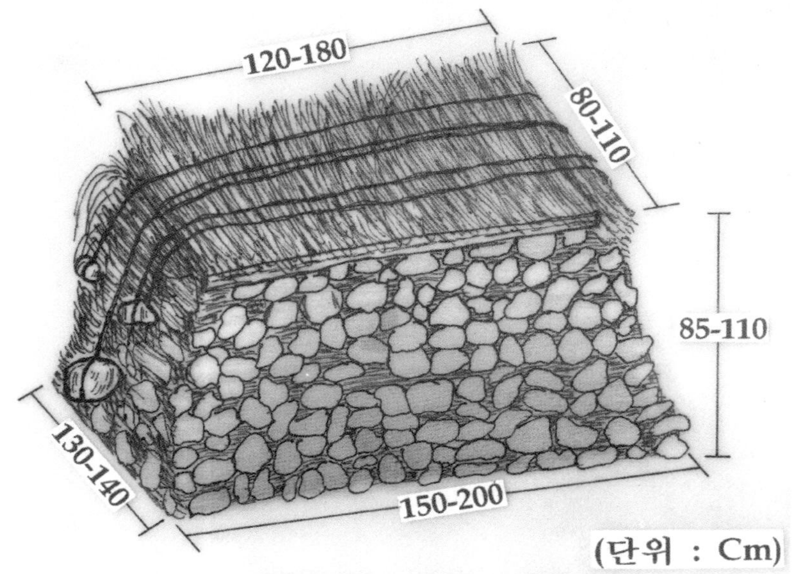


(자료: 현지조사에 의해 작성)

[그림 9-3] 함수통(물혹)의 형태 및 규격

　물혹 이외의 제염도구로서는 제염과정에서 해수를 길어 나르는 대소의 양동이, 암반에서 암반으로 함수를 이동시킬 때 사용하는 '좀팍',151) 해수나 함수를 깨끗이 쓸어 내는 대나무 빗자루, 그리고 집까지 운반할 때 사용하는 죽재 바구니 등이다. 이들은 특이한 도구가 아닌 만큼, 구태여 설명이 필요하지 않을 것으로 사려된다. 이들 도구 중에서 빗자루나 죽재 바구니 등은 자가에서 제작하고, 좀팍과 양동이는 마을 내 혹은 오일장을 통해서 구입하였다.

　이처럼, 극히 단순한 몇 개의 제염도구와 시설만을 필요로 하는

---

151) 원래는 제주도 전역에서 곡식 가루 같은 것의 분량을 되거나 또는 곡식을 담고 풀 때 쓰는 나무 그릇의 하나로, 통나무의 가운데를 타원형으로 깎아 내어 만든다(제주도, 1995, 『제주어 사전』, p.506).

돌소금 생산에서는 도구를 제작하거나 구입하는 데도 별다른 어려움은 없었던 것으로 보이며, 따라서 주어진 자연물을 얼마나 효과적으로 이용하느냐 하는 측면이 강했음을 엿볼 수 있다. 이 점은 이미 전술한 것처럼, 구엄마을의 제염이 최초단계에서부터 경제적인 이익만을 목적으로 성립되지 않았음을 시사해 주는 것이다.


## 4. 판매과정


해안가에서 생산된 돌소금은 우선 죽재 바구니나 비닐(Vinyl)성 자루[152]에 넣어 등짐으로 집까지 운반한다. 돌소금은 아직 물기가 완전히 거두어진 상태가 아니기 때문에, 짚으로 엮은 가마니에 넣어 물기를 빼야 한다.[153] 대개 마당은 여러 가지 농산물이나 빨랫감을 널어놓는 데 이용되고 평소 아이들의 노는 장소로서도 활용되기 때문에 곤란하다. 따라서 집 안에서의 보관은 보통 가족들의 출입이 잦지 않은 음지를 선택하게 되는데, 그런 장소로서 주로 창고나 외양간(쇠막)의 한쪽 구석진 공간이 택해진다. 외양간에서는 소금가마니 밑에 나무토막을 평행하게 놓고, 그 사이로 물기가 빠질 수 있는 작은 공간을 만든다. 특히 소를 사육하는 농가에서는 외양간을 당연시하여 결정하게 되는데, 그 이유는 짠 소금기가 우분(牛糞)과 혼합되어 양질의 거름을 생산할 수 있었기 때문이다.

---

152) 1940～50년대만 하더라도 제주도에서는 비닐성 자루조차 구하기가 상당히 어려웠다고 한다. 대부분의 경우, 당시 농협으로부터 마을단위로 화학비료를 공급받았을 때의 것으로서, 각 농어가에서는 재분배된 화학비료를 전부 사용하고 난 후에 비로소 비닐성 자루를 돌소금 운반용으로 사용할 수 있었다.

153) 물기를 빼는 데에도 15～20일 정도의 기간이 걸린다. 그러므로 돌소금의 판매가 빠른 농가의 경우도 제염 후 한 달 이후가 되는 것이 보통이다.

생산된 돌소금의 판매 시기는 일정치 않으나, 그 주된 시기는 11월 중순에서 12월 중순 사이의 초겨울이다. 이 기간은 많은 농가가 장 담그기나 혹은 김장철을 맞이하여 대량의 소금을 필요로 하는 시기인 것이다. 그리고 갑자기 많은 양의 소금을 필요로 하는 농가에서는 직접 구엄마을로 사러 오기도 한다. 돌소금을 판매하는 마을까지의 운반은 대부분 사람의 등짐이나 우력(牛力)을 이용한다. 소금 운반 시의 특징은 부피와 무게가 비례적으로 증가하여 인력에만 의존하기가 힘들다는 점이다. 그러므로 제염 농어가에서는 판매 시에 우력을 이용하는 것이 필수적이다. 특히, 제염시기가 거의 마무리 단계에 접어들게 되면, 며칠간에 걸쳐 많은 양을 판매해야 하는 경우도 나타난다. 이런 경우, 소를 사육하는 농가는 상대적으로 큰 이득을 보는 셈이다. 더욱이, 당시의 소금은 금전수수에 의하여 판매하는 형태도 있었지만, 대부분의 경우는 물물교환에 의존하고 있었던 관계로 판매행위가 끝나고 귀가할 때면, 소금에 못지않게 무거운 보리, 조, 콩 등의 농산물이 기다리고 있었다. 한 번에 많은 양을 운반하여 판매할 경우는 도중에 교환한 농산물의 양도 비례하여 많아진다. 이러한 경우는 판매하는 마을의 특정농가에 귀가 시까지 농산물의 보관을 부탁하기도 한다.

위에서 지적하였듯이, 소금의 판매는 주로 소금과 자가 농산물을 일정한 비율로 교환하는 형태를 취하고 있었다. 1950년을 전후한 당시의 교환 비율은 보리의 경우, 보리 2되에 소금이 3되였으며,[154] 시기에 따라 다소의 변동은 있었다. 이러한 사실로 비추어 볼 때, 구엄염전의 돌소금 가격도 농산물의 매년 수확량에 따라 현물시세로 사정되었던 것으로 생각된다.

---

154) 당시의 이러한 교환 조건을 각 농가에서는 '둘에 셋'이라는 표현으로 사용하고 있었다.

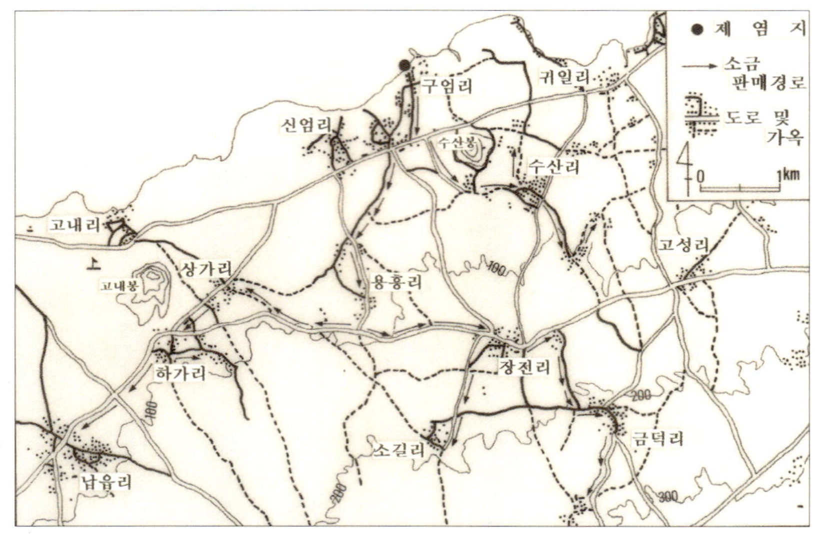


(자료: 현지조사에 의해 작성)

**[그림 9 - 4]** 돌소금 판매 대상 취락의 분포

[그림 9 - 4]는 당시 구엄마을의 돌소금을 판매하던 마을의 분포를 나타낸 것이다. 구체적으로 지적하면, 제염지가 위치하는 구엄마을을 중심으로 남동쪽으로는 수산(당동, 번대동, 예원동 등) → 장전 → 금덕(거문덕이, 유수암)마을이며, 서남쪽으로는 용흥 → 상가 → 하가 → 납읍 → 소길마을 등이다. 이들 취락들의 공통점은 주로 해발고도 200m 이내에 위치하는 중산간 취락인 동시에, 주로 보리, 조, 콩, 팥, 깨 등 절대적으로 밭농사에 의존하는 지역들이다. 이러한 지역들과의 소금 판매형태는 외국이나 반도부의 소금 판매에서도 나타나는 아주 전형적인 것이라 할 수 있으며,[155] 부언하자면 자연조건에 의하여

---

155) ① 유필조, 1996, 장돌뱅이의 애환(한국역사연구회, 1996, 『조선시대 사람들은 어떻게 살았을까(1) - 사회 · 경제 이야기-』, 청년사, 279p), pp.152 - 163.
② 김의환, 1996, 소금 - 생산에서 세금까지 - (한국역사연구회, 1996, 『조선시대 사람들은 어떻게 살았을까(1) - 사회 · 경제 이야기-』, 청년사, 279p), pp.186 - 197.

소금의 생산지와 소비지가 결정된다는 단순한 사실을 대변하는 것이다. 결국 이와 같은 소금의 유통은 거시적인 입장에서는, 태고 이래 아시아→ 유럽→ 북아프리카로 이어졌던 실크로드(Silk Road)와 같이, 소금의 생산지인 해안지방에서 시작하여 내륙지방으로 연결되는 솔트로드(Salt Road)의 형성을 가져오게 하였다.[156]

구엄마을의 제염 농어가는 소금을 판매하러 떠나기 전에 대략적으로 대상취락을 설정하게 된다. 즉, 두 방향 중에서 일차적으로 남동방향이나 남서방향의 마을을 선택하여 판매에 나섰으며, 다음 번의 판매노정은 반대방향을 결정하였다. 결국 이들 마을은 홀·짝수의 날짜를 기준으로 하거나, 1회의 판매노정에서 중단된 마을을 다음 차례의 대상으로 선정하기도 한다. 이 점은 교통이 불편하고, 거의 모든 도로가 자갈로 뒤덮여 있었던 당시의 상황으로는 당연지사라고 해석할 수 있으며, 따라서 1회의 판매량도 출발 전에 대략 판매노정에 맞추어서 산정하였다.

한편, 단순히 인력에만 의존할 경우는 소금의 판매노정이 짧아질 수밖에 없다. 이러한 경우는 2~3개 정도의 취락만을 선택하여, 판매노정을 잡는 것이 보통이다. 특히 이 경우에는 모녀가 한 짝을 이루거나, 같은 마을의 부녀자들끼리 한 짝을 이루어 판매에 나서기도 했다. 구엄마을의 제염 농어가의 경우에는 대부분이 당일판매를 위주로 하고 있었다. 그러나 도내에서도 가장 큰 염전을 이루고 있었던 종달마을이나 일과마을의 제염 농어가에서는 숙박을 행하며 판매하러 떠나는 경우도 적지 않았다고 한다.[157]

---

156) ① 龜井千步子, 1979, 鹽の民俗學(東書選書 35), 東京書籍株式會社(日本: 東京), p.237
② 富岡儀八, 1983, 鹽の道を探る(岩波新書), 岩波書店(日本: 東京), p.228
157) 1997년 2월 종달리 이장인 김 모 씨(60세)와 동년 3월 일과리 거주의 박 모 씨(여, 80세)로부터의 청취조사결과이다.

　부녀자들이 소금판매에 나설 때에는 대개 죽재 대바구니에 소금과 함께 양을 재는 '되'와 교환한 농산물을 넣기 위한 빈 자루를 가지고 출발한다. 남성을 동반하고 우력을 이용하는 경우에는 소의 등 양쪽으로 새끼로 꼬인 자루(멱둥구미, 속칭 '멕'이라 함)에 소금을 넣어 걸친 후, 또한 소를 이끄는 주인 자신도 등에 지어 운반한다. 소금과 농산물을 교환할 때는 그때그때의 상황에 따라, 양자 사이에서 특정 농산물로 결정한다. 따라서 소금을 구입하는 농가가 다른 농산물에 비해 보리나 조를 많이 재배했다거나, 혹은 소금의 구입시점에서 보리 및 조 이외의 농산물이 비교적 많이 남아 있을 때는 소금 판매자에게 그러한 상황을 전달함으로써, 판매자의 일방적인 요구조건(주로 보리나 조) 만을 수락하지는 않는다. 또한 소금 판매자 역시도 농촌의 실상을 숙지하고 있기 때문에, 특별한 이유 없이 거절하지 않는 것이 상례이다. 이러한 판매자와 구입자 간의 관계는 이미 송성대가 지적한 것처럼,[158] 제주도가 반도부로부터 멀리 떨어진 섬이라는 환경적인 특성을 지역주민 모두가 공통적으로 인식하고 있기 때문이라고 해석할 수 있다. 즉, 제주도는 과거로부터 척박한 화산회토로 인하여 1년간의 농사를 지어도 대가족의 끼니를 완전히 해결할 수 없었고, 나아가 농산물을 포함하여 모든 상품들이 만족스럽게 보급되지 않던 상황하에서의 물물교환 조건은 어느 한쪽 입장만이 반영되는 의사결정은 있을 수 없다는 사실을 평상시의 생활에서 수없이 경험해 온 것이다.

---

158) 송성대, 1996, 『제주인의 해민정신 - 정신문화의 지리학적 요해 - 』, 도서출판 제주문화, p.466

# Ⅳ. 돌소금의 생산중지와 그 후의 변화

이미 지적한 바와 같이, 구엄마을의 돌소금 생산은 1950년을 전후하여 완전히 소멸되었다. 돌소금 생산의 중단 시기는 결국 제주도 내에서도 필요한 만큼의 소금을 염가로 구입할 수 있었던 시기와 맞물린다는 점은 의심할 바 없다. 실제로, 구엄마을뿐만이 아니라 도내의 유수한 제염지들이 때를 같이하여 소멸되기에 이르렀던 것이다.[159] 그렇다면 제염생산활동의 중단과 함께 농어가의 경제에 미친 영향은 어떠했는가. 본 장에서는 돌소금 생산 중단 이후 최근까지의 상황변화를 논의해 보기로 하겠다.


## 1. 농어가의 경제적 변화

돌소금 생산의 중단 이후 구엄마을의 농가경제는 적어도 자료상 혹은 청취조사의 결과를 토대로 했을 때, 크게 지적될 만한 사항은 없다고 해도 좋을 것이다. 이러한 점은 선조로부터 물려받은 돌소금 생산 장소가 평상시의 생활에 부분적으로 도움을 준 것만은 틀림없는 사실이나, 그것 자체를 하나의 자본성 토지로 생각하여 활발하게 매매를 했다거나, 혹은 돌소금 판매를 통하여 눈에 띌 정도로 부를 축적한 사람은 전무하다는 사실에서 이해할 수 있다. 다시 말해, 돌소금 생산 장소인 암반은 자연적인 환경이 안겨다 준 부산물이었다는 점과 함께, 조금이나마 당시의 생활고를 덜 수 있는 보조적 수단

---

159) 정광중 · 강만익, 1998, 전게논문, pp.351 – 379.

이었다는 성격이 강하였다.

결과적으로 돌소금 생산 중단이 농어가의 경제를 좌지우지할 정도로 큰 영향은 미치지 않았다는 사실이다. 이 점은 돌소금을 생산하는 단계에서부터 그러했듯이, 제염 농어가들이 막대한 자본금을 투자하여 염전을 관리·유지해 왔던 것도 아니었으며, 동시에 판매에서 얻어지는 수입이 가옥이나 토지, 선박(테우, 덕판배 등) 등 부동산을 사들일 정도로 고정적이고 막대한 수입원이 아니었음을 간접적으로 시사하고 있는 것이다. 이러한 사실들은 과거의 제염 농어가로부터 청취한 조사에서도 명확히 확인되었다. 그렇지만 그 당시 돌소금의 판매에서 얻어지는 작은 이익이 일가족의 세 끼니를 충족시키는 데에 미력하나마 도움을 주었다는 사실은 구엄마을의 서민생활사를 이해하는 데 빼놓을 수 없는 일이다.

돌소금의 생산 중단은 자신들의 일상생활에서 일어난 작은 변화일 뿐이었으며, 그러한 상황을 제염 농어가는 수입원의 감소라고 생각하기에 앞서, '한 시대의 흐름'으로서 당연시하게 받아들이게 된 것이다. 이처럼 제염중단이라는 변화에 대하여 제염 농어가들의 유순한 대응이 가능했던 것은 이미 제주도 내에는 전남의 진도나 해남 등지로부터 다량의 소금이 수입, 판매되고 있었다는 사실도 중요한 배경이 되었다.[160]


## 2. 최근의 마을 변화

돌소금 생산 중단 이후 1980년대 중반까지 약 35년이라는 세월이

---

[160] 조선총독부농상공부편, 1910, 전게서, p.430.

흐르는 과정 속에서도 구엄마을에 이렇다 할 정도의 경제적인 큰 변화는 없었다. 이 점은 구엄마을뿐만 아니라, 삼엄이라 일컬어지는 인근마을인 중엄마을과 신엄마을의 경우도 마찬가지였다. 인근마을의 경제적인 변화는 오히려 신엄마을에서 분리된 용흥마을에서 두드러지게 나타났다. 즉, 그것은 1960년 중반경 몇 개의 독농가에 의하여 도입된 밀감재배였다.[161]

그러나 1980년대에 돌입하면서 구엄마을을 비롯한 중엄 및 신엄마을에도 큰 변화가 나타나기 시작하였는데, 그것은 다름 아닌 참외, 수박, 오이 및 양배추 등 상품작물의 도입이었다. 이들 농작물의 재배에는 해를 거듭할수록 대다수의 농가가 참여하게 되면서, 대단위 영농의 형태로 집단화하기에 이르렀고, 마침내는 제주도 내에서도 가장 많은 생산량을 자랑하는 우수산지로 성장하게 된 것이다. 특히 1990년 이후부터 구엄마을의 경우는 노지작물인 수박, 참외(여름), 양배추(겨울) 이외에도 비닐하우스를 이용한 오이와 토마토 생산으로 특화해 감으로써, 중엄 및 신엄마을과는 다른 경제성을 추구하는 단계에 이르렀다.

상품작물의 도입과 산지로서의 성장은 이들 삼엄마을에 막대한 부를 안겨다 주는 결과를 가져왔다. 아울러 인구증가에 따른 주택난에 힘입어 아파트형 주택들이 급속히 증가하는 변화를 맞이하게 되었다. 또한 때를 같이하여, 제주관광정책의 활성화를 행정적인 차원에서 적극 추진한 결과, 구엄마을을 중간 경유지로 하는 새로운 해안도로가 건설되었다.[162] 1950년대 초 돌소금 생산이 중단된 이후 구엄마

---

161) 1940년대만 하더라도 구엄, 신엄, 중엄 및 용흥마을은 구엄과 신엄의 두 마을로만 구성되어 있었으며, 현재에도 구엄국민학교 및 신엄중학교를 중심으로 학구가 형성되어 있어서, 이들 마을 간을 연결하는 지역 단위는 주민들의 일상생활권이라고 보아도 무리가 없다. 따라서 인근마을의 변화에는 서로가 민감한 반응을 보여 온 것도 사실이다.

을에는 그야말로 숨 가쁜 변화의 물결 속에 뒤덮이게 된 것이다.

한편, 새로운 형태의 제주관광의 효과를 추구하는 측면에서, 한동안 잊혔던 과거유산에 대한 복원사업이 군 단위 차원에서 본격적으로 행해지게 되었다. 구엄마을에서는 1996년 6～8월에 마을 어촌계의 지원비 300만 원과 군 지원비 1,500만 원을 투자하여, 돌소금 생산지의 일부를 복원하였다.163) 또한 관광객들이 소라, 고등, 문어 등 해산물의 채취를 경험할 수 있도록 '관광체험장소'도 설치하였다.164) 돌소금 생산지의 복원과 더불어 당초의 목적은 마을 어촌계에서 직접 돌소금을 생산하여 관광객들에게 판매하기로 되어 있었으나, 전술한 바와 같이 상품작물의 생산에 따른 고정적인 노동력 확보의 어려움과 최근에 잦은 해수의 범람 등으로 현재까지 목적달성에는 미치지 못하고 있다. 그러나 해안도로의 건설과 새로운 해안경관의 정비에 힘입어, 제주시로부터 가까운 구엄마을에는 여름철 피서객은 물론 드라이브를 목적으로 젊은 남녀들이 즐겨 찾는 명소로 정착돼 가고 있다.

이상과 같이, 구엄마을의 돌소금 생산지는 약 30여 년이 지난 오늘날에 이르러, 신선한 관광지의 경관구성요소로 부각됨과 동시에, 마을 주민들에게는 과거의 어려웠던 삶을 되새길 수 있는 추억의 공간으로 재등장하기에 이른 것이다.

---

162) 해안도로는 기존의 일주 도로의 교통난을 해소함과 동시에, 새로운 형태의 제주 해안관광의 시대를 기대하고자 1990년 6월 30일부터 1996년 11월 27일에 걸쳐 연차적으로 건설되었다. 구엄마을을 관통하는 해안도로는 하귀에서 시작하여 구엄, 중엄, 신엄 및 고내를 걸쳐 애월마을까지 약 10킬로미터 정도 이어진다(1997년 12월 5일, 북제주군청과의 전화문의에 의함).

163) 1996년 12월 23일 구엄리 어촌계장 조두헌 씨(남, 71세)로부터의 청취조사에 의함.

164) 관광체험장소도 같은 해에 5,000만 원(마을 어촌계 2,000만 원, 군지원비 3,000만 원)을 투자하여 설치하였다. 주요 사업내용은 제방 축조, 진입로 건설, 가로등 설치, 입간판 및 해녀상 설치 등이다.

# V. 결 론

　본 연구는 과거 제주도의 특정취락 내에 존재하던 소규모의 염전을 배경으로 역사적, 공간적, 사회·경제적 측면에서 소금생산과 판매, 생산의 중단에 따른 농어가와 마을의 변화를 논의 삼아 검토·분석하였다. 특히 본고에서는 작은 지역단위에서 전개되는 지리적 현상을 부분적인 단면으로 구분하고 단계적으로 검토한 후에, 마을 전체의 동향을 파악하는 미세지지의 접근방법을 원용하였다. 연구결과, 다음과 같은 사실들이 확인되었다.

　첫째로, 구엄염전은 사료에 기초할 때, 전오염 형태에서 천일염 형태로 발전한 것으로 생각된다. 전오염을 생산하던 시기는 조선시대 말엽에서 1910년 이전에 해당되며, 일제가 본격적으로 강점한 이후에는 파식대의 암반을 이용한 천일염의 생산형태로 발전하게 되었다. 이 천일염의 생산형태는 반도부의 대형염전에서 볼 수 있는 것과는 달리 가족 노동력과 자연적인 암반면만을 이용한다는 데서 크게 차이가 난다. 그리고 여기서 중요한 사실은 전오염 생산에서도 일차적으로 필요한 함수는 암반 위에서 만들었다는 점이다. 전오염의 생산형태에서 천일염 생산형태로 전환하게 된 배경은 제염도구 중에서 가장 중요한 제염 가마의 불비와 함께 연료취득의 문제가 내재되어 있던 것으로 생각된다.

　둘째로, 돌소금 생산은 최성기에 약 40호에서 가구당 20～30평 정도의 규모로 행해졌으며, 1950년을 전후하여 반도부로부터 많은 양의 천일염이 이입됨으로써 완전히 중단·소멸되었다. 이처럼 구엄 마을에서는 극히 소규모로 제염활동이 행해졌으며, 제염단계에서도 아주 단순한 몇 개의 도구만을 사용하는 원시적이고 초보적인 형태를 취하고 있었다.

셋째로, 돌소금의 판매지역은 주로 중산간지역의 마을을 대상으로 하였으며, 판매방법은 잡곡과의 물물교환방식이 주가 되었고 극히 일부는 화폐에 의한 판매를 취하고 있었다. 돌소금 판매지역까지의 운반에는 주로 부녀자들의 등짐을 이용하거나 소와 말의 축력을 이용하였다. 돌소금의 판매에 이용된 도로는 현재 대부분이 포장되어 중산간지역의 마을을 연결하는 중요한 기능을 하고 있으나, 그 이전에 소금을 통하여 해안지역과 중산간지역과의 사회적·경제적인 연결고리의 역할을 수행하고 있었다.

넷째로, 돌소금 생산이 중단된 이후에도 농어가에 미치는 경제적인 타격은 그다지 크지 않았다. 그 이유는 돌소금 생산 그 자체가 지리적 환경이 가져다준 부산물이었다는 배경도 있었지만, 주로 물물교환에 의하여 판매되던 이익이 실생활에서의 생계비에는 큰 비율을 차지하고 있지 않았기 때문이다. 따라서 돌소금의 생산은 어디까지나 밭농사 이외에 얻어 낼 수 있는 생활의 보조수단이었다고 할 수 있으며, 이러한 사실은 돌소금의 판매결과, 현금화에 의한 부의 축적을 거의 볼 수 없다는 점에서도 더욱 확실시된다.

다섯째로, 돌소금 생산이 중단된 이후 1980년대 중반까지 구엄마을에는 별다른 변화 없이 보리, 조, 콩, 고구마, 유채재배 등 주로 밭농사에 의존하고 있었다. 그 이후 수박·참외·오이 및 양배추(겨울) 등 상품작물의 도입은 물론, 제주시로부터 근거리에 위치하는 영향을 받아 주택단지의 건설 및 해안도로의 건설 등으로 마을 전체가 변모하기 시작하였으며, 개별 농어가에서도 많은 변화가 나타나기 시작하였다. 지가의 상승에 따라 농경지의 상대적인 이용가치가 높아지게 되었고, 그와 함께 과거의 돌소금 생산 터인 암반도 새로운 역할을 부여받는 모습으로 단장하게 된 것이다. 즉, 관광객들에게 해안 산책로와 체험관광의 장소로서 제공되는 한편, 구엄마을의 역사를 전달해 주는 역할이 바로 그것이다.

※ 본고가 발표되고 나서 한참 시기가 경과한 후에, 돌소금 생산 장소인 일명 '소금밭' 매매와 관련되는 매매증서가 발굴되었다(본고의 136)번 각주 내용). 이에 대해서는 고광민, 2006, '제주도의 염전과 소금 생산방식'(고광민·김의환·김일기·최성기·홍금수, 2006, 『조선시대 소금 생산방식』, 신서원), pp. 253-319를 참고해주기 바란다.

# 참고문헌


건설부·국립지리원, 1982, 『한국지명요람』.

고광민, 1994, 생업문화유산, 『제주의 문화유산』, 한국이동통신 제주지사, pp. 132-160.

고승제, 1955, 이조염제의 기본구조, 서울대인문·사회과학논문집, 제3집, pp. 317-322.

고승제, 1956, 이조염업의 경제구조, 서울대인문·사회과학논문집, 제4집, pp. 361-398.

권혁재, 1987, 『한국지리』, 법문사.

金尙憲, 1602, 『南槎錄』(김희동 역, 『남사록』, 영가문화사).

김호종, 1984, 조선후기 제염에 있어서 연료문제, 대구사학, 제26집, pp. 147-175.

김호종, 1986, 조선후기 어염의 유통실태, 역사교육논집, 제12집, pp. 101-139.

김일기, 1991, 전오염 제조법에 관한 연구, 문화역사지리, 제3호, pp. 1-18.

김의환, 1996, 소금 - 생산에서 세금까지-, (한국역사연구회, 1996, 『조선시대 사람들은 어떻게 살았을까(1) -사회·경제 이야기-』, 청년사.), pp. 186-197.

김재완, 1992 조선후기 염의 생산과 유통에 관한 연구, 지리학논총, 제19호, pp. 29 - 47.

박병선, 1984, 조선후기 궁방염장연구-17, 18C를 중심으로-, 영남대대학원 석사학위논문.

박용숙, 1977, 조선초기의 염업고, 부산대인문·사회과학논문집, 제16집, pp. 361-377.

서일석, 1986, 남양만 간척지의 염전이용과 취락구조에 관한 연구, 동국대대학원 석사학위논문.

송성대, 1996, 『제주인의 해민정신 - 정신문화의 지리학적 요해-』, 도서출판 제주문화.

오성찬, 1992, 『제주토속지명사전』, 민음사.

유승원, 1979, 조선초기의 염간, 한국학보, 제17집(겨울호), pp. 30-59.

유필조, 1996, 장돌뱅이의 애환(한국역사연구회, 1996, 『조선시대 사람들은 어떻게 살았을까(1) - 사회·경제 이야기-』, 청년사.), pp. 152-163.

정광중·강만익, 1998, 제주도 염전의 성립과정과 소금생산의 전개 - 종달·일과·구엄염전을 중심으로-, 탐라문화(제주대학교 탐라문화연구소), 제

18호, pp. 351-379.

정명옥, 1986, 경기만의 천일제염업 – 남동, 소래 염전을 중심으로 – , 고려대대학원 석사학위논문.

조선총독부농상공부편, 1910, 『한국수산지(제3집)』, 조선총독부인쇄국.

제주도, 1995, 『제주어 사전』, 제주도.

최성기, 1985, 조선시대 염전식 자염 – 동해안(영해)을 중심으로 – , 안동문화, 제6집, pp. 57-83.

한국정신문화연구원, 1979, 『탐라순력도 · 남환박물』.

한인수, 1977, 한말 이후 일제하의 우리나라 제염업의 실태, 응용지리, 제1권 제1호, pp. 34-53.

한인수, 1977, 우리나라 제염업의 전개과정 소고, 『청파 노도양박사 고희기념논문집』, pp. 151-174.

尾崎乕四郎, 1979, 『微細地誌 – 地誌學 · 社會科敎育學の原點 – 』, 二宮書店(日本 : 東京)

龜井千步子, 1979, 『鹽の民俗學(東書選書 35』, 東京書籍株式會社(日本 : 東京).

富岡儀八, 1983, 『鹽の道を探る(岩波新書)』, 岩波書店(日本 : 東京).

# 장수마을의 지리적 환경과 제 조건에 관한 시론적 연구

정광중

## 1. 머리말

원래 '장수(長壽)'의 개념 자체를 정의하기 어렵듯이, 이와 직결되는 '장수마을'의 개념 설정도 상황적으로 여러 사회적 기본지표의 설정 여부에 따라 다양하게 제시할 수 있다. 그러나 본 연구에서는 우선 장수의 개념을 '65세 이상의 노년인구 중에서 80세 이상 인구가 차지하는 비율'로 정의한 다음, 장수마을의 개념도 '노년인구 중 80세 이상 인구가 많이 거주하는 마을'로 정의하여 논의하고자 한다.

본 연구에서는 장수마을의 공간적 범위를 행정구역상 독립된 마을 범위와 동일시하여, 개별적 장수마을의 지리적 환경이 어떤 특성을 띠고 있는지를 종합적으로 검토·분석한 후, 장수생활과 관련된 공통적인 지리적 환경요소를 추출함과 동시에 그런 요소가 오랜 생활을 지속해 오는 과정에서 어떻게 영향을 미칠 수 있었는지에 대해 고찰하고자 한다. 이를 위해 인구사회학적인 특성에 의해 선정된 5개의 장수마을 즉 ① 한경면 금등리, ② 애월읍 고성 1리, ③ 안덕면 감산리, ④ 한경면 산양리, ⑤ 애월읍 유수암리에 대한 지리적 환경과 더불어 장수와 관련되는 지리적 제 조건을 검토하기로 한다.

그러나 한 가지 분명히 밝혀 둘 것은 여기서 검토한 지리적 환경이나 지리적 제 조건이 장수마을을 형성하는 데 필요조건은 될 수 있어도 충분조건은 아니라는 점이다. 특히, 지리적 환경은 인위적으로 조작된 상태에서보다는 자연적인 상태에서 보다 더 영향력이 크게 작용하는 것이 사실이다. 따라서 장수마을의 성립·형성 과정에서는 지리적 환경이 중요한 요소로 작용할 수는 있지만, 반드시 동일한 지리적 환경이 주어진다고 해서 어느 지역에서나 장수마을이 형성될 수 있다는 사실과는 별개의 문제로 이해해야 할 것이다.

그리고 앞으로 논의할 지리적 환경과 지리적 제 조건은 어디까지나 상대적인 비교를 위한 상황적 요소, 즉 넓게는 한국 내의 다른 지역과 제주도의 비교라든지, 좁게는 제주도 내에서의 동부지역과 서부지역 혹은 산남지역과 산북지역과 같이 지역적인 대비를 위한 기본지표로서 받아들일 때 유효한 수단임을 강조해 두고자 한다.


## 2. 장수마을의 성립을 위한 지리적 환경의 중요성

### 1) 장수마을에 대한 지리적 환경요소의 설정

장수마을의 지리적 환경이 어떻게 구성·조직돼야 하는지에 대한 정답은 존재하지 않으나, 장수하는 사람들이 상대적으로 많이 거주하고 있는 지역이나 마을에 대한 지리적 환경을 검토해 보는 것은 장수마을의 조건을 밝히는 데 대단히 의미 있는 일이다. 인간이 지표면에 터(址)를 잡고 생활해 나갈 때의 기본적 조건은 과거나 현재를 막론하고, 우선 자연환경을 배경으로 삼기 때문이다. 그래서 장수의 개념과 관련해서도 거시적인 차원에서는 자연환경의 요소가 매우 중요하게 지적되고 있는 것도 사실이다(차종환·차윤호, 2000: 163－174).

일반적으로 자연환경은 국가단위로 보거나 혹은 지역단위로 볼 때, 정해진 공간적 범위 내의 구성요소나 그 영향력은 서로 다르게 나타날 수밖에 없다. 자연환경의 요소는 보다 항구적이고 영속적인 특성을 띠며 존재하는 만큼 인간의 생활상에 관련되는 부문은 크다고 할 수 있다. 그렇기에 자연환경이 국가마다 혹은 지역마다 어떻게 다른지에 대한 검토는 기본적이면서 근본적인 사안이라 할 수 있다. 이러한 관점에서, 본 연구에서 활용한 구체적인 장수마을의 지리적 환경요소는 자연적 환경요소로서 ① 위치와 지형, ② 기후, ③ 토양·식생, ④ 자연자원을 선택하였다.

## 2) 장수마을의 성립과 지리적 환경과의 관련성

지리적 환경요소 중 '위치'는 특정한 공간적 범위 안에서 장수마을이 구체적으로 어떤 장소(지점)에 자리 잡고 있는지, 상대적으로 주변에 위치한 마을과는 어떤 위치적 특성을 띠고 있는지를 검토하는 것이 일반적이다. 그러므로 장수마을의 위치와 관련해서는 '수리적 위치'와 '관계적 위치'로 검토할 수 있겠지만, 본 연구에서는 '관계적 위치'가 더 중요하다고 판단해 이를 중점적으로 파악하였다.[165] 관계적 위치에서는 장수마을을 중심으로 해서 동서남북 방면에 분포

---

165) 지리적 위치는 일반적으로 경도와 위도로 표현되는 '수리적 위치'와 특정지역을 기점으로 하여 주변의 지리적 요소와의 관련성에서 파악하는 '관계적 위치'가 있다. 장수마을의 위치와 관련해서는 주민들의 생활관계(근접 시가지, 시장, 주요 도로, 인근 마을 등)를 중요시하는 것이 보다 더 의미 있을 것으로 판단했기 때문에 후자를 강조하였다. 아울러, 장수마을의 수리적 위치는 지형도상에서 바로 읽을 수 있다.

하는 주변 마을과 가장 근접해 있는 도시(시장), 해안과의 거리, 그 외에 자연적 환경요소와의 관련성에서 부각되는 것을 바탕으로 추출할 수 있다.

지형조건은 마을(취락)과 마을 주변의 토지나 도로 등 생활공간이 되는 지표면이 어떤 상태로 존재하느냐 하는 점에서 중요하다. 그 배경은 한 마을 내에서 장기간 혹은 일생 동안 생활해야 하기 때문에, 전체적으로 볼 때 특정마을을 중심으로 한 주변 지형이 평탄면인지, 완경사면인지 아니면 급경사면인지는 개개인의 체력에도 영향을 주는 요소로 작용하기 때문에 중요하게 인식해야 한다.

기후조건은 특히 노년층의 경우 평균기온보다는 상대적으로 높아야 신체가 적응하기에도 유리한 것으로 평가되고 있으며, 이와 관련하여 환절기나 일교차가 클 경우에 자주 발생할 수 있는 급사현상(急死現象)도 막을 수 있다고 해석되고 있다. 결국 보통 1년을 기준으로 볼 때, 춘하추동의 각 계절마다 평균기온보다는 다소 높아야 장수조건에는 적합하다고 할 수 있을 것이다.

토양조건은 그 질적 분포가 중요시된다. 토양의 질적 분포는 비옥도로 인한 생산력의 차이가 발생할 수 있으며, 그로 인해 초래되는 생산물의 과다는 가족들의 기본적인 식생활의 유지 가능성과 직결된다. 그러므로 토양조건이 양호한 지역일수록 경제생활의 심적 부담은 줄어들게 되며, 그에 따른 정신적 부담도 감소하게 된다. 식생조건은 마을 주민들의 생활의 활력소 역할을 하는 경관적 기능체로서뿐만 아니라, 제주도라는 지역적 여건상 땔감(薪炭)의 조달을 비롯하여 마소의 꼴('촐')이나 지붕의 재료인 띠('새')의 확보란 측면에서, 특히 삼림과 임야의 분포 정도가 중요한 일면을 띤다고 하겠다.

자연자원의 측면에서는 각 마을의 용천수 및 봉천수의 분포와 활용 정도가 중요하다. 화산지형인 제주도는 식수가 상당히 귀중하였으며, 그런 이유로 용천수가 주로 분포하는 해안지역에 많은 마을들이 형성되었다. 반면에 중산간지역에서는 봉천수를 사용하는 마을이 많았는데, 이 경우 가뭄이나 겨울철의 식수 부족으로 인해 많은 고통을 겪기도 하였다. 그러므로 자연자원인 용천수나 봉천수는 '수량'과 '수질'이란 측면이 중요하다고 할 수 있다.

## 3. 장수마을의 지리적 환경에 따른 배경과 제 조건

### 1) 한경면 금등리([그림 10-1] 참조)

한경면 금등리는 해안 일주 도로인 12번 국도를 따라 산북지역의 서부해안에 위치하며 2001년 12월 현재 69세대 191명(남: 93명, 여: 98명)(제주도, 2002: 27)이 거주하는 작은 마을이다.166) 제주시로부터의 거리는 약 38~40km 정도 떨어져 있는데, 일상생활상에서의 편리한 지역은 한림읍 시가지라 할 수 있다. 한림읍 시가지와는 대략 5~6km 정도의 거리를 유지하고 있는데, 자동차로는 약 20분 정도가 소요된다.

금등리는 다른 장수마을과는 달리 전형적인 해안마을이다. 금등리의 동쪽은 판포리, 서쪽으로는 두모리, 남쪽으로는 조수리가 자리 잡고 있다. 전체적인 마을의 모습은 북서~남동 방향으로 길게 이어진 형태를 취하고 있다. 금등리는 약 90여 년 전에 두모리에서 분리되었으며 옛 마을이름은 '한개(대포)'라 한다. 현재의 마을이름은 중국

---

166) 금등리의 가구 수는 본동이 60호, 수장동이 10호로 총 70여 호로 구성된다.

등(藤)나라의 지형 모습에서 따 왔다고 하나,[167] 그 정확성 여부는 확실치 않다.

금등리가 위치하는 지역은 해발고도상으로는 40m 미만의 상당히 낮은 해안 저지대이다. 특히 리사무소와 어촌계 사무소, 경로당 등 마을의 주요 시설들이 위치하는 본동의 경우는 해발 10~20m 사이로 완만한 평탄지를 형성하고 있으며, 연안 바다와도 불과 300m 내외로 아주 근접해 있는 상황이다.

주변의 지형적 특색을 보면, 북서쪽에는 비교적 수심이 낮고 해저 암반이 많은 연안 해안이 위치하고 동북쪽으로는 널개오름(판포오름, 93m)과 정월오름(106m), 남동쪽으로는 저지오름(238m)이 위치한다. 이들 주변 오름은 금등리 주민들의 생활에 크게 영향을 줄 정도의 지형적 불리함은 없다. 따라서 금등리의 거의 모든 택지와 농경지들은 남동쪽에서 북서쪽 방향으로 아주 완만한 경사를 이루는 지형면을 이용하여 분포하는 형태이다. 나아가, 마을 안에서 보면 주변 지역은 완전히 개방된 상태로서 일상생활에서의 가시거리가 상당히 높게 나타날 수 있는 지형적 조건을 띠고 있다.

기후적 조건은 고산 고층 레이더 기상대의 측정치에 따르면, 2000년도 기준의 평균기온은 15.1℃, 연강수량 1,014㎜, 평균상대습도 73%, 연간 일조시간 2,084hr, 평균풍속 7.2㎧, 최대풍속 32.2㎧를 보인다(제주도, 2001: 58-59). 이 기상자료는 제주도 북서지역을 커버하는 것으로서 상대적으로 다른 지역과 비교할 때 평균풍속과 최대풍속에서 큰 차이를 보인다. 이 점은 단지 2000년에 한정되는 자료가 아니기 때문에, 고산을 중심으로 한 북서지역이 제주시나 서귀포 및 성산포 지역에 비해서는 바람의 영향이 다소 크다고 할 수

---

167) 2002년 1월 16일(수), 금등리 노인 회장 이창화 씨(77세)와의 인터뷰에 의한 내용임.

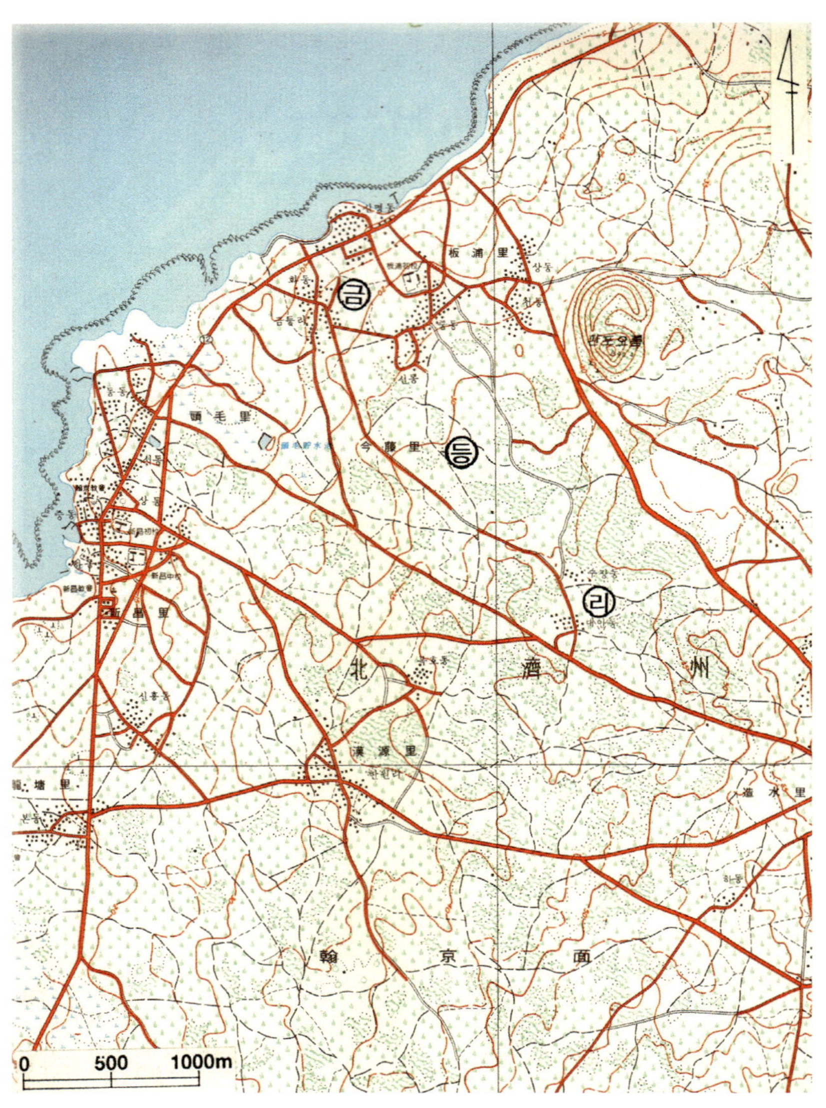


(자료: 1:25,000 지형도)

[그림 10-1] 장수 사례마을: 북제주군 한경면 금등리

있는 것이다. 따라서 북서지역의 경우 여름철과 겨울철의 일상생활에서 피부에 와 닿는 바람의 세기는 높게 나타날 수 있는 상황이다.

금등리 주변의 식생은 전체적으로 볼 때 2개의 마을 중 본동보다는 남동쪽에 위치하는 수장동(상동)으로 갈수록 삼림이 많이 분포하는 것으로 나타난다. 아울러 일부의 활엽수 종을 제외하면 대부분은 소나무가 주종을 이룬다. 특히, 본동 주변에서는 직선거리로 약 1700~1800m상에 보이는 널개오름상의 소나무 군락 외에는 확연히 눈에 띄는 삼림은 없으나, 수장동의 남서쪽 지역 즉 판포리~금등리~한원리~조수리~낙천리를 연결하는 지역에 임야와 삼림이 풍부하게 자리 잡고 있다. 그리고 마을 안팎의 여러 곳에 소규모의 임야도 존재하기는 하나, 각 임야마다 입목량은 그렇게 많지 않은 상황이며, 더러는 나지(裸地)에 가까운 임야도 발견된다. 이것은 다른 각도에서 생각해 보면, 과거의 생활과정에서는 인구가 집중돼 있는 해안지역일수록 삼림이나 임야의 활용이 높았음을 대변하는 것이다. 이 점은 특히 해안도로에서 본동의 리사무소로 이어지는 주변부에 넓게 펼쳐지는 밭의 분포에서도 확인된다. 오늘날 금등리 안에 '곶가름'이라는 마을이름이 남아 있다는 것은 한때 삼림과 임야가 풍부했었음을 의미하는 것이라 할 수 있다(濟州道, 1993: 578).

토양조건은 북제주군농업기술센터가 제공하는 '농업토양환경정보시스템'에 따르면, 토지의 5등급 분류체계에서 논은 주로 1~2등급, 밭은 2~3등급에 주로 편중되고 있어서 토지 이용적 측면에서 보면 비교적 양호한 편이다.[168] 청취조사에 의한 결과에서도 농가당 경지 소유면적이 협소한 것이 흠이긴 하나, 토질은 좋은 편이라는 의견이 압도적이었다.[169]

---

168) 홈페이지(http://soils.naist.go.kr/gishome/default.asp)에 의함.

경지는 마을의 형국에 따라 주로 남동~북서 방향으로 길게 분포하는 특색을 보이는 가운데, 아주 적은 필지의 논이 두모리와의 경계지점에 위치하는 특징 외에는 밭과 임야가 괴상(塊狀)으로 혹은 불규칙적으로 분포하는 상황을 보인다. 밭은 마을의 중간 지점, 즉 해발 30m 이하의 저지대에 많이 분포하는 경향을 보이고 있다. 또한 본동 주변에서는 작은 면적의 임야가 군데군데 분포하지만 수장동 주변에서는 비교적 규모가 큰 임야가 분포하여 대조를 이룬다. 수장동 주변부에서부터 그 남쪽(한라산 방향) 지경은 과거에 땔감과 마소의 꼴, 또는 지붕용 띠(새) 등을 조달하던 임야와 '새왓(띠밭)'이 많이 분포하고 있었다. 경지별 면적(2001년)은 밭 67ha, 논 3ha, 임야 33ha, 기타 용도의 경지가 47ha로 나타난다.[170]

금등리의 자연자원인 용천수는 해안지역인 만큼 풍부한 편이었다. 공동수도가 보급되기 이전까지는 주민들은 '애개수', '비러물', '바톰물', '손두물'의 네 군데의 용천수를 이용하며 생활했다. 수량도 풍부한 편이었으며 보통 여름 가뭄 때에도 수량이 줄지 않아 물 걱정은 별로 하지 않았다고 한다. 특히, '바톰물'은 물의 양이 많았는데 가뭄 시에는 주변 중산간마을에서도 길러 올 정도였다.[171] 더불어 마을과 해안 용천수까지의 거리도 가까워서 허벅으로 집까지 운반하는 데도 무난했었다는 지적이다. 최근 이들 용천수는 예전에 비해 수량이 크게 줄어들었으며, '비러물'과 '바톰물'은 보호시설의 파괴와 함께 주변 오염원으로부터 완전히 노출돼 있는 상태이다. 앞으로 장수마을의 이미지 구축과 함께 실질적인 활용을 전제로 한다면, 이들

---

169) 금등리 노인 회장 이창화 씨(77세) 등 5명의 마을 주민들과의 인터뷰(2002년 1월, 4월)에 의한 내용임.

170) 금등리 사무소 소장 자료(2002년도 마을 현황판)에 의함.

171) 2002년 4월 11일(목), 금등리 어촌계장 고성일 씨(55세)와의 인터뷰에 의한 내용임.

용천수에 대한 보전 대책이 조속히 이루어져야 할 것이라 생각된다.


## 2) 애월읍 고성 1리([그림 10-2] 참조)

북제주군 애월읍에 속하는 고성 1리는 16번 국도인 중산간 도로 상에 형성된 마을이다. 제주도 전체를 기준으로 해서 볼 때, 마을의 위치는 산북지역 서부 중산간에 위치하고 있다. 1966년부터 중산간 도로가 개통된 이후 시외버스가 중산간지역에 왕래함에 따라 중산간 지역 내의 주민들의 생활은 큰 폭으로 달라졌다.[172]

고성 1리는 해발고도상으로 보면 120~140m 사이에 위치한다. 마을 주변의 높은 지형은 북쪽에 파군봉(85m), 서북쪽에 수산봉(122m), 남쪽에는 안오름(169m), 극락오름(309m)과 산심봉(650m)이 위치하나, 산세가 다소 미약하고 비교적 원거리에 위치해 있어 고성 1리의 주민들이 생활하는 데 직접적인 영향을 줄 정도는 아니다. 건천인 고성천은 마을의 일부지구를 나누며 남쪽에서 북쪽으로 흐르고 있다.

마을 중심부는 도로를 낀 상태로 평탄면이 우세하고, 남서쪽에 위치하는 항파두성 부근에서 남동쪽 방향으로 다소 경사각을 취하고 있는 관계로, 마을 자체는 분지형(盆地型) 마을과 같은 구조를 취하고 있다. 16번 국도가 취락을 양분하는 형태로 가로지르고 있으며, 가장 근접한 해안(하귀)과는 약 3.5km 떨어져 있다. 그리고 제주시와 고성 1리와의 거리는 마을 중심부에서 구제주 중심부까지를 기준으로 할 때 약 14km 정도이다. 고성 1리는 크게 본리(本里)와 '보로미'

---

172) 북제주군지(2000)에 의하면, 북제주군 지역의 중산간 순환도로는 1966년 12월 16일에 개통되어, 1967년 4월 10일에 처음으로 제주시~납읍마을 간에 정기버스가 다니게 되었고, 1968년 4월 15일에는 다시 제주시~한림간 사이에 정기버스가 놓이게 되었다고 한다(북제주군, 2000, 『北齊州郡誌』(하권), p. 923.).

로 구성된다.

고성 1리는 중산간마을이기는 하지만 동쪽으로는 광령 1리와 3리, 서쪽으로는 장전리, 남쪽으로는 양잠단지라 부르는 고성 2리와 유수암리 및 광령 2리, 그리고 북쪽으로는 상귀리가 위치하는 등 주변부가 여러 인근 마을로 둘러싸인 관계로 인해, 과거로부터 활발한 생활교류가 행해질 수 있는 위치적 조건을 안고 있다.

기후조건에서는 고성리나 근처의 기상관측 시설이 없는 관계로, 제주시 지역의 수치를 활용할 수밖에 없다.[173] 2000년에 제주기상대가 관측한 기상자료를 참고로 하면, 제주시는 평균기온 15.7℃, 연 강수량 1,189㎜, 평균상대습도 66%, 일조시간 2,046hr, 연평균풍속 3.4㎧, 최대풍속 17.9㎧를 나타낸다(제주도, 2001: 52−53). 따라서 이들 수치 중 연 강수량만큼은 예년에 비해서 다소 떨어진 상태로서 다소 농업용수의 부족을 느낄 수 있는 정도이기는 하나, 일상생활에서는 그다지 큰 불편을 느낄 정도는 아니다.

고성 1리의 주변 식생은 주로 마을의 남쪽~동남쪽 방향에서 탁월한 경향을 보인다. 특히, 마을 남쪽에는 항파두성이 위치하는데, 이 항파두성을 중심으로 하여 동남쪽으로 감싸는 듯한 상태로 소나무를 중심으로 한 몇 수종이 두드러진 분포를 보이고 있다. 그리고 고성천을 따라 남북으로도 소나무가 무성한 군락을 이루고 있다. 그 외에는 마을 내의 여기저기에 대나무 숲과 팽나무 정자목 또는 보호수가 눈에 띄며, 또한 과수원 조성으로 인해 인공림으로 등장하는 삼나무 군락도 군데군데 분포하고 있다.

---

173) 제주도 내의 기상관측은 제주기상청을 비롯하여 서귀포기상대, 성산포기상관측소 및 고산소재의 제주고층레이더기상대의 4개 지점에서 실행하고 있다. 이들 기상대에서는 매일 날씨와 관련된 자료 즉 기온, 강수량, 바람, 습도, 운량, 일조시간, 적설량 등을 관측하고 있다.

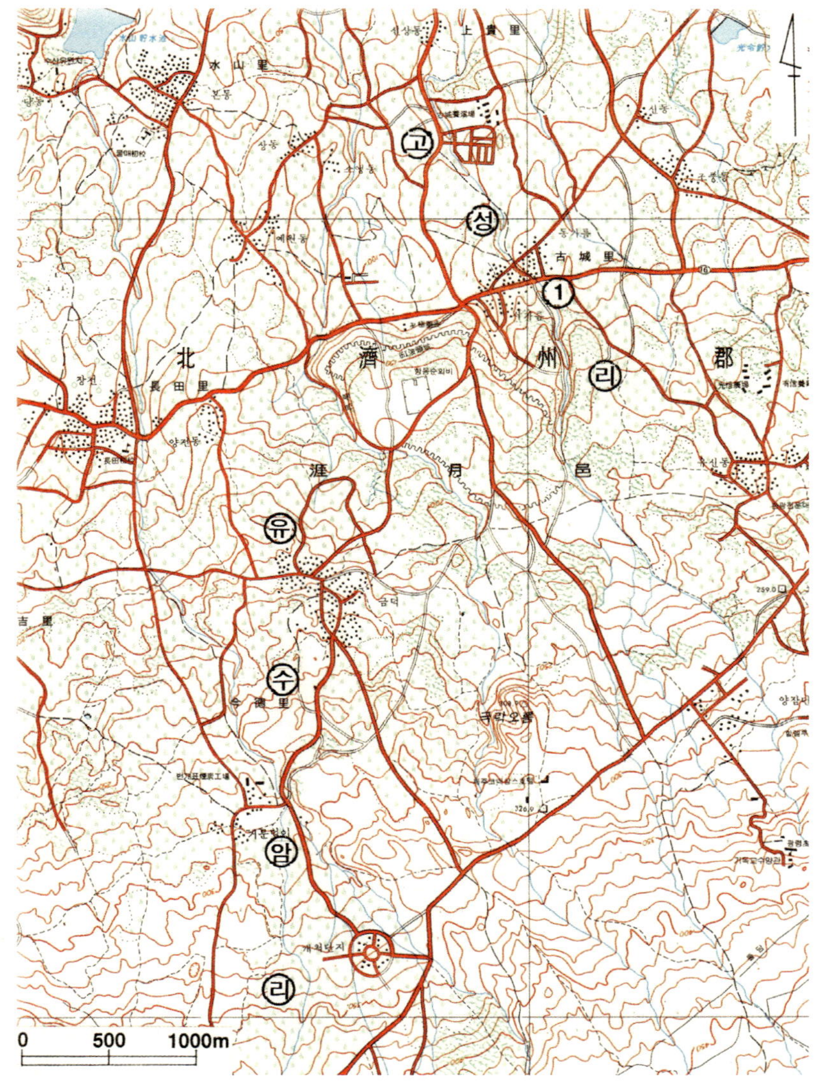



(자료: 1:25,000 지형도)

[그림 10-2] 장수 사례마을: 북제주군 애월읍 고성 1리 및 유수암리

토양조건에서는 마을 주민들(특히 노년층)의 의견에 의하면, 농업
활동에는 비교적 무난할 정도로 양호한 토질을 가지고 있다고 한다.
보리(맥주보리)나 조, 콩 등의 생산량에서도 주변 마을에 비해 뒤떨
어지지 않을 정도라 한다. 특히, 마을사람들이 보유하는 밭은 어느
지구나 큰 차이 없이 어떠한 농작물을 재배해도 수확량은 무난한 것
으로 전해진다. 토질에 대해서는 한마디로 주변 중산간마을인 장전
이나 용흥마을 사람들이 부러워할 정도라 한다. 한 가지 예를 들면,
과거에 장전이나 용흥마을 사람들은 자신들이 소유하는 땅이 다른
농사를 짓기에는 토질이 안 좋아 밀감재배를 시작했는데, 고성마을
사람들은 다른 농사가 잘되는 땅에다 구태여 밀감을 심어 자기네들
과 경쟁하려 한다는 푸념을 늘어놓을 때가 많았다는 것이다. 말하자
면, 대개 사람들은 경험적으로 어느 마을 혹은 어느 지경에 위치하
는 밭들의 토질이 좋고 안 좋음을 쉽게 구별해 왔다는 사실이다. 경
작지는 마을의 중심지에서 볼 때 동서남북 방향으로 모두 분포하고
있지만, 동·서쪽 지역에 비해서는 상대적으로 남·북쪽 지역으로
많이 분포한다. 근래에 이르러서는 서쪽의 상귀리 지경과 동남쪽의
하귀 1리 및 광령 2리 지경에도 많은 농지를 확보하여 활발한 농업
활동을 벌이고 있는 상황이다.

자연자원적 측면에서 고성 1리의 용천수는 '구시물'을 비롯하여
'오성물(옹성물)', '장수물', '종내미물' 및 '거제비물'이 있다.[174] 이
들은 구분상 중산간지역 용천수에 해당되는데, 다른 중산간마을에
비해서 상당히 용천수가 풍부한 상황이라고 할 수 있다. 고성 1리가
형성되어 발전하는 데는 역시 이들 용천수가 중요한 역할을 했을 것

---

174) 이들 용천수 중 구시물, 옹성물 및 장수물은 행정구역(지경)상으로는 상귀리에 소속되어 있
     지만, 사용에 있어서는 주로 고성 1리 주민들이 사용해 왔다.

임은 의심의 여지가 없다. 특히 마을 공동수도(1970년 3월에 보급)가 보급되기 전까지는 '구시물'이 주민들의 주요 식수원이었으며, '오성물'과 '종내미물'과 '거제비물'은 보조적인 식수원으로서의 성격이 강했다.[175] 이들은 모두가 마을 중심부에서 10~15분 거리에 위치하고 있으며, 상대적으로 거리가 먼 장수물은 마을사람들의 식수로는 거의 사용하지 않았다.

현재 '구시물'은 깨끗이 단장되어 지나가는 관광객과 행인들에게 음용수로 제공되고 있지만, 장수물의 경우는 질산성 세균의 과다 검출로 인해 활용에는 문제점이 있는 것으로 드러난다. 앞으로 '구시물'과 '장수물'은 다단계적인 오염방지와 보전계획을 통해서 사용가치를 더욱 높일 수 있는 용천수임에 틀림없다. 따라서 수량 감소와 오염방지를 위해서는 각별히 주변 지역의 환경관리(특히 농·축산업 활동의 환경단속)에 힘써야 할 것으로 사료된다.

## 3) 안덕면 감산리([그림 10-3] 참조)

안덕면 감산리는 산남 서부지역의 해안 일주 도로상에 위치하는 마을로, 2001년 12월 말 현재 302세대 960명(남: 493명, 여: 467명)이 거주하고 있다(제주도 2002: 30). 제주시(시청 기점)로부터는 자동차로 약 40~50분 정도가 소요되며, 서귀포시 중심부에서는 약 25~30분 걸리는 지점에 위치한다. 감산리를 중심으로 동쪽은 창천리, 서쪽은 화순리, 북쪽에는 서광서리가 자리 잡고 있으며, 남쪽으로는 월라봉(201m)과 군산(335m)이 해안으로 연결된다. 그리고 마을의 남쪽 즉 일주 도로와 월라봉~군산 사이를 창고천이 동북쪽(상

---

175) 거제비물은 고성 1리에서 항파두성으로 연결되는 사거리 도로변에 있었으나, 몇 년 전의 도로확장으로 인해 소멸되고 말았다.

창리·창천리 방향)에서 서남쪽(화순리 방향) 방향으로 가로지르며 흐르고 있다.

감산리는 해안 일주 도로변상에 위치하면서도 해발고도상으로는 100~150m 사이의 비교적 높은 지점에 자리 잡고 있다. 그리고 해안지역과는 남쪽의 월라봉, 군산 및 창고천으로 인해 단절돼 있으며, 북서쪽으로는 논오름(186m), 북동쪽으로는 신산오름(175m) 등이 위치하고 있어, 전체적으로는 분지형태를 취하는 중산간지역의 마을 분위기를 느끼게 하고 있다. 더욱이 해안지역 마을의 공통점이라 할 수 있는 연안바다의 이용도 이미 1970년대 초에 중단돼 버렸다는 점은 더욱 해안마을로서의 성격을 애매모호하게 하는 점이라 할 수 있다.[176]

기후적 조건은 서귀포 기상관측대의 자료(2000년)에 의하면, 평균기온 17.2℃, 연강수량 1,369㎜, 평균상대습도 67%, 연간 일조시간 1999hr, 평균풍속 2.9㎧, 최대풍속 16.1㎧이다(제주도, 2001: 54-55). 이 수치는 제주시나 고산지역과 상대적으로 비교했을 때, 평균기온에서는 1.5~2.1℃가 높은 편이고, 평균풍속에서는 0.5~4.3㎧, 최대풍속에서는 1.8~16.1㎧이 약하여, 산남지역의 기후조건은 노년층의 일상생활에는 아주 뛰어난 것으로 나타난다.

식생적 조건에서는 안덕계곡이 형성돼 있는 창고천을 따라 상록수림이 분포하며, 그 남쪽의 월라봉과 군산 주변, 그리고 북쪽의 논오름과 신산오름의 주변부 등 침엽수와 활엽수가 혼합된 삼림이 곳곳에 탁월한 분포를 보이고 있어, 장수마을의 이미지를 한층 높이는

---

176) 감산마을 주민들의 의견에 따르면, 1960년대 초까지는 감산리가 연안바다를 이용하고 있었다. 그런데 1960년대 중반 이후 전도에 걸쳐 어촌계의 결성과 함께 연안바다의 본격적인 활용이 시작되었음에도 불구하고, 감산리에서는 어촌계 조직이 결성되지 않아 일시적으로 아랫마을인 대평리에 임대하게 되었다고 한다. 아울러, 1960년대 말부터 1973년까지만 해도 감산리에서는 대평리로부터 연안바다의 사용료를 받았다고 한다.

역할을 하고 있다. 또한 마을 주변에 많이 분포하는 과수원에는 감귤목과 방풍림으로 조성된 삼나무 군락들이 함께 어우러져, 삼림이 한층 더 풍요롭게 느껴지게 하는 상황을 연출하고 있다.

토양조건은 북제주군농업기술센터 자료에 의하면, 논(전체 경지의 6%)은 2~3등급, 밭(전체 경지의 34.9%)은 1~3등급으로 주로 구분돼 있다. 밭을 등급별로 보면, 1등급이 전체면적의 9.4%, 2등급은 48.0%, 3등급은 42.6%를 차지하여 주로 2~3등급에 치우치고 있음을 알 수 있으며, 과수원(전체 경지의 18.7%)의 경우는 90% 이상이 3등급에 포함된다.[177] 이러한 사실로 유추할 때 토질이 비옥하다고는 할 수 없으며, 청취조사에서도 일주 도로를 중심으로 북쪽지구(특히 상창리 지경)는 일반적으로 토질이 좋지 않다는 의견을 접할 수 있었다.[178] 더불어 감산리 주변의 토양은 오히려 수목의 생육에는 매우 좋다고 지적한다.

주민들의 농경지는 마을 안과 마을 북쪽에 주로 분포하고 있다. 남쪽의 군산과 월라봉 방면으로도 분포하고 있으나 지형적으로는 경사도가 더해지는 상황이라 경작하기에는 매우 불리한 조건이며, 실질적으로도 활발한 경작은 행해지지 않았다고 전해진다(國立濟州大學校博物館, 1999: 3). 밭은 특히 일주 도로 북쪽의 신남동과 창천리, 신남동과 상창리를 잇는 지역 내에 탁월한 분포를 보인다. 주민들은 일반적으로 '상창 지경'이라 일컫는 지구인데, 보편적으로 토질은 좋지 않아 수확은 적다고 한다. 과거 이 지구 내의 밭에는 조나 메밀을 주로 재배했으며, 마을 내 또는 일주 도로 주변에 위치하는

---

177) 홈페이지(http://soils.naist.go.kr/gishome/default.asp)에 의함.
178) 2002년 1월 16일(수), 감산리 이장 이경두 씨(58세) 외 마을 주민 2명과의 인터뷰에 의한 내용임.

밭(보통 '거리왙'이라 함)에서는 보리를 많이 재배했다고 한다. 그리고 상창지경은 넓기 때문에 감산리 주민들의 임야나 새(띠, 茅)밭도 이곳에 많이 밀집돼 있다.[179]

감산리는 제주도 내에서도 물이 상당히 풍부한 마을로 알려져 있다. 다시 말해 용천수가 여러 곳에 분포하고 있기 때문에, 과거로부터 물에 관한 한 양적으로나 질적으로나 다른 마을과는 비교할 수 없을 정도로 혜택받은 마을이다. 결과적으로, 공동수도가 보급되기 이전에도 각 가정의 식수조달에는 그다지 큰 어려움을 느끼지 못했다는 것이 동네주민들의 보편적인 인식이다. 주민들의 의견에 따르면, 1970년대까지 사용했던 감산리의 용천수는 약 10여 군데에 이른다. 즉 '도고샘' · '남당양제소물'(동카름), '통물'(섯동네 및 중동네), '안덕천물' · '조배나무샘'(섯동네)은 마을별 주요 식수원이었으며, 안덕계곡의 용암 경계면에서 용천하는 '생이물'과 '고콤밭물'은 주로 빨래용으로 사용했고, '괸물'(2개소)은 안덕계곡 내를 왕래할 때 목을 축이는 정도의 식수로 사용했다고 한다. 그리고 '비적굴물'은 일반 식수용이라기보다는 집안에 제사가 있을 때 많이 사용하던 물(주로 섯동네 주민들이 사용)로, 신성한 물의 이미지가 강했다.

그러나 최근 제주도의 조사(1999년)에 따르면, 감산리에 잔존하는 용천수는 안덕계곡을 중심으로 하여 14개소이며, 현시점에서 부분적으로 생활식수로 활용하고 있거나 활용할 수 있는 상태의 용천수만 해도 무려 9개소로 나타난다(제주도, 1999: 158).[180] 그렇지만 이들 중

---

179) 2002년 4월 11일(목), 감산리 노인 회장 강봉효 씨(73세)와의 인터뷰에 의한 내용임.

180) 9개의 생활(가능)용 용천수는 비적굴물, 할망물, 통물, 조배나무샘, 선비기물, 도고샘, 양제소물, 안덕천물, 괸물이며, 이외에 미이용 용천수로서 '산받은물', '생이물', '솔박물(고콤밭물)', '박수물(1)', '박수물(2)'이 감산리 지경에 포함되는 것으로 나타난다. 이들 용천수도 아직은 보존상태가 양호한 것으로 알려져 있다(제주도, 1999, 『제주의 물, 용천수』, 제주도, p. 158).

(자료: 1:25,000 지형도)

**[그림 10 - 3]** 장수 사례마을: 남제주군 안덕면 감산리

'할망물', '산밭은물', '박수물'(1)(2) 등 일부 용천수는 그 위치적인 관계 때문에 과거로부터 주변마을인 화순리나 대평리 주민들이 주로 사용해 왔다.

이상과 같이, 감산리 주민들은 물과 관련해서는 자연의 혜택을 최대한으로 누릴 수 있었기 때문에, 과거에 식수부족으로 인한 심적 고통은 거의 뒤따르지 않았다. 단지, 아낙네들이 집까지 허벅으로 운반해야 하는 상황은 다른 마을과 동일했다. 1970년대 말에 상수도가 본격화되면서, 허벅으로 식수를 나르는 모습은 완전히 자취를 감추게 되었다고 한다(國立濟州大學校博物館, 1999: 3).

### 4) 한경면 산양리([그림 10 - 4] 참조)

산양리는 한경면의 남쪽 끝자락, 즉 대정읍과의 경계지점에 위치하는 전형적인 중산간마을이며, 해발고도는 80～100m이다. 제주시로부터는 약 50㎞ 정도 떨어져 있다. 마을을 중심으로 하여 동쪽에는 대정읍 구억리가, 서쪽으로는 낙천리와 조수리가, 남쪽으로는 대정읍 무릉 2리와 신평리가, 북쪽으로는 청수리가 이웃하고 있다.

산양리는 크게 3개의 마을 즉 리사무소가 위치하는 연화동과 연화동 북쪽의 수룡동, 서쪽의 월광동으로 구분된다. 이들 3개의 마을은 마치 삼각형의 형태로 연결되어 있다. 3개 마을 사이는 거리적으로도 꽤 떨어져 있는 편인데, 연화동에서 수룡동까지가 약 1.5㎞, 연화동에서 월광동 사이와 수룡동에서 월광동 사이는 약 1.2㎞ 정도로 동일한 행정 마을이지만 일상생활에서는 상당한 거리감을 느낄 수 있는 거리이다.

주변 지형을 검토해 보면, 산양리의 수호신 격인 새신오름(지형도 상에는 '신서악'으로 기재됨, 141m)이 연화동 바로 북쪽에 자리 잡고 있으며, 수룡동의 동쪽 즉 월광동 방향에서 북서쪽으로는 가마오름(141m)이, 연화동 동쪽으로는 구분오름(90m)과 성둥이 모루(98m)가 자리 잡고 있다. 이외에도 월광동 동남쪽으로 100~150m 사이의 오름들이 다소 거리를 두고 위치해 있다. 이처럼 마을 주변에 높고 낮은 오름들이 자리 잡고 있다고는 하나, 전체적으로 마을 자체는 거의 평탄지에 가까운 지형면에 입지해 있다고 해도 과언이 아닐 정도로, 생활하는 데는 유리한 조건을 배경으로 삼고 있다. 이것은 제주도의 북서지역의 특이한 지형적 특성 때문이라 할 수 있다. 다시 말해, 북서지역의 지형은 다른 지역에 비해 한라산체로부터 받은 영향이 서서히 감소함에 따라 완만한 경사지를 이루면서 넓은 저지대를 형성하고 있기 때문이다.

기후의 특성은 고산 고층 레이더 기상대의 관측 자료이기 때문에 앞서 제시한 금등리와 동일하다. 그러나 일상생활에서 피부로 느끼는 북서계절풍의 영향은 금등리에 비해 다소 떨어질 수 있다는 예상은 충분히 가능하다. 다시 말해, 고산 고층 레이더 기상대가 위치하는 수월봉 해안까지의 거리는 약 6.5㎞이기 때문에 거리에 따른 체감의 효과가 나타날 수 있기 때문이다.

산양리 주변의 식생분포에서는 연화동과 수룡동 주변의 일부 택지와 경지분포 지구를 제외하면 풍부한 삼림을 자랑한다. 마을 주변에 오름군이 많이 위치하는 것 자체가 다양한 식생이 존재할 수 있는 지역적 조건이 된다. 특히, 월광동 주변을 포함한 대정읍 북서지역 일대는 과거로부터 고지도(古地圖)에 등장할 정도로 제주도에서는 대표적인 숲이 분포하는 지역이다. 다양한 수종과 더불어 밀도 높은 입목량은 주변 지역에 맑은 공기를 공급하는 산소통의 역할을 톡톡히 한다고 할 수 있다.

산양리의 주변 토양은 농촌진흥청의 정밀조사자료(1976)에 따르면, 토색(Soil Color)에 따른 4개의 분류 기준을 따를 때 북제주군의 해안지역(200m 이하)에 많이 분포하는 암갈색토에 해당된다. 이 암갈색토는 배수가 양호한 미사질 식양토(silty clay loam)나 미사질 식토(silty clay)이기 때문에(북제주군, 2000: 118 – 119), 밭농사를 짓는 데는 상당히 좋은 조건의 토양이다. 이 점에 대해서는 마을 노인들의 청취조사에서도 일치된 의견을 확인할 수 있었는데, 특히 밭에 현무암의 파편인 자갈이 적고 거름의 흡수력이 좋아 수확량이 높다고 한다. 근년에 밀감재배가 많이 보급된 배경은 토질이 좋다는 마을 주민들의 보편적인 인식이 작용한 결과라고 지적한다.[181]

농경지는 밭(292ha)과 과수원(76ha) 및 임야(189ha)로 구분할 수 있는데,[182] 그것들의 이용과 분포상황은 다소 특이하다. 우선 연화동과 수룡동의 경우는 마을을 중심으로 가장 가까운 지구에는 한 바퀴 돌아가는 형태로 감귤 과수원이 조성돼 있고, 그 다음 주변부는 일반 농사용 밭이 분포한다. 그리고 밭의 분포 범위를 벗어나면 다시 규모가 큰 과수원들이 여기저기에 분포하는 형태를 보인다. 이러한 배경은 1980년대 들어오면서 감귤재배가 크게 붐을 이루면서 일반 농사에서 과수농사로 전환한 농가가 많았음을 의미한다. 월광동은 마을에서 가장 가까운 지구는 압도적으로 과수원이 탁월하고, 북쪽으로는 삼림, 그리고 남쪽으로는 초지가 넓게 분포한다. 특히, 감귤재배는 1960년대 후반에 월광동의 한 독농가에 의해 도입된 후, 산양리 전체로 확산되었다고 전해진다.

---

181) 2002년 1월 16일(목), 산양리 노인회 총무(전 이장) 박성희 씨(67세)와의 인터뷰에 의한 내용임
182) 산양리 리사무소 내부 자료에 의함. 아울러, 현지조사에서는 여러 마을이 지목별 면적을 정확히 파악하지 못한 경우가 많았다. 산양리의 경우도 마찬가지였는데, 여기의 수치는 몇 년 전 수치이라는 점에 유의할 필요가 있다.

(자료: 1:25,000 지형도)

**[그림 10−4]** 장수 사례마을: 북제주군 한경면 산양리

　자연자원의 측면에서 볼 때, 산양리에 용천수는 없다. 따라서 과거로부터 주민들의 식수는 주로 봉천수에 의존할 수밖에 없었는데, 먼저 연화동 주민들은 마을의 중심부에 위치하는 '여뀟못물'과 '방짓물'을, 수룡동 주민들은 '산전밭물'과 '가마오름물'을 사용해 왔다. 그리고 월광동 주민들은 연화동과 월광동 사이에 위치하는 '조롱물'을 이용해 왔다. 특히 '조롱물'은 주변의 다른 봉천수에 비해 넓고 깊게 만들어졌기 때문에, 가뭄 시에는 연화동이나 수룡동 주민들이 같이 사용할 정도로 많은 물을 저장할 수 있었다. 그러나 이 '조롱물'마저 바닥이 날 정도로 극심한 가뭄이 있는 해에는 대정읍 일과리의 '서림물'을 떠다가 식수로 사용하기도 했다고 한다.183) 연화동에 위치하는 '여뀟못'은 약 180여 년 전에 인공적으로 만든 못이었는데, 최근에 리사무소를 신축·확장하는 과정에서 부분적으로 매립돼 버렸고, 현재 남아 있는 부분은 주로 우마용 식수로 활용하던 연못이다. 그리고 연화동 주민들이 사용했던 또 다른 봉천수인 '방짓물'이나 수룡동 주민들이 사용했던 '가마름물'은 일제강점기에 축조된 것으로 알려지고 있으나, 그 외 수룡동의 '산전밭물'과 월광동의 '조롱물' 등의 축조 시기는 정확하게 파악할 수는 없는 상황이다.184) 어떻든 전체적으로 볼 때는 산양리가 거리상으로 멀리 떨어진 3개의 마을로 구성돼 있는 가운데, 각 마을에서는 독립적으로 사용할 수 있는 봉천수를 1～2개 축조해 두고 있었다는 사실이 주목된다.


---

183) 2002년 4월 9일(화), 산양리 수룡동 거주 고태경 씨(71세) 및 산양리 연화동 거주 좌석반 씨(68세)와의 인터뷰에 의한 내용임.

184) 산양리 수룡동 거주 강평기 씨(63세) 및 연화동 거주 좌석반 씨(68세)와의 인터뷰에 의한 내용임.

5) 애월읍 유수암리([그림 10 - 2] 참조)

애월읍 유수암리도 산북 서부지역에 위치하는 전형적인 중산간마을이다. 유수암리는 중산간 도로변, 즉 고성 1리에서도 2km 이상 한라산 방면의 남서쪽으로 진입해 들어가야만 한다. 2001년 12월 현재 306세대의 약 807(남: 431명, 여: 376명)명이 거주하고 있다(제주도, 2002: 26). 인구수에서 보는 마을의 규모는 제주도 전체의 중간 규모에 해당된다고 할 수 있다. 구제주의 중심부인 관덕정 앞에서 마을회관까지의 거리는 약 18km 정도로,[185] 자동차로는 약 30～35분이 소요된다. 유수암리의 주변마을은 동쪽으로 광령 2리, 서쪽으로 소길리, 동북쪽으로는 고성 1리 그리고 서북쪽으로는 장전리와 이웃해 있다.

유수암리는 크게 유수암, 거문덕이(검은데기), 유수암(개척)단지 마을로 구성되는데, 유수암 마을은 해발고도 200～250m, 거문덕이 마을은 270～290m, 유수암단지 마을은 320～340m 사이에 형성돼 있으며, 3개 마을은 서로 일정한 거리를 유지하고 있다. 유수암리는 1914년 행정구역 통폐합 시부터 '흐리물'과 '검은데기' 마을을 합해 금덕리(今德里)로 사용해 오다가, 1996년 1월부터 현재의 유수암리로 개명해서 사용하고 있다(오창명, 1998: 379).

지형적으로는 한라산이 위치하는 남사면으로 갈수록 경사각을 더하는 지표면의 특성을 보인다. 주변에서 특히 높은 지형은 거문덕이 마을 서쪽에 위치하는 극락오름(309m)이며, 마을과는 근거리에 위치하고 있기 때문에 유수암리의 전체 지형에도 영향을 주고 있다. 그 외에 거문덕이 마을에서 약 3.5～4.5km의 거리상에 위치하는 산심봉

---

(650m), 큰오름(830m) 및 작은오름(771m) 등도 있으나, 직접적으로 유수암리의 지형을 제약하여 생활에 불편함을 초래하는 요인으로 작용하지는 않는다.[186] 이들보다는 오히려 3개 마을의 주변 곳곳에 분포하는 260~300m급 작은 구릉성 언덕(임야 또는 삼림)들이 경지의 분포를 제약하는 요인으로 작용하고 있다.

기후조건은 지리적인 위치가 고성 1리와 거의 동일한 상황이기 때문에, 제주시 지역의 기후조건과 비슷하다고 할 수 있다. 그러나 통계적으로 부각되어 나타낼 수 있는 상황은 아니지만, 단순히 해안마을과 해발고도를 비교하더라도 약 100~200m 정도 높기 때문에 여름에는 기온이 다소 떨어져 시원하고, 겨울에는 상대적으로 눈이 많이 내리고 기온이 떨어져 그만큼 추위를 더 느낄 수 있는 지형적 조건임은 충분히 짐작할 수 있다.

유수암리 주변의 식생적 조건은 고성 1리와 마찬가지로 중산간지역인 만큼 삼림이 풍부하여 매우 유리한 편이라 할 수 있다. 우선, 유수암리를 중심으로 동북쪽으로는 항파두리성 부근(남문~동문 사이), 동남쪽 방향으로는 극락오름 주변부에 임야와 삼림이 많이 분포하는 것으로 나타난다. 동쪽으로도 소길리와 경계를 이루는 지구와 유수암단지 마을의 남쪽방면에 비교적 큰 규모의 삼림이 자리 잡고 있다. 그리고 마을안팎 곳곳에는 설촌과 함께 식재한 듯한 정자목(보호수, 팽나무)과 소나무 군락 등이 과수원 조성과 더불어 부차적으로 식재한 방풍림(삼나무)과 잘 어우러져, 마치 잘 다듬어 놓은 녹색 정원을 연상케 하고 있다.

토양은 밭을 기준으로 할 때 상당히 양호한 것으로 나타난다. 이는 산북지역의 해안지역과 일부 중산간지역을 포함하는 암갈색토(현

---

186) 1: 25,000 지형도(도폭명: 貴日) 판독에 의한 내용임

무암 풍화토)가 유수암리 부근까지도 널리 퍼져 있는 것으로 파악된다. 이러한 사실은 북제주군농업기술센터가 제공하는 농업토양환경 분석 자료에서도 확연히 드러난다. 토양의 5등급 분류체계에서 밭은 1등급에서 4등급까지 포함되나, 1등급이 전체 면적의 54.2%, 2등급 29.3%, 3등급 9.1%, 그리고 4등급이 7.4%를 차지하여 총 83.5%가 1～2등급에 속하는 것으로 판명되고 있다. 그리고 상대적으로 과수원이나 초지 및 임야 등의 용도에서는 3～5등급으로 판명되고 있다.[187] 그러므로 밭작물 생산에 주력해 왔던 1970년대 이전으로 회귀할 때, 유수암리는 중산간지역이면서도 토양조건에서는 상당히 유리한 상황이었음을 이해할 수 있다.

농경지는 총면적 1,971ha 중 논 1.2ha, 밭 181ha, 과수원 64ha, 임야가 1,200ha, 기타 525ha로 구분된다.[188] 최근 각 농가에서는 감귤재배가 활발하며 그 외의 주요 밭작물로서는 보리(맥주보리), 콩, 고구마 등을 많이 재배하고 있다. 그리고 거문덕이에서는 보리와 콩 등의 복합영농의 형태를 취하는 농가가 많으며, 유수암단지에서도 감자나 두릅 등을 재배하는 농가가 많아져, 과거와 같이 축산업에만 의존하는 전업농가는 거의 존재하지 않는다.[189]

유수암리의 경우, 용천수의 존재 여부는 이미 마을이름에서부터 확인할 수 있다. 과거에 유수암리 주민들이 사용해 온 용천수는 5개소인데, 이를 구체적으로 지적하면 ① 유수암천, ② 고다리물, ③ 고주물, ④ 흐리물, ⑤ 절물이다.[190] 이들 중 '흐리물'(거문덕이물)을

---

187) 홈페이지(http://soils.naist.go.kr/gishome/default.asp)에 의함.

188) 유수암리 리사무소 내부자료(2001년 12월 말 기준)에 의함.

189) 유수암리 유수암 거주 강우춘(56세) 씨와의 인터뷰에 의한 내용임.

190) 이외에도 유수암리 지경의 용천수로 나타나는 '건나물'이 있는데, 이것은 옆 마을인 장전리 주민들이 주로 사용해 왔다.

제외한 4개소의 용천수가 지질 특성상 용암류 경계층에서 솟아나는 것이며, 흐리물이 사력층에서 솟아나는 물이다(제주도, 1999: 134). 중산간지역의 마을에서도 이처럼 많은 용천수가 분포하는 경우는 극히 드물다고 할 수 있으며, 이러한 배경으로부터 이 마을의 거주 역사가 우선적으로 물과 깊게 연관된다는 사실을 이해할 수 있다.

1999년도 제주도의 조사에서는 유수암천을 비롯한 4군데의 용천수가 수량이나 보존 상태에서 비교적 양호한 것으로 나타나나, 이번 조사에서는 유수암천 이외에는 모두가 수량이 급격히 감소했고, 더욱이 흐리물과 고주물은 한쪽 구석에 방치되어 완전히 오염된 것으로 확인되었다. 그리고 절물은 유수암 마을에서 남쪽으로 약 2㎞ 정도 떨어진 목장지대에 위치하고 있었지만, 지금은 완전히 훼손돼 버린 상황이다. 결과적으로, 유수암천 이외의 '고다리물'(마을 서쪽 위치)과 '고주물'(마을 북쪽 위치)과 '흐리물'(남쪽의 검은데기 마을에 위치)은 앞으로 수량고갈과 오염으로 인해, 용천수의 위치조차 사라질 위기에 처해 있다고 할 수 있다. 용천수가 고갈하거나 부족해지면 대부분은 파괴되어 흔적도 없이 사라지는 경우가 허다하기 때문이다. 따라서 향후 정확한 대책과 보전이 요망된다고 하겠다.

이상의 5군데 용천수 중에서는 보존 상태나 수량, 현재의 활용실태 등을 고려할 때 유수암천이 사용가치와 보전가치가 높게 나타나며, 따라서 장수마을의 지명도를 높이는 자원적 가치로서도 높게 평가된다.


## 4. 맺음말

지금까지 인구사회학적 통계자료와 지역적 상황을 전제로 선정된

5개 장수마을에 대하여 지리적 지표의 추출을 통해 지리적 환경과 제 조건을 검토·분석해 보았다. 5개 장수마을의 지리적 환경에 대하여 설정된 지리적 요소를 통해 검토·분석한 결과, 몇 가지 공통분모를 찾아낼 수 있었는데, 이들은 모두 자연적 환경요소와 관련되는 것들이다. 따라서 장수와 관련되는 인문적 환경요소의 공통점을 찾아내기 위해서는 장수자 개인별 장년시절의 주택문제, 경지소유 및 토지이용 문제 나아가 경제개발 이전의 마을별 거주환경 등과 관련되는 구체적인 요소(지표)들이 장기간에 걸쳐 조사된 후, 그 결과를 장수마을별로 상호 비교하는 단계를 걸쳐야 할 것으로 생각된다.

본 연구에서 도출된 지리적 환경요소의 공통분모를 정리하면 아래와 같다.

첫 번째의 공통분모는 현시점을 기준으로 할 때, 5개의 장수마을은 지리적인 '위치'와 관련하여 중산간지역에 위치하는 마을이거나 또는 바다의 의존도가 상당히 약화된 마을이라는 점이다. 전자의 경우는 고성 1리, 산양리 및 유수암리가 해당되며, 후자의 경우는 금등리와 감산리가 해당된다. 공통적으로는, 5개 장수마을이 제주도 내 주요 도시인 제주시권과 서귀포시권 밖에 위치한다는 사실도 주목된다. 지리적인 위치와 관련지을 때, 상대적으로 산간지역이나 중산간지역에 장수자가 많다는 사실은 제주도뿐만이 아니라, 이미 전 세계적으로 알려져 있는 사실이다. 그러므로 3개의 중산간마을은 논의의 여지가 없기 때문에, 해안지역 마을인 금등리와 감산리에 대한 내용을 부언하기로 한다.

금등리는 해안지역에 위치하면서도 포구조차 원(垣)으로 용도를 변경하여 사용할 정도로 어업에의 의존도가 약화된 지 오래다. 현재 어촌계원이 52명(2002년 4월 현재, 이 중 해녀는 12명)이 남아 있기는 하나, 전체적으로 어업에 크게 의존하는 가구는 한 가구도 없다. 한때 해녀들이 잠수어업에 의존하는 시기도 있었지만, 오랫동안 생계를 꾸려 온 경제적 배경은 역시 농업부문에 있다고 해야 할 것이다.

감산리는 원래 해안 일주 도로변에 위치하는 마을이지만, 바다와의 관계를 끊은 지 오래된 마을의 성격을 지닌다. 이러한 배경에서 일부에서는 중산간지역의 마을로 보는 시각도 있다. 그러나 위치적으로나 기능상으로도 엄연히 해안마을의 성격을 지니고 있다고 해야 할 것이다. 과거로부터 분명히 '바다밭'의 운영권도 갖고 있었지만, 1960년대 중반 이후부터 대평리 주민들에게 장기간 대여한 상황에 있다.

그렇다면 왜 중산간지역 마을과 바다에의 의존도가 없거나 약화된 마을에 장수자들이 많은가가 문제다. 이 점은 여러 각도에서 논의돼야 할 문제이기는 하나, 보편적으로 농업부문은 남녀노소에 관계없이 부자와 빈자를 가릴 것 없이 항상 일정한 노동량이 장기간에 걸쳐 지속적으로 수반돼야 한다. 이 과정에서 농업활동에 종사하는 개개인은 주기적으로 신체를 움직여야 한다는 결론이 뒤따른다. 다시 말해, 장기간에 걸친 육체적 노동이야말로 건강한 신체를 보존하는 중요한 배경이 되었던 것이다(차종환 · 차윤호, 2000: 173 - 174).

나아가, 농업부문에 주로 종사하는 가정에서는 일 년을 통틀어 바다에서 생산된 수산물보다는 자가 생산된 농산물을 섭취할 비율이 상대적으로 높다는 것은 의심할 여지가 없다. 이 두 가지 사실은 중산간지역의 마을이나 농업 위주의 마을이란 특성에서 보면, 아주 밀접한 관련성을 띠고 있다고 말할 수 있다. 물론, 이상과 같은 사실이 반드시 5개의 장수마을에만 한정된다고는 말할 수 없다. 그러나 공통분모로서의 관련적 측면에서는 충분히 유추할 수 있는 점이다.

두 번째의 공통분모는 물이 풍부하다는 점이다. 우선 산양리를 제외하면, 2개의 중산간마을과 2개의 해안마을은 해당마을 지경에 용천수가 4군데 이상 용출하고 있다. 이들 마을의 용천수는 1970년대 초에 공동수도가 들어오기 전까지 제주도 내의 상황을 전제로 할 때, '양적'으로나 '질적'으로나 최고의 수준에 있었다고 할 수 있다. 각 마을의 노년층들을 주 대상으로 한 청취조사에 따르면, 소속된 마을의 용천수는 자신들뿐만 아니라, 필요에 따라서는 인근 마을 주민들도 사용할 정도로 물의 양과 질에서 손색이 없다고 자랑할 정도였다. 이번 조사에서 용천수의 '수량'과 '수질'에 대한 과학적인 조사까지는 직접 실행하지 못했으나, 앞으로 관광객들이 대대적으로 활용할 수 있게 하기 위해서는 정확한 조사를 통한 객관적인 데이터 확보가 동반돼야 할 것으로 생각된다.

산양리의 경우는 비록 용천수는 아니지만 인위적으로 빗물을 담아 둘 수 있는 연못을 이른 시기(약 180여 년 전)부터 조성한 봉천수는 물론, 그 외에도 마을 주변에 비교적 큰 규모의 봉천수를 2~3군데 확보하여 활용하고 있었다. 즉, 마을 주민들 모두가 이른 시기부터 물 부족 문제에 대한 해결책을 지속적으로 강구해 온 덕택에, 언제든지 필요한 물을 쉽게 얻을 수 있다는 마음의 여유를 가질 수 있었다.

그러므로 '수질'에서는 용천수와 비교할 수 없다고 하더라도 '수량'에서만큼은 여러 가구가 걱정을 덜 수 있을 만큼 풍부했다는 점이 중요하다. 1970년 이전에 물 부족으로 고통을 겪던 중산간지역의 마을은 너무도 많았다. 그때의 상황에서는 '수질'이 문제가 아니라, 항상 '수량'에서 문제가 발생했던 것이다. 마을에 따라서는 봉천수용 연못이 너무 작게 조성되기도 했고, 혹은 마을 여기저기에 봉천수용 연못이 조성돼 있다고 하더라도 비가 내린 후 며칠을 넘기지 못해 바로 땅속으로 스며들어 버리는 것들도 많았다. 그렇기 때문에, 중산 간마을 주민들은 식수부족으로 인해 개별적으로 달구지를 이끌고 해안마을까지 물을 운반하러 오던 사례도 많았다. 특히 그러한 상황은 겨울철에 더욱 심하게 나타나, 오늘날도 중산간지역 마을의 어른들은 그 당시의 일을 단순히 지나간 추억이 아니라 뼈아픈 삶의 고통으로 가슴속에 기억하고 있다. 1970년 이전, 여러 중산간마을이 바로 이와 같은 상황이었다면 산양리처럼 대형 연못을 조성하여 항시 물 부족에 대한 준비를 철저히 했다고 함은, 역설적으로 현재의 산양리 노년층만큼은 오랜 세월 동안 물 걱정 없는 안도의 나날 속에서 생활해 왔다고 할 수 있을 것이다.

세 번째의 공통분모는 5개 마을 전체가 경지의 비옥도가 뛰어나 농사짓기에는 비교적 무난했다는 사실이다. 5개의 마을 중 감산리를 제외하면, 4개 마을은 중산간지역이든 해안지역이든 간에 일차적으로 산북 서부지역에 위치한다. 산북 서부지역 중 특히 해발 200m를 한계 지점으로 하여 해안지역 일대는 토양구분상 현무암 풍화토인 암갈색토로 구분되고 있다. 이 토양은 그 성질상 미사질 식양토 혹은 미사질 식토라 하는데 배수가 아주 양호한 데다, 제주도 내에서는 다른 토양에 비해 상대적으로 비옥도가 높다는 것이 전문가나 학계의 일반적 견해이다.

그렇기 때문에, 이들 마을은 제주도가 경제개발을 이루기 전 단계까지 모든 가정의 주식이었던 보리를 비롯하여 조, 고구마, 콩, 팥, 깨, 유채 등을 마음먹은 대로 재배할 수 있었던 것이다. 이 점과 관련해서는 다음과 같은 사실에 명심할 필요가 있다. 다시 말해, 당시의 환경을 지역적으로 비교할 때 산북지역의 동부나 산남지역에는 토양조건 때문에 주식작물인 보리를 아무 경지에서나 쉽게 재배하지 못했으며, 설령 재배가 가능했어도 수확량이 상대적으로 떨어지던 마을이 많았다는 사실이다. 이런 상황으로 인해 매년 이른 봄 춘궁기가 되면, 여러 가정에서는 세 끼니를 먹을 보리쌀과 좁쌀이 부족하여 집안 어른들은 참다못해 이웃집이나 이웃마을의 친척집으로 분주하게 돌아다녔던 것이다.

감산리의 경우는 다른 장수마을과 비교해서는 비옥도가 떨어지는 것이 사실이나, 주민들이 소유하는 전체의 경지가 토질이 나빴던 것은 아니다. 감산리에서는 특히, 해안도로를 기점으로 해서 북쪽의 해발고도가 높은 지구(주로, 상창리 지경)의 토양이 비옥도가 낮았던 것이다. 그래서 해안 일주 도로 주변이나 마을 안의 경지에서는 주식작물이었던 보리를 쉽게 재배할 수 있었다. 그리고 일부 농가에서는 토질이 나빴던 점을 감안하여 일반 밭작물 외에, 서귀포시 지역에 대대적으로 확산된 감귤을 일찍부터 도입하여 생계를 꾸리는 방법도 선택해 왔다.

네 번째의 공통분모는 5개의 마을 주변에는 어떠한 형태로든 임야나 삼림이 많이 분포하거나 주변에 지형적으로 높은 2~3개의 오름을 두고 있다는 점이다. 이 점은 과거의 생활을 전제로 할 경우 주민들의 땔감 조달, 마소의 꼴('촐') 확보 또는 지붕용 재료인 띠('새')의 조달에도 상당히 유리했을 것이라는 점이다. 그러므로 주변에 많은 오름이나 넓은 임야 및 풍부한 삼림의 존재는 일상생활에서 경관적 기능체로서의 효과와 신선한 공기의 공급효과는 물론, 매일 매일의 생활에서 아주 긴요한 각종 자원(재료)을 확보할 수 있는 근거지가 된다는 점이다. 결과적으로, 그것들의 존재적 가치로 인해, 주민들의 정신적 안도감은 한층 더 고조될 수 있다는 것이다.

고성 1리는 항파두성 주변을 중심으로 한 지구와 고성공동목장 주변의 한라산 북서쪽 지구, 유수암리에는 극락오름을 핵심으로 하는 주변지구에 풍부한 임야와 삼림지역이 존재한다. 물론 고성 1리와 마찬가지로 남쪽 한라산 방면의 일정 지구(특히, 유수암리 공동목장 지대)를 마음대로 이용할 수 있는 이점도 존재한다.

산양리는 새신오름과 구분오름 및 가마오름을 잇는 지구 내에 삼림과 임야가 전개되며, 감산리는 남쪽의 월라봉과 군산, 그리고 북쪽의 논오름과 신산오름을 잇는 지구 내에 마찬가지로 풍부한 삼림이 펼쳐져 있다. 금등리도 판포오름을 필두로 해서 판포리 - 금등리 - 한원리 - 조수리 - 낙천리를 잇는 서부지역에 임야와 삼림이 넓게 전개되고 있기 때문에, 주민들이 이용할 수 있는 공간적 범위에는 별반 문제가 없다.

필자는 머리말에서도 분명히 밝혔듯이, 장수라고 하는 사회적 현상은 단순히 예상되는 몇 가지 지리적 조건이나 지역적 특성에만 의거하여 정당화하거나 성급히 결론을 내리는 것은 상당한 모순에 빠지기 쉬우며 동시에 큰 오류를 범할 소지가 있다고 생각한다. 따라서 본고에서 장수마을이 형성될 수 있는 지리적 환경이나 조건이라는 것은 어디까지나 상대적인 비교와 해석을 통해 얻어낼 수 있는 사실에 불과하다는 점을 거듭 명시해 둔다.

아울러 장수마을과 관련되는 지리적 지표, 즉 지리적 환경요소에 대한 공통분모의 도출은 향후 장수마을을 다각도로 접근 · 분석해 가는 데 상당히 중요한 의미가 있을 것으로 사료된다.

# 참고문헌

國立濟州大學校博物館(1999), 『柑山里의 民具 - 國立濟州大學校博物館移館
       紀念特別展圖錄 -』.
북제주군(2000), 『北齊州郡誌(상권)』, 북제주군.
북제주군(2000), 『北齊州郡誌(하권)』, 북제주군.
오창명(1998), 『제주도 오름과 마을 이름』, 제주대학교출판부.
濟州道(1993), 『濟州道誌(第1卷)』, 濟州道.
제주도(1999), 『제주의 물, 용천수』, 제주도.
제주도(2001), 『통계연보(제41회)』, 제주도.
제주도(2002), 『2001년도 주민등록인구통계 보고서』, 제주도 정보화담당관실.
차종환 · 차윤호(2000), 『건강 장수백과 - 노화방지와 장수 -』, 太乙出版社.

오영매 · 손명철

## 1. 머리말

### 1) 연구목적과 방법

1960년대 이후 국가의 기본 정책이 2차 산업 중심의 총량적 경제 성장을 추구하는 데 초점이 맞추어지면서 각종 사회경제적 지원이 대도시 지역에 집중되는 반면 농촌에 대한 투자는 제한되어 농촌 지역은 상대적으로 낙후되었으며 도시와 농촌, 공업과 농업 간의 격차는 더욱 심화되었다. 이는 농촌 인구의 도시지역으로의 유입을 가속화시켰을 뿐만 아니라 농촌 지역 학령아동의 감소로 이어져 농어촌 지역 학교는 소규모화되었다.

학교 규모가 작아지고 학급당 학생 수가 줄어드는 사실에만 한정시켜 보면 이는 교육적으로 바람직한 현상인 것처럼 보일 수도 있다. 그러나 우리 농촌의 경우에는 학습효과를 증진시키기 위하여 학교와 학

# 소규모 학교 통 · 폐합 정책에 대한 공간의 차별적 대응 양상:   제주도 북제주군 납읍초등학교를 사례로

급 수의 규모를 장기적인 계획에 의해 점진적으로 줄여 나가는 교육적인 의도에 의한 것이라기보다 농어촌 인구 유출로 인하여 불가피하게 생긴 소규모 학교가 대부분이어서 여러 가지 문제를 야기하고 있다.

교육부는 국가 재정의 효율성을 강조하면서 1981년에 소규모 초등학교 통·폐합 기준을 마련하여 1982년부터 추진해 오고 있다. 소규모 학교의 통·폐합은 교육투자의 효율성과 정상적인 교육여건 구축을 통한 학습결손의 방지 등 불가피한 정책이라는 측면도 있지만, 학생들의 통학과 생활의 불편, 농촌의 유일한 공공기관이며 문화공간인 학교 폐쇄로 인한 지역 주민의 허탈감 등 심각한 문제를 유발하여 이는 다시 농촌인구의 이촌향도 현상을 부추기고, 농촌을 더욱 피폐하게 만드는 요인이 되고 있다.

본 연구의 목적은 정부의 일방적인 주도로 이루어지고 있는 소규모 학교 통·폐합정책에 대하여 공간상에서 차별적으로 나타난 지역 주민의 대응 양상을 살펴보려는 데 있다. 제주도의 경우 학생 수의 감소로 인하여 분교장 격하 또는 통·폐합의 대상이 되었던 다른 소규모 학교들은 대부분 정책이 의도한 대로 통·폐합되었다. 그러나 북제주군 애월읍 납읍리[그림 11 – 1]에 위치한 납읍초등학교는 지역 주민들의 학교살리기운동으로 학교를 지킬 수 있게 되었고, 통·폐합 대상으로 선정된 타 지역의 소규모 학교에서는 납읍초등학교의 사례를 참조하여 학교를 살려 보려는 노력을 시도하고 있다.[191]

본 연구를 위해 교육부와 교육청의 소규모 학교 통·폐합정책에 관한 여러 가지 자료와 납읍리의 역사 및 사회 문화적 환경에 대한 기초적인 자료, 선행논문과 정기간행물 등 문헌상의 자료 등을 수집·분석하였으며, 직접 해당 마을인 납읍리를 답사하여 리사무소에 보

---

191) 어도, 저지·청수리에서 납읍리의 사례를 참고로 학교살리기운동이 전개되었다.

관되어 있는 각종 회의 자료를 검토하고 비공식적인 인터뷰 등의 현지조사 방법도 실시하였다.

기초 조사 후에 현지를 답사하였고 현지조사는 주로 방학 또는 주말의 시간을 이용하거나 평일 저녁시간을 선택하였다. 하지만 농촌지역의 바쁜 일과와 최근 불어닥친 감귤 처리의 심각한 문제로 현지에 찾아갔지만 만나지 못하거나 면담을 할 수 없는 경우도 많았다. 이러한 경우에는 전화와 서신을 통하여 필요한 자료를 얻기도 하였다.

본격적인 면담에 앞서 먼저 리사무소와 노인회 사무실을 방문하여 학교살리기운동에 실질적인 리더 역할을 담당했던 인사들에 대한 기본자료를 제공받고, 그 당시 활동했던 각 조직의 지도자들을 직접 만나서 연구의 취지를 설명하고 도움을 받았다. 면담 내용은 녹취 자료와 남아있는 회의록이나 연혁의 기록을 중심으로 하여 서술식으로 정리하였다.

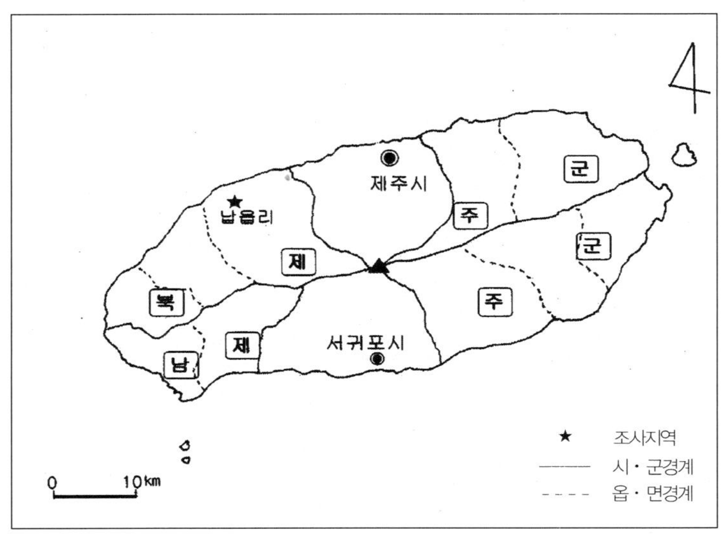


(행정지명은 2002년 연구수행 당시의 지명임)

[그림 11-1] 제주도 북제주군 애월읍 납읍리의 위치

## 2) 연구 내용과 용어 정의

본 연구에서는 소규모 학교 통·폐합정책의 사회·경제적 배경과 정책 추진 과정을 알아보고, 소규모 학교 통·폐합정책에 대한 납읍초등학교의 대응 양상을 통하여 지역의 차별성을 살펴보며, 납읍초등학교의 사례가 향후 소규모 학교 통·폐합정책에 주는 시사점을 제시하고자 한다.

본 연구에서 사용된 주요 용어를 정의하면 다음과 같다.

우선 '소규모 학교'라는 용어는 사용되는 맥락에 따라 긍정적 또는 부정적 의미로 사용되고 있다. 즉 도시지역의 과대, 과밀학교의 경우 교육여건이 열악해지는 것에 대한 대안으로 제시되는 소규모 학교는 이상적인 규모의 학교를 의미한다. 반면에 이상적인 학급 수 및 학생 수에 미달하여 교육의 질이 저하되는 상황을 나타내는 경우는 부정적으로 사용되는 개념으로 보고 있다(장덕진, 2000). 이런 상호 대비되는 개념 사이에서 소규모 학교는 적용되는 준거 및 기준에 따라 다양하게 개념화되므로 아직 그 의미나 성격이 분명하게 정립되지 않은 상태이며, 용어의 통일도 이루어지지 않고 있으나 교육부(1999년)의 소규모 학교 통·폐합 기준에 의하면 전체 학생 수 100명 미만인 학교를 분교장 격하 대상 또는 통·폐합 대상 학교로, 180명 이하의 학교를 소규모 초등학교로 보고 있다.[192]

다음으로 '학교 통·폐합'은 본교 폐지, 분교장 폐지, 분교장 격하, 초·중등 통합 운영학교 등의 유형으로 구분된다. 먼저 본교 폐지는 한 학교가 인근 다른 학교로 흡수·통합되는 것을 의미하며, 분교장 폐지는 분교장을 폐쇄하여 인근 학교에 통합하는 것을, 분교장 격하

---

192) 교육부의 자료에서는 '과소규모 학교'로 제시되고 있다.

는 본교를 분교로 격하시키는 것을 의미한다. 그리고 초·중등 통합 운영학교는 현재의 학교를 그대로 유지하면서 초등학교와 중·고등학교를 합쳐서 인적 자원과 시설을 공유하는 형태의 학교를 의미한다. 한편, 초등학교의 명칭은 논의 출발 시점인 1992년 당시에는 국민학교로 표기되었는데 1996년 3월 1일부터 초등학교로 개칭됨에 따라 본 연구에서는 그 이전의 명칭도 초등학교로 통칭하여 사용하였다.

끝으로 '학교살리기운동'이란 학생 수라는 특정 조건의 미비로 인해 분교장 격하 내지 폐교의 위기에 처한 상황에서, 주로 지역 주민들을 중심으로 통·폐합 정책에 따르지 않고 작은 학교를 유지, 발전시키기 위해서 벌인 다양한 형태의 공동체운동을 의미한다.


## 2. 소규모 학교 통·폐합 정책의 사회·경제적 배경과 추진 과정

### 1) 소규모 학교 통·폐합 정책의 사회·경제적 배경

전국적인 공업화, 도시화의 물결 속에서 농어촌 지역의 인구감소는 해당 지역에 소재한 학교들의 소규모화를 초래하였다. 특히 취학 연령 아동의 급격한 감소는 농어촌 학교의 소규모화를 더욱 가중시키게 되어 농촌의 공동화 현상을 가져왔으며 이는 심각한 사회문제로 대두되고 있다. 1970년대 말부터 가속화된 인구의 도시집중 현상은 한 해에 대략 50만 명이 농촌을 떠나 도시로 이주함에 따라 도시의 학교들은 과대, 과밀화하는 반면 농촌의 학교들은 학생 수, 학급 수의 급격한 감소를 보여 폐교되는 학교가 늘고 있는 현실이다. 최근 30년간 도시와 농촌의 인구분담률 변화(<표 11 - 1>)를 살펴보면 1970년에 전국적으로는 도시와 농촌의 인구비율이 4:6이었으나 2000

년에는 8:2로 완전히 역전되었다. 같은 기간 제주도의 경우도 마찬가지로 3:7의 비율에서 7:3으로 역전되었다.

**〈표 11－1〉 도시와 농촌의 인구분담률 변화(1970～2000)**

단위: 명, %

| 구 분 | 연도 | 1970 | 1975 | 1980 | 1985 | 1990 | 1995 | 2000 |
|---|---|---|---|---|---|---|---|---|
| 전국 | | 31,465,654 | 34,706,620 | 37,436,315 | 40,448,486 | 43,410,899 | 44,608,726 | 46,136,101 |
| 인구 분담률 | 시부(동부) | 41.2 | 48.4 | 57.3 | 65.4 | 74.4 | 78.5 | 79.7 |
| | 군부(읍 · 면부) | 58.8 | 51.6 | 42.7 | 34.6 | 25.6 | 21.5 | 20.3 |
| 제주도 | | 365,430 | 411,732 | 462,941 | 488,576 | 514,605 | 505,438 | 513,260 |
| 인구 분담률 | 시부(동부) | 29.1 | 32.8 | 36.2 | 58.4 | 62.4 | 67.4 | 70.3 |
| | 군부(읍 · 면부) | 70.9 | 67.2 | 63.8 | 41.6 | 37.6 | 32.6 | 29.7 |

자료: 경제기획원조사통계국, 1989, 『한국통계연감』, 제36호; 통계청, 2001, 『한국통계연감』, 제48호.

이와 같이 도 · 농 간 인구분담률의 역전으로 인하여 필연적으로 나타난 농어촌 소규모 학교는 교육과정의 비정상적인 운영에 따른 교육효과의 저하와 더불어 교육재정에 부담을 주어 영세초등학교 통 · 폐합 운영계획이 마련되었으며, 1982년부터 교육부의 주요 정책사업으로 추진되고 있다.

## 2) 제주도 내 학교 통 · 폐합 정책의 추진 과정과 성과

제주도 농어촌 지역에서도 타도와 마찬가지로 소규모 학교가 증가하는 추세를 보이고 있다. 이는 기본적으로 출산율 저하에 따른 초등학생 수의 자연감소에 따른 것이기는 하나, 여기서 특별히 주목해야 할 점은 제주지역 경제구조의 변화에 따른 이농현상이라 할 수 있다(김민호, 1997).

제주도교육청은 지나치게 학생 수가 적어 정상적인 교육과정 운영이 어려운 학교에 대하여 교육여건을 개선하고 교육력을 향상시키고자 통·폐합을 추진한다는 배경하에, 1981년에 시달된 교육부의 운영지침에 의해 1982년부터 북제주군 한림읍 비양분교장 개편을 시작으로 소규모 학교 통·폐합정책을 시행하여 왔다. 1993년 6월 제주도교육청은 변화된 지침에 의거, 지역실정을 고려하여 자율적으로 추진하는 방향으로 전환하였고, 1993년 9월 교육부의 통·폐합 권장기준이 학생 수 100명 이하의 학교로 완화되면서 제주도교육청은 초등학교 60명 이하, 분교장은 10명 이하, 중학교는 90명 이하 학교로 기준을 더욱 완화시켰다.

그러나 1998년 2월 국민의 정부 출범과 함께 학교 통·폐합 문제가 100대 국정과제로 선정되면서 대통령 지시사항으로 학생 수 100명 이하의 학교를 적극적으로 통·폐합하여 정상적인 교육과정을 운영하고 교육재정의 효율성을 도모하도록 지침이 강화되었다. 이에 따라 초등학교는 100명 이하의 본교 및 20명 이하의 분교장을 통·폐합 대상으로 하여 1면(面) 1교(校) 원칙을 유지하고, 도서·벽지 등 특수 지역은 해당 지역의 여건을 고려하여 추진하며, 중·고등학교의 경우 학생 수 100명 이하 학교를 통·폐합 대상으로 한다는 기준이 정해진 후 제주도교육청도 자체계획을 수립하였다. 그 후 1999년 1월 다시 교육부의 과소규모 학교 통·폐합 종합계획이 수립되었고 6월에는 학생 수 추이, 통학여건, 지역주민의 의견 등을 고려해 탄력적으로 추진하라는 지침이 마련됨에 따라, 제주도교육청도 기존의 계획을 변경하여 통·폐합 정책을 시행하여 왔다.

제주도교육청이 실시한 통·폐합 추진현황 및 계획은 <표 11−2>와 같으며, 본 연구의 사례학교인 납읍초등학교는 학생 수 감소로 인해 1990년 2월 제주도교육청으로부터 1991학년도분교장개편 대상 학교임을 통보받게 되었다.

<표 11-2> 제주도 내 소규모 학교 통·폐합 추진 현황

| 연도 | 초등학교 | | | | 중학교 | | | | 비고 |
|---|---|---|---|---|---|---|---|---|---|
| | 폐지 | | 분교장 개편 | 통합 운영 | 폐지 | | 분교장 개편 | 통합운영 | |
| | 본교 | 분교장 | | | 본교 | 분교장 | | | |
| 1982 | | | 1 | | | | | | 비양분교장 |
| 1983 | | | 5(1) | | | | | | 해안, 도평, (대평), 신흥, 동복분교장 |
| 1984 | | 1 | | | | | | | 보흥분교장 |
| 1988 | | 2 | | | | | | | 광명, 회천분교장 |
| 1989 | | 1 | | | | | | | 색달분교장 |
| 1990 | | 1 | | | | | | | 덕천분교장 |
| 1991 | | 1 | | | | | | | 횡간분교장 |
| 1992 | | 4 | | | | | | | 상천, 금덕, 신평, 상천분교장 |
| 1993 | 1 | | 2(2) | | | | | | 명월교/(난산, 무릉동분교장) |
| 1994 | | 1 | 1(1) | | | | | | 무릉동분교장/(신양분교장) |
| 1995 | 3 | 3 | 1 | | | | | | 영락교, 용수교, 조수교/구억, 난산, 신양분교장/선흘분교장 |
| 1996 | 1 | 3 | 2(1) | | | | | | 판포교/회천, 신풍, 대평분교장/더럭, (삼달)분교장 |
| 1998 | 1 | 1 | | 1 | | | | 1 | 신도교/삼달분교장/신창초·중 |
| 1999 | | 1 | 1 | 3 | | | | 3 | 어음분교장/신양교/무릉초·중, 신산초·중, 저청초·중 |
| 2000 | | | | 1 | | | | 1 | 연평초·중 |
| 2001 | 3 | | | | | | | | 가시, 화산, 하천폐지하고 한마음교신설 |
| 2002 | 1 | | | | | | | | 영천교 |
| 계 | 10 | 19 | 13(5) | 5 | | | | 5 | |

※ ( )는 분교장 개편 후 폐지된 분교장 수

제주도는 1982년 비양교가 분교장으로 개편된 것을 시작으로 모두 29개의 초등학교가 폐교되고 13개교가 분교장으로 개편되었으며, 5개교가 중학교와 함께 통합 운영되고 있다.

## 3. 소규모 학교 통·폐합 정책에 대한 납읍리 주민들의 대응 양상

### 1) 납읍리의 지리적 개관

북제주군 애월읍 납읍리는 한라산 정상에서 북서쪽으로 약 30㎞, 북서 해안에서 내륙으로 2.5㎞ 지점에 위치한 대표적인 중산간마을로, 제주시에서 중산간 도로(16번 국도)를 따라 승용차로 약 15분 정도 소요되는 교통의 요지이다. 해발 60～100m 고도에 서쪽에 어도봉(143m), 북동쪽에 고내봉(175m), 그리고 마을 바로 북쪽에는 곽악(153m)이 둘러 있어 전체적으로 분지 지형을 이루고 있다[그림 11－2].

납읍리의 설촌 연대는 1330년경 고려 충렬왕 때로 추정되지만 확실한 문헌 자료를 가지고 있지 않다. 1948년에는 4·3사건의 영향으로 마을에 소개령이 내려져 주민들은 인근에 있는 애월리, 곽지리 등 해안가 마을로 강제 분산되었으며, 이때 납읍초등학교와 향사 등 주요 건물들이 전소되었다. 1949년 소개령이 해제되자 마을 주민들이 복귀하여 폐허 위에 가옥을 복구하고 마을을 재건하였다.

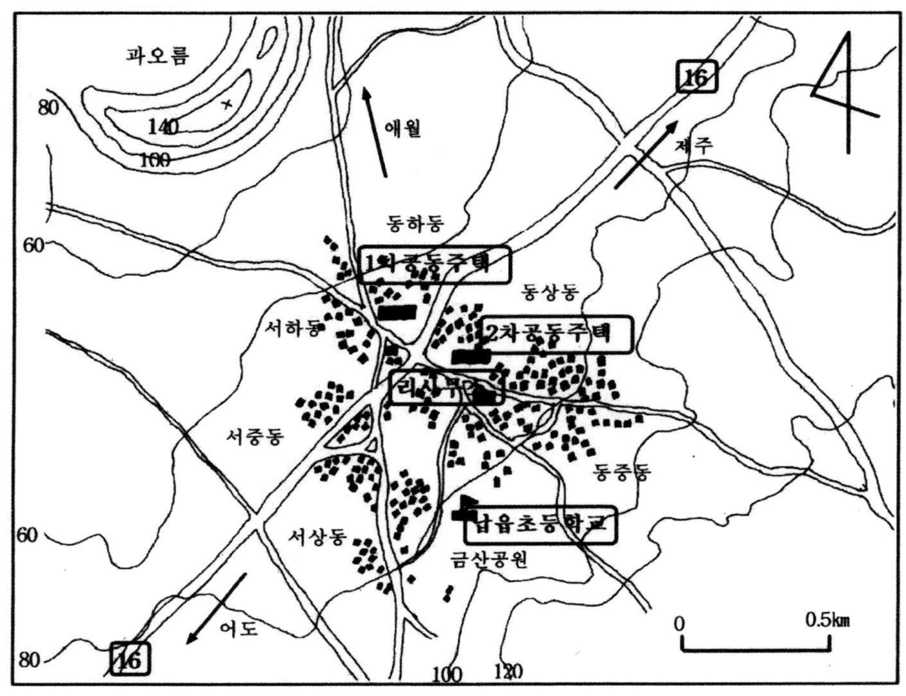


자료: 국립지리원 1:25,000 지형도, 현지답사를 통해 작성.

[그림 11-2]연구 지역


납읍리는 476세대 1,392명의 주민들이 서상동, 서중동, 서하동, 동상동, 동중동, 동하동 등 6개의 동으로 구성된 자연부락에 살고 있다 (2002년). 그러나 <표 11-3>에서 보듯이 1980년 2,025명이었던 납읍리의 인구는 80년대 말 1,779명으로 감소하였으며, 납읍초등학교가 분교장 격하 예정 대상으로 되었던 1991년에는 1,286명으로 급감했음을 알 수 있다. 1996년 1차 공동주택 준공 후 입주가 이루어진 이후 인구수가 크게 변동이 없는 상태로 유지되고 있다.

<표 11-3> 납읍리의 인구 변화 추이

단위: 명

| 연도 | 1980 | 1989 | 1991 | 1993 | 1995 | 1997 | 1999 | 2001 |
|---|---|---|---|---|---|---|---|---|
| 인구 | 2,025 | 1,779 | 1,286 | 1,311 | 1,283 | 1,384 | 1,389 | 1,308 |

자료: 북제주군 통계연보. 1981~88년 기간에는 리별 통계는 만들어지지 않았음.

토지 이용은 전체 면적 8.108㎢ 중, 전 1.394㎢, 답 0.006㎢, 과수원 1.711㎢, 임야 3.287㎢, 기타 1.710㎢ 등으로 과수원의 비중이 가장 높으며 감귤농사가 주로 이루어지고 있다. 한편 납읍리의 지목별 토지 이용 비율을 제주도 전체 지역과 비교해 보면(<표 11-4>), 경작지인 밭의 비율은 낮은 반면 과수원의 비율은 제주도에 비해 높은 편이다. 특히 1963년 이곳 출신 재일교포가 기증한 감귤묘목 2천 본은 감귤원 조성의 계기가 되었으며 그 후로부터 현재에 이르기까지 감귤이 마을의 주 소득원이 되고 있다.

<표 11-4> 납읍리의 지목별 토지 이용

단위: ㎢

| 지목<br>지역 | 전 | 답 | 과수원 | 임야 | 기타<br>(목장용지) | 계 |
|---|---|---|---|---|---|---|
| 납읍리 | 1.394<br>(17.1%) | 0.006<br>(0.07%) | 1.711<br>(21.1%) | 3.287<br>(40.5%) | 0.65 *<br>(8.04%) | 8.108 |
| 제주도 | 346.17<br>(18.8%) | 8.26<br>(0.5%) | 186.78<br>(10.1%) | 925.58<br>(50.1%) | 181.23<br>(9.8%) | 1,846.29 |

자료: 「한국통계연감」, 2001, 통계청; 애월읍 산업계 일반현황자료.
* 납읍리 공동목장조합장이 제공한 자료임.

마을 사람들의 증언에 따르면 일찍부터 서당이 설치되어 20여 명의 과거급제자를 배출하는 등 전통적인 유림 마을로서, 주민들은 여러 가지 미풍양속, 두터운 이웃 간의 인정, 지역 출신들의 사회 각 부문에서의 활약, 그 외 마을의 발전 상황 등에 대한 자부심을 가지고 있으며 스스로 반촌(班村) 혹은 문촌(文村)에 산다는 의식이 강하다. 조상과 가문에 대해서도 높은 긍지를 가지고 있어서 예전부터 자녀교육에도 유달리 신경을 쓰고 교육열이 높은 편이며, 외지에서 고등교육을 받고 다른 도시에 정착하여 살아도 비교적 성공적인 사회적 지위를 성취한 경우가 많아서 행정, 사법, 교육, 경찰, 종교 등의 사회 각계에서 활약하는 출신들이 많은 편이다. 마을 주민들의 주요 성씨(姓氏)로는 김(金)씨, 진(秦)씨, 양(梁)씨, 강(姜)씨, 문(文)씨 등이며 이들 5가지 성씨가 주민의 70% 이상을 차지한다.

주민들은 마을과 조상에 대한 긍지와 자부심이 강할 뿐만 아니라 이런 영향으로 마을 규약인 '납읍리 향약(鄕約)'을 제정, 마을의 제반 사항을 의논하여 결정하고 있으며, 마을 내의 여러 단체의 조직과 관리도 매우 정교하고 체계적이어서 향원의 자격과 권리, 의무 등을 향약에서 상세히 규정해 놓음으로써 마을의 전통을 계승하고 경제적, 사회적, 문화적 지위향상과 공동이익을 도모하고 있다. 이 마을의 향약에 의하면 마을의 복지 향상과 발전을 위한 기구 구성은 납읍리 개발위원회, 청년회, 부녀회, 노인회, 공동목장조합, 특별위원회 등으로 정하고 있는데, 마을은 주로 개발위원회를 중심으로 움직이고 있다. 이들 각 단체들은 체계적으로 정비된 조직을 가지고 있으며 마을 공동체의 발전과 복지향상을 위한 기능과 협의 체제를 구축하고 있다. 또한 이들 각 단체의 운영은 해당 회칙에 의하여 운영되고 있으며 이 단체들 중에서 개발위원회가 가장 핵심적인 역할을

[그림 11-3] 납읍리 사무소와 서당

수행한다. 개발위원회는 납읍리의 예산과 결산 심의 및 여러 가지 사업계획 수립 등의 기능을 담당하며, 특이한 사항은 운영비의 납부에 있어서 이 마을에 3개월 이상 거주한 사람이면 전 세대가 향원이 되며 누구나 이무비(理務費)를 내야 하는데 81세 이상인 자에게는 모든 잡비를 면제해 주고 있다.

그 외 납읍초등학교 총동창회, 재시납읍향우회, 재경납읍향우회, 납읍공무원동우회, 재일대판납읍리친목회 등이 직접 또는 간접적으로 마을에 도움을 주고 있다. 주민들은 명절 때나 마을에 초상이 났을 때, 그리고 동네 회의가 있으면 거의 모든 주민이 참여한다는 사실을 자랑스럽게 여기며, 마을의 역사가 오래되어 예로부터 해마다 마을 포제와 납읍인 단합체육대회 등 큰 규모의 연례행사를 치르고 있다. 이러한 마을행사의 제반 경비는 개발위원회에서 징수한 회비에서 해결하고 있다.

## 2) 납읍초등학교의 역사성과 통·폐합 정책

1945년 광복 이후 마을 사람들의 신교육에 대한 열망에 부응하여 몇몇 마을 유지들이 초등학교 설립을 협의하기 시작하였다. 당국에 설립 인가 신청서를 제출하고 향회를 열어 기성회를 조직하는 등 학교 신축 계획을 서둘렀다. 이런 배경하에 납읍초등학교는 1946년 9월 1일 마을 향사에 가교실(假敎室)을 마련하여 개교하였고, 정부 보조금과 마을 주민의 모금, 그리고 도쿄와 오사카에 거주하는 이 마을 출신의 교포들이 성금을 모아 교사(校舍) 신축을 추진하였다. 그러나 1948년 12월 4·3사건으로 전소되어 학교는 폐교되었다가 1949년 정부 보조금 30만 원과 향민이 부담한 잔여금 등을 모아(김희영, 1988) 1954년 현 위치에 재인가를 받아 개교하였으며, 1959년에 정규교실과 부속시설이 준공되어 정상적인 교육활동이 이루어지기 시작하였다.

이후 200~300명의 재학생 수를 유지하여 왔으며 1980년대 초에는 한때 350명을 넘어서기도 했지만 이후 급격히 감소하게 되었다. 1989년도에 이 마을에서 출생한 아이는 단 2명뿐이었고, 1991학년도 예상 재적 학생 수가 54명에 불과하여 결국 1990년 2월에 제주도교육청으로부터 1991학년도 분교장 개편 대상학교로 통보받았다(아름다운 학교운동본부, 2001). 분교장으로 격하된다면 폐교로 이어질 것이고, 폐교가 되면 노인만 사는 마을이 될 것이라는 우려와 오랜 역사를 지닌 마을의 뿌리가 흔들린다는 절박한 인식이 마을의 원로들을 움직여 1990년 4월 총동창회 중심으로 학교살리기운동이 본격적으로 시작되었다.

이러한 주민들의 노력으로 납읍초등학교의 학생 수는 한때 79명으로 늘어나면서 분교장 격하의 위기를 간신히 넘기기도 하였다. 마을 사람들의 총의에 따라 무상임대 다가구주택이 완성되었고, 행정기관의 도움과 마을목장조합과 향리 출신 및 자생단체의 도움으로 2차 효도마을 공동주택이 완성되어 현재 130명이 넘는 학생이 재학하고 있다. 최근 15년간 납읍초등학교 학생 수의 추이를 보면 <표 11 - 5>와 같다.

〈표 11 - 5〉 최근 15년간 납읍초등학교 학생 수 추이

단위: 명

| 연도 | 1988 | 1989 | 1990 | 1991 | 1992 | 1993 | 1994 | 1995 | 1996 | 1997 | 1998 | 1999 | 2000 | 2001 | 2002 |
|---|---|---|---|---|---|---|---|---|---|---|---|---|---|---|---|
| 학생 수 | 152 | 122 | 99 | 76 | 63 | 76 | 67 | 65 | 54 | 63 | 92 | 113 | 113 | 121 | 131 |

자료: 제주도 교육통계연보, 1988～2002.

현재 납읍초등학교에는 많은 교육관계 인사들의 학교방문이 이어지고 있으며 2002년 '제1회 아름다운 학교를 찾습니다' 사례 공모전에서 대상을 수상함으로써 학교살리기 우수학교로 선정되기도 하였다.[193]

---

193) 아름다운 학교운동본부에서 2000년 11월부터 2001년 1월까지 아름다운 학교를 공모하였는데 170개 학교가 응모하였고, 납읍초등학교는 아름다운 학교 대상(교육인적 자원부 장관상)을 수상하였다. 아름다운 학교 운동본부는 1990년대 말 우리나라를 강타한 '학교붕괴현상'에 대한 대안을 모색하고, 그 해법을 찾기 위한 몸부림으로 교육개혁시민운동연대가 회원단체와 교육 관련지들을 중심으로 조직하여 활동하고 있는 단체이다.

[그림 11-4] 납읍초등학교 전경

## 3) 납읍리 주민들의 학교살리기운동 전개 과정

1990년 제주도교육청으로부터 납읍초등학교가 분교장 처리 대상 학교로 지정되었다는 통보를 받은 주민들은 1991년 2월 긴급 마을 임시총회를 소집하여 학교를 존속시켜야 한다는 결의를 다지고 이를 구체적으로 실천할 학교살리기 추진위원회를 구성하기로 의견을 모았다. 이후 학교살리기운동의 전개 과정을 단계별로 살펴보기로 한다.

### (1) 제1단계: 운동 주체 결성과 여론 조성

1991년 2월 긴급 마을 임시총회에서 구성하기로 결의한 납읍초등학교살리기운동 추진위원회는 이장을 위원장으로 하여 개발위원회, 학부모회 대표, 그리고 재시향우회장과 총동창회장을 포함하여 모두 10명의 위원으로 출범하였다. 이들은 그해 9월 21일 대책회의를 열어 '애향인에게 보내는 호소문'을 작성, 이를 마을 주민들뿐만 아니라 출향인사들에게도 보내 납읍초등학교가 처한 위기 상황과 주민들의 학교살리기 결의를 알리고 이에 동참을 호소하였다. 10월에는 추진위원회의 규모가 확대되었는데, 기존의 납읍리장과 개발위원장, 학부모회장, 총동창회장 외에 납읍초등학교장, 어머니회장, 새마을금고 이사장, 노인회장, 부녀회장 등 자생단체장들과 무상주택 임대자 11명, 그리고 적극적인 참여의사를 밝힌 마을 인사 등 모두 41명으로 늘어났다. 추진위원회는 호소문 300여 통을 납읍리 주민 전체에게 배포하였고, 제주시에 거주하는 출향 인사들에게 200여 통, 그리고 재경 인사들에게 60여 통을 우송하였다. 그 밖에 제주도 내 각 언론기관과 교육기관에도 호소문을 발송하였는데, 이때는 학교 전경이 담긴 사진을 동봉하였다.

납읍리 주민들의 자발적이고 적극적인 학교살리기운동은 언론기관을 통해 구체적인 사실이 보도되면서 여론을 형성하기 시작하였다. 1991년 7월 29일 제민일보가 처음으로 납읍초등학교가 분교장 대상 학교로 지정되었다는 사실을 보도한 이후, 추진위의 호소문이 도 내·외로 전달되면서 여러 언론 매체들의 보도 횟수가 부쩍 늘어나기 시작하였다. 제민일보, 제주일보, 한라일보 등 도내 신문들과 제주 KBS, 제주 MBC 등 지역 방송사들이 비슷한 시기에 학교살리기운동에 대해 여러 차례 보도하고, 특히 재경 납읍 출신 언론인 송원옥은 한라일보에 <아이들이 없는 마을>이라는 제목의 특별기고를 게재하는 등 활발한 언론보도로 인해 학교살리기운동에 동참하려는 분위기가 조성되어 갔다.

언론보도 외에도 재외 총동창회 임원들과 향우회 임원들은 개별적으로 혹은 다른 단체들과의 연대를 통해 학교살리기 대책을 협의하고 구체적인 방안을 모색하는 등 여론 확산에 크게 기여하였다.

(2) 제2단계: 교섭과 방문을 통한 아동 유치활동

1991년 10월 19일~11월 18일 추진위원들은 납읍리 6개 동별로 1개씩 조를 편성하여 하루 일과를 끝낸 후 제주시로 나가 각 조별로 3회 이상에 걸쳐 아동 유치 활동을 벌였으며, 향우회 임원들도 이에 가세했다. 이 기간 동안의 추진위원 중에는 60세 전후의 납읍리 역대 이장들이 앞장섰으며 낮에는 생업을 위한 일을 하고 밤이 되면 자비부담으로 제주시나 서귀포시까지 나가서 유치활동을 벌이는 등 마을을 위한 헌신적인 노력을 하였다. 이런 유치 활동이 이어지면서 조금씩 성과가 나타났는데 54명의 예정 수를 넘어 60명에 이르는 아동을 확보하게 되었다. 12월 28일에는 추진위원들 중 운영위원 11명의 연명으로 분교장 격하 유보건의서를 학교장, 총동창회장, 납읍리장 3자가 북제주교육청을 방문하여 접수시켰다. 당시 출향 인사 4명은 자녀를 제주시에 취학시킬 예정이었으나 납읍교에 취학시키기도 하였는데, 이후에도 외지에 살고 있는 납읍리 출신과 납읍교 출신들을 일일이 방문하거나 서면을 통하여 호소하고 권유한 결과 9명의 자녀들이 납읍교로 전입하여 분교 격하 대상에서 제외되었다.

1992년 1월 18일 마을의 이장이 바뀌게 되자 학교살리기 추진위원장이 교체되었고, 3월 18일 개최된 학교살리기 추진회의에서는 아동통학 지원 등의 기금으로 추진위원 각자는 10만 원씩 출연하고 부족한 금액은 마을의 전체 반상회에서 도움을 받기로 결정하였다. 이는 몇 명 안 되는 아동을 전입시켰지만 그들의 거주지가 제주시이므로 통학수단이 문제였으며, 이를 위한 해결방법으로 소형버스를 운행하기로 의견이 모아지게 되면서 비롯된 것이다. 그 후 반상회에서 마을 주민들의 마음이 모아지면서 각 세대당 1만 원씩 모금에 참여하였으며, 그래도 모자라는 금액은 마을 운영 기금에서 충당하기로 하였다. 이때 납읍초등학교의 상황은 한두 명의 학생이 부족하여 학급 하나가 줄어들게 된 상황이었기 때문에 한 달에 80만 원의 차량비를 지출하면서까지 제주시에서 납읍교로 전학시킨 어린이들을 1년 동안 통학시켜야 했다.

1992년 10월 6일 추진위원회의가 있었는데 하루 전날인 10월 5일 총동창회장과 납읍리장이 북제주교육청을 방문하여 교육장을 만나 학교 문제에 대해 대화를 나누었으며 도교육청 관리국장, 도의회 의장 등을 방문하여 당국의 협조와 지원을 요청하였다. 이때 도내 5대 언론 매체에 보도 협조를 요청하기도 하여 10월 5일 저녁시간에 KBS1 TV에서는 납읍초등학교살리기 추진위원들의 활동을 뉴스시간에 방영하였다. 또한 이날 북제주교육청과의 대담에서 교육청 당국도 아동이 70명 선만 계속 유지된다면 분교장 격하 유보를 건의해 보겠다는 의사를 표명하였고, 이 말을 듣고 추진위원들은 더욱 용기를 얻게 되었다.

그러나 이렇게 온갖 노력과 방법을 동원한 것에 비해 그 성과가 미약하자 새로운 방법이 시도되었는데, 마을의 빈집을 수리하여 무상으로 임대하고 타 지역의 취학 아동이 있는 가구를 입주시키려는 것이었다. 이때부터 10월 29일까지 추진위원들은 야간에 일단 리사무소에 모여 팀을 구성하고 납읍리 마을 6개 동을 돌아다니며 빈집 빌려 주기를 권유하였다. 그 결과 수리된 빈집에 10가구가 입주하게 되었고 납읍초등학교의 학생 수도 75명을 넘게 되어 교육청의 내부 방침으로 제시된 기준을 충족하여 분교장 격하를 면할 수 있게 되었다. 이러한 '무료 집 빌려 주기' 운동과 '주민 늘리기' 운동은 아래와 같이 지방일간지에 보도되기도 하였다.

"납읍으로 오세요, 무료로 집을 빌려 줍니다"
'납읍교 살리기' 주민운동
분교장 격하 안 될 말 주민 늘리자
현재 10가구 이주…… 살기 좋은 마을 사업 추진

"납읍으로 오세요. 이 고장으로 이사 오는 주민들에게는 무료로 집을 빌려 줍니다." 취학생 부족으로 납읍국민학교가 분교장으로 격하될 위기에 처한 북제주군 애월읍 납읍리 주민들은 '주민 늘리기 운동'에 전력을 쏟고 있다. 이 마을 주민들은 "납읍교 분교장 격하는 모든 방법을 동원해서라도 막아야 한다"며 학생 수 늘리기 운동에 전 주민이 참여, 무료 집 빌려 주기와 모금운동을 활발히 전개하고 있다. 처음에는 '제대로 될까' 하는 의구심도 있었지만 전 주민이 노력한 탓인지 지금까지 5가구가 새로 정착했고 이달 말까지 5가구가 더 입주할 것으로 보인다. 이에 따라 학생 수도 지난 3월 60명에서 68명으로 늘어났으며 이달 말에는 75명 선으로 증원되어 일단 교육청의 "학생 수 60명만 넘으면 분교장 격하는 면할 수 있다"는 내부방침을 채울 수 있다고 희망에 부풀어 있다. 이 마을 주민들이 분교장 격하 소식을 접한 것은 지난해 3월초. 개교 초부터 부지 기증. 운동장 정리. 교실 신·개축 등 주민들의 땀과 눈물이 서려 있는 학교의 분교장 격하는 어떻게 해서든지 막아야 한다는 여론이 형성돼 '모교 살리기 추진위원회(위원장 양봉호 납읍리장)'를 구성. 본격적인 운동을 추진했다. 하지만 첫 사업인 모교 출신 자녀들을 납읍교에 통학시키는 방법은 실패. 이 방법은 현실 여건에 맞지 않아 겨우 4명이 참여하는 부진을 보였던 것. 이에 따라 마을 주민들은 남아도는 집을 활용, '무료 집 빌려주기 운동'을 전개. 10명이 정착하는 성과를 거두었다. 앞으로 70명 이상의 학생 수를 유지하기 위해 '무료 집 빌려 주기'뿐만 아니라 살기 좋은 납읍리를 만들기 위해 다양한 사업을 추진할 계획이다. 양봉호 이장은 "지리적으로 제주시와 인접해 있기 때문에 시내버스만 연장 운행되면 상주인구가 부쩍 늘어날 것"이라며 "천혜의 자연환경과 마을인심은 다른 마을과 비교할 수 없을 정도로 좋다"고 자랑했다. 한편 도교육청은 납읍교의 현재 학생 수가 70여 명으로 내년 졸업을 앞둔 학생이 15명이나 돼 내년 취학 아동이 5명을 넘지 않을 때는 학생 수가 60명이 안 되기 때문에 분교장 격하가 불가피하다고 말하고 있다. 그런데 교육부 규정의 분교장 격하 대상 학교는 학생 수 1백 명 이하일 때인데 제주도교육청은 지역별 여건을 고려해 60명 이하 학교를 관례적으로 대상학교로 지정하고 있다(제주신문 1992년 10월 25일자).

그런데 백방으로 최저 기준을 충족시키기는 하였지만 곧 6학년 학생들이 졸업을 하면 다음 해 입학하는 취학아동 수에 따라 위기가 다시 찾아올 수도 있는 불안한 상황이었다. 이때 더 많은 기금조성이 필요하다는 이야기가 나왔고 성공적으로 기금이 조성되면 학교살리기가 훨씬 쉬워질 것이라는 데 의견의 일치를 보았다. 1992년 10월과 11월에 KBS1 TV에서 녹화촬영이 있었는데, 많은 주민들이 낮에 생업을 중단하고 취재진들에게 음료수와 간식을 제공하며 고마움을 표시하였고 직접 녹화 취재에 참여하기도 하였다.

1992년 10월 30일 밤 마을 전체 반상회의에서는 주민 70여 명이 참석한 가운데 총동창회장이 "이제까지 2년간이나 학교살리기 추진위원들이 집중적인 활동을 펴 왔지만 만족할 만한 성과를 이루지는 못하였고 앞으로 2~3개월 안에 구체적인 대안이 마련되기도 어려울 것 같다. 이제 이사철인 신구간과 겹치면서 아동유치는 더욱 어려워지고, 교원 인사 발령 시기인 2월 말이 되면 학교가 정상 운영되도록 하는 데 많은 어려움이 뒤따를 것"이라고 다소 어두운 전망을 드러내기도 하였다. 그러나 KBS1 TV에서 녹화취재가 있던 날인 11월 3일 학교에 참석했던 이들이 다시 거듭하여 구체적인 계획이 마련되어야 함을 역설하였고, 빈집 빌려 주기 운동을 전개하여 11세대 16명의 아동이 전입함으로써 납읍초등학교는 본교 상태를 계속 유지하였다.

1993년 1월 총동창회에서 주간신문 광고지 「오일장」과 「탤런트」에 12회에 걸쳐 아동을 유치하는 내용의 광고를 내자 취학 아동이 있는 세대들로부터 납읍리사무소에 문의전화가 빈번히 걸려 왔고 직접 찾아와 문의하는 가정도 생겨났다. 이렇게 다방면에 걸친 학교살리기운동이 결실을 보게 되어 도교육청은 분교 격하 방침을 보류하게 되었으며 납읍초등학교는 다소 불안정하기는 하지만 정상적인 학교체제를 유지할 수 있게 되었다.

### (3) 제3단계: 중장기 계획 수립과 무상임대 공동주택 건립

1993년 1월 학교살리기 추진위원 및 납읍리 개발위원 연석회의에서 총동창회장이 '납읍초등학교 살리기 및 납읍리 중흥을 위한 중장기 12년 계획'의 필요성을 역설하였다. 그리고 1993년 1월 납읍리민 정기총회 석상에서 총동창회에 의해 학교살리기 중장기 12년 계획 초안이 제시되었다. 며칠 후 납읍리 개발위원과 학교살리기 추진위원 연석회의가 있었는데, 이 자리에서 마을의 장래에 중대한 영향을 미칠 내용이 합의되었다. 그것은 마을 내에 있는 군유지를 불하받자는 것으로, 이는 마을 한가운데 있는 연못 부근의 땅이 군유지이므로 이를 불하받아 주택을 지어 학교살리기에 활용하자는 것이었다.

1994년 2월 납읍리 정기총회에서 학교살리기 추진위원 수를 확대 구성하기로 의결하고 총인원 70명으로 확대 구성하였다. 이때 6세대 9명의 전입이 있었다.

1995년 1월 납읍리 정기총회에서 납읍리 공유재산인 애월읍 어음리 산 160번지 임야 5,400평을 매각하기로 총회의 승인을 받았다. 이 매각대금과 마을 공금 및 각 자생단체의 공금, 독지가의 성금 등을 모아 납읍리 2046번지 공유지에 조립식 건물 19동을 건립하기로 결의하였으나 공유재산 매각처분이 지연되어 예정대로 추진되지 못하였다. 이런 상황 속에서도 학생 수는 계속 줄어 1996년 초에는 54명으로 감소하였다. 이해에 1학년에 입학한 어린이는 3명뿐이었다. 그 당시 학생들의 출신 지별 분포를 보면 납읍 출신이 39명, 외지에서 전입한 학생이 15명으로 전입생이 꽤 많은 편이었다. 결국 근본적인 대책이 필요했는데 무엇보다도 마을의 인구가 늘지 않고는 이 문제가 해결될 수 없다는 데 의견이 모아지면서 인구를 증가시키기 위한 계획이 거론되기 시작하였다.

1996년 2월 마을 정기총회에서 추진위원장과 추진위원 다수를 개편하였고, 4월에는 운영위원회에서 학교살리기 장기계획을 수립하였다. 그 구체적인 내용을 보면 각 자생단체에 무상임대 공동주택 건립 계획에 따른 자금 지원을 협조 요청하는 것이었는데, 5월에 열린 학교살리기 전체회의에서 의결을 거쳐서 6월 납읍리 임시총회에서 승인을 받았다. 9월에는 마을 공유재산인 어음리 산 160번지 5,400평을 6,375만 원에 매각하였고, 10월 학교살리기 운영회의에서 각 자생단체로부터 건립기금 9,800만 원을 기증받아 본격적인 무상임대 공동주택 건립에 착수하게 되었다. 당초 세워졌던 건립 자금 확보 계획은 다음 <표 11-6>과 같다.

**〈표 11-6〉 무상임대 공동주택 건립을 위한 자금 확보 계획**

단위: 원

| 구　분 | 기증단체 | 금　액 |
|---|---|---|
| | 공유재산 매각 대금 | 63,750,000 |
| | 목장조합 공금 | 80,000,000 |
| | 재시 납읍 향우회 | 10,000,000 |
| | 납읍초등학교 총동창회 | 10,000,000 |
| | 납읍리 청년회 | 10,000,000 |
| | 납읍리 부녀회 | 5,000,000 |
| 자체지금 | 납읍리 노인회 | 2,000,000 |
| | 납읍 새마을 금고 | 5,000,000 |
| | 납읍 감협 작목회 | 2,000,000 |
| | 납읍 금강 감귤작목반 | 1,000,000 |
| | 납읍 초등학교 육성회 | 2,000,000 |
| | 납읍 상록 작목반 | 1,000,000 |
| | 소계 | 191,750,000 |
| 기타 지원금 | 행정기관 및 독지가 | 336,286,900 |

자료: 납읍리 회의록. 1996.

공동주택 건립 사업 내용은 납읍리 2045, 2046번지에 13평형 19세대를 2개 동으로 새로 건립하고 농촌주택개량사업 10세대를 포함하여 자금 498,036,900원에 해당하는 규모로 1996년 10월부터 1997년 10월까지 1년의 공사기간을 계획하고 있었다. 자금 조달 방법으로는 공유재산 매각대금과 마을 각 단체의 기부금으로 조성된 자체자금 191,750,000원을 확보하고, 부족한 액수를 독지가나 행정기관에 요청하기로 하여 납읍리 출신 건축업자와 수의계약으로 추진하였고, 북제주군청 기획관리실로 '초등학교살리기를 위한 납읍리 무상임대 공동주택 건립 계획 자금 부족분 지원 협조요청'이란 제목으로 지원을 요청하였다. 당초 계획에 의하면 조립식 건축물로 지으려고 했지만 조립식은 부지를 많이 차지하고 못을 박을 경우 수명이 짧아진다고 하여 벽돌조 슬래브 3층으로 15세대 1동과 남쪽 4세대 1동을 합쳐서 19세대를 방 2개, 거실, 보일러실을 갖추게 하였고, 완성

[그림 11-5] 학교살리기운동 사업의 일환으로 지어진 1차 공동주택

후에는 무료로 임대하여 사용하게 하며 전기, 수도료 등은 입주자가 부담하도록 하는 운영계획까지 수립하였다.

공동주택 건립을 위한 사업의 계획과 실행 과정은 학교살리기 추진위원회 주관으로 여러 차례 회의와 의견 수렴 절차를 거치면서 이루어졌다.

그 후 2000년에 북제주군으로부터 효도마을로 선정되어 1억 원의 상금이 확보되어 행정기관의 도움과 마을목장조합이 합세하고 향리 출신 및 마을 자생단체의 도움으로 5억여 원의 성금이 모이면서 두 번째 효도마을 공동주택 18평형 12세대를 건립하게 되었다.

결국 두 차례에 걸쳐 31세대가 완공되면서 1세대당 2명 아동의 전입을 예상하였을 때 60여 명의 아동을 확보할 수 있으며, 빈집 빌려 주기에서 10여 명이 더해지면 원래 납읍리의 아동 60여 명을 합하여 항상 130여 명의 아동 수를 확보할 수 있게 된 것이다. 이런

[그림 11-6] 학교살리기운동 사업의 일환으로 지어진 2차 공동주택

성공사례를 언론기관에서도 크게 다루었는데, 그중 제주지방의 신문 기사를 보면 다음과 같다.



애월읍 납읍리(이장 문이상) 주민들이 펼치고 있는 '학교살리기운동'이 성과를 드러냈다. 납읍리 주민들이 학교살리기운동 차원에서 추진해 온 무상임대 다가구주택으로 입주가 시작된 것. 지난 17일부터 시작된 입주행렬은 이달 안으로 마무리될 예정이다. 무상임대 주택에는 19세대가 입주 가능하다. 납읍리에서는 입주가구를 선정하기 위해 '납읍리 다가구주택 관리규정'을 자체적으로 제작, 입주자를 선별하는 과정을 거쳤다. 이런 과정을 거쳐 선정된 입주자들의 대부분은 외지인이나 다른 마을 출신. 현재 17세대가 주민등록을 옮겨 온 것에 따르면, 본적이 납읍리인 출신은 단 1가구에 불과할 정도. 외지인만 해도 8세대에 달한다. 출신별로는 경북 3, 전남 2, 서울 2, 경기 1세대 등이다. 17세대의 학생 수는 27명으로 납읍교 62명과 합치면 학생 수가 90명에 달한다. 납읍교에서 자체적으로 조사한 결과에서도 99학년도에는 106명에 달할 것으로 전망하고 있어 '학교살리기운동'이 완전히 빛을 발하게 된다. 문이상 이장은 "다가구주택에 입주하려는 신청자가 50세대에 달해 선정과정에서 애를 먹었다"며 "학교살리기운동이 성과를 나타내게 돼 기쁘다"고 말했다(제민일보, 1997년 8월 24일자).

그 후 2000년 납읍초등학교는 병설유치원까지 갖추게 되어, 교육의 폭을 유아들에게까지 확대하고 젊은 학부모들을 끌어들였다. 또한 마을 주민들은 학교공원화 사업을 펼치는 한편, 주민과 학교가 힘을 합쳐 전통계승사업을 병행하여 이 학교만이 갖는 교육적 특성을 살리고 마을의 자존심과 긍지를 지키며, 교육의 질적 수준을 전반적으로 높여 가고 있다.

## 4) 학교살리기운동의 성공 요인

### (1) 반촌의식에 기반을 둔 주민들의 자부심

납읍리 주민들은 전통적인 유림촌 주민이라는 자부심을 강하게 지니고 있다. "조선조 말 대과에 급제한 유학자를 2명이나 배출하였으며, 1970~80년대까지만 하여도 이 마을 출신 학생들의 대학 진학률이 제주도 내 여타 마을과 비교하여 월등했다"는 자부심으로 가득한 주민들에게 납읍초등학교가 학생 수가 부족하여 분교장 처리 대상학교로 지정될 것이라는 소식은 커다란 충격이 아닐 수 없었다. 이들은 분교장이 되면 폐교로 이어지고, 폐교가 되면 젊은이들이 마을을 떠나게 될 것이며, 마을에는 노인들만 살다가 결국은 폐촌이 될 수도 있다는 절박한 상황인식에 이르게 되었다. 이러한 인식은 전통적인 반촌이며 선비마을 주민이라는 자긍심과 함께 학교살리기 추진위원회 구성과 활동에 직접적인 영향을 미쳤고, 마을 주민들의 적극적이고 자발적인 참여의 사회문화적 토양이 되었다. 특히 제주시에 거주하면서도 고향 마을을 지키기 위해 자녀를 납읍초등학교로 전학시키는 등의 애향 실천 사례는 이후 마을 사람들을 학교살리기운동에 적극적으로 동참토록 하는 데 커다란 자극제가 되기도 하였다.

### (2) 자생단체들의 강한 결속력과 리더들의 적극적 역할

납읍리 자생단체들의 조직은 매우 정교할 뿐만 아니라 관리 면에서도 합리적이며 효율적이다. 학교살리기운동이 본격적으로 추진되면서 각 단체의 조직력은 여론 조성과 기금 모금활동에 중요한 역할을 담당하였다. 공동기금을 마련하는 데도 가구별로 모금하기 전에 각 단체의 기금에서 자발적으로 우선 일정 금액을 출연함으로써 모금 활동의 씨앗이 되었다[그림 11 – 7]. 특히 총동창회는 학교살리기

[그림 11-7] 납읍초등학교 입구에 세워진 성금 출연자 공덕비

운동 과정에서 행동대원의 역할을 자임하였는데, 추진위원회를 주도적으로 구성하여 구체적인 사업계획을 수립하고 이를 실천하는 데 앞장섰다.

납읍리 주민들은 거의 모두 납읍초등학교 동창회원들이다. 이들 중에서도 특히 이장을 역임했던 사람들은 역대 이장단회의를 구성하여 총동창회와 함께 보다 주도적인 역할을 수행하였다. 학교살리기 운동의 핵심 역할을 담당했던 70명의 학교살리기 추진위원 중에는 자신의 직장에서 중대한 승진 기회나 사업확장 기회를 포기하면서까지 마을 지키기와 학교살리기에 전념한 이들도 있었다.

부녀회, 청년회, 노인회 등 마을 내 단체뿐만 아니라 이 마을 출신들로 구성된 재경향우회, 재제주시 향우회 등도 학교살리기에 적극 동참하였다. 이들은 당장 직면한 문제를 해결하는 데만 급급하지 않고 장기적인 안목으로 마을 발전계획을 논의하면서 바람직한 합의점을 도출하였는데, 이와 같은 합리적인 해결 과정을 통해 정책집행 기관인 교육청과 별다른 마찰을 빚지 않으면서 현안을 해결하고 지속 가능한 발전 방향을 수립하기도 하였다.

(3) 학교를 살리겠다는 주민들의 강한 의지와 민주적 의사결정 과정

납읍초등학교가 분교장 처리 대상학교라는 소식이 알려졌을 때 주민들은 마음속으로는 학교의 존속을 원하고 있으면서도 구체적인 대응책이나 행동전략을 마련하지 못한 채 막연한 불안과 초조감에 휩싸여 있었다. 이러한 어정쩡한 상황에서 분교장 처리 동의서에 날인하여 통·폐합 정책을 따르자는 의견이 대두되기 시작하면서 주민들의 위기감은 증폭되었고, 어떻게 해서든지 자신들의 힘으로 학교를 살려야겠다는 의지도 강화되었다. 당시 납읍초등학교 총동창회장이었던 ㅈ 씨의 회고는 이러한 상황 반전을 생생하게 증언하고 있다.

주민 대표들이 교장 선생님과 만나서 학교 문제를 이야기하던 중 교장 선생님께서 "이제는 동의서에 도장을 찍어야 할 것 같군요. 도장을 찍어서 마무리 지어 버립시다"라고 했을 때, 갑자기 모두들 아무 말도 못 하고 있었다. 잠시 침묵이 흐르면서 '정말 이대로 학교가 문을 닫아야 하는 것인가' 생각에 잠겨 있는데, 누군가가 "아닙니다. 어떻게 해서든지 학교를 지켜내야 합니다"라고 비장한 어조로 말하자 분위기는 순식간에 반전되어 참석자 모두가 학교살리기운동에 최선을 다해야겠다고 다짐을 하게 되었다.

마을에 초등학교는 꼭 있어야 하기 때문에 지금 학교를 지켜내야 한다는 주민들의 강한 의지는 여러 차례의 회합과 단계적인 민주적 의사결정과정을 통해 현실성 있는 대응책을 모색하게 되었고, 이를 통해 성공적으로 학교를 살려냄으로써 주민들 간 돈독한 결속력을

이루어내게 되었다. 이러한 현상은 예로부터 제주교육사에서 종종 찾아볼 수 있는 모습이기도 하다(양진건, 2001). 마을 주민들이 학교 설립이나 교실 증축 등에 직접 참여하며 재정적 지원은 물론 노동력 까지 지원했던 제주 교육의 전통을 잘 보여 주기 때문이다.

### (4) 지원 가능한 인적 자원 요소와 경제적 여건 구비

납읍리 주민들의 소득수준은 감귤을 주로 재배하는 제주도의 다른 지역과 크게 다르지 않다. 그러나 예로부터 자녀교육에 대한 관심이 높고 반촌이라는 의식이 강해서 대도시에 나가 고등교육을 받고 사회 각계에서 안정적인 지위를 확보하고 있는 지역 출신 인사들이 많은 편이다. 이들은 다른 지역에 살고 있으면서도 고향의 부모나 친족들과 자주 교류하면서 정신적, 물질적으로 보탬을 줌으로써 주민들은 상대적으로 생활에 여유를 가지게 되었다.

실제로 40～50대 연령층의 납읍초등학교 남자 졸업생 365명의 직업을 조사한 결과, 교수ㆍ교사 등 교육계 인사 28명, 회사원 88명, 공무원 49명, 자영업 112명 등으로 약 3/4이 안정적인 직업을 가지고 있었다(납읍초등학교 동창회원 수첩, 2002). 결국 사회경제적으로 안정적인 위치에 있는 졸업생 동창들이 많고, 이들이 모교살리기 운동에 적극적으로 호응하여 경제적 지원을 아끼지 않음으로써 학교살리기운동이 성공할 수 있는 토대가 되었다.

### (5) 제주시와의 인접성

납읍리는 제주도청 소재지이며 도내 최대 도시인 제주시에서 서쪽으로 약 20㎞ 떨어져 있어 제주시 노형동까지는 승용차로 15분 정도 소요되는 가까운 거리에 위치해 있다. 이러한 인접성으로 인해 당시 제주시에 거주하면서도 자녀들을 납읍초등학교로 전학시키는 것이 가능했을 뿐만 아니라, 빈집 빌려 주기와 다가구 주택 입주도 성공적으로 이루어질 수 있었다. 다시 말하면 이들 주택에 입주한 사람들의 경우, 납읍리에 살면서 아이들은 납읍초등학교에 보내지만 일자리는 제주시에서 구하거나 기왕에 다니던 직장으로 출퇴근이 비교적 수월하기 때문에 입주 후에도 안정적인 생활을 유지할 수 있었다. 특히 노형동을 비롯한 신제주지역은 신흥 아파트 단지가 조성되고 관광산업이 발달하여 서비스 업종 관련 취업 기회가 많이 제공되기 때문에 납읍리로 이주한 입주민들 입장에서는 자녀 교육문제와 일자리 문제를 동시에 해결할 수 있는 지리적 여건이 되기도 하였다. 이는 다가구 주택건설 사업이 성공적으로 이루어지고 납읍초등학교가 현재 상태를 유지할 수 있도록 적정 학생 수를 유지시켜주는 데도 크게 기여하고 있다.

### (6) 행정기관과 언론기관의 우호적 지원

납읍리 주민들이 분교장 처리 대상 학교임을 통보받은 것은 1990년이지만 학부모들이 이에 동의하지 않아 1991년까지 분교장 처리는 지연되고 있었다. 이러한 상황에서 1992년부터 간헐적으로 소개되는 언론의 보도 내용은 학부모 및 마을 주민들을 더욱 결속시키는 데 기여하였고, 제주도 교육청에서도 이러한 언론 보도와 여론을 의식하여 당초 계획대로 분교장 처리를 강행하지 못하고 있었다. 당시 언론에 보도된 주요 내용을 정리하면 다음과 같다.

- 1992. 10. 11: KBS1 제주방송 <내고장 이모저모>에서 빈집 빌려 다니는 모습 등 납읍교 살리기 운동 상황 소개
- 1992. 10. 23: 제민일보, 납읍교 살리기 운동, 사회면 톱기사로 보도
- 1992. 10. 25: 제주일보, 납읍교 살리기 운동, 사회면 톱기사로 보도

- 1992. 11. 6: KBS1 제주방송 <지금 제주는>에서 납읍교 살리기 운동 내용 소개
- 1993. 1. 1: KBS1 제주방송에서 납읍교 분교장 처리 당분간 유보되었다 보도
- 1993. 1. 13: 한라일보, "학교살리기 성공" 사회면 톱기사로 보도
- 1993. 1. 14: 한라일보 사설

납읍리 주민들의 자발적이고 헌신적인 학교살리기운동이 널리 알려지면서 북제주군과 제주도청에서도 행정적 지원을 아끼지 않았다. 당시 지자체에서 주도하던 '돌아오는 농어촌' 만들기 운동은 언론의 우호적인 보도와 함께 학교살리기운동이 성공할 수 있도록 영향을 준 매개적 요인이 되었다. 북제주군과 제주도청에서는 돌아오는 농촌 만들기 지원 사업의 일환으로 2억여 원의 자금을 지원해 주었는데, 이러한 자금 지원도 다가구 무상임대 주택을 계획대로 추진하여 학교살리기운동이 성공적인 결실을 맺을 수 있도록 기여하였다.


## 4. 정책적 시사점 및 제안

1982년부터 시작된 소규모 학교 통·폐합 정책은 지금도 지속되고 있다. 그러나 정책 시행 과정에서 지역 주민들과의 갈등이 발생하여 경기도 가평군 두밀리의 두밀분교 사례에서처럼 주민들이 정부 시책에 저항하여 행정소송을 제기하는 등의 극단적인 부작용을 낳기도 하였다. 납읍리 주민들의 학교살리기운동은 당국과의 직접적인 마찰을 피하면서 통·폐합의 기준이 되는 조건을 주민들의 자발적인 노력으로 무력화시켜 학교를 지켜낼 수 있었다는 점에서 주목할 만

한 것이다. 납읍초등학교살리기운동의 성공 사례를 통하여 다음과 같은 몇 가지 정책적 시사점을 찾을 수 있었다.

## 1) 지역의 특성을 반영한 통·폐합 기준안 마련

현재 정부에서는 초등학교는 학생 수 100명 이하의 본교와 20명 이하의 분교장을 통·폐합 대상으로 선정하여 1面 1校 원칙을 유지하고, 도서·벽지 등 특수 지역은 해당 여건을 고려하며, 중등학교의 경우에는 학생 수 100명 이하인 학교를 통·폐합 대상으로 한다는 기준을 설정하여 전국에 걸쳐 획일적으로 정책을 집행하고 있다. 납읍초등학교도 이 기준에 따라 1990년 분교장 대상학교로 선정되어 통·폐합이 추진되고 있었다. 그러나 다양한 지역적 특성과 문화적 배경에 대한 충분한 고려 없이 획일적인 기준을 기계적으로 적용하여 통·폐합 정책을 밀어붙이는 방식은 행정편의적 집행이라는 우려를 낳을 수 있을 뿐만 아니라 통·폐합 정책이 의도하는 본래의 목적을 달성하기도 쉽지 않다. 따라서 소규모 학교 통·폐합 정책은 해당 지역의 잠재적 발전 가능성과 그 학교가 지역사회에서 가지는 의미와 역할, 주민들과의 정서적 유대 등을 충분히 고려하여 신축성 있게 기준을 설정하고 통·폐합 과정도 시간적 여유를 가지고 민주적으로 추진되어야 할 것이다.

## 2) 지역 주민들의 의사결정 참여권과 선택권 보장

소규모 학교 통·폐합 정책은 실제 추진 과정에서 해당 지역 주민과 학부모를 참여시켜 그들의 필요와 의견을 충분히 반영하고 최종적인 결론도 그들이 선택할 수 있도록 배려하여야 한다. 교육부가 일방적으로 기준을 설정하여 통·폐합 대상 학교를 선정하고 기한을 정해 통·폐합을 추진하는 방식은 해당 지역 주민들과 많은 마찰을 빚어 정부와 지역 주민 모두에게 손실만 초래할 뿐이다. 이와 같은 마찰은 기본적으로 농어촌에 존재하는 소규모 학교가 수행하는 역할과 그것이 지역주민들에게 주는 의미에 대한 양자 간의 현격한 시각 차이에서 연유하는 것으로 보인다. 중앙정부는 학교 운영의 경제적 효율성 측면을 강조하고 교육 예산의 절감이라는 차원에서 학교 통·폐합 문제에 접근하고 있는 데 반하여, 지역 주민들은 학교를 다양한 주민 활동의 장이며 지역공통체 의식을 키워 주는 매개체로 인식하고 있다. 뿐만 아니라 지역 주민들은 학교 설립과 발전 과정에 물심양면으로 적극적으로 참여하고 기여한 경험을 가지고 있기 때문에, 학교를 단순한 공공 교육기관이나 물리적인 건축물로 바라보기보다 자기 마을의 한 부분이며 자신의 정체성을 형성한 중요한 부분으로 여겨 정서적인 유대가 가능한 유기적 대상으로 인식하기도 한다. 따라서 통·폐합을 피할 수 없는 경우라 하더라도 최소한 공청회나 토론회 등을 통해 지역 주민들의 의견을 최대한 수용할 수 있는 기회가 제공되어야 하며, 이러한 민주적인 공론화 과정을 거치면서 형성된 사회적, 교육적 공감대를 바탕으로 추진하여야 부작용을 줄일 수 있을 것이다.

## 3) 정부 관련 부처 간의 유기적이고 합리적인 정책 도출

농어촌 지역에 대한 정부 관련 부처의 정책 방향과 정책 내용이 서로 다르고, 때로는 상호 모순적이기도 함으로써 해당 지역의 주민들에게 불편과 불이익을 초래하기도 한다. 농림부는 2002년까지 '돌아오는 농어촌 만들기' 사업에 무려 45조 원의 예산을 투입하여 농어촌 구조조정을 지원하고 있는 반면, 교육부는 예산 집행의 효율성과 규모의 경제를 위해 농어촌 소규모 학교 통·폐합을 강행하여 2002년까지 전국에서 모두 2,077개의 학교를 통·폐합하여 5,800억 원의 예산을 절감하려는 목표를 가지고 있었다.

납읍초등학교를 둘러싼 분교장 추진과 학교살리기운동의 성공 사례는 교육부의 농어촌 소규모 학교 통·폐합 정책과 농림부의 돌아오는 농어촌 만들기 사업이 해당 지역에서 어떻게 상호 모순적으로 진행되고 있으며, 이로 인해 이들 정책이 얼마나 상호 유기적 연계 없이 탁상행정식으로 수립되어 시행되고 있는가를 웅변해 주는 실증적 사례라 할 수 있다. 농어촌 지역의 소규모 학교 문제는 농어촌 전체의 발전과 활성화라는 측면에서 접근할 필요가 있다. 정부 관련 부처는 농촌 지역을 대상으로 이농을 부추기는 소규모 학교 통·폐합 정책과 돌아오는 농어촌을 만들기 위한 귀농 정책을 동시에 수립, 집행하는 우를 범하기도 한다. 중앙 부처 간의 정책 조율이 시급히 이루어져야 하며 정책 입안과 추진 시 상호 유기적인 연계하에 일관성을 유지해야 할 것이다.

## 4) 지역 간 균형발전과 형평성 고려

농어촌 소규모 학교의 통·폐합 문제는 국민의 기본권인 교육의 기회 균등과 공공성 실현이라는 관점에서 재인식될 필요가 있다. 소규모 학교 통·폐합 문제는 대부분 인구밀도가 낮고 사람들의 일상적인 관심 영역으로부터 멀리 떨어진 농어촌, 그것도 특히 소외된 농어촌 지역에서 발생하는 문제라는 공간적 특성 때문에 정책결정권자나 언론으로부터 별로 관심을 받지 못하고 있으며 사회적으로 이

슈화되기도 어려운 것이 사실이다. 따라서 이 문제에 관한 한 농어촌 지역에 거주하는 학생과 학부모, 그리고 주민들은 헌법이 보장하고 있는 균등하게 교육받을 권리를 제한받거나 때로는 박탈당하고 있는 셈이라고 할 수 있다.

국토의 균형적인 발전과 농어촌 주민들의 삶의 질을 훼손하지 않기 위해서도, 그리고 소외 계층의 교육적 요구를 충족시켜 주기 위해서도 소규모 학교 통·폐합 정책은 새롭게 발상의 전환이 요구된다. 국가 재정에 다소 부담이 된다고 하더라도 농어촌 지역 주민들의 기본권 보장을 위해 농어촌에 소재한 소규모 학교들에 대해서는 국가적인 배려가 뒤따라야 할 것이다.194)


## 5. 요약 및 결론


본 연구는 제주도 북제주군 애월읍 납읍초등학교를 사례로 정부의 일방적인 주도로 이루어지고 있는 소규모 학교 통·폐합정책에 대하여 지역 주민들이 어떻게 대응해 왔는가를 살펴봄으로써, 국가 수준에서 무차별적으로 작동하는 프로세스가 구체적인 마을 단위 수준에서는 어떻게 공간적 차별성을 드러내는가를 검토해 보려는 것이다. 연구결과를 요약하면 다음과 같다.

첫째, 소규모 학교 통·폐합 정책은 1980년대 이후 지속된 농어

---

194) 1999년 당시 김성훈 농림부 장관은 농어촌 소규모 학교 통·폐합 문제에 대해 다음과 같은 의견을 피력한 바 있다. "교육부 방침에 대해 사견을 전제로 이야기한다. 유엔에 근무할 때 많은 나라들을 돌아봤지만 학생 수가 적다거나 경제성이 없다거나 하는 이유로 학교를 없애는 나라를 보지 못했다. 아무리 학생 수가 적어도 교육이 필요한 곳에는 교육기회가 부여되어야 한다. 그렇지 않으면 자연히 농어촌 가정의 이농을 부추기게 된다. 교육은 국가가 국민에게 제공해야 할 의무라는 점에서 다시 한 번 교육부와 이 문제를 논의해 볼 생각이다."

촌 인구감소와 그로 인한 농어촌 학교의 학생 수 급감 현상과 직접적인 관련성을 가진다. 교육부는 1982년부터 교육과정의 정상적 운영과 교육투자의 효율성을 목적으로 소규모 학교 통·폐합을 추진하고 있다. 학생 수 100명 이하이거나 편성학급 6학급 이하의 학교, 학생 수 20명 이하의 분교장을 대상으로 한다. 제주도 내에서도 2002년까지 분교장으로 개편되거나 폐교된 학교 수가 47개교에 이르며, 초·중등 통합학교는 5개교이다.

둘째, 소규모 학교 통·폐합정책에 대해 납읍리 주민들은 학교살리기운동이라는 자발적이고 적극적인 대응 양상을 보여 주었다. 이들은 위기를 인식하고 운동 주체인 추진위원회를 구성한 후 학교살리기운동에 주민 전체가 동참하도록 호소하였다. 추진위원회와 납읍초등학교 총동창회는 타 지역에 거주하는 동문들의 자녀들을 대상으로 전입을 장려하여 학생 수를 확보함으로써 통·폐합정책을 막아 보려고 하였으나 성과는 미약하였다. 이들은 다시 마을의 빈집을 수리하여 무상으로 임대해 줌으로써 타 지역의 취학 아동을 유입시키는 방식을 택하였다. 새로이 입주하는 가구가 생기면서 학생 수는 일시적으로 늘어나 학교는 현상을 유지하게 되었다. 그러나 해마다 졸업생과 입학생의 차이가 생길 것을 염려한 마을 주민들은 보다 안정적이고 장기적인 대책의 필요성을 절감하고 6년여 기간 동안 10억 원 이상을 투자하여 공동주택을 건립, 이를 외지에서 전입하는 취학 아동 가구에 무상으로 임대해 줌으로써 안정적인 대책을 마련하였다. 학교살리기운동은 단순히 납읍초등학교의 통·폐합을 막아냈다는 의미를 넘어서 주민들에게 마을의 긍지와 자존심을 지켜냈다는 자긍심과 함께 와해되어 가던 지역공동체 의식을 다시 한 번 강화하는 결정적인 계기가 되었다.

셋째, 납읍초등학교살리기운동의 성공 요인으로는 반촌의식에 기초한 사회 문화적 환경, 자생단체의 강한 조직력과 리더들의 적극적 역할, 주민들의 강한 의지와 민주적 의사 결정 과정, 지원 가능한 인적 요소와 경제적 기반 구비, 제주시와의 인접성, 행정기관과 언론기관의 우호적 지원을 들 수 있다. 이런 사항들은 납읍리만이 가지고 있는 '공간성(spatiality)'에서 연유하는 것으로 볼 수 있으며, 이는 일률적으로 적용되고 있는 소규모 학교 통·폐합정책에 대하여 납읍리 주민들의 차별적 대응이라는 가시적인 양상으로 나타났다고 할 수 있다.

이상의 연구를 통하여 아래와 같은 몇 가지 정책적 시사점을 도출할 수 있었다.

첫째, 지역의 특수성을 반영하여 다양한 통·폐합 기준안이 마련되어야 한다. 학생 수만을 고려한 단일 기준안을 획일적으로 적용하기보다는 대상 학교의 역사성과 지역사회 속에서 학교의 역할과 의미, 학교에 대한 주민들의 기대와 애착 등 다양한 요인들을 고려하여 지역의 특성에 적절하고 유연한 기준안이 마련되어야 할 것이다.

둘째, 통·폐합 정책을 실행하는 과정에서도 지역 주민들의 참여권과 선택권이 보장되어야 한다. 교육부가 일방적, 하향적으로 통·폐합을 집행하려 할 것이 아니라, 최소한 공청회나 각종 토론회 등 지역 주민들의 의견을 최대한 수렴할 수 있는 기회를 제공하여 주민들의 공감을 확산시키는 공론화 과정을 거칠 필요가 있다. 이러한 공론화 과정에서 지역 주민들은 단순한 방청객이나 설득 대상이 아니라 적극적으로 자신들의 의견과 입장을 개진하는 중요한 주체로 인정되어야 하며, 최종적인 선택권 역시 지역 주민들에게 주어져야 한다.

셋째, 정부 부처 간 유기적이고 합리적인 정책수립 및 조율과정이 필요하다. 1990년대 이후 농림부는 '돌아오는 농어촌 만들기' 사업에 42조 원이라는 막대한 국가 예산을 투입하여 농촌인구부양 정책을 추진하고 있는 반면, 교육부는 농어촌 소규모 학교 통·폐합정책을 강행하여 농촌인구 유출을 가속화하는 데 기여하고 있다. 정부부처 간 상호 모순된 지역정책은 엄청난 국가 예산을 낭비할 뿐만아니라 정책의 신뢰도를 추락시키는 중요한 요인이 되기도 한다.

끝으로, 장기적 안목으로 볼 때 농촌 지역의 교육을 활성화하기위한 특별한 제도적 장치가 필요하다. 농어촌과 농어촌 학교를 위한재정적 지원과 법적인 뒷받침이 이루어져야 하므로 '농어촌교육특별법'이나 '농어촌 소규모 학교 지원법' 등을 제정하여 장기적이고 안정적인 농어촌 학교교육의 활성화 방안이 강구되어야 한다. 즉, 납읍리를 비롯한 농촌지역 주민들에게 필요한 것은 학교의 통·폐합이아니라 소규모 학교에 대한 지원과 육성방안이다. 특히 국가의 교육권만 강조하고 지역의 학습권은 소홀히 취급하거나, 지역이라는 '공간' 자체를 단순한 '행정단위'로만 여기는 태도에서 벗어나 지역을하나의 독립된 '생활권역'으로 인식하는 태도가 필요하다.

연구지역인 납읍리가 제주도나 다른 지역 농촌의 특성을 대표한다고 보기는 어렵다. 하지만 납읍리의 사례를 통하여 교육정책이 간과해 버린 요소를 찾고 그 타당성을 검토하는 데 의미를 둔다면 앞으로의 후속연구와 교육정책 수립에 도움을 줄 것으로 기대된다. 납읍리 주민들은 학교살리기운동의 전개를 통하여 교육이 인간생활의 중심에 자리 잡으면서 지역공동체를 인간적인 삶의 공간으로 만들어낼 수 있음을 보여 주었다. 이들의 성공사례는 동일한 처지에 놓인작은 학교들과 지역사회에 긍정적인 파급효과를 가져왔으며 우리 사회에 희망을 주고 있다. 학생 수가 증가하고 학교 주변 마을들이 되살아나고 있는 것이 그 구체적인 증거이다.

# 참고문헌


고기환, 1998, 「강원도의 초등학교 폐교유형과 지역성」, 강원대학교 교육대학원 석사학위논문.

김민호, 1997, 「통폐합 위기의 소규모 학교」, 제주참여광장, 19.

_____, 1999, 「제주지역 학교살리기운동」, 제주시민정책연구소 포럼 발표문.

김익현, 1997, 「초등학교 통·폐합의 지역적 전개와 주민적응」, 경북대학교 교육대학원 석사학위논문.

김행옥, 1998, 『증보 납읍향사』, 평범사.

김희영, 1988, 「길따라 마을따라」, 『월간관광제주』, 제37호.

납읍리 청년회, 2002, 『아름다운 납읍』.

납읍리, 1994, 『납읍리 향약』.

납읍초등학교, 1987, 『납읍학구 향토지』.

노태호, 1999, 「농촌 소규모 학교 통·폐합의 문제와 농촌교육 활성화 방안 연구」, 한국교원대학교 석사학위논문.

류우익, 1981, 「농촌인구의 도시지향 이동이 농촌지역에 미치는 영향」, 지리학논총, 8.

박영한, 1984, 「교육기회의 지역차에 관한 연구」, 지리학논총, 11.

송성대, 2001, 『문화의 원류와 그 이해』, 각.

양진건, 2001, 『제주교육행정사』, 제주문화.

우재찬, 2001, 「소규모 초등학교 통·폐합 조정과정에 관한 연구」, 한국교원대학교 석사학위논문.

유옥엽, 2000, 「전라북도 소규모 학교 통·폐합에 관한 사례 연구」, 전주교육대학교 석사학위논문.

이성국, 2002, 「농촌 소규모 학교 통·폐합정책에 대한 교육수요자의 요구분석」, 금오공과대학교 교육대학원 석사학위논문.

이종각, 1999, 「농어촌 소규모 학교 통·폐합 정책의 논리와 그 대응 논리」, 참교육학부모회 자료집.

이준학, 1994, 「한국 농촌 교육체제 변동과 관계요인 분석」, 연세대학교 박사학위논문.

장덕진, 1999, 「농어촌 소규모 초등학교 통·폐합정책의 개선방향에 관한 연구」, 고려대학교 교육대학원 석사학위논문.

정옥주, 1994, 「농촌지역 국민학교 입지변화에 관한 연구」, 지리학논총, 23.
제민일보, 1992년 10월 23일자, 분교장 격하 대상 학구 지역민 집단반발.
______, 1997년 8월 24일자, 납읍초등학교가 살아난다.
제주도교육청, 1999, 『과소규모 학교 통·폐합 추진 변경 계획』.
제주신문, 1992년 10월 25일자, 납읍으로 오세요, 무료로 집을 빌려 줍니다.
채순하, 1994, 「충청북도의 국민학교 폐교유형과 그 지역적 특성」, 충북대학교
　　　교육대학원 석사학위논문.
천완이, 2000, 「소규모 학교의 통·폐합에 관한 연구」, 전북대학교 교육대학원
　　　석사학위논문.
천호성, 1995, 「한국 농촌교육환경의 변화와 문제」, 전북대학교 석사학위논문.
한라일보, 1993년 1월 13일자, 분교장 격하 위기 납읍교 주민들이 살렸다.


홍문수, 72세, 개인면담, 납읍리 노인회장.
홍성봉, 64세, 개인면담, 납읍공동목장조합장.
진희창, 62세, 개인면담, 제5대 납읍교 총동창회장.
강태흡, 57세, 개인면담, 납읍리장.
강태희, 56세, 개인면담, 전 납읍리장.
김용작, 개인면담, 전 납읍초등학교장.
김명신, 개인면담, 한마음초등학교 병설유치원 교사.

# 제4부

# 문화와 역사, 관광

강만익

## I. 머리말

최근에 지역사회에서는 특별자치도 실시를 맞아 제주도의 경쟁력을 확보하는 방안을 찾기 위한 노력들이 나타나고 있다. 이에 따라 지질학, 역사학, 지리학, 국문학, 민속학 등 여러 분야에서 제주도를 학제적으로 연구하려는 분위기가 형성되고 있다. 특히 지역학으로서 '제주학(濟州學)'의 대두와 함께 지방사로서의 제주사(濟州史) 정립 노력들이 두드러지게 표출되고 있다. 그동안 중앙사 연구에 집중되었던 연구가들의 관심이 최근에 지방사 및 지방문화 연구로 전환되면서 제주학 또는 제주사에 대한 관심 역시 한층 높아지고 있는 것이다. 이 연구 역시 이러한 흐름을 반영한 것이나, 다만, 필자는 목축지명이 갖는 기본성격상 관 중심보다는 민간 중심, 지배자보다는 피지배자를 주요 연구대상으로 삼아 논의하는 '아래로부터의 역사'에 주목하면서 논의하고자 한다. 이러한 관점에서 목축을 생업으로 했던 일반 민중들이 만들어 놓은 목축지명을 사료화하여 여기에 나타난 목축문화를 분석하였다.

제주사의 연구대상은 화산섬이라는 '한계적 자연환경'을 가지고 있다고 할지라도 다양하다고 할 수 있다. 한경면 고산리 중기구석기 유적과 제주시 삼양동 마을유적으로 대표될 수 있는 선사시대 제주부터 시작하여 탐라시대, 고려시대, 조선시대, 일제강점기를 거치면서 다양한 문화와 역사의 흔적들이 곳곳에 중층적으로 퇴적되어 있다. 이들 문화와 역사의 흔적들은 각각 나름대로의 의미를 지닐 뿐만 아니라 이를 통해 당시 역사적 환경 및 지역문화(regional culture)를 읽어낼 수 있다.

이 연구에서는 지명이 가지는 역사적, 문화적 가치에 주목한다. 그리하여 전통사회(조선시대) 제주도 목마장의 역사를 입증하는 목축 관련 지명을 분석하여 여기에 나타난 목축문화를 밝히고자 한다. 이 것은 제주도의 전통문화에 대한 연구 가운데 중산간지역(해발 200∼600m)의 목장지대를 배경으로 만들어진 목축문화(牧畜文化)를 이해하기 위한 목축문화사연구의 기초 단계에서 이루어진다는 점에서 의의가 있다. 또한 도시화와 행정적 변화 등으로 지역 정체성과 무관한 지명들이 급조되고 제주방언으로 전해지는 재래지명이 점차 한자지명으로 대체되고 있는 현실을 감안할 때 이 연구는 시의적절하다고 할 수 있다.

제주도의 목축지명에 대한 연구는 제주도의 지역성을 이해하는 한 방법일 뿐만 아니라 동시에 당시의 거주환경 모습 나아가 그 지역의 문화를 밝히는 중요성을 계기가 될 것이다. 여기서 이 연구의 핵심어인 목축지명은 전통사회에 있어서 제주도민들의 생계기반이었던 목축활동과 관련하여 만들어진 지명이다.[195]

---

195) 엄밀하게 말하면 목축에 관련된 지명이라고 해야 하지만 여기에서는 목축지명으로 줄여서

이러한 목축지명은 방목의 형태로 목축이 행해졌던 중산간지대의 목장뿐만 아니라 가을과 겨울, 봄철에 목축이 이루어진 해안지대에서도 나타난다.

연구목적을 실현하기 위해 문헌조사와 현지조사를 실시하였다. 연구대상인 목축 지명을 수집하기 위해 이루어진 문헌조사는 고지도 및 각 마을에서 발간한 향토지[196]를 대상으로 이루어졌다. 현지조사는 여러 마을의 노인회관을 방문하여 촌로들과의 면담을 통해 목축지명을 수집하였다.

지명에 관한 연구동향을 보면, 대체로 지명을 수단으로 특정 지역의 문화전통과 문화변화 과정을 연구하거나, 지명의 유형별 분포와 환경과의 상관성을 고찰하고,[197] 자연촌락 이름에 나타난 주민들의 환경지각에 대한 연구와,[198] 특정 주제에 관련시켜 지명을 연구하거나,[199] 지명의 어원과 형태적 특징을 밝히는 연구가 주류를 이루고 있다.

---

사용하고자 한다. 이러한 목축지명은 山口惠一朗(1967)에 의하면, 수렵, 어로, 농경, 교환경제, 공동생활 등에 관계되는 '사회어'인 동시에 신앙, 민속, 구비, 전승, 의식주 등의 생활에 관련된 '생활어'로서의 성격을 띠고 있다고 할 수 있다.

196) 목축 지명을 분석하기 위해 高山鄕土誌發行委員會(2000), 『濟州 高山鄕土誌』. 고성리 향토지편찬위원회(1993), 『고성리지』. 구좌읍한동리(1997), 『둔지오름』. 남원읍 하례2리 (1994), 『鶴林誌』. 남군 성산읍 수산리(1994), 『水山里誌』. 대포마을회(2001), 『큰갯마을』. 서귀포시 색달동(1996), 『색달마을지』. 오성찬(외)(1988), 『제주의 마을⑦ 奉蓋里』, 반석. 우도지편찬위원회(1996), 『우도지』. 표선면 가시리(1988), 『加時里誌 가스름』. 하원마을회(1999), 『하원향토지』. 하례리마을회(1999), 『下禮마을』. 한림읍지편찬위원회 (1999), 『한림읍지』. 서귀포시 토평동(2004), 『토평마을』. 한림읍 명월리(2003), 『明月鄕土誌』 등을 활용하였다.

197) 신현웅, 1981, "충북 보은군 촌락명의 유형에 관한 지리학적 연구", 고려대 석사논문. 안교식, 1989, "경남 합천군 취락명에 관한 연구", 전남대 석사논문. 김옥자, 1992, "강원도 지명의 유형별 분포에 관한 지리학적 연구", 강원대 석사논문. 徐明仁, 1998, "청원군 地名에 관한 地理學的 硏究", 韓國敎員大 석사논문.

198) 정진원, 1982, "한국인의 환경지각에 관한 연구", 『지리학논총』 제9호.

199) 신중성, 1982, "종교적 언어경관의 분포유형에 관한 연구", 성신여대 논문집, 제17집. 김연옥, 1986, "한국의 기후 지명에 관한 연구", 이화여대 한국문화연구원.

연구지역인 제주도의 지명에 대한 연구로는 지명의 유래와 어원론적 측면에서 뿌리를 연구하거나,[200] 18~19세기 제주 고지도에 나타난 지명을 분석한 연구가 있다.[201] 이들 연구들은 대체로 마을과 해안, 오름 이름 등을 대상으로 지명을 어원론적으로 분석하거나 지명의 유래를 밝힘으로써 제주도의 지명연구에 많은 기여를 하고 있다. 다만 지명에 담긴 문화와 역사적 측면을 제시하는 데는 다소 미흡하다고 본다. 그러므로 이러한 점에 착안하여 이 연구는 근본적으로 지명과 문화와의 관계 즉, 지명에 나타난 지역문화의 속성을 밝혀 보고자 하는 동기에서 이루어졌다고 할 수 있다. 다시 말하면, 이 연구는 목축 관련 지명을 분석함으로써 제주도의 전통문화의 하나인 목축문화의 속성을 파악할 수 있다는 관점에서 시도된 것이다. 제주도의 목축문화가 소멸되고 있는 현실을 감안할 때 목축문화를 계승시켜 온 주체들이 만들어 놓은 목축지명에 대한 연구는 시급히 이루어져야 하는 과제라 할 수 있다.

---


200) 진성기, 1960, 『남국의 지명유래』, 제주민속총서 7, 제주민속연구소.
　　　심여택, 1972, "濟州島 地名研究", 『논문집』 4, 제주대학교.
　　　______, 1975, "濟州島 地名의 構成 - 中文面의 地名을 中心으로 - ", 『국문학보』 7, 제주대학교.
　　　______, 1976, "地名研究序說", 『논문집』 8, 제주대학교.
　　　김홍식, 1978, "濟州島地方의 地名에 대하여", 『제주대논문집』 10, 제주대학교.
　　　최범훈, 1981, "제주도 지명연구", 『경기대논문집』 8, 경기대학교.
　　　박용후, 1992, 『濟州島 옛 땅이름연구』, 제주문화사.
　　　고혜정, 1992, "濟州島 地名研究 : 제주시와 북제주군의 마을을 중심으로", 경원대 석사논문.
　　　오창명, 1996, "濟州島 地名 表記의 研究", 『耽羅文化』 第16號, 濟州大 耽羅文化研究所.
　　　오창명, 1997, "濟州島 마을[洞里]과 山岳 이름의 종합적 연구", 『耽羅文化』 第18號, 濟州大.
　　　______, 1998, 『제주도 오름과 마을 이름』, 제주대학교출판부.
200) 金英憲, 1984, "固有地名을 通한 濟州島人의 環境知覺에 關한 考察", 『濟大社會科教育』 第2輯.
　　　오영선, 2003, "제주도 마을의 지명분포와 유래에 관한 연구", 제주대 석사논문.
201) 김오순, 2005, "18~19세기 제주 고지도의 연구", 영남대 한국학과 석사논문.

# II. 목축지명의 문화사적 가치와 지역적 분포

## 1. 목축지명의 문화사적 가치

제주도의 목축지명은 목축문화사(牧畜文化史)를 구성하는 요소이다. 일반적으로 지명(place name)은 특정 장소가 가지는 자연적·문화적 특성과 함께 이에 대한 주민의 의식이 결합되어 나타난 의미의 결합체로,[202] 지역문화가 소멸되고 나서도 끈질기게 살아남는 속성을 가지고 있다.[203] 또한 지명은 특정 지역의 문화전통이나 지역의식을 상징적으로 함축하는 중요한 문화재라고 할 수 있다.[204] 이러한 차원에서 볼 때, 목축지명은 제주도 역사의 흔적이요, 조상의 풍속이나 생활상 등을 반영하는 거울이며, 나아가 지역문화의 결집체라는 문화사적 가치를 가진다고 할 수 있다.[205] 그러므로 지명은 그 지역이 지닌 문화를 밝혀 줄 수 있는 하나의 지표로 간주할 수 있다. 특히 조상대대로 전승되어 온 지명들은 고장의 지리, 역사, 정치, 경제, 풍속, 전설 등 전반에 걸친 내용을 담고 있으므로 지역성을 밝히는 데 필수적인 자료가 될 수 있다.[206]

목축지명은 목축의 역사와 함께 등장했다. 고려시대부터 제주도의 우마사육은 국가정책과 관련을 맺어 활발해져 갔으며, 13세기 후반 이후 수산평에 몽골이 관리하는 목장이 형성된 이후 우마사육이 제

---

202) 정진원, 1982, "한국인의 환경 지각에 관한 연구", 『지리학논총』, 제9호, p.59.
203) 류제헌 편역, 2002, 『세계문화지리』, 살림, pp.89-91.
204) 徐明仁, 1998, "청원군 地名에 관한 地理學的 研究", 韓國敎員大 석사논문, p.7.
205) 이혜은, 2001, "地名을 통해 나타난 地域文化", 『녹우연구논집』, 이화여자대학교, pp.99.
206) 김정미, 2003, "金浦市 地名에 관한 地理學적 고찰", 한국교원대 교육대학원 석사논문 p.12.

주도의 근간산업으로 자리 잡게 되었다.[207] 이후 15세기 초 고득종
(高得宗)의 건의로 중산간지역에 하잣성을 축조하여(1430) '제주한
라산목장(濟州漢拏山牧場)'을 설치, 운영하면서 우마사육이 본격화
되었다고 할 수 있다.[208] 조선시대 제주도에 설치되었던 목마장의
지역적 분포는 [그림 12 – 1]과 같다. 해안지대의 취락지역을 제외하
면 대부분의 지역에 목마장이 형성되어 운영되었음을 알 수 있다.
이러한 목축지명들이 가지는 문화사적 가치는 다음과 같이 정리할
수 있다.

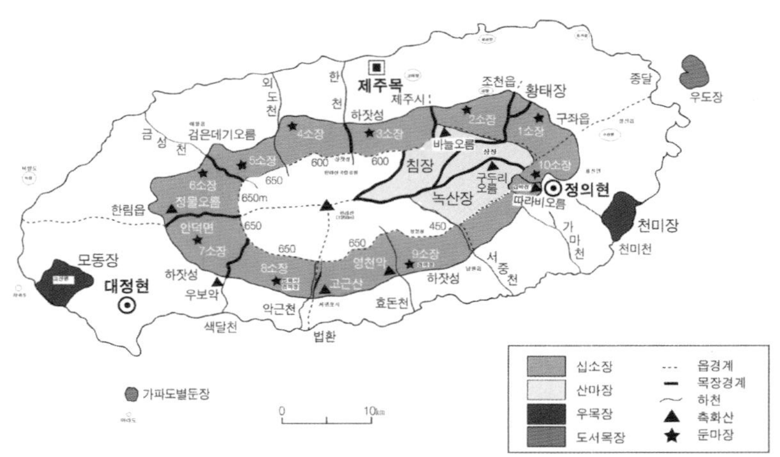


자료: 필자의 제주도 목장지도(2001)를 도서출판 각이 일러스트(2006.05)한 것을 보충함. 자료에 나타난 둔마장은 비바람을 피하기 위한 피우가와 말들에게 물을 먹이기 위한 수채(물통)로 구성된 일종의 목장관리본부에 해당된다. 목장 간의 경계선은 오름과 하천이 되고 있다.

[그림 12 – 1] 조선 후기 제주도 목장의 분포

---

207) 김일우, 2003, "고려후기 제주 · 몽골의 만남과 제주사회의 변화", 『한국학보』 15, 고려사
　　　학회, pp.65 – 70.
　　　金日宇, 2006, 『高麗時代 濟州社會의 變化』, 西歸浦文化院, p.188.
208) 강만익, 2001, "조선시대 제주도 관설목장의 경관연구", 제주대 석사논문, pp.16 – 17.

첫째, 목축지명을 통해 제주도 역사의 한 단면을 추적할 수 있다. 목축지명은 역사의 소산이다. 즉 조선시대 중앙정부의 제주도에 대한 목장 정책이 지명으로 지표상에 남아 있는 것이다. 십소장, 산마장(침장, 녹산장, 상장), 황태장, 천미장, 모동장 등등을 실례로 들 수 있다. 이러한 목축지명은 역사변천을 따라 부침을 거듭하며 명멸해 왔기 때문에 제주도의 역사변화를 읽을 수 있는 단서가 될 수 있다.

둘째, 목축지명을 통해 우리 선조들이 살아왔던 생활사의 한 단면을 알 수 있다. 즉, 이를 통해 우리 선조들의 생활모습을 엿볼 수 있다. 즉, 여기에는 풍속, 종교, 산업, 교통 등 시대에 따라 계층에 따라 변모하는 생활에 얽힌 에피소드(episode)들이 스며 있다.

셋째, 목축지명을 통해 테우리(牧子)들의 활동공간과 주변 환경에 대한 지각내용을 알 수 있다. 즉, 테우리들은 말의 목숨이 사람 목숨보다 더 귀했던 시대에 말을 방목하기 위해 중산간 초지대를 손금 보듯 누비며 다니면서 우마의 사육을 담당했던 사람들로, 이들의 목축활동을 통해 방목범위와 함께 중산간 목장지대의 환경 지각을 알 수 있다.

## 2. 목축지명의 지역적 분포

목축지명의 분포에 대한 분석은 목축지명의 지역차를 파악할 뿐만 아니라 자연환경의 변화와 문화의 전파과정을 추적하는 근거자료를 얻을 수 있다.[209] 목축지명의 분포를 고찰하기 위해 지역적으로는 제주도를 한라산 이북지역과 이남 지역으로 구분한 다음 다시 이들

---

209) 류제헌 편역, 2002, 『세계문화지리』, 살림, pp.89 - 91.

지역을 각각 해안지역과 중산간지역으로 나누어 검토하였다. 지역별로 목축지명의 분포를 파악하기 위해 <제주삼읍도총지도>, <탐라순력도>, <제주지도> 등의 고지도와 각 마을에서 발간된 향토지를 근거자료로 삼았다. 그러므로 분석대상이 된 지명자료로는 고지도에 한자로 표기된 조선시대 목마장 내 목축 관련 지명인 십소장과 산마장 명칭, 수처(水處)이름, 목장 출입구인 도(梁) 이름과 향토지에 한글로 기록된 목축 관련 지명들이 있다. 특히 고지도에 표기된 목축지명들은 목장 관련 60개, 도(梁)가 47개로 분석되고 있으나210) 이 글에서는 가급적 중복되는 것을 피하고 특징적인 지명들을 선별한 다음 각각의 지역적 분포 및 분포특색에 나타난 경향성을 파악하고자 한다.

## 1) 산북지역의 목축지명

[그림 12-2] 송당리 바렁밧 만드는 장면(2004.08.28)

---

210) 김오순, 전게논문, p.66.

산북지역(山北地域)은 한라산(漢拏山) 이북 지역으로, 현재 행정
구역상 제주시 지역에 해당된다. 조선시대 제주도는 삼읍(三邑) 체
제 즉 제주목, 대정현, 정의현으로 구분되어 있었는데 산북지역은 곧
제주목 지역에 해당된다. 따라서 여기에서는 조선시대 제주목(濟州
牧) 지역을 해안지대와 중산간지대로 구분하여 여기에 존재하는 목
축지명을 검토하고자 한다.

<표 12-1>에 의하면, 해안지역에 거주하던 주민들이 지표상에
창출해 놓은 목축 지명으로는 '바령밧', '테우리(목저, 목지) 동산',
'물진밧', '물미왓', '물테왓' 등을 들 수 있다. 이들 지명들의 지역적
분포를 보면 다음과 같다.

첫째, '테우리 동산'은 '목지동산', '목저동산' 등으로 변형되어 나타
나고 있으나 목축생활을 했던 마을들에서 공통적으로 분포하고 있다.

도시화되기 이전의 제주시 노형동과 도평동에도 '테우리 동산'이
라는 지명이 있었으며, 구좌읍 한동리와 애월읍 소길리에서는 '목잖
은 동산', '목저동산'으로 남아 있다. 여기서 '목저'는 테우리를 의미
하는 목자(牧子)의 사투리에 해당된다.

둘째, '바령밧'(분전, 糞田)은 우마의 배설물이 쌓인 밭으로, 우마
를 밭 안으로 몰고 들어가 일시적으로 기르며 이때 나온 배설물들을
모아 두었다가 밭에 뿌린 다음 여기에다 보리를 파종하곤 했다. 바
령밧 만들기는 척박한 토양환경에서 농사를 짓기 위한 지혜의 산물
이라고 할 수 있다[그림 13-2]. 따라서 이것은 농업(有畜農業)을
했던 지역에서는 공통적으로 존재했다고 볼 수 있다. 즉, 이것은 해
안지역과 중산간지역에 공통적으로 나타는 지명이라고 할 수 있다.
화학비료에 의존한 농업이 이루어지는 오늘날 이제 '바령밧'은 지명

만 화석처럼 남아 있을 뿐 거의 소멸되고 있다. 도시화되기 이전의 제주시 연동과 노형동에도 '바령밧'이 남아 있었으나 현재는 그 위치를 가늠하기도 어려울 정도이다. 이에 비해 '신화마을'인 구좌읍 송당리에는 '바령밧'이라는 지명이 남아 있어 현재도 이용되고 있다. 이 마을은 넓은 농경지와 목초지를 가지고 있어 농목업이 다른 마을에 비해 활발한 편이다.

셋째, 소(牛)보다는 말(馬) 사육과 관련된 목축지명이 상대적으로 많이 남아 있는 것이 특색이다. 제주시 용강동의 '물테물', 영평동의 '물미왓', '물테왓', 한림읍 금악리의 '물진밧' 등은 모두 말을 길렀던 목축활동의 결과 만들어진 목축지명임을 알 수 있다.

중산간지역에 분포하는 목축지명들은 조선시대 국영(관설) 목장이었던 십소장(十所場)과 관련되어 형성된 것으로 볼 수 있다. 해안지역 목축지명에 비해 잔존하는 지명의 종류와 수가 다양한 것이 특색이다. 이것은 중산간이라는 광범위한 공간범위에서 목축활동이 이루어졌을 뿐만 아니라 비록 현재는 목축활동이 상대적으로 약화되었다고 하더라도 현재까지 특정 장소를 지칭하는 용어로 불리고 있는 현실을 반영한 것이라고 할 수 있다. 마을 촌로들이 중산간지역을 구분할 때 사용하고 있는 십소장의 명칭이 대표적인 사례라고 할 수 있다. 촌로들은 아직도 중산간지역을 가늠할 때 "일수장", "이수장", "팔수장" 등으로 부르고 있다.

<표 12-1>을 토대로 중산간지역에 남아 있는 목축지명을 분석해 보면 다음과 같다. 첫째, 조선시대에 형성된 국영목장으로서 십소장의 명칭들이 남아 있음을 알 수 있다[그림 12-1]. 즉 촌로들은 일소장(一所場)부터 육소장(六所場) 명칭을 지금까지도 사용하고 있다. 이들 십소장 지명들은 환상(環狀)의 중산간지역을 남북으로 세

분한 것으로, 지역구분에 유용한 자료로 이용될 수 있다는 점에서 앞으로 문화, 역사적 측면에서 널리 사용할 필요가 있다.

〈표 12-1〉 산북지역 목축 지명의 분포

| 지역 | | 목축 지명 | | |
|---|---|---|---|---|
| | | 해안지역 | 중산간지역 | 기타 |
| 우도면 | 오봉리 | | | 장통알 |
| | 서광리 | | | 우도장, 우묵개 |
| 구좌읍 | 송당리 | 바령밧 | 일소장, 머귀남도, 목입도, 성도, 윤남도, 직사동네 | |
| | 덕천리 | | 황태장 | |
| | 평대리 | | 웃마장, 알마장 | |
| | 한동리 | 목잖은 동산, 장통밧 | | |
| 조천읍 | 선흘리 | | 국장(곡장) | 마감집터 |
| | 교래리 | | 이소장, 침장, 상장 | |
| | 조천리 | | | |
| | 대흘리 | 물통난밧(馬桶田) | | |
| | 함덕리 | | 서산장 | |
| 제주시 | 회천동 | | 삼소장, 퐁남도 | |
| | 봉개동 | | 삼수천 | |
| | 용강동 | 물테물 | | |
| | 월평동 | | 직세왓 | |
| | 영평동 | 물미왓, 물테왓 | 삼수장 | |
| | 아라동 | | 중도왓, 걸머리 | |
| | 연 동 | 바령밧 | 사소장, 허문도, 성문이굴 | |
| | 노형동 | 테우리 동산, 바령밧 | 허문도 | |
| | 해안동 | | 허문도, 셋잣도 | |
| | 건입동 | 고마장 | | |
| | 도평동 | 테우리 동산 | | |
| 애월읍 | 소길리 | 목저동산 | | |
| | 고성리 | | 오소장, 틀남도 | |
| | 봉성리 | | 몰모릿도 | |
| | 어음리 | | 육소장, 장삼도 | |

| 지역 | | 목축 지명 | | |
| --- | --- | --- | --- | --- |
| | | 해안지역 | 중산간지역 | 기타 |
| 한림읍 | 금악리 | 물진밧 | 육소장, 제경도, 소세왓도, 돗고분도, 묵은나무도, 물푸기도, 색일도, 아기냇도, 원남송이도, 과하늘도, 가린내도, 던남도, 말걸리는 차남밭(國馬洞) | |
| 한경면 | 고산리 | 지름장(雉林場), 모동장 | | |
| | 비양도 | | | 녹장 |

자료: 『제주도토속지명사전』(1992, 민음사), 〈제주삼읍도총지도〉, 〈탐라순력도〉, 〈제주지도〉, 각 마을 향토지 및 현지조사에 의함.

둘째, 테우리들과 말들의 출입구를 의미하는 '도(한자로는 梁으로 표기)'가 중산간 각 마을에 분포하고 있는 것이 특색이다. 구좌읍 송당리에서 일소장(一所場) 목장으로 들어가는 입구로는 '머귀남도, 성도, 윤남도', 제주시 회천동에서 삼소장(三所場)으로 들어가는 출입구로는 '퐁남도', 그리고 애월읍 고성리에서 오소장(五所場)으로 들어가는 입구인 '틀남도'가 있다. 특히 삼소장 출입구인 퐁남도는 1770년대에 제작된 『제주삼읍도총지도』에 '팽목양(彭木梁)'으로 표기되고 있는 곳이기도 하다. 이와 같은 예는 사소장(四所場) 출입구를 나타내는 '허문도'의 경우도 마찬가지로 이 고지도에는 '허문량(許門梁)'으로 표기되고 있다. 한림읍 금악리는 육소장(六所場) 목장 바로 아래에 위치한 축산마을로 이곳에는 11개의 '도'가 존재하고 있다.

셋째, 중산간 각 마을마다 목장의 경계를 설정하기 위해 축성한 '하잣'과 '상잣'이 남아 있다. 그러나 '중잣'의 경우 축조시기를 단정하기 어려우나 '하잣'과 '상잣'에 비해 늦게 축조된 것은 분명하다. 다만 10소장(열 번째 소장을 의미)에 해당하는 표선면 성읍리의 경우처럼 처음부터 '중잣'이 축성되지 않은 마을도 있다. 잣(城)은 위치에 따라 이름을 다르게 부른 결과 '상잣', '중잣', '하잣'이라는 명칭이 생겨났으며, 이들은 모두 선(線)인 기다란 돌담을 의미하기도 하지만 경우에 따라 면(面)적 개념으로서 그 돌담이 위치하고 있는 부근일대를 지칭하는 것으로 사용되고 있다. 즉 '하잣'이라고 하면 '하잣'이 위치하고 있는 지경 일대를 지칭하는 용어로 쓰이기도 한다.

넷째, 조선시대에 들어와 국가에 의해 정책적으로 설치되었던 십소장 외에도 산마(山馬)를 길렀던 산마장(山馬場)에 해당되는 침장(針場), 상장(上場), 녹산장(鹿山場)이라는 목장지명과 도서지역에 설치된 목장으로서 비양도에 사슴을 방목하기 위한 녹장(鹿場), 우도에 말을 사육하기 위한 우도장(牛島場)이 있었다. 이 밖에 소를 길렀던 구좌읍 덕천리의 황태장, 조천읍 함덕리의 서산장, 제주시 일도 2동과 건입동 임야지대의 고마장 등은 모두 지명으로만 존재하고 있을 뿐이다[그림 12 - 1].

## 2) 산남지역의 목축지명

산남지역(山南地域)은 한라산 이남 지역으로, 현재의 행정구역상 서귀포시에 해당된다. 조선시대의 지역구분으로는 대정현과 정의현에 해당된다. 산남지역에 분포하는 목축지명은 산북지역과 마찬가지로 해안지역과 중산간지역의 것으로 구분할 수 있다. 이들 지명들의 지역적 분포는 <표 12 - 2>와 같다.

해안지역에 나타난 목축지명으로는 '물질', '테우리(목지) 동산', '물진밧', '물통동' 등을 들 수 있다. 이 중에서 목장과 마을을 연결해 주는 말들의 주요 이동로인 '물질'은 대정읍 동일리, 안덕면 감산리, 서귀포시 색달동·회수동·하원동·강정동·서홍동 등에 위치하고 있다. 소보다 말을 많이 사육했던 목축시기의 잔영(殘影)이라 할 수 있다.

'테우리 동산'은 대정읍 무릉리와 신도리, 서귀포시 색달동과 하원동, 도순동, 성산읍 성산리에 분포하고 있다. 특히 대정읍 무릉과 신도리의 '테우리 동산'은 이곳에 설치되었던 모동장(毛洞場)과 관련하여 생성된 지명으로 보인다. '물소', '물진밧', '물통'은 말 사육과 관련된 지명으로 서귀포시 회수동과 토평동, 남원읍 위미리에 분포하고 있다. 산남지역의 해안지역에 분포하는 목축 지명 중 서귀포시 동홍동에 동목장과 삼둔장 그리고 성산읍 신천리에 하목장과 천미장이라는 목장 이름이 남아 있는 것은 산북지역과는 차이점이라 할 수 있다.

중산간지역 목축 지명으로는 십소장 명칭(칠소장, 팔소장, 구소장, 십소장)과 점마청 터, '직사동네', '장통동산', '도' 등을 들 수 있다. 이 중에서 점마청 터는 서귀포시 하원동, 직사동네는 남원읍 하례 2리, 장통동산은 서귀포시 회수동에 분포하고 있다. 잣성은 안덕면 창천리, 서귀포시 색달동, 하원동, 도순동, 서홍동, 토평동, 남원읍 하례 2리에 분포하고 있다. 특히 8소장 중심촌락인 서귀포시 하원동과 9소장 중심촌락인 남원읍 하례 2리 마을에는 직사터와 점마청 그리고 잣성이 남아 있어 목축문화를 복원하여 문화유산으로 활용할 수 있는 대표적인 사례지역이라고 할 수 있다. 목장 출입구인 '도'가 분포하는 지역은 모두 목장과 직접 연결된 마을들로 서귀포시 색달동, 서홍동, 표선면 가시리 등지에 남아 있다. 조선시대 목마장 관련 목축 지명으로 녹산장과 갑마장이 표선면 가시리에 남아 있다.

[표 12-2] 산남지역 목축지명의 분포

| 지역 | | 목축 지명 | | |
| --- | --- | --- | --- | --- |
| | | 해안 지역 | 중산간지역 | 기타 |
| 대정읍 | 동일리 | 물질 | | |
| | 무릉리 | 목지동산 | | |
| | 신도리 | 목지동산,고분장도, 모동장, 살체기도 | | |
| | 가파리 | | | 가파도 별둔장 |
| 안덕면 | 감산리 | 물질(貢馬路) | 물통터 | |
| | 창천리 | | 하잣 | |
| | 광평리 | | 물통동 | |
| 서귀포시 | 색달동 | 목지동산, 물질 | 칠소장 우보악 점마쳐 상잣 중잣 하잣 새정도, 구리남도 | |
| | 중문동 | | | |
| | 회수동 | 물질, 물소 | 무낭정도, 장통동산 | |
| | 하원동 | 물질, 목지동산 | 팔소장, 점마청 | |
| | 도순동 | 테우리 동산 | 하잣, 중잣 상잣 | |
| | 강정동 | 큰 바령, 물질 | | |
| | 호근동 | | 구소장, 상잣, 중잣, 하잣, 마장밭 | |
| | 서홍동 | 물질 | 상잣 중잣 하잣 정도, 생물도, 물물도, 정도, 새기남도 | |
| | 동홍동 | 동목장, 삼둔장 | 하잣 건잣모루, 잣목동산 상도 | |
| | 토평동 | | 물진밧, 상잣, 중잣, 하잣 | |
| 남원읍 | 하례리 | | 웃마장, 알마장, 직사동네, 장통 | |
| | 수망리 | | 정도 | |
| | 위미리 | 물진밧(馬田洞) | | |
| 표선면 | 가시리 | | 정강므루잣도, 아외남잣도, 목지과앗도, 녹산장 갑마장 | |
| | 성읍리 | | 십소장 | |
| 성산읍 | 수산리 | | 물장통 | 수산평 목장 |
| | 성산리 | 테우리 동산 | | |
| | 신천리 | 하목장, 천미장 | | |

자료: 『제주도토속지명사전』(1992, 민음사), 〈제주삼읍도총지도〉, 〈탐라순력도〉, 〈제주지도〉, 각 마을 향토지 및 현지조사에 의함.

# Ⅲ. 목축지명의 유래와 목축문화

　일반적으로 지명은 그 지역의 자연적, 인문적 현상을 표출하기 때문에 지역문화를 결정짓는 기초적인 역할을 수행한다. 따라서 지역문화경관은 지명과 밀접한 관계를 지닌다.211) 이러한 지명에 담긴 유래를 분석하는 일은 지명이 담고 있는 그 지역의 역사와 주민들의 생활모습 그리고 우리의 옛말(古語)을 살펴보는 중요한 단서를 얻을 수 있다. 현재 사용되고 있는 지명에는 우리 선조들의 의식과 생활상, 자연환경관 등이 각 지역의 지리와 역사, 풍속, 전설의 내용과 함께 녹아 있다. 또한 지명이 갖는 배후의 유래를 알아봄으로써 인간과 자연환경과의 상호작용 결과가 어떻게 지명에 투영되었는지를 고찰할 수 있다.212) 아울러 지리나 역사의 어떤 미해결 점을 지명의 배후에 숨겨 있는 유연성에 기초하여 해결할 수도 있다.

　이러한 관점에서 여기서는 목축문화를 상징적으로 나타낼 수 있다고 판단되는 몇 개의 목축지명을 선정하여 그 유래와 그 속에 내포되어 있는 목축문화에 대해 검토하고자 한다. 이를 위해 어원적 분석과 역사적 분석 그리고 주민들의 '이야기'를 종합하는 방법을 적용하였다. 그러나 이 과정에서 목축지명의 유래를 검증해 줄 자료의 빈곤과 무엇보다 필자의 역량부족으로 인해 목축지명 연구에 많은 한계가 있었음을 밝힌다. 앞으로 여러 분야에서 목축지명에 대한 연구가 활발히 이루어지길 기대한다.

---

211) 이혜은, 2001, 전게논문, p.112.

212) 徐明仁, 1998, 전게논문, p.2.

# 1. 해안지역의 목축지명

## 1) 물질, 물소, 물진밧, 물테왓, 물테물

주로 해안지역에 분포하고 있는 목축 지명들로는 '물질, 물소, 테우리 동산, 물진밧, 물테왓, 바령밧' 등을 들 수 있다. '물질'은 말들이 다니는 길 즉, 이동로(移動路)를 의미한다. 물은 말, 질은 길의 제주방언이다. 물질은 목장의 물이 부족한 경우 인근 아랫마을에 위치한 용천수나 물통(봉천수)의 물을 먹이기 위해 말들을 몰고 내려오던 길을 말한다. 실례로 안덕면 감산리에서 대평리를 연결하는 도로를 '물질'이라고 한다. 그런데 이 '물질'에 대해 대평리 해안의 '당포(唐浦)'와 연결하여 제주에서 생산한 말을 원나라로 진상하기 위해 이동시켰던 공마로(貢馬路)로 해석하는 경우가 있다.[213] 만일 이것이 사실이라면 '당포(唐浦)'가 아니라 '원포(元浦)'여야 할 것이다. 당포(唐浦)라는 지명은 조선 후기에 제작된 『탐라순력도』(1702)에 등장하고 있으나 이 당포(唐浦)라는 지명을 원나라와 연결시키는 것은 좀 더 연구가 필요하리라 생각한다. 이 고지도에 등장하는 당포(唐浦)라는 지명은 당(堂)이 있는 포구 즉 당포(堂浦)의 오기일 수 있다.

서귀포시 회수동에도 '물질'이 남아 있다. 이 길은 8소장과 '물소'를 연결하고 있는 것이 특징이다. 즉, 회수동의 8소장에서 말들은 비가 충분히 내리지 않은 건기(乾期)에 '물질'을 따라 이동하여 '물소'로 와서 물을 먹었다고 한다. 여기서 '물소'에서 소(沼)는 물이 고이는 습지를 의미하므로 '물소'란 말들이 물을 먹는 습지(연못)를 의미

---

213) 박용후, 1992, 전게서, p.79.

하는 것이다. 회수동에 위치한 '물소'는 위치에 따라 '웃물소, 샛물소, 알물소'로 구분되었다. 이 밖에 서귀포시 도순동에 위치한 대천동 동사무소에서 강정동으로 내려가는 길도 '물질'이라고 부른다. 이러한 '물질'의 존재는 목장에 물이 마를 경우, '물소'와 용천수가 있는 해안지대로 말들을 이동시켜 목축을 했다는 것을 입증해 준다. 이것은 또한 말의 방목에 있어서 물의 중요성을 알려 주는 사례이기도 하다.

'물진밧'이란 말을 조정에 진상(進上)하기 위해 선택한 말들을 모아 두었던 밧을 의미한다.[214) '물테왓'에서 '물테'는 말 무리(떼), '왓'은 풀이 있는 밧을 의미하는 제주방언이다. 그러므로 '물테왓'은 말들이 무리를 지어 풀을 먹는 장소를 의미하는 방언이라고 할 수 있다. '물테물'은 말 떼들이 즐겨 찾아 물을 먹었던 자연습지(못)이다. '물테왓'은 제주시 영평동 그리고 '물테물'은 현재 제주시 용강동에 남아 있다. '물테왓', '물테물'이라는 지명을 통해 말들은 근본적으로 무리를 지어 다니는 속성을 가지고 있음을 알 수 있으며, 이들 지명들도 모두 말을 많이 키웠던 목축활동의 산물이라고 할 수 있다.

## 2) 테우리 동산

제주도의 무속신화 중 농경과 목축을 생업으로 살아온 제주인의 삶을 기록한 세경본풀이를 보면, '테우리'가 등장한다. '천왕(天皇)테우리', '지왕(地皇)테우리', '인왕(人皇)테우리'가 그것이다.[215) 여기서 '테우리'란 용어의 유래에 대해 아직 일치된 견해가 없으나, 중세

---

214) 서귀포시 토평동, 2004, 『토평마을』, p.74.
215) 문무병, 1998, 『제주도 무속신화』, 질머리당보존회, p.230.

몽골어에서 유래한 것으로 보기도 한다. 다만 『제주어사전』(1987)에 나타난 '테우리'의 의미는 목축에 종사하는 사람(목자)을 일컫는다. '테우리'는 '물테' 즉 말 무리(떼)를 이끌고 다니며 목축을 하여 말을 번식시키는 사람이다. '테우리 동산'은 테우리들이 방목하는 말들을 관찰하던 '망동산'이라고 해석된다. 지역에 따라 '목지동산', '목자동산', '목저동산', '목잖은 동산'이라고 불린다. 목축활동이 주민들의 생계기반이 되었던 1960년대까지만 해도 '테우리 동산'은 '테우리'들의 쉼터로 이용되기도 하였으나 생업활동이 목축보다는 밭농사와 감귤재배로 변화되면서 그리고 도시화의 영향으로 '테우리 동산'이 소멸되고 말았다.

## 3) 바령밧

'바령'은 밭을 놀리는 동안에 밭으로 말들을 몰아넣은 다음 말들의 대소변(糞)을 받아 땅을 기름지게 만드는 것을 의미한다. 이러한 '바령'은 계절에 따라 봄 바령, 여름 바령, 가을 바령으로 구분되며 겨울에는 '바령을 치지' 않는다. 봄 바령은 겨울갈이를 하지 않는 밭에서 행해진다. 여름 바령은 음력 6월 초순경부터 8월 초순 사이에 행해진다. 가을 바령은 음력 9월 초순경부터 11월 초순 사이, 약 2개월간에 걸쳐 행해진다. 이러한 바령을 행했던 곳을 '바령밧'이라고 하며, 분전(糞田)이라고도 했다.[216] 바령밧은 해안지역뿐만 아니라 중산간지역에도 분포하고 있다. 이러한 바령밧 만들기는 척박한 제주도의 토양환경에 적응하기 위해 만들어 낸 주민들의 지혜라고 할 수 있다.

---

216) 고광민, 1996, "농경기술", 『제주의 전통문화』, 제주도교육청, pp.201 - 233.

## 4) 장통밧, 물장통

‘장통(墻桶)밧, 물장통, 장통알’이라는 지명은 모두 ‘장통’이 있었던 장소였기 때문에 붙여진 것이다. 여기서 장통이란 목장에서 진상을 위해 또는 말의 건강상태 확인, 낙인을 하기 위해 선정해 온 말들을 일시적으로 가두는 둥글고 오목한 지형을 의미한다. 따라서 비가 오면 장통에 물이 고이기도 하였다.[217] 한림읍 금악리에 남아 있는 장통의 경우 ‘국마통’으로 불리며, 다음과 같이 설명되고 있다.

> 목장에 방목 중인 말을 한 마리씩 튼튼한 밧줄로 묶고 공마선까지 실으려면 목장 주변에 사는 장정들을 동원하여 인위적으로 말을 걸리는데 힘의 소비가 많았다. 말에 줄을 걸리는데 작업을 원활하게 하기 위하여 말들을 한곳에 가두어 두는 장소가 ‘국마동(國馬洞)’이다. 국마동의 총면적은 1800여 평이고, 주변에는 말의 목에 줄을 거는 데 필요한 높은 돌과 흙을 쌓아 높은 동산을 만들기도 하며 밭의 입구에서 막다른 곳까지 통로는 좁아졌다 넓어졌다 하여 통로에서 끝까지 서서히 걸어가게 하였으며 밭의 입구에는 장정들이 잠시 머무는 숙소 및 주막용으로 지은 집 자리가 남아 있었다. 일단 밭 안으로 들어간 말은 밖으로 나가지 못하게 쌓은 축장의 밑 넓이는 지름이 약 2m 정도이며 현재 이곳은 주민들에 의해 ‘말 걸리는 촛남 밭’으로 불리고 있다.[218]

‘장통(墻桶)밧’은 장통이 있는 밭, ‘물장통’은 말을 가두기 위한 장통 그리고 우도(牛島)에 존재하는 ‘장통알’은 장통 아래라는 의미로 쓰인 것이다. 특히 우도의 ‘장통알’은 조선시대 우도에 말을 기르기 위해 설치되었던 우도장(牛島場) 목장과 관련이 있는 것으로 보인다.

---

217) 장통밧이라는 용어는 제주도 어린이 동요에도 등장한다. “……비야 비야 오지마라 장통밧디 물골람저……” 여기서 장통밧은 지형적으로 마치 화분 모양을 하고 있기 때문에 주변보다 저지대가 되어 비가 오면 물이 고이는 장소가 되었음을 알 수 있다.

218) 翰林邑誌編纂委員會, 1999, 『翰林邑誌』, pp.1185 – 1186.

## 5) 서산장, 고마장, 좌가장

서산장(西山場)은 조천읍 함덕리 해안에 위치한 서우봉(111.3m, 서산봉) 부근에 설치되었던 목장으로, 1706년(숙종32년) 제주목사 송정규(宋廷圭)가 공마하기 위해 몰고 온 말들을 일시적으로 가두어 기르기 위해 설치했던 목장이다. 이러한 서산장은 공마결양목장(貢馬結養牧場)으로 각 목장에서 공마로 보내온 말을 출륙(出陸)할 때까지 결양(結養: 모아서 기르기)하여 사육과 길들이기(調習)를 하도록 한 목장이었다.[219] 이 서산봉 기슭에 남아 있는 '장통밭'이라는 지명도 서산장과 관련 있다고 보인다.[220]

고마장(古馬場)은 제주시 건입동 별도천 서쪽 '김안뜨르' 평지에서 일도 2동 '가령동산' 위 지경 일대의 완경사지와 곶자왈 지대를 배경으로 형성된 목장이다. 조선 초기인 정종 때 연안김씨 입도조 김안보(金安寶)의 아들 김복수(金福壽)가 거로(巨老)에 살면서 '김안뜨르'에 목장을 개척하여 4대에 걸쳐 가업으로 전수한 후 선조 때에 국마장으로 인정된 곳이라고 한다. 이곳을 고마장이라 하였으며 여기에서 수천 마리의 말 떼가 방목되는 장면이 '고수목마(古藪牧馬)'로 명명되어 영주십경(瀛洲十景)의 하나로 되었다.[221]

좌가장(左可場)은 구좌읍 한동리에 있었던 좌씨의 목장으로, 한동리 서동마을 서쪽지역이 좌가장 터라고 불리고 있다. 『漢東里誌』에 나타난 좌가장의 유래를 보면 다음과 같다.[222] 만일 이 기록내용이 신뢰할 만한 사료일 경우, 몽골이 제주도에 설치한 목장을 관리하기

---


219) 金錫翼, 『耽羅紀年』, 숙종 30년.
220) '제주의 마을' 시리즈③ 『우리나라 으뜸마을 咸德里』, 1986, 반석, p.32.
221) 濟州市一徒2洞洞誌編纂委員會, 2003, 『一徒2洞誌』, p.292.
222) 북제주군 구좌읍 한동리, 1997, 『둔지오름(漢東里誌)』, pp.383-394.

위해 입도한 관리가 제주도에 정착하는 모습과 몽골의 탐라목장 관
리방법을 보여 주는 중요한 실마리를 제공한다고 볼 수 있다.

청주 좌씨(淸州左氏)의 입도조인 좌형소(左亨蘇)가 13세기 말 탐라에 설치
된 목마장의 감목관으로 파견되었다. 감목관은 원나라가 제주도에 설치한
탐라총관부의 주요 간부로 그들의 핵심사업인 목마장을 감독하도록 하였
다. 좌가장은 제주도에 들어온 좌형소가 한동리 '고래물' 근처에 정착하면
서 개설한 목장이라고 전해진다.

고지도에 의하면, 이 좌가장 터는 지(地)·현(玄)·우(宇)·주(宙)·
출(出) 자장(字場)으로 구성되어 있다.223) 『耽羅地圖』(1709)에는 목
장이름으로 좌가마장(左可馬場) 그리고 해안에 포구이름으로 좌가마
포(左可馬浦)가 표기되어 있다. 이를 통해 볼 때 좌가장은 조선시대
로 오면서 개인목장에서 공마(貢馬)의 봉진(封進)과 관련된 목장으
로 변화된 것으로 추정된다.

## 6) 모동장과 천미장

모동장(毛洞場)과 천미장(川尾場)은 모두 소를 사육하기 위해 설
치된 목장이었다. 『탐라순력도』의 <한라장촉>(1702)에 의하면, 수월
봉[高山]~녹남봉[龍木岳]~신서악[草岳]을 연결하는 지역에 별(別)·
현장(玄場)이 나타나고 있어 별·현 목장이 모동장으로 변화되었을
가능성이 높다. 그러나 모동장의 기원을 고려 말 몽골이 고산평에
설치했던 서아막(西阿幕)에서 찾는 주장도 있기 때문에,224) 동일위

---


223) 〈濟州〉『全羅南道輿地圖』(1700년대), 〈濟州〉『海南全圖』(1700년대), 〈濟州三縣圖〉
『海東地圖』(18세기)에 의함.
224) 고산향토지 발간위원회(2000), 전게서, pp.249－250.

치에서 서아막이 별·현장을 거쳐 조선 후기에 모동장으로 변화되었을 개연성도 있다. 모동장으로의 출입은 '고분장도', '살채기도'를 이용하였으며, 목자들은 모동장 내에서 가장 높은 지점인 '목지동산'에서 방목우를 관찰한 것으로 보인다.[225]

모동장은 『제주삼읍전도』와 『대정군지도』(1872년)에는 모동우장(毛洞牛場)으로 나타나고 있다. 『대정군지도』(1899년)에서는 모동삼장(毛洞三場)으로 즉, 신도리 부분이 서장(西場), 무릉리 부분이 중장(中場), 영락리 부분이 남장(南場)이었다고 하며, 이를 합하여 모동삼장이라고 하였다. 모동장이라는 지명은 모동(毛洞, 목장관리자들이 거주지로 추정)에서 유래한 것으로 생각된다.

천미장은 『제주삼읍도총지도』에 의하면 천미천 하류에 위치한 성산읍 신천리의 천미포(川尾浦)에서 신산리를 연결하는 해안지대에 입지하였다. 『제주지도』에서는 천미장이 천미우장(川尾牛場)으로 표시되고 있다. 천미장이라는 지명은 천미천에서 유래한 것으로 보인다. 천미장은 이후 명칭이 하목장(下牧場), 신천마장(新川馬場)으로 바뀐 다음 마을공동목장으로 이용되다 일부는 매각되었다. 천미장은 조선 고종 때 신천리에 살던 동암 오장헌의 효행과 덕행을 칭찬하여 조정에서 천미장을 두 번이나 하사하였으나 거절하였기 때문에 대신에 신천리 마을에 하사하였다고 한다.[226] 그 이후 천미장은 신천리 공동목장이 되었다고 한다.

---

225) 오성찬(1992), 전게서, pp.27 - 28.

226) http://vill.jeju.go.kr(성산읍 신천리 지명유래)

## 2. 중산간지역 목축지명

### 1) 소장(所場)과 자장(字場)

조선시대 제주도의 중산간지역에는 10여 개의 소장(十所場)이 있었다. 이들 십소장 내에는 약 60여 개의 자목장이 있었다(1703, 『南宦博物』). 여기서 소장(所場)은 목구(牧區, 목장구획) 또는 마장(馬場)에 해당하며, 자장(字場)은 소장에 소속된 소규모 목장으로, 원칙적으로 암말 100필과 수말 15필로 하나의 군(群)을 만들어 이에 자호(字號, 천자문 이용)를 붙여 조직하였다. 1개의 자장에는 목장관리인인 군두 1명과 군부 2명, 목자 4명을 배치하였다.

이러한 십소장은 제주도 중산간지역을 남북으로 구분했다는 점에서 지리적 의의가 있다. 산북지역에 위치한 제주목 지역에는 동쪽에서 시작하여 서쪽으로 1소장부터 6소장까지 분포하였으며, 산남지역의 서부 대정현 지역에는 7소장과 8소장 그리고 산남지역 동부 정의현 지역은 9소장과 10소장이 위치하였다. 현재 이들 목장명칭들은 그 지역에 거주하는 촌로들만 기억할 뿐 점차 망각되면서 소멸되고 있는 실정이다.

### 2) 산마장과 갑마장

산마장은 북제주군 조천읍 중산간과 남제주군 표선면 중산간에 설치되어 있었으며, 산마(山馬)를 기르는 목장이었다. 산마장은 사목장(私牧場)을 운영했던 김만일(金萬鎰)이 임진왜란으로 말의 수요가 급증하여 목마장이 황폐화되자 선조 33년(1600년)에 국가에 전마(戰馬) 500필을 헌납한 것이 계기가 되어 탄생한 것이다. 조정에서는

이 말들을 사육하기 위해 10소장 내에(성읍리 영주산 일대) 동·서
별목장(東·西別牧場)을 설치하였으며, 이후 효종 9년(1658년)에
김만일의 아들 김대길(金大吉)과 손자 려(礪)가 전마 208필을 다시
국가에 바치자 동서별목장을 산마장으로 개편하여 형성되었다고 볼
수 있다.[227]

　산마장은 숙종 때를 전후하여 침장(針場), 상장(上場), 녹산장(鹿
山場)으로 재편되었다. 침장은 조천읍 교래리 바농오름(552.1m) 일
대(사진 9), 상장은 조천읍 교래리 산굼부리(437.4m) 일대, 녹산장은
표선면 가시리 소록산(441.9m)과 남원읍 수망리 물영아리(508m)를
연결하는 초지대에 형성되었으며, 녹산장 부근에 설치된 갑마장은
<濟州地圖, 1899>에 의하면, 표선면 가시리 번널오름, 따라비오름,
대록산을 연결하는 공간에 해당된다. 『가시리 향토지』에 의하면, 갑
마장은 국가가 길렀던 말 중에서 품질이 가장 우수했던 말인 갑마
(甲馬)를 선정하여 방목한 데서 유래했다. 상장은 위쪽에 위치한 목
장이라는 의미를 가진다.


## 3) 황태장과 곡장

　황태장(黃泰場)은 소를 사육하기 위해 1소장 내에 설치했던 목장
으로, 황태장의 위치는 확실하지만 남아 있는 '사근이도' 잣성을 가
지고 추정해 볼 때 구좌읍 덕천리 식은이오름(286m) 일대로 보인다.
황태장의 유래는 불분명하지만 『濟州郡邑誌』 중 <제주지도>에는 황
퇴우장(黃堆牛場)으로 표시되고 있어 소를 키웠던 목장임에는 확실
하다.

---

227) 남도영, 2003, 『濟州島牧場史』, 한국마사회박물관, p.308.

곡장(曲場)은 조천읍 선흘리 윗밤오름(416m)을 방형으로 둘러싸고 있는 목장이다. 『濟州地圖』(1899)에 의하면 이소장(二所場) 내 윗밤오름 아래에 곡장으로 표기되고 있다. 곡장을 선흘리 주민들은 '국장(鞠場)'으로 부른다. 이소장에서 진상을 위해 선정된 말들을 함덕포나 조천포로 말을 이동시키기 전에 일시적으로 가두어 길렀던 목장으로228) 보이며 현재 윗밤오름 주위에는 방형에 가까운 잣성이 남아 있어 이 목장의 존재를 입증해 주고 있다.

### 4) 도(梁)와 지(池)

'도'란 목축과 관련지을 때 우마와 목자들 그리고 주민들이 목장으로 출입했던 일시적인 출입구로,229) 목장과 촌락을 연결하는 통로가 되었다. 이 지명은 목축과 관련 없는 곳에도 나타나기도 한다. 이 경우 '도'는 단순히 출입구를 의미한다고 볼 수 있다. 목장으로 우마를 방목시키는 기간과 농경지에서 토양을 진압(鎭壓)하기 위해 말들을 이동시켜 올 때, 문을 일시적으로 열지만 나머지 기간에는 말들이 내려오는 것을 막기 위해서 입구를 막아 두었다. 하잣성을 따라 하천과 도로변에 배치되는 것이 일반적이며, 현재 중산간의 하잣성 주변에 위치한 취락들에는 '도'라는 지명이 남아 있다.

고지도에 나타난 목장별 도(梁)의 명칭은 <표 12 - 3>과 같다. 특히 이 중에서 여러 마을에 공통적으로 등장하는 도 이름으로 '허문도(도許門梁)'가 있다. 이것은 하잣의 일부를 헐어서 만든 출입구라는 의미를 지니고 있다. 그리고 십소장과 인접한 마을을 연결하는

---

228) 김문규 편저, 1991, 『朝天邑誌』, p.250.
229) 오창명, 1999, 전게서, p.390. 梁은 '도'의 훈독자 표시로, 출입구를 의미한다고 했다.

통로로 도(梁)가 등장하고 있음을 삼소장의 門黑德梁(금덕리), 사소장의 門井實岩梁, 門伊生梁, 칠소장의 門自丹梁을 통해 알 수 있다. 특히 팔소장에 등장하고 있는 法華梁은 팔소장 내 점마청 부근에 위치하여 현재도 남아 있는 법화사의 명칭을 이용하여 명명한 것이다.

〈표 12-3〉 소장별 도(梁)의 분포

| 所場名 | <濟州三邑都摠地圖>(1770년대) | <濟州三縣圖>(1892년) |
|---|---|---|
| 일소장 | 石山, 箕山 사이의 門, 夫大岳 옆 門言巨梁 | – |
| 이소장 | 堂岳 오른쪽 門, 上大路門 | 門思味梁, 門楮木梁 |
| 삼소장 | 門非乙於梁[빌어잇도: 봉개동], 門三陵梁·門加北木梁, 門黑德梁, 荒岳동쪽 門□□梁 | 門加叱南梁[아라동 위]<br>門黑德梁[오등동 위] |
| 사소장 | 門井實岩梁, 門周流梁, 門伊生梁 | 巨門文梁, 門周流出梁 |
| 오소장 | 門猪出穴梁, 門有信洞梁, 門有叱南梁, 門文丹梁<br>門許門梁[허문이도: 유수암리] | 門猪出梁[돗난굴도: 광령리]<br>門有信梁[이신굴도: 광령2리]<br>門許門梁, 門有叱南梁 |
| 육소장 | 門光南梁[광남도: 봉성리], 門皮文梁(명월리),<br>門軍備梁, 門翁所梁 | 門光南梁, 門皮文梁 |
| 칠소장 | 門文希木梁, 門自丹梁[ᄌ단잇도], 屈皮木梁 | – |
| 팔소장 | 法華梁 | 門星川 |
| 구소장 | 門松木堂梁, 門亇欣旨梁[마흔이ᄆ릇도], 따라비<br>앞의 門餘結梁 | 門松木堂梁(의귀리) |
| 십소장 | 門非乙於川梁[빌어냇도], 門靑山梁 | – |

자료: 강만익, 2001, 전게논문, p.74를 재구성. □은 판독이 어려운 한자임.

지(池 또는 水處)란 목장에 형성된 습지 또는 인공적으로 만든 못으로, 목자와 우마들에게 음용수를 공급하였기 때문에 목장의 필수적인 구성요소에 해당되었다. [濟州邑誌]에 기록된 수처라는 명칭 역시 못에 해당될 것이다.

<표 12-4> 소장별 못(池)의 분포

| 所場 | 濟州三邑都摠地圖 |
|---|---|
| 일소장 | 有叱木池·瑟水[비화물]·泉味岳 옆·箕山 서쪽의 馬渭池·是連岳의 池 |
| 이소장 | 末川池[말천못]·思未岳의 泉·普門의 寺泉 |
| 삼소장 | 明道岩 앞의 池·三每陽 아래의 池·所山岳 아래의 池 |
| 사소장 | 여란지 북쪽의 池·거문악 남쪽의 池·장손악 서쪽의 池·四所場 屯馬場 남쪽의 池 |
| 오소장 | 非木池·申古水[신고물]·隱水坪代의 池·怪水岳 앞의 池·准連池 |
| 육소장 | 광제원 평대 生水·鉢山 서쪽의 池·효성악[새별오름] 남쪽의 池·흑악 동쪽의 池·巨書池 |
| 칠소장 | 牛夫岳 서쪽 西星池·감남악 서쪽 柳池·건근악의 池 |
| 팔소장 | 牛夫岳 북쪽 東星池 |
| 구소장 | - |
| 십소장 | - |

자료: 강만익, 2001, 전게논문, p.71를 재구성.

따라서 핍수지역인 중산간지역에서 목장의 입지를 결정할 때, 물을 구할 수 있는 위치인가가 가장 중요한 입지요인이었다. 이처럼 우마 사육에 필수적인 못은 관속을 동원하여 옛 못을 파거나 혹은 새로 보를 쌓아서 확보하였다. 특히 가을과 겨울에는 물 부족 문제가 심각하였으므로, 목장 내에서 물을 저장할 계획과 함께 물이 지하로 스며들어 버리는 것을 방지하기 위한 노력이 이루어졌다.

## 5) 직사동네, 점마청 터

'직사동네'는 직사(直舍)가 있었던 동네이다. 직사는 마을에 따라 '직세'라고 불린다. 이것은 목장을 운영하던 관리들이 일시 거주하는 집으로, '직사동네'라는 지명은 남원읍 하례 2리, 구좌읍 송당리, 제주시 월평동에서 확인되고 있다. 특히 남원읍 하례 2리의 직사동네는 6번 중산간 도로변에 위치해 있으며[230] 9소장의 관리본부라고 볼

수 있다. 구좌읍 송당리의 직사동네는 현재 상동마을에 해당되며 1
소장의 관리본부, 제주시 월평동의 직세왓[231]은 3소장의 관리본부라
고 볼 수 있다.

'점마청 터'라는 지명은 서귀포시 하원동에 남아 있는 것으로[232]
점마청이 있었던 터를 의미한다. 점마란 중앙에서 내려온 점마별감
이 목마장에 방목 중인 말들의 상태를 일일이 점검하는 행위로, 점
마청이란 점마별감이 점마와 관련된 행정적 업무를 보거나 잠시 쉬
어 가기 위한 직사가 있었던 일종의 사무소라고 할 수 있다. 남원읍
하례 2리 '직사동네'에도 점마청이 남아 있었던 사실로 볼 때 서귀
포시 하원동에도 '직사터'가 남아 있었을 것으로 추정되며 따라서
하원동 역시 8소장의 관리본부라 할 수 있다.


## 6) 하잣, 상잣

'잣'이란 돌을 이용해 길게
쌓은 성(城)을 의미하는 고
어이며,[233] 목장에 쌓은 성
이라는 의미에서 장성(場城)
이라고 부르기도 한다.[234] 잣
성이 목축지명으로 취급할 수
있는가에 대해 논란이 생길

[그림 12-3] 광령리 오목잇도 하잣


230) 南元邑 下禮二里, 1994, 『鶴林誌』, p.80.

231) 제주시·제주시문화원, 1996, 『濟州市 옛 地名』, p.170.

232) 하원마을회, 1999, 『河源鄕土誌』, p.212.

233) 南廣祐(1995), 『補訂 古語辭典』, 一潮閣, p.418.

234) 石宙明, 1968, 『濟州島隨筆』, 寶晉齋, p.162. 濟州道(1982), 『濟州道誌』(下卷), p.115.

수 있다. 그런데 마을 촌로들과의 면담조사에서 잣성이 지명으로 사용되는 경우를 확인할 수 있었다. 예를 들어 마을촌로들이 "하잣에 간다"고 하면, 이것은 돌담 자체를 의미하는 경우도 있으나 하잣이 있는 곳 즉, 하잣 지경(부근)을 의미하는 경우를 들 수 있다. 따라서 이 연구에서는 하잣과 상잣이라는 용어를 목축지명에 포함시켜 검토한다.[235]

잣은 위치에 따라 해발 150~250m 일대의 하잣, 해발 350~400m 일대의 중잣 그리고 해발 450~600m 일대의 상잣으로 구분된다. 하잣은 해안 농경지와 중산간 방목지와의 경계 부근에(사진 7) 그리고 상잣은 중산간 방목지와 산간 삼림지대와의 경계부근에 위치하고 있다. 하잣은 우마들이 농경지에 들어가 농작물에 입히는 피해를 예방하기 위해 그리고 상잣은 우마들이 한라산 삼림지역으로 들어가 동사(凍死)하는 사고를 방지하기 위해 만들어진 것이다. 중잣은 하잣과 상잣 사이에 돌담을 쌓아 만든 것으로, 1920년대부터 상잣보다 높은 지역이 국유지로 편입되면서 이곳에 방목이 불가능해지자 상잣과 하잣 사이의 공간을 활용하기 위해 설치되었다는 견해가 있다.[236]

지금까지 검토한 목축지명을 이용하여 전통사회 제주도의 목축문화를 이해하기 위해서는 이상과 같은 작업에서 나타나는 한계를 보완하는 차원의 현장답사가 필요하다. 현장에서 목축지명과 목축문화에 대한 해설이 이루어질 때 목축지명과 목축문화에 대한 관심을 보다 더 높일 수 있을 것이다. <표 12-5>는 이러한 관점에서 선정된 주요 답사장소를 제시한 것이다.

---

235) 지형도에는 잣성이라는 용어가 등장하고 있다. 이것은 1970년대부터 국립지리원에 의해 지형도에서 사용된 것으로, 잣, 잣담이라는 용어들이 잣성으로 수렴되었음을 알 수 있다.

236) 松山利夫(1986), 『山村の文化地理學的研究』, 古今書院, pp.321-322.

〈표 12-5〉 목축지명을 활용한 목축문화 답사장소의 실례

| 지역 | 답사지점 | 해설 내용 |
|---|---|---|
| 제주시 회천동 | • 회천동 바령밧<br>　– 회천 관광타운 위 | • 바령밧, 목장전, 팽목랑(퐁남도)<br>• 제주시와 조천읍 경계잣 |
| 제주시 삼도동 | • 목관아, 관덕정 | • 진상마 최종 점검 터 |
| 애월읍 봉성리 | • 새별오름 입구 | • 목호의 난(1374) 때 최영<br>　군대와 목호와의 싸움터 |
| 한림읍 비양리 | • 비양도 | • 녹장(사슴) |
| 한림읍 금악리 | • 정물오름 | • 이시돌 목장, 잣성,<br>　금악리 장통 · 6소장 |
| 한경면 고산리 | • 수월봉 | • 모동장, 지름장, 차귀진 터 |
| 대정읍 가파리 | • 가파도 | • 가파도 별둔장 |
| 안덕면 상창리 | • 병악 | • 병악 상잣, 묘비에 기록된<br>　7소장 |
| 서귀포시 하원동 | • 법화사 | • 물질, 점마청 터, 하잣정도,<br>　중잣 |
| 남원읍 하례2리 | • 도로변 직사동네 | • 9소장 목장관리 거주, 장통 |
| 남원읍 수망리 | • 헌마공신 김만일 묘 | • 사목장, 산마장 |
| 표선면 가시리 | • 대록산 일대<br>• 따라비오름<br>• 번널오름 | • 중잣, 녹산장<br>• 갑마장<br>• 하잣 가시리 공동목장 |
| 표선면 성읍리 | • 백약이오름 | • 잣, 10소장 |
| 성산읍 수산리 | • 대왕산, 남거봉 일대 | • 고려말 몽골의 탐라목장 |
| 성산읍 신천리 | • 해안가 신천마장 | • 천미장 |
| 구좌읍 송당리 | • 안돌오름, 송당목장<br>• 송당리 상동 | • 잣<br>• 국립목장, 이승만 별장 터<br>• 직사동네 |
| 구좌읍 한동리 | • 한동 초등학교 부근 | • 좌가장 터 |
| 우도면 | • 소머리 오름 | • 우도장 |
| 조천읍 교래리 | • 바늘오름 | • 침장, 돌문화 박물관 |
| 조천읍 선흘2리 | • 윗밤오름 | • 곡장(국장) |
| 조천읍 함덕리 | • 서우봉 | • 서산장 |
| 조천읍 조천리 | • 조천포구 비석거리 | • 공마감 오영의 비 |

# Ⅳ. 맺음말

지금까지 전통적 목축문화를 대변할 수 있는 목축지명의 문화사적 가치와 목축지명의 분포에 대해 검토하였다. 전통사회 제주도의 목축지명은 역사적 산물이라고 할 수 있다. 즉 조선시대 중앙정부의 제주도에 대한 산업정책의 결과 자연초지가 형성된 중산간지대가 목축지역으로 특화되어 운영되면서 지표상에 탄생하여 잔존하고 있는 것이다. 그러므로 각 마을에 남아 있는 목축지명에 담겨진 유래를 통해 그 지역의 향토사와 문화사를 이해할 수 있을 것이다.

목축활동의 산물인 목축지명은 인간의 거주환경, 한 지역의 역사 및 거주역사, 거주인의 문화적 요소를 반영하고 있다. 즉 목축지명에는 제주도의 역사와 문화가 반영되어 있는 것이다. 그러므로 목축지명을 통해 제주의 역사와 문화를 보는 것은 곧 제주도의 정체성을 밝히는 한 계기가 될 수 있다는 점에서 의의가 있을 것이다.

지금까지 논의한 주요 목축지명들을 보면, 공통적으로 해안지역에는 '바령밧, 테우리(목저, 목지) 동산, 물질, 물진밧, 물미왓, 물테왓' 등이 나타나고 있으며, 중산간지역에는 국영목장이었던 십소장의 명칭들과 테우리들과 말들의 출입구를 의미하는 '도(한자로는 梁으로 표기)' 그리고 점마청, '직사동네, 장통동산' 등이 남아 있다. 이 중에서 점마청은 서귀포시 하원동, 직사동네는 남원읍 하례 2리, 장통동산은 서귀포시 회수동에 분포하고 있다. 목장의 경계를 설정하기 위해 축성한 '하잣과 상잣'이 남아 있다. 십소장 외에 산마(山馬)를 길렀던 산마장(山馬場)에 해당되는 침장(針場), 상장(上場), 녹산장(鹿山場)이 남아 있는 것이 특색이다. 이 밖에 목축지명으로는 비양도에 사슴을 방목하기 위한 녹장(鹿場), 우도에 말을 사육하기 위한 우도장(牛島場)이 있었다. 또한 소를 전문적으로 길렀던 모동장과 천미장, 구좌읍 덕천리의 황태장, 조천읍 함덕리의 서산장, 제주시 일도 2동과 건입동 임야지대의 고마장 등이 존재하고 있다. 이상과 같이 이루어진 검토내용을 토대로 얻어진 결론은 다음과 같다.

첫째, 최근에 오면서 목장지가 농경지, 도로부지로 전용되는 현상이 나타나면서 목축지명의 소멸현상이 발생하고 있다. 따라서 더 늦기 전에 목축지명에 대한 보전과 활용노력이 절실한 상황이다. 아울러 목축지명이 파괴, 소멸되어 가고 있는 오늘날, 자의적으로 목축지명을 변경하는 것을 삼가야 하며 나아가 문화적 가치를 가지고 있는 목축지명을 잘 보존하는 것이 필요하다.

둘째, 제주도 고유의 전통적 목축지명에 대해 공식적 지위를 줌으로써 문화적 자산으로 보존하도록 해야 한다. 이와 더불어 전통적 목축지명에 대한 연구는 제주도민들과 제주도의 자연환경 간 상호관계와 지역이해에 기여할 수 있을 것이다. 끝으로, 목축지명은 제주도의 목축문화를 대변하는 문화적 자산으로, 앞으로 목축 관련 지명에 대한 폭넓은 조사와 전승 노력이 제도적 차원에서 이루어질 필요가 있다.

# 참고문헌


박용후, 1992, 『濟州島 옛 땅이름연구』, 제주문화사.

고혜정, 1992, "濟州島 地名研究: 제주시와 북제주군의 마을을 중심으로", 경원대 석사논문

오창명, 1996, "濟州島 地名 表記의 研究," 『耽羅文化』 第16號, 濟州大 耽羅文化研究所.

오창명, 1997, "濟州島 마을[洞里]과 山岳 이름의 종합적 연구", 『耽羅文化』 第18號, 濟州大耽羅文化研究所.

오영선, 2003, "제주도 마을의 지명분포와 유래에 관한 연구", 제주대 석사논문.

김오순, 2005, "18~19세기 제주 고지도의 연구", 영남대 한국학과 석사논문.

이혜은, 2001, "地名을 통해 나타난 地域文化", 『녹우연구논집』, 이화여자대학교, pp.99.

김일우, 2003, "고려후기 제주·몽골의 만남과 제주사회의 변화", 『한국학보』 15, 고려사학회,

金日宇, 2006, 『高麗時代 濟州社會의 變化』, 西歸浦文化院.

문무병, 1998, 『제주도 무속신화』, 칠머리당보존회.

고광민, 1996, "농경기술", 『제주의 전통문화』, 제주도교육청.

남도영, 2003, 『濟州島牧場史』, 한국마사회박물관.

石宙明, 1968, 『濟州島隨筆』, 寶晉齋.

松山利夫, 1986, 『山村の文化地理學的研究』, 古今書院.

高山鄕土誌發行委員會, 2000, 『濟州 高山鄕土誌』.

고성리 향토지편찬위원회, 1993, 『고성리지』.

구좌읍한동리, 1997, 『둔지오름』.

남원읍 하례2리, 1994, 『鶴林誌』.

남군 성산읍 수산리, 1994, 『水山里誌』.

대포마을회, 2001, 『큰갯마을』.

서귀포시 색달동, 1996, 『색달마을지』.

오성찬(외), 1988, 『제주의 마을⑦ 奉蓋里』, 반석.

우도지편찬위원회, 1996, 『우도지』.

표선면 가시리, 1988, 『加時里誌 가스름』.

하원마을회, 1999, 『하원향토지』.

하례리마을회, 1999, 『下禮마을』.

한림읍지편찬위원회, 1999, 『한림읍지』.

서귀포시 토평동, 2004, 『토평마을』.

한림읍 명월리, 2003, 『明月鄕土誌』.

# 조선시대 제주도 관영목장의 범위와 경관

강만익 · 송성대

## I. 서언

　제주도의 해발 200m∼600m 일대에 해당되는 중산간 지대에는 신생대 제4기의 용암분출로 인해 용암평원과 측화산(오름)이 발달해 있다. 또한 인공극상(人工極相)의 초지가 형성되어 주민들은 일찍부터 이 지대를 중심으로 목축활동을 전개해왔다. 조선시대에는 이곳에 관영목장인 십소장(十所場)이 설치되었다. 이것은 국가에 의해 설치·운영되었던 목장으로 고려말 원나라에 의해 설치되었던 <탐라목장(耽羅牧場)>의 관리·운영체제를 계승하여 발전시킨 것이다. 그런데 이러한 역사성을 가지는 제주도의 관영목장에 대한 연구는 미진한 실정이다. 특히 목장의 경관구조와 분포, 범위에 대한 연구는 전무한 상태이다. 제주도민 역시 조선시대 제주도에 형성되었던 목장들의 위치와 범위 및 목축형태에 대해서 그 중요성을 인식하지 못하고 있는 실정이어서 관영목장의 역사적 가치가 소멸되고 있다. 따라서 이 논문에서는 조선시대 제주도 관영목장의 경관구조를 연구대상으로 삼아 목장의 분포와 범위 및 경관특성을 중심으로 연구하여 관영목장의 역사지리적 중요성을 밝히려고 한다. 이러한 연구는 조선시대 제주도 주민이 가지고 있었던 생활사의 한 단면을 복원함과 동시에 중산간 지역의 토지이용 및 목장경관을 복원하는 계기가 된다는 점에서 의의가 있다고 생각된다.

연구의 범위는 관영목장이 형성되어 유지되었던 조선시대를 대상으로 하였다. 지역적 범위는 해안의 취락지대를 제외한 중산간·산간지대이며 이들 지역에 형성되었던 십소장·산마장(山馬場)·우목장(牛牧場)을 주된 연구대상으로 삼아 접근하였다.

연구주제와 관련된 선행연구들은 대체로 인류학·지리학·역사학·민속학·축산학 분야에서 이루어졌다. 이중 인류학과 지리학에서는 우마의 방목형태·낙인·분전(糞田) 및 목우(牧牛)·목마(牧馬)의 지역적 분포특성, 목마취락 및 화전농업과 목장과의 관계에 대해 연구가 이루어졌다[237]. 역사학에서는 고려시대 탐라민의 목축형태, 원대의 탐라목장과 아막(阿幕)의 위치, 17·8세기 제주도 목자의 실태, 목장의 관리조직 및 경제기반에 대한 연구로 집약할 수 있다. 민속학에서는 목축기술과 낙인방법에 대한 연구가 주를 이룬다. 그런데 지금까지 연구주제와 관련된 선행연구들은 대체로 문헌자료에 나타난 역사적 사실들에 근거하여 목장의 운영실태를 분석하였다는 점에서 공통적인 경향을 보이고 있다.

그러나 관영목장의 분포·범위와 경관특성에 대한 분석은 사료에 의존하는 방법뿐만 아니라 목축이 중산간 지대에서 이루어졌기 때문에 환경적 차원에서의 접근이 필요하다. 목장경관에는 그 지역이 가

---

237) 泉晴一, 1966, 『濟州島』, 東京大學出版會, pp.94-101.
　　　樴田一二, 1976, 『濟州島의 地理的研究』, 弘詢社, pp.48-66.

지고 있는 환경의 속성이 반영되기 때문이다. 따라서 제주도의 목장 경관을 이해하기 위해서는 문헌자료에 근거한 실내연구와 함께 목장 경관이 형성된 지리적 기반으로서의 환경에 대한 접근이 이루어져야 만 목장경관이 제대로 구명될 수 있을 것이라고 생각된다. 따라서 이 연구에서는 선행연구들의 미비점을 보완하기 위해 목장의 환경적 측면을 중시하여 목장경관을 분석하고자 한다.

이 연구를 위해 문헌자료 및 고지도에 대한 실내조사와 함께 현재 남아있는 잣성[238]에 대한 현지답사 및 연구지역에 거주하고 있는 주 민들과의 면담조사를 병행하였다. 조사결과는 지도와 도표를 통해 제시하였다. 연구에 활용된 문헌자료에는 각종 지리지와 읍지 그리 고 여행기가 있다. 이중 『신증동국여지승람』·『탐라지』·『고려사』· 『제주읍지』·『지영록』·『남환박물』·『남사록』를 이용하여 목장의 분포를 구명하였다. 『조선왕조실록』과 『한국마정사』(1996, 남도영) 를 근거로 관영목장의 운영실태를 분석하였다. 조선후기 관영목장의 범위를 복원하기 위해 <제주삼읍도총지도>·<제주삼읍전도>·<탐라순 력도>·<제주삼현도>·<제주지도>를 활용하였다. 동시에 1:50,000· 1:25,000·1:5,000 지형도를 이용하여 잣성의 위치확인과 목장의 경 계복원을 시도하였다. 각 마을별 향토지를 근거로 고지도에 나타난 지명들을 현재화한 다음, 이를 지형도에 적용시켜 관영목장의 범위 를 복원하였다. 목장의 범위 복원에는 측화산(오름)·하천·잣성 등 을 기준으로 삼았다. 잣성의 위치를 확인하기 위하여 GPS(Global

---

238) 잣성이란 중산간, 산간지대에 방목했던 말들이 해안의 농경지로 내려와 농작물에 입히는 피 해를 방지하기 위해 돌을 이용해 쌓은 성을 말한다. 위치에 따라 해안지대와 중산간 지대의 경계부분에 만들어진 하잣성, 중산간 지대와 산간지대의 경계부분에 만들어진 상잣성 그리 고 하잣성과 상잣성의 중간부분에 축조된 중잣성으로 구분된다. 이러한 잣성은 1: 25,000, 1: 5,000 지형도에도 표시되어 있다.

Positioning System)를 이용하였다.

잣성의 위치와 형태 및 목장의 범위를 파악하기 위해 실시하였다. 중산간 지역의 촌락에 거주하면서 과거 '테우리(牧子)'[239]로 생활하였던 촌로들과 면담을 통해 잣성과 도(梁), 둔마장(屯馬場)의 존재유무와 목장간의 경계 등 목장의 경관요소에 대한 사항들을 채록하고 이를 분석·정리하였다. 아울러 현장에서 발견되는 비문과 목장 유물들을 사진에 담아 자료화하였다.


## Ⅱ. 관영목장의 입지와 분포


### 1. 고려말 탐라목장의 설치와 입지

고려말 제주도의 목장은 제주도가 가졌던 전략적 위치·지형·기후·식생을 고려하여 설치되었다. 13세기 후반에 삼별초 항쟁이 진압된 후 원 조정에 의해 목장이 최초로 설치되었다. 즉 제주도에 주둔한 원 군대가 1276년경부터 자국에서 말 160필과 목축 전문가인 목호(牧胡)들을 불러들여 이른바 탐라목장을 설치되었는데[240] 바로 이것이 제주도 목장의 기원이 되었다. 탐라목장은 원의 군대에게 군마를 공급하였으며 동서부 지역을 중심으로 14세기말까지 유지되었

---

239) 濟州道, 1995, 『濟州語辭典』, p. 566. '테우리'란, 제주방언으로 주로 말과 소를 들에 놓아 먹이는 일을 했던 사람을 말하며, 몽고어에서 유래됐다고 보는 것이 일반적이다.

240) 『高麗史節要』 卷 19, 忠烈王 二年 八月條.; 高昌錫, 1985, "元代의 濟州島 牧場", 『濟州史學』 創刊號, 제주대 사학과, p.7에 "元遣塔刺赤爲耽羅達魯花赤以馬百六十匹來牧"라고 기록되고 있다.

다[241]. 탐라목장이 입지했던 위치는 성산읍 수산리 남서쪽 수산평(首山坪) 일대 즉 남거봉~좌보미 일대에 발달한 용암평원이었다[242].

원은 제주도의 전략적 위치특성을 이용하여 탐라목장을 설치하였다. 제주도가 원과 남송 및 일본을 연결하는 해로상의 요충지였을 뿐만 아니라 일본정벌을 위해 군수작전상 일본의 동태를 감시할 수 있는 장소로 제주도의 중요성을 인식하여 목장을 설치한 것으로 판단된다. 특히 동부지역의 수산평 일대를 최초의 목장장소로 선택한 중요한 이유는 이 지역에 광활한 용원평원과 초지가 형성되었을 뿐만 아니라 겨울철 편북풍의 방풍에 유리한 측화산군의 분포 및 겨울철에도 방목이 가능하다는 지리적 조건이 갖추어졌기 때문이다[243].

원은 탐라목장의 관리를 위해 1277년경 동·서 아막(목장 관리본부)을 목장내에 설치하였다[244]. 동아막은 수산평의 중심부였던 성산읍 수산리에 설치되어 동부지역의 목장을 관리하였으며 서아막은 차귀(遮歸) 즉 한경면 고산리 지역에 설치되어[245] 서부지역의 목장을 관리한 것으로 보인다.

---

241) 뿌리깊은 나무, 1988, 『한국의 발견, 제주도』, p.112.

242) 『新增東國輿地勝覽』卷 38, 旌義懸 古蹟條에 "…水山坪在水山西南高麗忠烈王時元塔羅赤來牧牛馬駱…"라는 기사가 보인다. 탐라목장이 위치했던 수산평의 명칭과 위치는 〈濟州〉『朝鮮彊域摠圖』, 〈耽羅全圖〉에 나타나 있다.

243) 吳洪晳, 1974, "濟州島의 聚落에 關한 地理學的 研究", 경희대학교 박사학위논문, p.37.

244) 李元鎭, 『耽羅誌』, 建置沿革條에 "…三年丁丑元立東　西阿幕放牛馬 …"로 기록되고 있다. 여기서 아막이란 목장을 관할하기 위한 官衙 또는 목장지역을 의미한다.

245) 韓東龜, 1975, 『濟州島―三多の痛哭史』, 國書刊行會, p.166; 高山鄕土誌發行委員會, 2000, 『濟州 高山鄕土誌』, 泰和印刷社, pp.249-250., 『濟州 高山鄕土誌』에 의하면, 서아막은 한경면 遮歸(지금의 고산리 七田洞을 중심으로 한 '맨처남밭'과 '허문밭' 일대)에 설치되어 毛洞場의 기원이 되었다고 하며, 元의 목호를 따라 온 많은 사람들이 '칠전동(일곱두르)'을 중심으로 목마취락을 형성하고 阿幕을 설치하여 목장을 관리하면서 생활했다고 한다.

## 2. 조선전기 관영목장의 분포

조선전기에 말은 대내적으로 역마 및 전마로 그리고 대외적으로는 명나라와의 외교문제를 해결하는 중요한 수단으로 사용되었기 때문에 수요가 많았다[246]. 이러한 필요성 때문에 조선초기부터 조정에서는 고려시대의 목장을 재정비하거나 물과 목초가 풍부한 장소를 선정하여 목장을 신설하는 정책을 실시하였다. 제주도에서는 해안지대와 중산간 지대에 산재하고 있었던 목장들을 재정비하여 해안지역에 산재했던 목장들을 중산간으로 이동시킴으로써 이 지대를 목장지대로 전문화하였다. 해안지대의 소규모 목장들을 이 지대로 옮긴 이유는 방목되던 우마들이 농작물에 입히는 피해를 예방하기 위해서 였다. 그러나 보다 근본적인 이유는 주민들에 의해 중산간 지대에서 행해지고 있었던 농경지 개간을 금지함으로써 이 지대를 목장지대로 지정한 다음 안정적으로 말을 사육할 공간을 확보하려는 국가정책이 숨어있었던 것으로 해석된다.

한편 1430년경부터는 이 지대에 165리 규모의 잣성이 주민들에게 할당되어 수평적으로 축조되면서 대표적인 관영목장인 십소장이 형성되기 시작하였다. 십소장의 형성과정에서 목장 밖으로 옮겨진 민호(民戶)가 344호인 것으로 볼 때[247], 1400년대 초에 이미 중산간

---

246) 南都泳, 1980, "朝鮮時代의 地方馬政組織에 對한 小考", 『史學硏究』18호, 韓國史學會, p.135.

247) 『世宗實錄』 更子條(권 45, 세종11년)를 보면 세종대 제주도 출신의 관료였던 고득종(高得宗)의 건의(1429년)에 따라 중산간 지대에 목장이 형성된 과정을 알 수 있다: "한라산 변두리 사면 약 4息(약 120리) 되는 땅에 목장을 축조하여 公私의 말을 가리지 않고 들여보내 방목하게 하고, 장내(목장안)에 들어가게 되는 居民 60 여 호는 모두 장외로 옮기게 하여 소원하는 대로 땅을 떼어 주십시오."(…高得宗等上言請於漢拏山邊四面約四息之地築城牧場不分移馬入牧場內居民六十餘戶悉移於場外之地…)
고득종의 주청에 따라 세종 12년 한라산 목장터 일대 165리 범위에 거주하던 344개의 민

일부 지역에 촌락이 존재했던 것으로 보여진다248). 따라서 이 지대의 목장화는 1430년대부터 지역주민들을 동원한 축성 정책과 목장 내의 거주민들을 장외로 옮기는 이주정책을 통해서 진행되었다. 또한 국마와 사마를 십소장에서 방목시키는 것을 허용하여 지역주민들에도 중산간 목장지대를 개방하였음을 알 수 있다. 이러한 과정을 통해 15세기말 제주도에는 관영목장의 근간인 십소장(10개의 소장)이 분포되었다.249) 소장간 경계는 이를 입증해줄 수 있는 문헌자료가 없기때문에 단정하기 어렵지만 당시 형성되었던 1개 소장의 둘레는 45리~60리 정도였다250).

관영목장은 엄격한 마정구조(馬政構造)에 의해 운영되었다. 1440년부터는 제주목사가 3읍(제주목·대정현·정의현) 감목관을 겸직하여 제주도의 마정을 통솔하였다.『경국대전』(1485년)의 규정에 따라 암말 100필과 수말 15필을 1군(군:자목장에 해당)251)으로 삼고 1군당 군두 1명(암말 100필 관리), 군부 2명(1인당 암말 50필 관리), 목자 4명이(1인당 암말 25필 관리) 하나의 자목장을 관리하였다252).

조선전기 관영목장은 주로 십소장·산둔(山屯)·우둔(牛屯)·별목장(別牧場)으로 구성되었다. 이러한 목장의 분포는『신증동국여지승람』(1530년) 제38권에 기록된 제주목·대정현·정의현의 산천조

---

호를 이주시키면서 목장이 형성되었음을 알 수 있다:…改築濟州漢拏山牧場周圍一百六十五里移民戶三百四十四…(『世宗實錄』 庚辰條(권 47, 세종12년)).

248)『世宗實錄地理志』(1450)에 의하면, 제주도 인구는 12,997명으로 濟州牧에는 8,424명, 旌義縣에는 2,073명, 大靜縣에는 2,500명 정도가 있었다.

249) 金泰能, 1982,『濟州島史論攷』, 世紀文化社, p.56.

250)『成宗實錄』 권281, 성종 24년 8월 정묘.

251) 字牧場이란 屯馬를 천자문의 글자로 낙인하여 편성한 소규모 목장으로, 각 所場마다 있었다. 자목장은 소장에 포함되었으며, 암말 100필과 수말 15필로 구성되었다. 군두 1명과 군부 2명 및 목자 4명이 자목장(=群)을 운영하였다.

252)『經國大典』 권 4, 兵典.

와 목장조에 나타난 측화산의 위치를 통해 추정할 수 있다[253]. 산천조의 내용에 근거할 경우 제주목의 물장오리오름[장올악] 이하, 정의현의 지세악 이하, 대정현의 가파도를 제외한 지역에 목장이 있었음을 알 수 있다. 제주목에는 물장오리오름에서부터 검은데기오름[感恩德岳]까지 모두 6개의 소장과 우둔・산둔・을병별둔(乙丙別屯)・청마별둔(淸馬別屯)・양잔고유저권(羊棧羔圈猪圈)이 있었다. 이것으로 볼 때 제주목에는 소장・산둔・별목장[別屯]・우둔이 형성되었으며 양・염소・돼지가 사육되었음을 알 수 있다. 정의현에는 3개의 소장과 양잔, 대정현에는 1개의 소장・양잔(양)・고둔(염소)이 있었다.

해안지역에도 목장이 분포하였다. 해안지역의 측화산 일대가 국마의 임시 방목장 또는 개인・촌락단위의 목축지로 이용된 것으로 판단된다. 국마는 중산간 지역에 새롭게 축성하여 만든 십소장에 방목되었으나[254], 사마는 해안지역 뿐만 아니라 중산간 지역에서도 방목된 것으로 보인다. 이상과 같이 조선전기 관영목장은 제주목에 6개의 소장, 정의현에 3개의 소장, 대정현에 1개의 소장이 분포되어 목장분포에서 지역차가 있었다. 이러한 원인은 목장형성에 적합한 지형조건, 특히 용암평원 면적과 식생분포의 차이 기인한 것으로 판단된다.

---

253) 『新增東國輿地勝覽』 제38권(1530), 〈濟州牧・大靜縣・旌義縣〉의 山川・牧場條.

254) 구좌읍 한동리, 1997, 『둔지오름』, p.220, 〈濟州三縣圖〉『海東地圖』(1750년대). 이 고지도에 따르면, 해안 지역인 구좌읍 한동리 해안에 '地玄宇宙出字屯馬場'이 위치하고 있는 것으로 나타나, 해안지역도 국마의 임시 방목장 또는 목장지로 이용되었음을 알 수 있다. 따라서 중산간 지역이 주로 국마의 목장지역으로 활용되었지만, 경우에 따라 해안지역에서도 國馬의 방목이 부분적으로 이루어졌음을 알 수 있다.

## 3. 조선후기 관영목장의 분포

### 1) 중산간 지대 목장의 재편성 및 분포

조선후기 관영목장은 입지장소에 따라 산간지대 목장·중산간지대
목장·해안지대 목장·부속도서 지역 목장으로 분화되었다. 산간지
대와 부속도서에도 관영목장이 형성되었기 때문에 조선전기에 비해
목장분포의 확대가 이루어졌다. 즉 마장이었던 중산간 지대의 십소
장과 산간지대의 산마장, 그리고 우장이었던 해안지대의 우목장과
부속도서의 가파도별둔장이 있었다. 우도장 역시 부속도서 목장이었
으나 말이 사육되었다.

〈표 13-1〉 『남환박물』에 나타난 관영목장 분포

| 三邑 | 管理 | 所場 | 字牧場 | 계 |
|---|---|---|---|---|
| 濟州牧 | 別防所 | 一所 | 天(15)·地(16)·玄(50)·黃·宇(27)·宙(13)·出(9) | 7 |
| | | 別牧場 | 天·地 | 2 |
| | 朝天所 | 二所 | 洪·黃·日·盈 | 4 |
| | 禾北所 | 二所 | 月(22)·吳 | 2 |
| | 涯月所 | 二所 | 結 | 1 |
| | | 三所 | 辰·宿·致·雨·露(30) | 5 |
| | | 大三所 | 麗 | 1 |
| | 明月所 | 四所 | 張·寒·來·暑 | 4 |
| | | 大一所 | 往·秋·收(26)·冬·藏·閏·金·生 | 8 |
| 大靜縣 | 慕瑟所 | － | 玄·黃·宇 | 3 |
| | 遮歸所 | － | 列·別·玄 | 3 |
| 旌義縣 | 水山所 | 一所 | 李·奈·芥(43)·薑·海·河(42)·淡 | 7 |
| | | 二所 | 鱗(37)·潛(13)·羽·翔 | 4 |
| | | 三所 | 龍·師·火 | 3 |
| | 西歸所 | － | 菜·重·鹹(43) | 3 |

| 三邑 | 管理 | 所場 | 字牧場 | | 계 |
|---|---|---|---|---|---|
| | 監牧官 | － | 山屯 | | － |
| | 別防所 | － | 牛島場 | | 1 |
| | － | － | 黑牛場 | | － |
| 합계 | 9 | 10 | | | 63 |

자료: 李衡祥, 1703, 『南宦博物』, 南都泳(1996), 『韓國馬政史』, p.388를 재구성함. (  )의 숫자는 마 필수를 의미함. 여기서 字牧場은 각 所場에 속하여 소장책임자인 馬監의 지배를 받았던 소규모 목 장을 의미한다.

17세기 중반에 10개의 소장에서 11개의 소장으로 되었다. 11개의 소장 내에는 58개의 자목장이 분포하였다. 제주목 7개 소장에 38개 자목장, 정의현 3개 소장에 17개 자목장, 대정현 1개 소장에 3개 자목장이 설치되었다[255]. 18세기초 『남환박물』(1703년)에 63개의 자목장이 나타나 소장의 하위목장인 자목장의 수가 5～6개 증가하였음을 알 수 있다(<표 13 - 1>). 조선후기에 관영목장의 위치와 분포가 비로소 고지도에 등장하기 시작하였다. <탐라순력도>(1702년) 속에 포함되어 있는 <한라장촉>에 묘사된 18세기초 제주도 관영목장의 분포를 보면 [그림 13 - 1]과 같다. 지도를 통해 확인된 관영목장의 경관을 보면, 첫째, 말을 키웠던 소장을 대소장과 목소장(牧所場)으로 구별하고 있다. 둘째, 목장을 감시했던 방호소와 목장명칭을 표시하고 있다. 이것은 18세기로 오면서 방만하게 운영되었던 관영목장에 대한 감시를 강화한다는 측면에서 防護所의 군인들에게도 감시해야할 소장을 할당했던 것으로 생각된다. 셋째, 천자문의 글자를 이용하여 10개의 소장을 황자장(黃字場), 진자장(辰字場), 현자장(玄字場) 등의 자목장으로 세분화시켜 운영했다. 넷째, 소를 키웠던 목장인 우둔, 말을 키웠던 목장인 산장 등의 위치와 경계 및 삼림의

---

255) 李元鎭, 1653, 『耽羅志』, 영인본(1991), 濟州大學校 耽羅文化研究所, pp.80-139.

분포가 표시되고 있다.

이 지도를 근거로 관영목장의 분포를 보면, 제주목에는 일소장(발이오름 아래), 대삼소장(큰오름 일대), 삼소장(정물오름 일대), 진자장(산심봉 일대), 대이소장(들레오름 일대), 일자장(日字場, 세미오름 일대), 이자장(異字場, 봉개악 일대), 침장(이소장 위), 이소장(조천읍 중산간 지대), 별목장(서거문오름 일대), 황자장(黃字場, 일소장 내)이 있었다. 제주목의 일소장은 애월읍 중산간 지역 발이오름 일대에 위치했다.

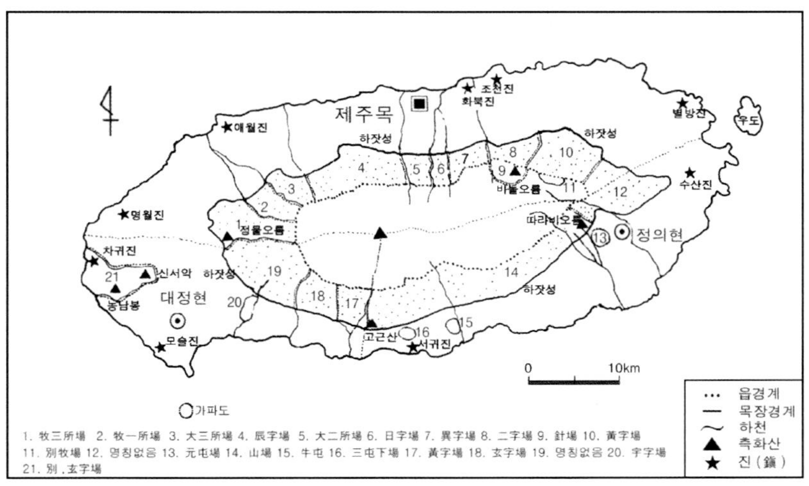


자료: 〈탐라순력도〉(1702년)의 〈한라장촉〉에 나타난 목장의 위치를 1: 50,000 지형도를 이용하여 재구성.

[그림 13-1] 18세기 초 관영목장의 분포

정의현에는 산장(영천악 일대)·원둔장(元屯場, 병곳오름 일대)·우둔(남원읍 하례리 일대)·삼둔하장(三屯下場, 서귀진 일대)이 있었다. 대정현에는 고둔(羔屯, 서귀포시 염돈동)·현자장(玄字場, 하원동 구산봉 위)·우자장(宇字場, 넙게오름 남쪽)·별(別)·현장(玄場, 농남봉~신서악 일대)이 있었다. 고둔과 별·현장은 해안에 입지하였다. 대정현과 정의현의 경우 제주목과 달리 소장이 나타나지 않고 있으나 이것은 <한라장촉>에 표시되지 못했을 뿐 자목장이 입지했기 때문에 실제로는 소장이 존재했다고 보아야 할 것이다.

1704년부터는 중산간 지역의 목장에 대한 재정비가 이루어졌다. 당시 목장의 재정비는 목장명칭의 통합과 지역의 재편성을 골자로 하고 있다[256]. 목장관리가 부실하여 마필 사육이 불량한 자목장을 폐쇄하거나 규모가 작은 자목장을 큰 자목장으로 통합하는 정비정책에 따라 3읍 목장지대에 분산되었던 60 여 개의 자목장들이 10개의 소장(십소장)으로 통폐합되었다[257].

재편된 10개 소장의 위치는 <탐라지도>(1709년), <제주삼읍도총지도>(1770년대) 및 「해동지도」의 <제주삼현도>(18세기 중기)에 나타나 있다. 산북지역인 제주목에는 일소장부터 육소장까지 그리고 산남지역인 대정현에는 칠소장과 팔소장 2개의 소장이 입지 하였으며 정의현에는 구소장과 십소장이 분포하였다. 이러한 목장분포의 틀은 관영목장이 폐장된 19세기말까지 유지되었다.

18세기에 오면서 한반도 전체적으로 화포를 비롯한 전략무기의 전래[258] 및 농경지 개간에 영향을 받아 목장은 폐장 또는 축소되기 시

---

256) 〈漢拏壯矚〉에 나타난 목장들이 십소장으로 재정비된 결과를 보면, 제주목 지역의 牧三所場 → 6소장, 大三所場 → 5소장, 辰字場 → 4, 5소장, 大二所場 → 3소장, 日字場 → 3소장, 異字場 → 3소장, 針場 → 산마장 중 針場으로 계승, 二所場 → 2소장, 黑字場 → 2소장, 別牧場 → 1소장, 黃字場 → 1소장 또는 黃泰場, 대정현 지역의 玄字場 → 8소장, 黃字場 → 8소장, 宇字場 → 7소장, 別·玄字場 → 毛洞場, 정의현 지역의 山場 → 9소장, 영주산 일대 → 10소장으로 재정비되었다.

257) 李源祚(19세기), 『耽羅誌草本』外, 耽羅文化叢書(4), 영인본(1989), 濟州大學校耽羅文化硏究所, p.120., "…肅廟甲申牧使宋廷奎啓聞築場舍劣取優合小爲大定爲十所…".

258) 박찬식, 1993, "17·8세기 濟州島 牧子의 실태", 『濟州文化硏究』, 제주문화, p.463.

작하였다. 제주도의 관영목장 역시 1800년대 중반에 이르러 부속도
서의 목장인 우도장과 가파도 별둔장을 시작으로 개간이 허용되었으
며 이후 중산간의 목장 내에서도 화전이 허용되면서 목장토 개간이
이루어지기 시작하였다. 1800년대 후반부터 십소장 지역 중 일부가
폐장되기 시작하였다. 이러한 현상은『삼소폐장획급절목(1876년)』을
통해 그 경과를 알 수 있다. 1894년부터 관영목장을 유지시켰던 감
목관제와 공마제도가 폐지되어 공마수송이 종료되고, 1897년부터는
공마를 금납으로 대신함으로써 관영목장이 마침내 소멸되었다[259].
그 결과 중산간 목장지역에는 목장토의 개간과 함께 취락의 내륙입
지가 활발히 진행되었다.


## 2) 산간지대와 해안·부속도서 목장의 분포

제주도 산간지대의 목장인 산마장은 삼림과 초지가 혼재하는 지역
에 분포하며 김만일(金萬鎰)의 사영목장에서 기원하였다. 남원읍·
표선면 중산간 일대에 사영목장을 운영했던 '헌마공신(獻馬功臣)'
김만일(1550~1632)이[260] 1600년과 1620년에 각각 전마 500필을
국가에 헌납한 것을 계기로[261] 제주목과 정의현의 경계 일대에 산마

---


259) 金錫益, 1918, 金啓淵 옮김, 1976,『耽羅紀年』, "…三十二年牧使李鳳憲…罷貢馬以
　　　代錢上納…", p.448.

260) 南都泳, 1996,『韓國馬政史』, 한국마사회박물관, pp.393-395. 제주도에는 私屯場이라
　　　불리는 私牧場이 설치되어 있었다. 이것은 개인이 목장을 설치하여 운영한 것으로, 생산된
　　　말은 국가에 登錄하고 매매·처분 등에 통제를 받았다. 宣祖때 金萬鎰이 운영했던 私牧
　　　場에서는 良馬를 많이 산출하여 1600년(선조 33년)에는 戰馬 500필을 바쳤다. 그리고
　　　1620년(광해군 12년)에는 말 500필을 바침으로써 국왕으로부터 관직을 제수받았다. 김만
　　　일의 사목장은 1만여 필에 가까운 말을 목양하여 국가의 필요시에 전마를 공급하고, 馬種
　　　을 개량하여 양마를 산출하였을 뿐만 아니라 뒷날 山馬場의 기초가 되었다는 점에서 중요
　　　한 의의가 있다고 하겠다.

261)『光海君日記』권 155, 광해군 12년 8월 경조.

장이 설치되었다[262]. 조정에서는 김만일의 후손에게 경주김씨 가문의 세습직인 산마감목관이라는 벼슬을 내려준 다음 김만일이 운영했던 사영목장을 東·서 별목장(산마장의 전신)으로 만들었다. 김만일 사후인 1658년에 東·서 별목장이 산마장으로 개칭되었으며 영조 대에 산마장은 침장·상장·녹산장으로 개편되었다. 이들 산마장은 동부지역인 조천읍·남원읍·표선면의 산간지대에 분포하였다. 서부지역에는 산마장이 분포하고 있지 않았다. 동부 산간지역에는 십소장보다 해발고도가 높은 지역에도 완경사지가 넓게 분포하고 있으며 산마장의 모태가 된 김만일의 사영목장이 입지하였기 때문에 산마장이 발달할 수 있었던 것으로 생각된다.

　해안지역에는 <제주삼읍도총지도>에 근거할 때, 소를 전문적으로 생산·관리했던 우목장이 18세기 후반에 형성되었다. 황태장이 제주목 1소장 내에 위치한 반면[263] 천미장(川尾場)과 모동장(毛洞場)은 해안에 입지하였다. 부속도서인 우도와 가파도에도 특별목장으로 우도장(1697년 설치)과 가파도별둔장(1750년 설치)이 설치되었다. 우도장에서는 군마를 방목하였으며, 가파도 별둔장에서는 흑우를 방목하여 진상하였다.

---

262) 南都泳, 1996, 전게서, p.390. 金錫翼, 1918, 전게서, p.395. 金泰能, 1982, 전게서, pp.56-57., 1소장 위에는 동별목장, 10소장 위에는 서별목장이 설치된 것으로 보이며, 이후 동별목장은 針場으로 그리고 서별목장은 上場으로 명명된 것으로 보인다.

263) 소를 생산, 관리했던 황태장은 중산간 지역에 입지 하였기 때문에 중산간 목장에 포함시켜야 하지만, 중산간 목장은 馬場이었으므로 중산간 목장에 포함시키기보다는 소를 전문적으로 생산, 관리했던 해안목장에 포함시키고자 한다.

# Ⅲ. 관영목장의 공간범위

## 1. 십소장의 범위

　관영목장의 소장별 범위를 밝히는 작업은 목장의 경계를 복원하는 과정으로 이를 통해 당시 제주도의 마정구획과 목자(동)들의 활동공간 및 지역주민들의 공동방목권(共同放牧圈)을 알 수 있다. 목장의 경계설정은 목장 지역을 효율적으로 관리하기 위해 이루어진 것으로 그 설정 기준은 주로 가시적인 경관요소인 측화산(오름)·하천·잣성을 이용하였음이 <제주삼읍도총지도>, <제주삼현도>를 통해서 확인된다. 먼저 제주목에 속한 목장의 범위를 밝히기 위해 <표 13－2>에 나타난 측화산과 목장지역에 위치한 잣성 및 하천을 기준으로 이용하였다.

〈표 13－2〉 제주목 관영목장 내에 위치한 측화산의 분포

| 所場/資料 | <濟州三邑都摠地圖> | <濟州地圖> |
|---|---|---|
| 1 | 開赤岳[백약이], 成佛岩[성불오름]<br>褐山[칡오름], 巨文岳[검은이오름]<br>防下岳[?], 泉味岳[세미오름]<br>回山[돌리미오름], 先達只[선족이오름]<br>石岳[안돌오름], 箕山[체오름]<br>是連岳[검은오름], 夫大岳[부대악] | 褐山[칡오름], 巨親岳[거친오름]<br>泉味岳[세미오름], 休岳[체오름]<br>大乞峰[안돌오름], 小乞峰[밖돌오름]<br>大息彦岳[큰식은이오름]<br>小息彦岳[작은식은이오름]<br>東巨文岳[동거문오름]<br>王謁岳[?], 西巨文岳[서거문오름] |
| 2 | 文岳[민오름], 牛眞岳[우진제비]<br>上夜漠只[윗밤오름], 下夜漠只[알밤오름], 堂岳[당오름], 思未岳[세미오름] | 報母旨[북오름], 上軺[윗밤오름]<br>下軺[알밤오름], 牛振接[우진제비]<br>泉味岳[세미오름], 大川岳[대천이오름]<br>敏岳[민오름], 夫大岳[부대악] |

| 所場/資料 | <濟州三邑都摠地圖> | <濟州地圖> |
|---|---|---|
| 3 | 明道岩[명도암], 三每陽岳[삼의양]<br>所山岳[소산봉], 思未岳[세미오름] | 鹿山[노로손이], 七峰[칠오름]<br>兄峰[안세미, 밧세미], 反月岳[月下岳]<br>三陽峰[삼의양], 小山峰[소산봉]<br>狼旨[들위오름] |
| 4 | 御乘生岳[어승생], 呂亂止岳[열안지]<br>獐孫岳[노루생이], 巨門岳[거문오름] | 如卵旨[열안지], 巨門岳[거문오름]<br>獐岳[노루생이오름] |
| 5 | 眞木岳[천아오름], 川西岳[천서오름]<br>高山[큰오름], 活泉岳[산심봉]<br>晩水同山[만세동산] | 生泉岳[산심봉], 大鹿高山[큰녹고메]<br>小鹿高山[작은녹고메] |
| 6 | 鉢山[발이매], 曉星岳[새별오름]<br>二達峯[이달오름], 黑岳[금오름] | 東物峯[고오름], 梘木峯[?]<br>新星岳[새별오름], 二達峯[이달오름]<br>井物峯[정물오름], 羅里岳[도너리오름] |

※ 위의 古地圖에 나타난 측화산의 현재이름은 1:50,000지형도에 나타난 이름임.

　　먼저 일소장의 범위는 제주목 동쪽의 구좌읍 송당리와 덕천리 중산간 일대에 해당된다. 동쪽 경계는 대체로 성불오름[成佛岩]에서 송당목장을 연결하는 북제주군 구좌읍과 남제주군 성산읍의 경계와 대체로 일치하고 있다. 서쪽 경계는 구좌읍과 조천읍의 경계와 일치하고 있다. 남쪽 경계는 성불오름과 부소오름을 연결하는 천미천의 지류와 대체로 일치하며 산마장이었던 상장과 경계를 이루었다. 북쪽 경계는 사근이오름·체오름·밖돌오름·송당목장을 연결하는 하잣성과 일치하고 있다.

　　이소장은 조천읍 와흘리와 선흘리를 연결하는 범위에 해당된다. 동쪽 경계는 대략 부소오름[扶小岳]에서 출발하여 거문오름을 지나 조천읍과 구좌읍의 경계에 이르는 선으로 볼 수 있다. 서쪽 경계는 조천읍과 제주시의 경계와 일치하는데 이곳에는 하천이 없기 때문에 폭 100cm, 높이 160cm 정도의 간장(間墻)을 쌓아 목장경계로 활용하였다. 북쪽 경계는 알밤오름[下夜漠只]에서부터 해발 200m 일대의 와산리를 지나 와흘리까지 이어졌던 하잣성이다. 남쪽 경계는 부소오름에서 출발하여 천미천의 지류를 따라 민오름[文岳] 남쪽과 바늘오름[針山] 북쪽에 남아있는 잣성을 연결하는 선으로 해발 400m의 계곡선 위치와 대체로 일치한다.

삼소장의 범위는 [그림 13 − 2]와 같이 이소장과의 경계선에서부터 서쪽으로 해발 300m 일대에 위치한 한천[大川]까지로 하천이 목장의 경계선 역할을 하고 있다. 특히 한천은 폭이 넓고 계곡이 깊어 말들의 이동을 제한하는 역할을 하였기 때문에 목장을 구분하는 경계로 활용되었다. 북쪽 경계는 해발 250m∼280m에 위치한 하잣성에서 시작되고 있다. 삼소장의 하잣성은 <한라장촉>(1702)에 의하면 회천동의 숲인 '닥남곶'[楮木藪]을 지나 안세미오름[奉盖岳]을 거쳐 한천쪽으로 이어진다. 남쪽 경계는 삼림지와 방목지가 갈리는 선으로 상잣성이 위치했던 해발 600m 일대 한라산 국립공원의 하한선까지로 추정된다. 제주시 용강동·월평동·영평동·아라동·오등동의 상잣성은 해발 600m 일대의 한라산 국립공원 하한선과 대체로 일치한다.

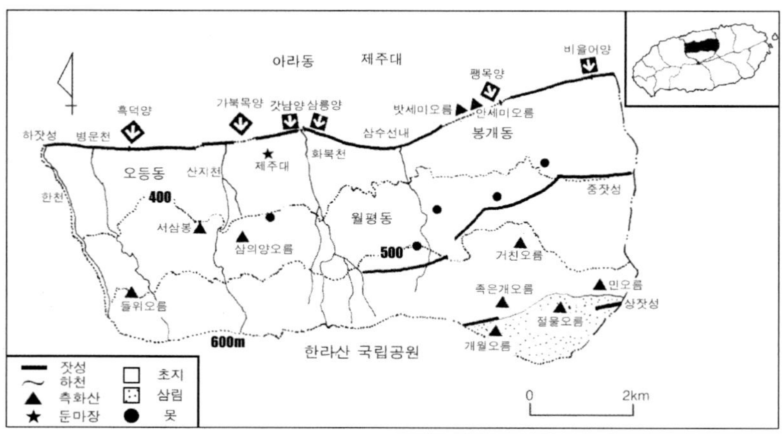


출처: 〈濟州三邑都摠地圖〉, 〈濟州三縣圖〉, 1:25,000 · 1:50,000 지형도, 현지답사를 통해 작성

[그림 13 − 2] 三所場의 범위

사소장의 동·서 경계는 제주시 한천에서 출발하여 제주시와 북제주군 애월읍의 경계가 되는 외도천[水鐵川]까지에 해당한다. 행정구역상 제주시 오라동에서 해안동에 해당된다. 북쪽 경계는 해발 220m 일대의 제주시 북쪽 하잣성에서 시작되고 있다.

오소장의 동·서 경계는 제주시와 애월읍 경계인 외도천[水鐵川]에서 출발하여 애월읍 납읍리와 어음리를 나누는 금성천[亭子川]까지로 추정된다. 북쪽 경계는 애월읍 광령리 해발 380m 일대 하잣성에서부터 소길리의 원동마을 북쪽 해발 340m 일대의 하잣성까지로 추정된다. 남쪽 경계는 해발 740m 일대에서 출발하여 천아오름과 작은오름·큰오름을 연결하는 상잣성으로 볼 수 있다. 이 상잣성은 1780년부터 1,530步(약 2,2km) 규모의 횡장(橫墻)으로 축조되었다[264]. 애월읍 고성리 상잣성은 '틀남도' 남쪽에 남아 있어 목장의 상한선을 알 수 있다[265].

육소장은 제주목과 대정현의 경계에 해당하는 목장으로 애월읍 소길리 원동·어음리·봉성리를 거쳐 한림읍 금악리까지 해당된다. 동·북·서 경계는 대체로 오소장과의 경계인 금성천에서 출발하여 한림읍 금악리 금오름을 지나 정물오름까지 해당된다. 육소장에서 하잣성은 <한라장촉>(1702년)에 의하면, 금성천에서 출발하여 검은오름[黑岳]과 정물오름[井水]을 연결하고 있다.

어음2리 '장삼도'의 하잣성과 봉성리 평화목장 내의 '몰모릿도'의 하잣성을 답사한 결과 지형도에 나타난 돌담이 조선시대에 축성된 겹담형태의 하잣성임을 확인할 수 있었다[266]. 남쪽 경계는 왕이매,

---

264) 『濟州邑誌』 〈濟州牧 牧場〉條.

265) 고성리 향토지편찬위원회, 1993, 『고성리지』, p. 148.

266) 강창준(봉성리 3865), 강순호(봉성리 3857), 안부일(봉성리 3228), 양두석(어음리 2940), 고을선(어음리 3008)씨의 안내로 하잣성을 확인하였다.

정물오름을 연결하는 현재의 안덕면과 한립읍 경계와 일치한다. 남동쪽 상한선은 다래오름 남쪽 해발 660m 일대의 '공초왓'(곰취밭)에 부분적으로 남아있는 상잣성까지로 볼 수 있다.

대정현과 정의현의 소장별 범위를 복원하기 위해 <표 13 - 3>과 같이 측화산과 목장에 소재한 잣성, 하천을 경계설정의 기준으로 이용하였다.

〈표 13-3〉 대정현·정의현 지역 관영목장 내의 측화산 분포

| 所場/資料 | <濟州三邑都摠地圖> | <濟州地圖> |
|---|---|---|
| 7 | 唐岳[당오름], 件斤岳[붉은오름]<br>井水岳[정물오름], 丫岳[거린오름]<br>甘南岳[?], 瓮水岳[?], 竝岳[병악] | 冬柏岳[?], 院帥岳[원물오름]<br>堂岳[당오름], 南松岳[남송악]<br>牛付岳[우보악] |
| 8 | 牛夫岳[우보악], 王伊山[왕이메]<br>佛近岳[?], 鹿山[?]<br>鹿下止[녹하지악], 占岳[어점이악]<br>弓山[활오름] | - |
| 9 | 古根山[고근산], 靈川岳[영천악]<br>水岳[물오름], 成板岳[성판악]<br>乾盈岳[영아리], 水盈山[수령산]<br>鹿山[대록산], 多羅非[따라비오름] | 古空山[고근산], 妻岩[각수바위]<br>永川峯[영천악], 花生旨[?]<br>成吉峯[생기악], 古里峯[고리악]<br>番板岳[번널오름], 地祖岳[따라비]<br>大鹿山[대록산] |
| 10 | 開赤岳[백약이오름]<br>瀛洲山[영주산], 弓大岳[궁대악]<br>盖岳[개오름], 左甫岳[좌보미오름] | 母止岳[모지오름], 瀛洲山[영주산]<br>弓山[궁대악], 盖峯[개오름]<br>飛雉岳[비치미], 左輔岳[좌보악]<br>百藥峯[백약이오름], 天馬岳[?] |

대정현 칠소장의 범위는 행정구역상 안덕면 동광리·광평리·상창리·상천리·서귀포시 상예동·색달동까지에 해당된다. 동쪽 경계는 서귀포시 색달동과 중문동을 양분하는 색달천과 우보악까지에 해당된다. 우보악은 팔소장과의 경계 하천인 색달천과 떨어져 있으나 <제주삼읍도총지도>에서 우보악을 팔소장과 칠소장의 경계에 자리

한 측화산으로 보고 있다. 남쪽으로는 하잣성의 위치를 이용하여 경계확인이 가능하다. 하잣성의 위치는 안덕면 동광리 丫岳[거린오름]에서 출발하여 색달천까지 이어지고 있다. 북쪽 경계는 안덕면과 한림읍 경계와 7소장 상잣성을 잇는 곡선에 해당된다. 칠소장 중에서 색달동의 상잣성은 마을 공동목장 내에 500m 정도 존재되고 있다.

팔소장은 서귀포시 서쪽에 위치한 옛 중문면 지역으로, 행정구역상 서귀포시 중문동·대포동·회수동·하원동·도순동·영남동에 해당된다. 대정현과 정의현 경계에 해당하는 목장이었으며 면적으로는 10소장보다 컸으나 말의 사육규모는 제주도 중산간 목장 중에서 가장 적었던 목장이었다. 동쪽 경계는 대정현과 정의현의 경계인 시오름과 해발 300m에 위치한 고근산을 연결하는 선으로 추정된다. 하천을 기준으로 보면 시오름에서 서귀포시 월산동을 통과하는 악근천 중류 부분이 동쪽 경계에 해당될 것으로 보인다. 남쪽 경계는 색달천 인근에서 시작하여 고근산 앞까지 연속되는 하잣성에 의해 규정되고있다.

정의현 구소장의 범위는 서귀포시 동부지역과 남원읍·표선면의 중산간 지역으로, 서귀포시 서호동에서 출발하여 남원읍 하례리·한남리·수망리를 거쳐 표선면 가시리에 이른다. 서쪽 한계는 팔소장과의 경계인 고근산과 시오름을 연결하는 악근천 중류부분이다. 동쪽 경계는 십소장과의 경계에 해당되며 따라비오름과 대록산을 연결하는 간장을 경계선으로 볼 수 있다[267].

남쪽 경계는 고근산에서 출발하여 따라비오름까지 약 25km에 걸치는 하잣성으로 이것은 중산간 목장에 남아있는 잣성 중 가장 길다.

---

267) 따라비오름과 새끼오름 사이에는 높이 120㎝×폭 80㎝(N33° 23.492', E126° 45.440')
　　정도의 잣성이 남아 있어 9소장과 10소장의 경계선으로 활용되었다.

구소장의 북한계인 상잣성은 1:25,000 지형도(NI52-9-24-2 한라산)
에 일부 표시되고 있다.

10소장의 범위는 표선면 성읍리 일대에 해당된다. 동쪽 경계는 영
주산과 좌보미 오름을 연결하는 지형도상의 돌담 표시선과 대체로
일치하고 있다. 북쪽 한계는 성불오름과 백약이오름을 연결하는 선
으로 표선면과 구좌읍의 경계선과 대체로 일치한다. 남쪽 경계는 모
지오름에서 남영목장을 연결하는 하잣성에 해당된다.


## 2. 해안지대 목장의 범위


조선후기 제주도에 설치되었던 해안지대 목장으로 대정현의 모동
장, 정의현의 천미장, 제주목 1소장 내의 황태장이 있었다. 이 중 모
동장의 범위는 <제주삼읍도총지도>(1770년대), <제주삼읍전도>(1872
년), <대정군지도>(1872년)를 통해 확인할 수 있다. <탐라순력도>의
<한라장촉>(1702)에서는 수월봉[高山]～농남봉[龍木岳]～신서악[草
岳]을 연결하는 지역에 別·玄場이 나타나 있어 이 가운데 일부분 목
장이 모동장으로 변화된 것으로 보인다. 그런데 모동장의 기원을 고
려말 원나라가 제주도 서부지역에 설치했던 서아막에서 찾는 주장이
있기 때문에[268] 동일 위치에서 서아막이 조선후기에 들어와 모동장
으로 계승되었을 가능성도 배제할 수 없다. <제주삼읍도총지도>에서
모동장의 범위는 동쪽으로 칠소장 밖의 안덕면 동·서광리에 발달한
'광수(廣藪)'에서 시작되었으며, 서쪽 해안으로는 한경면 고산리 자
구내 포구[蛇鬼浦]에서부터 대정읍 일과리 서림포 구간에 들어있다.

---

268) 고산향토지 발간위원회, 2000, 전게서, pp. 249-250.

모동장 내에는 농남봉[龍木岳], 돈두액[敦垈山]이 있으며, 방목된 소는 원지(院池)의 물을 사용한 것으로 보인다. 원지는 '맨촛남못'으로 불리며 농남봉 북서쪽에 위치하는데 농업용수를 공급하고 있다. 모동장으로의 출입은 '고분장도', '살채기도'를 이용하였으며 목자(동)들은 모동장 내의 가장 높은 지점인 '목지동산'에서 소를 관찰한 것으로 보인다[269].

정의현 남쪽 해안지역에 설치되었던 천미장의 범위는 천미천 하류인 성산읍 신천리 천미포에서 신산리를 연결하는 해안에 입지하였다. <제주지도>에서는 천미장이 '천미우장'으로 표시되고 있다. <제주삼읍전도>에서는 천미장의 범위가 신천리 천미포에서 삼달리 해안의 곡분포까지 축소되었음을 알 수 있다.


## 3. 산간지대 목장의 범위

산마장은 삼림과 초지가 공존하는 부분에 형성된 목장이었다. 영조대에 산마장이 침장·상장·녹산장으로 분화되었으며 일소장과 이소장 위에 침장과 상장, 구소장 위에는 녹산장이 입지하였다. 산마장의 범위는 <탐라순력도>의 <산장구마>에 나타난 지명과 직선으로 그려진 산마장 간의 경계선을 토대로 설정할 수 있다. 그러나 산마장 범위가 매우 넓고 삼림지대에 형성되었기 때문에 인접한 목장과의 경계를 명확히 구분하는 데 한계가 있다.

침장은 대체로 해발 1200m에 위치한 흙붉은오름[土赤岳]에서 출발하여 쌀손장올[孫長兀岳]·거친오름[荒岳]·괴펭이오름[孤片岳]·성

---

269) 오성찬, 1992, 『제주도토속지명사전』, 민음사, pp.27-28.

널오름[城板岳]을 연결했던 선의 내부였다. 침장 내에는 산마장의 운영시설이 집중된 교래촌이 자리하였다. 산마들을 점마할 때 필요한 원장(圓場)과 사장(蛇場), 목자들이 거처했던 가옥들이 있었다. 침장과 상장은 모두 제주목에 소속된 산마장으로 천미천의 지류가 두 산마장 간의 경계가 되고 있다.

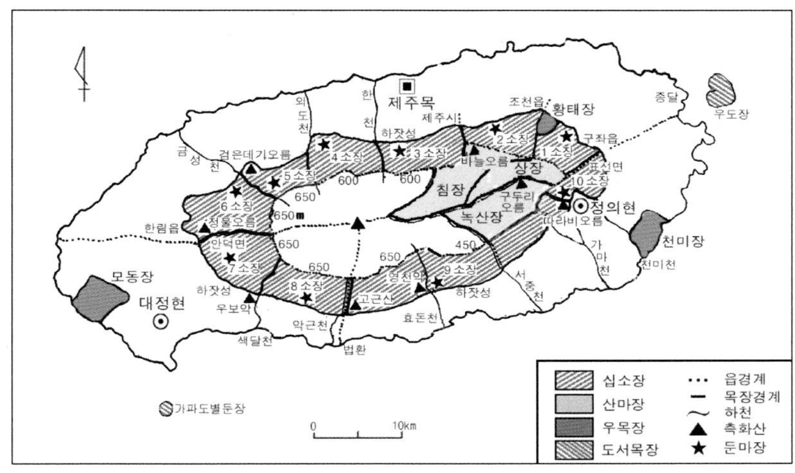


자료: 〈濟州三邑都摠地圖〉, 〈濟州三縣圖〉, 〈濟州三邑全圖〉, 〈濟州地圖〉, 1:25,000 · 1:5,000 지형도, 현지답사를 통해 작성.

**[그림 13-3]** 조선 후기 제주도 관영목장의 범위

상장지역은 일소장 남쪽 위에 분포하였다. 上場은 해발 600m에 위치한 괴펭이오름[孤片岳]에서 돔베오름[机岳]·산굼부리[山仇音夫里岳]·성불오름[成佛岩]을 연결하는 선 안쪽에 해당된다. 제주목 상장과 정의현 녹산장의 경계는 구두리오름 남쪽 기저부에 남아있는 잣성으로 지형도에는 상잣성으로 표기되고 있으나 상장과 녹산장의 경계를 짓기 위한 간장으로 보는 것이 타당할 것이다. 녹산장

은 정의현에 속한 마장으로 현재 기업목장인 제동목장터이다. 녹산
장의 동·서쪽 경계는 천미천의 지류와 서중천이 되고 있다.

　지금까지 논의된 관영목장의 범위는 [그림 13 - 3]과 같다. 이 지
도는 중산간 지대 10개 소장별 지도와 우목장 및 산마장의 지도를
합하여 만든 것으로 조선후기 제주도에 형성되었던 관설목장의 분포
를 나타내고 있다. 이 지도를 통해 중산간 지대와 산간지대는 마장
으로 해안지역과 부속도서는 우장으로 이용되었음을 알 수 있다.


## Ⅳ. 관영목장의 경관특성


### 1. 목장의 자연경관


　관영목장의　자연환경은　인공극상의　초지·측화산·하천·삼림
지·'곶자왈'·화산회토·용암평원으로 이루어졌다. 이들 요소는 모
두 목축공간이었던 중산간 지대를 구성하는 경관요소로 목축업의 성
쇠를 좌우한 중요한 요인이었다. 겨울철에도 눈이 잘 내리지 않아
따뜻하고 봄철에는 풀이 무성하며 방목을 위협하는 맹수가 없는 입
지특성에 영향을 받아 목축이 활발하게 전개되었던 지역이었다.

　경사도가 5～15°정도로 완만한 지역으로 면적이 589.0㎢에 달하
는데 이는 제주도 총면적의 32.2%에 해당한다270). 동서부지역을 중
심으로 토심이 얕은 황무지인 자왈[磊野]과 곶[洞藪, 磊林]이 분포

---

270) 제주도, 1997, 『제주도 중산간 지역 종합조사』, pp.16-17. 중산간 지역을 고도별로 보면,
　　 200～300m 지역이 12.7%를 차지하여 가장 넓게 분포하고, 300～400m 지역이 8.8%,
　　 400～500m 지역이 6.4%, 500～600m 지역이 4.3%를 차지하고 있다.

하고 있다271). '곶자왈'은 농사를 지을 수 없는 황무지이지만 이곳에 자생하고 있는 식물은 우마의 사료로 쓰기에 충분하였을 뿐만 아니라 가축들이 비바람을 피할 수 있었던 장소였기 때문에 방목지로 이용되었다.

중산간 목장지대에는 측화산과 하천이 분포하고 있다. 측화산은 목장간의 경계, 방풍의 기능, 여름철 방목지로 활용되었으며 목자들이 우마들의 방목상태를 관찰했던 '망동산'이 되었다. 목장지역의 하천은 대부분 건천이며, 계곡이 발달된 하천은 우마의 이동을 막아 주거나 목장을 나누는 경계 기능을 하였다. 계곡발달이 미미하여 말들의 접근이 쉬운 하천의 河床에 있는 주수(宙水)는 우마에게 식수로 이용되었다. 일례로 정의현에 소속된 10소장의 천미천은 사행천으로 다수의 '소'를 형성해 가축이 마실 수 있는 물을 저수하였다272).

중산간 목장지역의 토양은 화산회토로 구성되어 있다. 초지·낙엽활엽수림·침엽수림의 수직적 분포를 보이는 제주도의 식생대 중273) 65.8%를 차지하는 중산간 지대의 초지를 중심으로 목축이 이루어졌다.


## 2. 목장의 인문경관

### 1) 피우가(避雨家)와 둔마장(屯馬場)

둔마장과 피우가는 관영목장의 핵심적인 경관요소였다. 고문헌과 고지도를 토대로 분석한 목장의 경관요소에는 마사·적초장·원장·

---


271) 송성대, 2000, "지리적 기초", 『北濟州郡誌』(上), 北濟州郡, pp.93-101.

272) 한라일보사, 2000, 『천미천』, 나라출판, pp.27-29.

273) 김태호, 2001, "제주도의 경관생태", 『경관생태학』, 한국경관생태연구회, p.273.

사장 등을 비롯하여 목자들의 주거지, 피우가 · 지(池, 못) · 량(梁,
입구에 놓인 다리, "도") · 목야지 등이 있었다274)[그림 13 - 4]. 마

자료: 〈濟州三邑都摠地圖〉(1770년대) 중 일부지역을 나타낸 것임.

[그림 13 - 4] 18세기 제주도 관영목장의 경관요소

274) 『成宗實錄』, 성종 24년 8월 정묘, 〈耽羅巡歷圖〉의 〈山場驅馬〉, 〈濟州三邑都摠地圖〉,
南都泳, 1996, 『韓國馬政史』를 근거로 관설목장의 경관요소를 추출하였다.

사는 말을 위한 축사이며, 적초장은 건초를 쌓아놓는 '눌' 그리고 목
야지는 방목이 이루어진 초지에 해당된다. 피우가는 서우풍해(暑雨
風雪)로 인하여 말들이 피폐해지는 문제를 예방하고 겨울철의 풍설
기한(風雪飢寒)에 대비하기 위해 만든 가옥으로 볼 수 있다[275]. 목
장이 위치한 중산간 지역의 경우 기상변화가 잦고 지형성 강수가 발
생하기 때문에 필수적인 설비였을 것으로 생각된다. 방목하는 마필
의 수를 고려하여 세워졌을 것으로 판단되며 축사로서의 기능과 함
께 목자들이 임시 거주할 수 있는 장소로 이용되었을 가능성이 있다.
둔마장은 목장(所場)의 관리본부로 목장의 중심지로 볼 수 있다. 둔
마장은 광활한 목장에서 방목중인 가축들이 비바람을 피하기 위한
피우가, 말들을 점검하기 위한 점마소(點馬所), 점마관들의 숙소인
직사(直舍), 목자들의 주거지로 구성되었다. 둔마장이라는 용어는
<제주삼읍도총지도>에 등장하며, 공마선정·점마(點馬)·낙인 등을
위한 시설이 집중된 공간이다. 둔마장의 입지는 바람을 막을 수 있
는 측화산과 우마의 식수 확보에 필수적인 하천·못(池)·주수, 배
후에 방목지로 이용할 수 있는 광활한 용암평원·초지와 같은 자연
요소 및 도로와 촌락과의 접근성에 의해 결정되었다. 둔마장의 위치
를 확인하는 일은 광활한 목장의 구조를 파악하고 목장의 경관특성
을 이해하는 중요한 작업이다.


## 2) 못(池)과 도(梁)

지(池)란 목장에 자연적으로 형성된 습지 또는 인공적으로 만든
연못으로 <제주삼읍도총지도>에 등장하는 용어이다. 목자와 우마에

---

275) 『太宗實錄』, 태종7년(1407) 3월 계미.

게 음용수를 공급하였기 때문에 목장의 필수적인 경관요소에 해당하며 『제주읍지』에 기록된 '수처(水處)'라는 명칭 역시 못에 해당될 것이다. 물 부족 지역인 목장지역에서 둔마장의 입지를 결정할 때 용수의 확보가능성이 가장 우선적으로 고려되었다고 볼 수 있다. 우마 사육에 필수적이었던 못은 관속(官屬)을 동원하여 예전의 것을 개량하거나 새로 둑을 막아서 확보하였다. 갈수기인 가을과 겨울에는 물 부족 문제가 심각하였으므로 목장 내에서 물을 저장하는 것 이상으로 확보된 물이 지하로 스며드는 것을 방지하기 위한 노력이 있었다[276]. 제주목이 관리했던 목장에는 못의 위치와 명칭이 상세히 표시되어 있어 우마 사육에 물이 얼마나 중요시되었는지를 알 수 있다. 사육되는 말의 수는 못의 수에 영향을 받은 것으로 보이며 못 주변에 목자의 가옥이 입지 함으로써 목장취락이 형성되었을 것으로 보인다. <제주삼읍도총지도>에 따르면 마필 사육수가 가장 많았던 오소장과 육소장에 못(池)의 수가 가장 많았을 뿐만 아니라 위치도 명확하게 표시되고 있다.

소장별 못의 위치와 분포를 보면 첫째, <제주삼읍도총지도>에는 제주목에 26개, 대정현에 4개의 못이 표시되어 있다. 이러한 분포의 지역차는 목장에서 사육되었던 말의 수와도 관련성이 있지만 무엇보다 제주목 중심으로 목장 조사가 이루어졌을 경우, 거리가 멀었던 대정현이나 정의현 목장지역에 분포했던 못들이 지도에 제대로 표기되지 못했을 것으로 추정된다. 둘째, 『제주읍지』에서는 제주목 목장지역에 51개의 못이 기록되어 있으며 특히 북서부 지역인 사·오·육소장에 집중되었던 것이 특징이다. 이 지역에 하천발달이 빈약하고 동부지역에 비해 상대적으로 비가 적어 못이 많이 필요했기 때문

---

276) 李衡祥, 『甁窩全書』 〈耽羅壯啓草〉, 牛島誌編纂委員會, 1996, 『牛島誌』, p.78.

에 그와 같은 집중경향이 나타났을 것으로 보인다. 셋째, 못은 대체로 하천변이나 측화산 주변에 분포하고 있었다. 이는 하천변과 측화산 일대가 방목되었던 우마들의 쉼터로 활용되었기 때문으로 보인다.

량(梁)이란 목장의 하잣성에 설치되었던 출입구로 우마와 목자는 물론 일반주민이 사용하였다[277]. 현지에서는 이것을 '도'라고 부르며[278] <제주삼읍도총지도>에 량(梁)이라는 용어로 등장한다. 량(梁)에는 필요에 따라 문을 열고 닫는 '살채기' 문이 있었다. 우마를 방목시키는 기간과 농경지에서 토양을 진압하기 위해 말을 이동시킬 때 문을 일시적으로 열지만 나머지 기간에는 말이 농경지로 내려오거나 잃어버리는 문제를 예방하기 위해 입구를 막아 두었다. 하잣성을 따라 하천과 도로변에 배치되는 것이 일반적이다. 현재 중산간의 하잣성 주변에 위치한 취락에는 '도'라는 지명이 남아있다(<표 13-4>).

〈표 13-4〉 관영목장의 소장별 도(梁)의 위치와 분포

| 所場/資料 | <濟州三邑都摠地圖(1770년대)> | <濟州三縣圖(1892년)> |
|---|---|---|
| 1 | 石山, 箕山 사이의 門·夫大岳 옆 門言巨梁 | - |
| 2 | 堂岳 오른쪽 門·上大路門 | 門思味梁·門楮木梁 |
| 3 | 門非乙於梁[빌어잇도: 봉개동]·門三陵梁·門加北木梁·門黑德梁·荒岳 동쪽 門□□梁 | 門加叱南梁[이라동 위]·門黑德梁[오등동 위] |
| 4 | 門井實岩梁·門周流梁·門伊生梁 | 巨門文梁·門周流出梁 |
| 5 | 門猪出穴梁·門有信洞梁·門有叱南梁·門文丹梁·門許門梁[허문이도: 유수암리] | 門猪出梁[돗난굴도: 광령리]<br>門有信梁[이신굴도: 광령2리]<br>門許門梁·門有叱南梁 |

---

277) 梁이란 사전적 용어로는 나무로 만든 교량을 의미한다. 제주도에서는 목장으로 통하는 출입구에 나무로 만든 '살채기' 문을 만들어 세워 놓았기 때문에 지도에 梁으로 기록한 것으로 보인다.

278) 오창명, 1999, 『제주도의 오름과 마을 이름』, 제주대학교 출판부, p.390. 梁은 '도'의 훈독자 표시로, 출입구를 의미한다.

| 所場/資料 | <濟州三邑都摠地圖(1770년대)> | <濟州三縣圖(1892년)> |
|---|---|---|
| 6 | 門光南梁[광남도:봉성리] · 門皮文梁(명월리) · 門軍楠梁 · 門兌所梁 | 門光南梁 · 門皮文梁 |
| 7 | 門文希木梁 · 門自丹梁[ᄌ단잇도] · 屈皮木梁 | – |
| 8 | – | 門星川 |
| 9 | 門松木堂梁 · 門竹欣旨梁[마흔이ᄆ릇도] · 따라비 앞의 門餘結梁 | 門松木堂梁(의귀리) |
| 10 | 門非乙於川梁[빌어냇도] · 門靑山梁 | – |

## 3) 잣성

역사지리학에서는 지표상에 기능을 잃고 존재하는 화석경관 또는 과거로부터 계속 변용되면서 기능을 유지하고 있는 경관을 연구대상으로 삼는다[279]. 잣성은 조선시대 제주도 관영목장의 존재를 증명해 주는 유물에 해당된다. 잣성이라는 명칭은 1970년대부터 제주도의 지형도에 표시된 용어로 조선시대 십소장의 상·하한선을 나타내는 유물이다. 제주도의 전통적인 목축문화를 상징하는 조형물이며 지역별 목장의 공간범위 복원에 중요한 기준이 된다.

본래 '잣'이란 성을 의미하는 고어로서[280] 『제주어사전』에 의하면 '널따랗게 돌들을 쌓아올린 담'으로 목마장의 경계에 쌓은 돌담이다. 위치에 따라 해발 150m~250m 일대의 하잣성, 해발 450m~600m 일대의 상잣성, 해발 350m~400m 일대의 중잣성으로 구분된다. 하잣성은 해안의 농경지와 중산간 방목지와의 경계부근에, 상잣성은 중산간 방목지와 산간 삼림지의 경계에 위치한다. 하잣성은 15세기 초반부터 우마가 농경지에 들어가 농작물에 입히는 피해를 예방하기 위해 만들어진 것으로 거주지역과 비거주지역, 농경지와 방목지, 식

---

279) 가꾸시 도시오(저), 윤정숙 옮김, 1995, 『역사지리학방법론』, 이회, p.18.
280) 南廣祐, 1995, 『補訂 古語辭典』, 一潮閣, p.418.

생 분포를 구분하는 경계의 역할을 하였다. 상잣성은 18세기 후반에 우마가 한라산 삼림지역으로 들어가 동사하는 사고를 방지하기 위해 만들어진 것이다.

중잣성은 19세기말 이후 하잣성과 상잣성 사이에 돌담을 쌓아 만든 것으로, 중잣성의 출현은 목장의 축소 및 토지이용 방식에 변화가 나타나기 시작했음을 의미한다. 즉, 중잣성이 설치된 이후 중잣성의 하부지역(중잣성~하잣성)을 경작할 때 우마를 상부지역(중잣성~상잣성)으로 방목시키고 상부지역을 경작할 때 하부지역에서 방목하는 토지이용 형태가 출현하였다. 이것은 중산간 목장지대에 이른바 농목교체(農牧交替)의 방식이 등장하였음을 의미한다[281]. 중잣성은 1920년대에 상잣성보다 높은 지역이 국유지로 편입되면서 방목이 불가능해지자 상잣성과 하잣성 사이의 공간을 활용하기 위해 설치되었다는 견해도 있다[282].

겨울이 되면 상잣성 이상 지역은 적설기에 해당되므로, 하잣성과 중잣성 사이의 저지목장(低地牧場)에서 봄부터 가을까지는 중잣성 이상의 고지목장(高地牧場)에서 우마 방목이 이루어졌다. 특히 산남지역 7소장의 색달동에서 상잣성 위는 여름 방목지, 중잣성은(중잣~상잣) 봄과 가을 방목지, 하잣성 위는(하잣~중잣) 겨울 방목지로 구분하여 이용하였다[283].

잣성의 형태는 잣성의 축조방식에 따라 달라진다. 하잣성 축조에 필요한 노동력은 하잣성이 설치될 인근지역의 주민들로부터 부역 형식으로 충당하였으며 마을별로 일정 범위를 할당하여 주민들에게 축

---

281) 金相昊, 1979, "韓國農耕文化의 生態學的 硏究: 基底 農耕文化의 考察", 『사회과학 논문집』 4, 서울대, p.94.
282) 松山利夫, 1986, 『山村の文化地理學的硏究』, 古今書院, pp. 321-322.
283) 서귀포시 색달동, 1996, 『색달마을지』, p.42.

성하도록 하였다. 잣성 축조의 예를 정의현 법환리와 호근리의 사례
를 통해서 확인하면 다음과 같다.

> 옛날에는 목장의 잣(城 혹은 담)을 할당하여 쌓았다. 호근리 담당구간은
> '각시바위' 남쪽에서 시작하여 고근산 동편에서 끝나고, 법환리 담당구간은
> 고근산 북쪽에서 시작하여 '빌레냇도(頻來川)'까지 끝나게 되었다. 그런데
> 법환리 사람들은 모의하기를 자기들의 담당구역 안에는 성 쌓을 돌이 없으
> 니 일하기가 곤란할 것이라 하여 마을 사람들을 불러모으고 어둠을 틈타서 돌이
> 많이 쌓인 곳을 골라 경계를 넘어 못 밖으로 쌓아 버렸다…….[284]

　　표본지점의 잣성을 답사한 결과 하잣성과 상잣성은 일반적으로 겹
담('접담') 구조로 만들어졌다. 그런데 상잣성의 경우 산남 지역인
서귀포시 도순동의 상잣성과[285] 표선면 가시리 구두리오름의 상잣성
처럼 외담 구조도 부분적으로 나타나고 있다. 하잣성을 겹담 구조로
만든 이유는 위치가 농경지와 인접한 방목지여서 보다 견고할 필요
가 있었기 때문이다. 그러나 겹담구조로 하잣성을 축조하는 데에는
많은 석재와 인력동원이 전제되어야 했다. 따라서 하잣성이 촌락에
근접한 위치에 만들어졌던 것은 바로 이 때문이다. 하잣성의 높이는
대체로 110㎝～170㎝, 넓이는 60㎝～120㎝ 정도인데 축성당시는
현재보다 높았을 가능성이 있다. 중잣성은 해발 350m～400m 일대
에 형성되었으며 하잣성이나 상잣성에 비해 축조시기가 늦은 편이다.

---

284) 許垌,『好近錄』, 吳成贊 外, 1986, 제주의 마을 ④『好近・西好里』, 도서출판 반석,
　　pp.60-61.

285) 서귀포시 도순동 산 56번지 N33° 16.751 'E126° 28.853'(남일농장 입구)에 위치하고,
　　높이는 120～130cm 이다. 큰 암석를 이용하여 외담(한줄)으로 축조되었다.

[**그림** 13 - 5] 남원읍 위미리 마을 공동목장 내의 하잣성

중잣성은 상잣성 이상 지역이 공유지에서 국유지로 변화되어 이른
바 '상산(上山) 올리기'라는 목축형태가[286] 소멸되면서 등장한 목장
유물로 보인다. 3소장 내의 제주시 월평동 중잣성처럼 외담형태로
축조된 경우가 있으나 봉개동 마을공동목장에 위치한 중잣성 처럼
겹담인 경우도 있다. 동일한 3소장 내에서도 중잣성을 만든 촌락에
따라 형태가 달라지고 있다.

1:5,000 지형도에 나타난 제주도의 잣성을 분석한 결과 상잣성의
평균 해발고도는 450m, 중잣성은 350m, 하잣성은 220m로 대략
100m 간격으로 배치되고 있음을 알 수 있다. 산남 지역에서는 해발
150m까지도 하잣성이 위치하지만 산북 지역에서는 해발 200m 이상

---

286) 고광민, 1998, "牧畜技術", 『濟州의 民俗』 Ⅱ, 제주도, p.308. 上山 올리기란 조, 고구
　　마 등 여름 농작물 재배에 밭갈이가 끝난 후 음력 6월부터 한라산 밀림지대를 지나 정상부
　　근의 고산지대에 펼쳐진 완경사지에 방목하는 형태이다.

되는 곳에서도 학인할 수 있다. 이것은 산북 지역에 비해 산남에서
는 완사면의 발달이 미미하였기 때문일 것으로 생각된다. 제주시 아
라동·영평동·월평동·용강동·봉개동 지역의 하잣성은 제주도에
서 해발고도가 가장 높은 곳에 위치하고 있다. 상잣성의 총 길이는
3.2km, 중잣성은 13km, 하잣성은 43km이다. 1:5,000 지형도에 표
시된 잣성의 총 길이는 약 60km 정도로 환상(環狀)으로 존재하고
있다.

### 4) 원장(圓場)과 사장(蛇場)

원장이란 말을 취합하기 위하여 만든 원형목책(圓形木柵)이고, 사
장은 취합한 우마를 1두 또는 1필씩 통과할 수 있게 만든 좁은 목책
통과로이다[그림 13 - 6]. 원장은 다시 미원장(尾圓場)과 두원장(頭
圓場)으로 구분되며, 그 중간을 연결하는 것이 사장이었다. 사장이란
명칭은 좁은 목책 통과로가 뱀의 형태와 유사하기 때문에 명명된 것
으로 말을 진상 혹은 다른 목장으로 말을 보내기 위하여 하나씩 붙
들 수 있게 된 장치이다. 우마를 먼저 미원장에 몰아넣고 사장을 통
해서 점검한 후에 두원장에서 취합할 수 있게 되어 있다.

원장과 사장 시설은 관영목장에서 행해졌던 점마의 상징물이었다.
점마란 목책을 설치하는 결책군(結柵軍)과 말을 몰아오는 구마군(驅
馬軍)을 동원하여 말들을 목장 내외에 설치된 원장과 사장으로 몰아
넣은 뒤 말들의 수를 점검하는 것으로 목장과 해안지역 진성(鎭城)
내에서 이루어졌다. 점마를 효율적으로 하기 위해 점마군이 편성되
기도 하였으나 점마에 필요한 노동력을 모두 주민들의 요역으로 충
당하였다287). 점마군은 장마포착(場馬捕捉)·환장목책(環場木柵)·

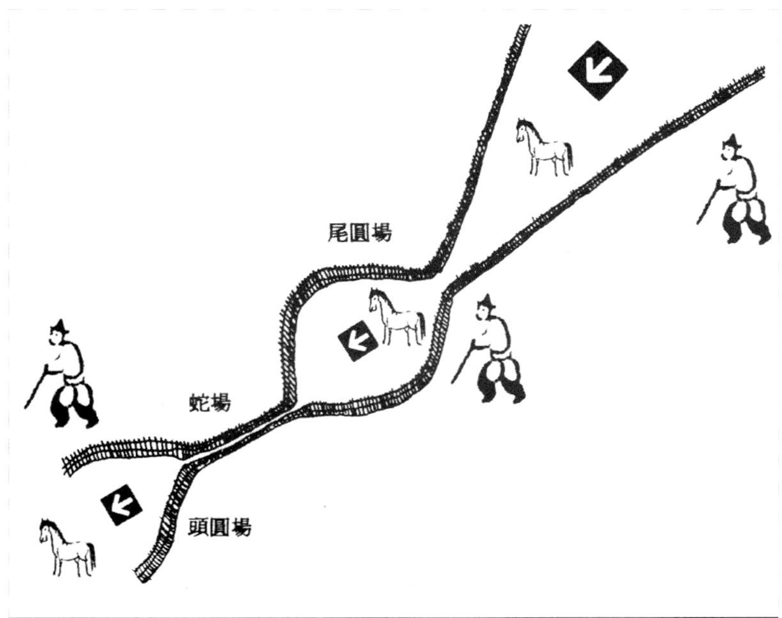


자료: 〈耽羅巡歷圖〉(1702년)의 〈山場驅馬〉에 나타난 것임.

[그림 13-6] 점마용 원장과 사장의 형태


축초예적(蓄草刈積) 등의 여러 일을 주민들에게 부담시켰다. 또한 주민들은 목장의 조가적초(造家積草) 및 성자수축(城子修築)에 동원되기도 하였다[288].

---

287) 徭役이란, 국가가 백성의 노동력을 무상으로 징발하는 수취제도를 의미하며, 토목공사에 백성을 동원하기도 하였다. 제주도에서는 일부 주민들이 점마군으로 편성되어 環場木柵, 場馬捕捉에 투입된 것으로 보인다.

288) 金京玉, 2000, "朝鮮後期 西南海 島嶼의 社會經濟的 變化와 島嶼政策 硏究", 전남대 박사학위논문, p.54.

# V. 요약 및 결론

이 연구에서는 조선시대 제주도 관영목장의 분포와 범위[방목권]를 복원하고 경관요소를 소개·분석하였다. 제주도 목장의 기원은 13세기말 원에 의해 성산읍 수산리 지역에 형성된 탐라목장에서 비롯된다. 15세기초 고득종(高得宗)의 건의로 중산간 지역에 잣성의 축조와 정비를 통해 십소장이 만들어지기 시작하였다. 조선후기에 들어와 제주도의 관영목장은 십소장·산마장·우목장·별목장으로 분화되었으며 이들 목장들은 마정조직에 의해 운영되었다. 마정은 제주목사·감목관·마감(우감)·군두·군부·목자들의 계층조직을 통해 운영되었다.

십소장의 위치를 보면, 제주목에는 일소장부터 육소장, 대정현에는 칠소장과 팔소장이 있었으며 정의현에는 구소장과 십소장이 있었다. 그리고 동부의 산간지대에는 산마장이 형성되었으며, 영조대에 침장·상장·녹산장으로 분화되었다. 우목장으로는 모동장·천미장·황태장이 있었다. 이밖에 별목장으로 우도장과 가파도 별둔장이 있었다.

목장간의 경계는 주로 하천·잣성·측화산 등의 가시적인 요소를 중심으로 설정되었다. 제주목에서 일소장은 구좌읍의 중산간 지역, 이소장은 조천읍 중산간 지역, 삼소장은 제주시 회천동에서 오등동에 걸친 중산간 지역, 사소장은 제주시 연동에서 해안동에 걸친 중산간 지역, 오소장은 애월읍의 광령리·고성리·유수암리 중산간 지역, 육소장은 애월읍의 어음리·봉성리와 한림읍의 금악리 중산간 지역에 설정되었다. 대정현 칠소장의 범위는 안덕면의 중산간 지역,

팔소장은 옛 중문면의 중산간 지역, 정의현의 구소장은 구 서귀읍 중산간 지역·남원읍·표선읍의 중산간 지역, 10소장은 표선면 성읍리 지역으로 각각 비정하였다.

목장의 자연경관에는 측화산·하천·곶자왈·초지대·화산회토가 포함되며, 인문경관 요소로는 둔마장·피우가·량(梁)·못(池)·원장과 사장이 있었다. 특히 둔마장·피우가·못은 목장운영에 필수적인 시설물이었다. 둔마장은 목장의 관리본부에 해당되며, 피우가는 풍우설을 피하기 위한 가옥, 원장과 사장은 말을 점검하기 위한 원형의 목책 시설이며, 량(梁)은 '도'라고 불리는 일시적인 출입구로 목장과 촌락을 연결시켰던 통로를 의미한다.

목장의 경계선에 해당하는 잣성은 하잣성·상잣성·중잣성으로 구분되는데 15세기초에 하잣성이 형성되기 시작하여 18세기말에는 상잣성이 축조되었다. 중산간 지역에 남아있는 잣성을 지형도에서 분석해 본 결과 약 60㎞가 남아있다. 하잣성은 겹담구조로 축조되었으며, 상잣성과 중잣성은 겹담 또는 외담구조로 형성되었다. 잣성은 목장의 상·하 경계선으로뿐만 아니라 방목중인 말들이 농경지에 들어가 농작물에 피해를 주는 것을 예방할 목적으로 축조하였다.

이 연구는 조선시대 제주도 중산간 지역에 형성되었던 관설목장의 경관특성을 밝힌 최초의 지리적 연구로 제주도의 전통적인 목장경관을 설명하는데 도움이 될 것이라 생각한다. 관영목장이 어떻게 분포하고 있었는지, 각 목장의 범위는 어디까지이며 어떤 기준으로 설정되었는지, 각 목장이 지니는 성격은 어떠한지 구체적으로 접근함으로써 조선시대 제주도 목장의 형성·발전과 그에 따른 경관변화에 대한 이해의 폭을 넓히는데 기여할 수 있을 것으로 기대한다.

# 참고문헌


『高麗史節要』卷 19, 忠烈王 二年 八月條.

『世宗實錄』 庚子條(권 45, 세종11년).

『世宗實錄』 庚辰條(권 47, 세종12년).

『成宗實錄』 권281, 성종 24년 8월 정묘.

『成宗實錄』, 성종 24년 8월 정묘.

『太宗實錄』, 태종7년(1407) 3월 계미.

『新增東國輿地勝覽』 제38권(1530), <濟州牧・大靜縣・旌義縣>의 山川・牧場條.

『光海君日記』 권 155, 광해군 12년 8월 경조.

『濟州邑誌』 <濟州牧 牧場>條.

李元鎭, 『耽羅誌』, 建置沿革條.

李衡祥, 『甁窩全書』 <耽羅壯啓草>.

李元鎭, 1653, 『耽羅志』, 영인본(1991), 濟州大學校 耽羅文化硏究所.

李源祚(19세기), 『耽羅誌草本』外, 耽羅文化叢書(4), 영인본(1989), 濟州大學校耽羅文化硏究所.

<濟州三縣圖> 『海東地圖』(1750년대), <탐라순력도>(1702).

金泰能, 1982, 『濟州島史論攷』, 世紀文化社.

高昌錫, 1985, "元代의 濟州島 牧場", 『濟州史學』 創刊號, 제주대 사학과.

박찬식, 1993, "17・8세기 濟州島 牧子의 실태", 『濟州文化硏究』, 제주문화.

金錫益, 1918, 金啓淵 옮김, 1976, 『耽羅紀年』.

南都泳, 1996, 『韓國馬政史』, 한국마사회박물관.

泉晴一, 1966, 『濟州島』, 東京大學出版會.

桝田一二, 1976, 『濟州島의 地理的硏究』, 弘詢社.

기꾸시 도시오(저), 윤정숙 옮김, 1995, 『역사지리학방법론』, 이회.

松山利夫, 1986, 『山村の文化地理學的硏究』, 古今書院.

金相昊, 1979, "韓國農耕文化의 生態學的 硏究: 基底 農耕文化의 考察", 『사회과학논문집』 4, 서울대.

오창명, 1999, 『제주도의 오름과 마을 이름』, 제주대학교 출판부.

許垠, 『好近錄』, 吳成贊 外, 1986, 제주의 마을 ④ 『好近・西好里』, 도서출판 반석.

고광민, 1998, "牧畜技術", 『濟州의 民俗』 Ⅱ, 제주도.

金京玉, 2000, "朝鮮後期 西南海 島嶼의 社會經濟的 變化와 島嶼政策 硏究", 전남대 박사학위논문.

# 조선시대 제주도 지도의 특성과 가치

오상학

## 1. 서 론

제주도는 본토와 멀리 떨어져 있지만 가장 넓은 면적의 섬으로 일찍부터 인간이 거주해 왔다. 동아시아의 중심부에 위치하여 주변 지역과의 교역도 비교적 활발했던 지역으로 특히 고려시대 이후에는 국내 최대의 목마장으로 성장하면서 국가적 관심이 두드러졌던 곳이다. 제주도가 지니는 이러한 경제적, 지정학적 중요성으로 인해 이 지역의 형세를 파악하기 위한 지도제작이 일찍부터 행해졌던 것으로 보인다. 고려 목종 때에는 제주도의 서산(瑞山)에서 화산이 폭발하자 조정에서 태학박사(太學博士) 전공지(田拱之)가 파견되어 산의 형상을 그리고 왕에게 바쳤다는 기록이 있는데[289] 당시의 그림은 폭발로 형성된 산과 그 주변 지역을 그린 회화식 지도로 추정된다.

또한 조선전기 지리지와 지도 제작에 심혈을 기울였던 양성지가 1482년(성종 13)에 「濟州三邑圖」를 그려 올렸다는 기록이[290] 있는

---

289) 李元鎭, 『耽羅志』, 濟州, 古蹟條.

것으로 볼 때 다른 고을이나 도서지방에 비해 지도가 활발히 제작되었던 것으로 보인다. 그러나 현존하는 제주도 지도는 대부분 조선후기 간행된 것이다. 다른 지역의 지도들도 대부분 비슷한 실정인데 조선전기 제작된 대부분의 지도들이 전란을 거치면서 유실되었기 때문이다. 그래도 현존하는 단일 군현의 지도로는 다른 지역에 비해 상대적으로 많은 종류가 남아 있다.

조선 후기 제주도의 지도제작과 관련된 기록은 1709년 목사(牧使) 이규성(李奎成)이 목판으로 간행한 것으로 추정되는 『탐라지도병서(耽羅地圖幷序)』에서 단편적으로 보인다. 지도 여백의 서문 가운데 수로(水路)를 기술한 부분에서 구지도(舊地圖)와 신지도(新地圖)를 언급하고 있다. 이를 통해 볼 때, 1709년 『탐라지도병서』를 목판으로 만들 당시 이미 두 유형의 지도가 존재하고 있었음을 알 수 있다.

또한 18세기 중반경에 제작된 것으로 추정되는 『해동지도』에도 『탐라지도병서』와 똑같은 기록이 있고 그 옆에는 이 책에 수록된 두 장의 제주 지도가 모두 인쇄본이었다는 지적이 있다. 이로 미루어 볼 때 『해동지도』에 수록된 두 장의 「제주삼현도」는 모두 인쇄본으로 제작되어 비교적 널리 유포되어 있었는데, 『해동지도』를 제작할 때 이를 모사(模寫)하여 수록한 것이다.

이 두 장의 지도는 현존하는 제주도 지도의 가장 대표적인 것으로 양대 계보를 이루고 있다. 즉, 『해동지도』에 수록된 두 장의 「제주삼현도」 가운데 앞부분에 수록된 지도는 1709년 간행된 『탐라지도병서』를 축소하여 그린 것이고 뒤편에 수록된 지도는 당시 존재하고 있었던 인쇄본 지도를 토대로 제작한 것인데 이후의 지도들은 거의 대부분 이들 지도의 영향을 받아 그대로 모사하거나 약간 수정된 형

---

290) 『성종실록』 권138, 성종 13년 2월 13일(임자).

태로 다시 제작되어 후대로 이어졌다.

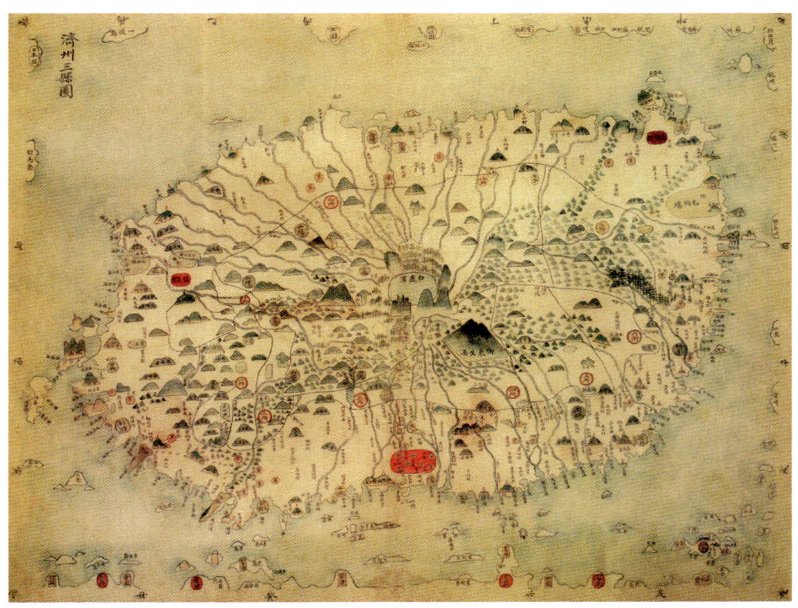

[그림 14-1] 『해동지도』의 「제주삼현도」(서울대 규장각한국학연구원 소장)

　『탐라지도병서』의 형태를 따르는 지도들은 대부분 대형의 낱장 지도 형태로 존재하고 있다. 이 계보에 속하는 지도들은 제주도의 모습이 비교적 실제에 가깝게 그려져 있고 읍치(邑治), 방호소(防護所), 각 촌락, 중산간의 목장 지대, 임수(林藪), 포구 등이 상세하게 표시되어 있다. 또한 본토의 남해안 사이에 산재한 여러 도서들, 중국, 일본, 유구국 등의 외국지명도 방위의 왜곡이 덜한 편이다. 그리고 읍성을 비롯한 군사기지, 포구, 목장 등의 모습에서도 거의 동일한 축척을 유지하고 있는 보다 사실적인 지도의 유형에 속한다. 이 유형의 지도는 행정, 군사 등 실용적 차원에서 관에서 주로 이용했던 것으로 보인다. 1872년 조선왕조에서는 마지막으로 국가 주도의 지도제작사업이 행해졌는데, 이때 제작된 『제주삼읍전도』도 이 유형에 속하는 지도로 볼 수 있다.

이와 반면 다른 한편의 계보를 이루는 지도는 대형의 낱장 지도가 아닌 군현지도책에 수록된 형태로 존재한다. 앞의 유형에 비해서 규격도 작고 제주도의 모습도 동서로 압축되어 왜곡된 형태를 띠고 있다. 또한 제주목, 정의현, 대정현 등 성곽으로 이루어진 읍치와 방호소들은 다른 지역에 비해 강조되어 크게 그려져 있는데 관아 건물도 매우 상세하다. 수려한 경관을 지닌 성산 일출봉, 산방산, 송악산 등이 크게 강조되어 표현되었다. 홍살문을 그려 열녀문과 효자문을 표시하였고 정자와 사우(祠宇) 등도 그려 넣어 문화적인 측면을 강조하였다. 제주도 주변의 도서나 남해안 지역, 그리고 중국·일본을 비

[그림 14-2] 『해동지도』의 「제주삼현도」(서울대 규장각한국학연구원 소장)

롯한 외국의 지명들은 거리 관계를 거의 고려하지 않고 그려져 있어
서 『탐라지도병서』의 유형에 비해 사실성이 떨어진다. 이러한 특성
은 각각의 지도가 제작되는 당시의 사회적 상황이나 제작의 의도가
달랐던 데에서 기인했던 것으로 보인다.

이들 두 계보 이외에도 제주도를 그린 독특한 지도가 남아 있다.
가장 대표적인 것으로는 당시 목마장의 상황을 아주 상세하게 보여
주고 있는 지도로 1770년대에 제작된 것으로 추정되는 『제주삼읍도
총지도(濟州三邑都摠地圖)』와 1899년 『제주군읍지(濟州郡邑誌)』
에 수록된 「제주지도(濟州地圖)」를 들 수 있다. 이들 지도에서는 각
목장의 경계선이 상세하게 그려져 있고 제주도 전역에 산재해 있는
측화산인 오름과 마을 이름, 해안의 포구까지 망라하고 있다. 특히 『제
주삼읍도총지도』는 목장의 현황을 파악할 목적으로 제작된 것으로
보이는데 목장의 위치, 경계, 내부 시설 등이 자세히 그려져 있다.
또한 이 제주도 지도들은 제주도를 독립된 형태로 그린 지도이기 때
문에 지도의 방위가 남쪽이 상단으로 되어 있다. 이는 육지에서 제
주도를 바라본 방향으로 지도를 그렸기 때문이다.

낱장의 단독 지도 이외에도 우리나라 전도에 수록된 제주도 지도
도 또 하나의 작은 흐름을 형성하고 있다. 전도에 수록된 지도들은
낱장의 지도보다는 소략하고 수록된 내용에서도 오류가 많은 점이
특징이다. 또한 이들 지도는 낱장의 지도와는 달리 북쪽이 지도의
상단으로 되어 있다. 이는 대부분의 전도가 한반도의 북쪽을 지도의
상단으로 잡아 배치한 데서 연유하는 것이다. 이러한 흐름은 조선전
기의 지도들을 비롯하여 18세기 초반의 『동여비도(東輿備圖)』, 18
세기 중반 정상기(鄭尙驥)의 『동국지도』, 김정호(金正浩)가 제작한
1834년의 『청구도』, 1861년의 『대동여지도』 등으로 이어진다.

근래에 이러한 고지도에 대한 연구와 영인본 간행이 이뤄져 조선시대 제주도의 모습을 구체적으로 보는 데 도움을 주고 있다. 제주도 고지도에 관한 선구적인 연구로는 이찬(李燦) 교수의 논문을 들 수 있다. 그는 18세기의 대표적인 탐라지도인『탐라순력도(耽羅巡歷圖)』중의「한라장촉(漢拏壯矚)」,『탐라지도병서(耽羅地圖幷序)』,『탐라좌표도(耽羅座標圖)』의 세 종의 지도를 검토하여 특성을 밝혔다. 또한 이 시기 한국정신문화연구원에서는『탐라순력도』와『남환박물(南宦博物)』을 묶어 한 권의 책으로 영인·간행하기도 했다.

1990년대 이후 고지도에 대한 관심이 증대되면서 제주민속자연사박물관에서는 전국에서 최초로 도 단위의 고지도 영인본『濟州의 옛 地圖』(1996)를 간행하여 관련 연구자 및 일반 대중들에게도 제주의 옛 모습을 볼 수 있는 기회를 제공하였다. 최근에는 제주시청의 주관하에『탐라순력도』의 영인 간행이 새로 이루어졌으며, 아울러『탐라순력도』에 대한 다양한 학문 분야에서 종합적인 분석이 행해졌다.291) 또한 제주도 고지도를 유형별로 분석하여 특징을 밝힌 연구가 양보경 교수에 의해 행해져 제주 고지도에 대한 이해의 폭을 넓혀 주고 있다.

이 글은 이러한 기존의 성과들을 바탕으로 조선시대 제주도 지도의 변화 과정을 정리하는 데 목적을 두고 있다. 지금까지 알려진 제주도 지도들을 바탕으로 하여 변화의 모습들을 시계열적으로 추적하는 것이다. 1996년 간행된『제주의 옛 지도』에 수록된 대표적인 고지도와 이 지도집에 소개되지 않은 일부 고지도를 발굴하여 이들을 제작 시기별로 분류한 다음, 각각의 시기별로 지도의 특성과 가치를 파악하고, 이를 바탕으로 결론부에서는 조선시대 제주도 지도의 시

---

291) 제주시·탐라순력도연구회, 2000,『탐라순력도연구논총』. 고지도 부분은 拙稿, "『탐라순력도』의 지도학적 가치와 의의" 참조.

계열적 추이를 정리하고자 한다.292)

## 2. 18세기 이전의 제주도 지도

### 1) 17세기의 제주도 지도

#### (1) 『동여비고』의 제주도 지도

『동여비고』는 17세기 후반경에 제작된 것으로 추정되는 전국지도로 경상도 양산의 대성암에 소장되어 있다. 지도에 표시된 것은 읍지의 古蹟조에 표시된 항목들이 주류를 이루고 있는데, 특히 사찰의 분포가 상세하다. 역사부도적 성격을 띠기도 하지만 최소한 조선전기의 상황을 반영하고 있는 지도이기도 하다. 이 지도와 똑같은 사본이 규장각에 『조선강역총도』라는 명칭으로 소장되어 있다.

17세기 후반경에 편집된 『동여비고』에 수록된 제주도 지도는 전체적인 모습이 감자처럼 둥글게 그려져 있으며, 지도의 내용도 이후의 지도에 비해 왜곡이 심하다. 제주, 정의, 대정 세 고을의 표시가 부각되어 있지만 고려시대의 속현이 모두 표시되어 있고 조선전기에 혁파된 사찰도 상세하게 그려져 있다. 그러나 중산간에 설치되어 있었던 목마장이나 해안 주위에 있었던 방호소의 모습은 전혀 보이지 않는다.

지도에 묘사된 한라산 지역에는 한라산과 더불어 일부 오름들이 소략하게 그려져 있다. 한라산은 제주목에서 20리 떨어져 있는 것으로 표시되어 있으며, 두무악(頭無岳) 또는 원산(圓山)이라 불린다고 쓰여 있다. 한라산 중에는 존자암이 대표적인 사찰로 표시되어 있다. 한라산

---

292) 여기서는 제주도만을 단독으로 그린 지도뿐만 아니라 『대동여지도』의 제주도 지도처럼 대축척 전도 가운데 수록된 지도도 분석의 대상으로 삼았다.

주변의 오름들은 갈악(葛岳), 금물악(今勿岳), 장올악(長兀岳), 수악
(水岳) 등이 그려져 있다. 수악의 봉우리에는 띠 모양으로 물이 있는
분화구를 표현하였는데, 용추(龍湫)라고 표기되어 있다. 이와 더불어
방암(方嵒)이 그려져 있는데, 그 옆에는 '한라산의 정상에 있는데 신선
들이 노니는 곳'이라 쓰여 있다. 방암에 대해 이원진의 『탐라지』에는
"그 형상이 네모반듯하여 사람이 다듬어 만든 것과 같고, 바위 아래에
는 향부자가 군락을 이루어 향기가 온 산에 가득하다"고 기술되어 있다.

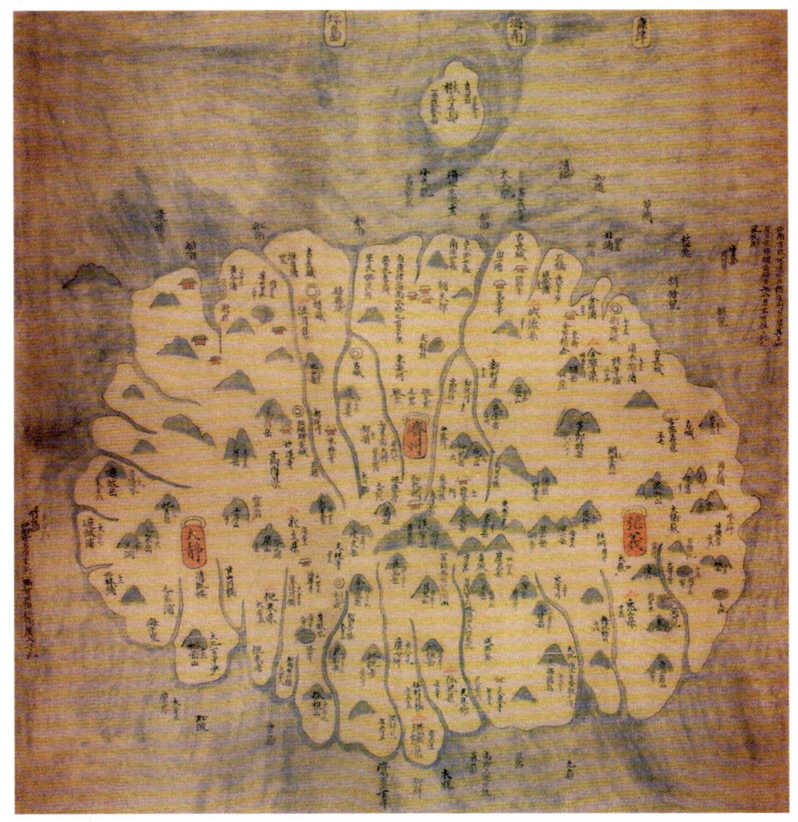

[그림 14-3] 『동여비고』 계열인 『조선강역총도』의 제주도 지도
(서울대 규장각한국학연구원 소장)

(2) 이형상(李衡祥) 목사 종가 소장의 제주도 지도

『동여비고』의 제주도 지도는 제주도의 단독지도가 아니고 전도에 수록된 것이다. 제주도의 단독 지도로 현존하는 가장 오래된 지도는 이형상 목사 종택에 소장된 지도로 추정된다. 이형상은 1702년에서 1703년에 걸쳐 제주목사로 재직했는데, 이때 제주에 있던 지도를 자신의 고향으로 가져간 것이 현재 전해지고 있는 것이다. 최근 제주 시청에서 구입하여 소장하고 있다.

이 지도는 세로 145㎝, 가로 105㎝로 지도 상단에 지지 기록이 있다. 지도의 내용을 보면, 1636년에서 1637년 사이 제주목사를 지낸 신경호(申景琥)가 세운 연무정(演武亭)이 광양에 표시되어 있다. 또한 지도 상단의 기록에는 동해방호소(東海防護所)가 없는데 1678년 목사 윤창형(尹昌亨)이 동해방호소를 혁파했기 때문으로 이 지도는 최소한 1678년 이후의 작품으로 추정된다. 그리고 성안에 서원이 있다는 표현이 있는데, 1576년에 창건된 충암묘가 귤림서원으로 승격된 것이 1682년(숙종 8)이므로 이러한 사실을 종합해 볼 때, 1682년에서 1702년 사이인 17세기 말에 제작된 지도로 추정해 볼 수 있다. 따라서 현존하는 제주도의 단독지도로는 가장 오래된 지도이고 인쇄본 지도로도 가장 오래된 것이 된다.

지도는 남쪽이 상단으로 배치되어 있고, 남해안 지역과 제주와 전라도 사이의 여러 섬들이 그려져 있다. 또한 조선전기 전도 유형에서 볼 수 있는 파도무늬가 새겨져 있다. 제주도 지역에는 한라산을 중심으로 오름들과 목장의 분포가 상세하게 표현되어 있다. 이외에 방호소, 봉수(望), 해안가의 연대, 포구와 촌락, 과원 등이 비교적 상세하게 수록되어 있고, 고을 간 경계도 직선으로 표시되어 있다.

한라산은 정상부를 중심으로 여러 봉우리와 오름들을 연이어서 커다란 산의 형태로 표현하였다. 산의 꼭대기에는 백록담이 그려져 있고, 어승생악이 크게 강조되어 표현되었다. 한라산에서 발원한 하천도 표현되어 있는데 한라산이 동서로 길게 늘어져 있기 때문에 하천도 동서 사면보다는 남북 사면에 발달해 있다. 한라산 주변에 분포되어 있는 오름이 상세히 그려져 있는데, 봉우리의 방향은 산남과 산북이 반대로 되어 있다. 또한 당시 곶자왈 지대를 중심으로 형성된 숲들도 표시되어 있는데, 북제주군 애월읍 감은악으로 이어지는 숲과 조천읍 반응악으로 이어지는 숲, 한림읍 정수악을 이어지는 숲이 대표적이다.

이와 더불어 인문경관으로서 중산간지대에 설치된 목마장이 자세하게 그려져 있다. 목마장과 민간의 취락지대를 구분하는 잣성이 선명하게 그려져 있고, 한라산 주위의 자목장(字牧場)이 표시되어 있다. 이들 자목장은 말을 키우던 장소인 둔(屯)에 천자문의 글자를 따서 이름을 붙인 것이다. 당시 제주도에는 이러한 자목장이 59개 있었다. 지도에도 59개 자목장이 대부분 표시되어 있다. 한라산의 동부지역에는 산마장의 모습도 보이는데, 이 지역 목축의 중심취락으로서 산마 감목관이 주재하던 교래촌이 표시되어 있다.

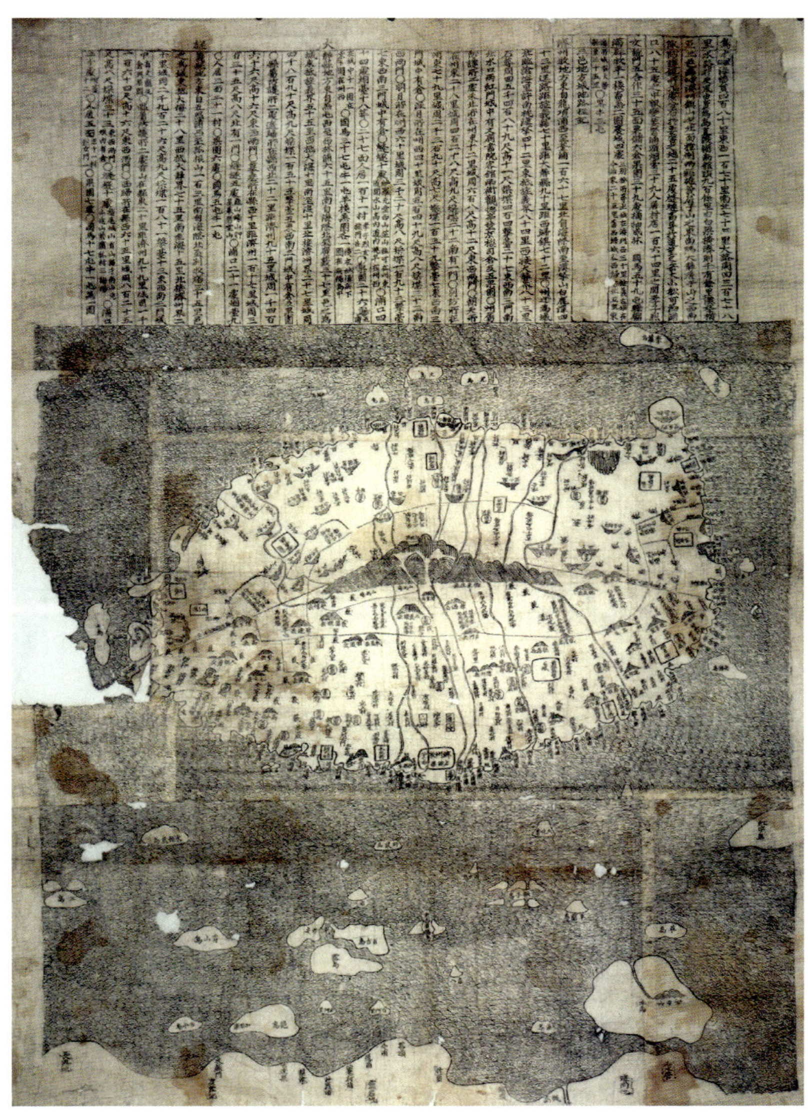

[그림 14-4] 이형상(李衡祥) 목사 종가 소장의 제주도 지도(제주시청 소장)

## 3. 18세기의 제주도 지도

### 1) 18세기 전반의 제주도 지도

#### (1) 『耽羅巡歷圖』의 「漢拏壯矚」

이 시기에 제작된 가장 대표적인 지도는 『탐라순력도』에 수록된 「漢拏壯矚」과 『耽羅地圖幷序』를 들 수 있다. 이 가운데 「한라장촉」은 제작연대가 확실하면서(1702년) 지금까지 알려진 가장 오래된 제주도 지도이다. 이 지도는 앞에서 기술한 제주도 지도의 계보와는 다른 유형의 지도로 이와 똑같은 사본은 현재까지 발견되지 않고 있다. 특히 그림첩에 수록된 필사본 지도로 집에 보관되어 전해져 왔기 때문에 목판본의 제주도 지도처럼 널리 유포될 수 없었다. 지도의 규격은 첩에 수록되어 있어서 세로 47㎝, 가로 30㎝로 비교적 작은 편이다. 그러나 당시 제주도 지도로는 풍부한 정보가 수록되어 사실적인 측면이 돋보이는 훌륭한 지도로 평가된다.

이형상 목사가 「한라장촉」과 같은 정교한 제주도 지도를 제작할 수 있었던 것은 풍부한 지리 지식에 힘입었다고 할 수 있다. 그가 저술한 탁월한 제주도지리지인 『남환박물』에서 언급되고 있듯이, 그는 중국에 온 서양선교사 마테오리치가 제작한 서구식 세계지도인 『곤여만국전도(坤輿萬國全圖)』를 제주목사로 부임하기 전에 열람한 경험이 있었다. 또한 외국에 대한 해박한 지식을 통해 지리적 중화관을 극복하여 자신이 앉아 있는 곳이 천하의 중심에 해당한다고 말하기도 했다. 특히 제주도에 있을 때는 안남에서 표류하여 돌아온 고을 사람으로부터 외국 사정을 자세히 듣기도 했다.293) 결국 「한라장

---

293) 李衡祥 『南宦博物』 地誌條.

축」은 이러한 지적 배경을 바탕으로 탄생할 수 있었던 것이다.

「한라장촉」의 전체적인 구도는 제주도를 독립적으로 그린 여타의 지도처럼 남쪽을 지도의 상단으로 배치하고 24방위를 제주도 주변에 표시하였다. 또한 지도의 외곽에는 한반도 남해안의 지명, 중국의 여러 지역, 일본을 비롯한 동남아시아의 여러 나라들을 배치하였는데 거리 관계를 엄격하게 고려하지는 않고 단지 방향만을 고려하여 그려 넣었다. 대신에 지도의 하단에는 방위에 따라 주요 주변 지역까지의 거리를 기입하여 전체적인 위치관계를 파악할 수 있게 하였다.

남쪽을 지도의 상단으로 배치하는 것은 과거의 지도에서 종종 볼 수 있는 것으로 대부분이 북쪽을 지도의 상단으로 배치하는 현대지도의 경우와는 차이를 보이고 있다. 특히 제주도와 같은 섬 지방인 경우 본토에서 바라보는 시점으로 그렸기 때문에 남쪽이 지도의 상단으로 배치된 경우가 많다. 이와 같은 양식은 일본이나 유구국을 그린 지도에서도 동일하게 나타난다. 이처럼 과거의 지도에서는 하나의 방향을 기준으로 그려지지 않고 어떠한 시점으로 보느냐에 따라서 배치가 달라지는 것이다.

주변에 24방위를 배치한 것은 본토에서 멀리 떨어진 섬이라는 특성에서 비롯된 것이다. 즉, 주변 지역과의 위치관계를 파악하기 위해 24방위를 배치하고 해당 방향에 주변 지역을 그려 넣은 것이다. 이러한 방위 배치는 제주도뿐만 아니라 울릉도 지도에서도 볼 수 있는 방식이다.[294] 이는 항해와 같은 실용적인 목적에서 행해진 것은 아니고 주변 지역의 대략적인 위치 파악을 위해서였다. 서양의 경우 미지의 세계에 대한 탐험과 항해의 필요로 인해 중세를 거치면서 포르틀라노라는 항해용 해도가 많이 제작되었으나, 우리나라의 경우

---

294) 이찬, 1991, 『한국의 고지도』, 범우사, 도판227 참조.

항해에까지 지도를 이용하는 경우는 매우 드물었다. 왜냐하면 당시 조선시대 항해의 경우 북극고도를 측정하거나 나침반의 방위각을 이용하여 항해하기보다는 바다 가운데의 섬이나 해안의 지형지물을 항해의 참고점으로 하는 경우가 대부분이었기 때문이다.

주변에 그려진 외국 지명의 경우 중국의 영파부(寧波府), 소주(蘇州)·항주(杭州), 양주(楊州), 산둥 성(山東省), 청주(靑州)를 비롯하여 일본(日本), 유구(琉球, 지금의 오키나와), 안남국(安南國, 지금의 베트남), 섬라국(暹羅國, 지금의 태국), 만랄가(滿剌加, 지금의 말레이반도) 등이 표시되어 있다. 이러한 외국에 대한 인식은 중국을 통해 입수한 지식과 제주로 표류했던 외국인을 통해 전해 들은 것으로 당시 서양과 달리 원격 항해가 제한되어 있던 시대적 상황을 반영하고 있다. 특히 조선과 교류가 활발했던 대마도의 경우는 우도의 옆에 위치시켰으나 일본의 북쪽 바다에 위치한 일기도(一岐島, 이키섬)의 경우는 일본과 동떨어진 남쪽에 그려 넣었다. 그만큼 이 섬에 대한 당시인들의 인식이 낮았던 것을 의미한다.

그러나 「한라장촉」의 제주도 부분은 비교적 당시의 현실을 잘 반영하고 있다. 제주목을 비롯한 정의, 대정의 읍치와 해안을 둘러 가면서 설치되어 있는 방호소(防護所)는 홍색으로 강조하여 그려져 있다. 또한 세 고을의 경계도 홍선으로 그려 넣은 점이 이채롭다. 해안지역과 중산간지역에 형성되어 있던 마을 이름들도 비교적 자세히 표시되어 있고 도내 전역에 분포해 있는 '오름'들도 상세하게 그려져 있다.

무엇보다 이 지도에서 특징적인 점은 중산간지대에 설치되어 있었던 목마장이다. 목마장의 경계이기도 했던 돌담(일명 '하잣')을 점선으로 그려 넣었으며 각 소장의 명칭도 기입하였다. 이러한 목장의 모습은 『탐라지도병서』와는 다른 형식으로 되어 있어서 주목된다. 즉, 『탐라지도병서』에서는 한라산을 둘러 가면서 1소장에서 10소장까지 구획이 정해져 있고 중산간 이북의 산장(山場)을 표시하고 있는데 「한라장촉」에서는 소목장(所牧場)과 자목장(字牧場)으로 목장 이름이 기입되어 있다. 당시 제주도에는 상위 단위의 대목장(大牧場)으로서 소목장(所牧場)이 설치되어 있고 그 아래에 소목장(小牧場)으로서 천자문의 글자를 딴 자목장(字牧場)이 설치되어 있었던 것이다.295) 이형상 목사가 저술한 『남환박물』에서도 이러한 목장의 현실을 잘 보여 주고 있는데 전체가 10소장(所場), 63자장(字場)으로 구성되어 목장의 분화가 이전 시기보다 활발하게 진행되었음을 알 수 있다.296) 이후 정조 임금 시기에 이르면 제주도 목장이 10소장과 산장(山場)으로 확고하게 굳어져 국마장이 폐지되는 19세기 말까지 이어졌다.

지도의 하단 여백에는 지도의 제작 시기와 당시 지방관의 이름, 도리(道里)와 면적, 그리고 각 방위를 따라 도달하는 지역까지의 거리 수가 기재되어 있다. 이러한 기록들은 도면에서 빠진 정보들을 보충하여 한 지역을 이해하는 데 도움을 주기도 하는데, 동양의 지도에서는 흔히 볼 수 있는 양식이다. 즉, 시각적 표현인 지도와 텍스트인 문장이 결합된 형태로, 고도로 추상화된 기호체계로 표현되는 현대지도와는 다른 일면을 보여 주는 것이다.

---

295) 남도영, 1996, 『한국마정사』, 한국마사회 마사박물관, 395쪽.
296) 李衡祥, 『南宦博物』, 誌馬牛.

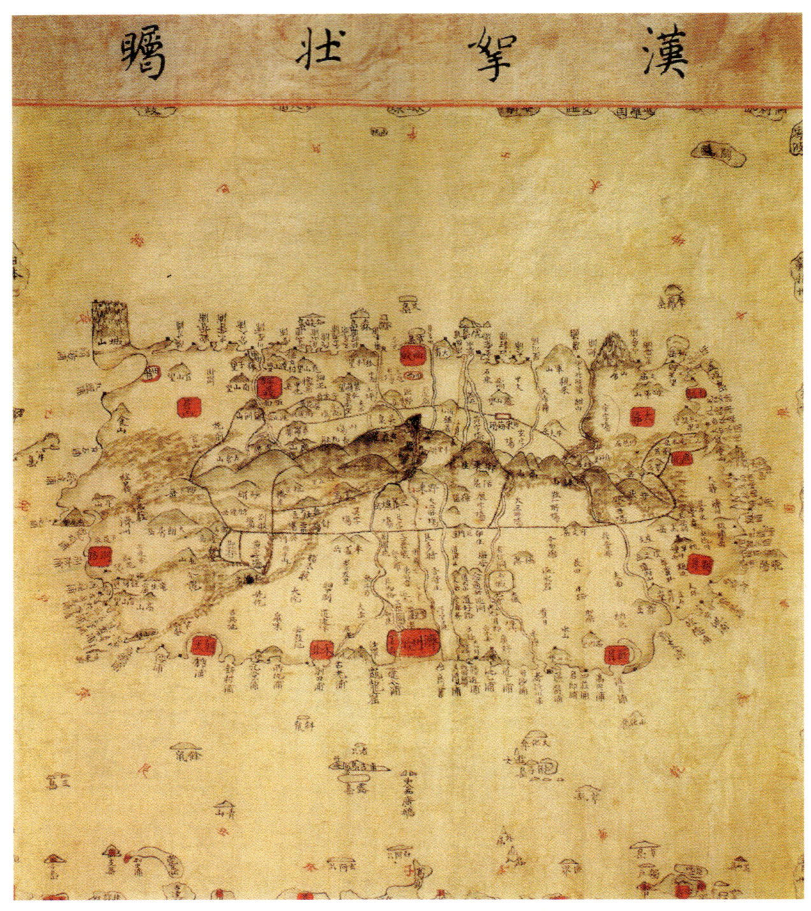


[그림 14-5] 『탐라순력도』의 「한라장촉」(제주시청 소장)

## (2) 『탐라지도병서(耽羅地圖并序)』

『탐라지도병서』는 1709년에 제작된 목판본 지도로 여기에도 간기 (刊記)가 명확하게 표기되어 있다. 「康熙己丑正月李等開刊」이라 되어 있는데 여기의 이모(李某)는 1707년 부임하여 1709년 5월에 이임한 목사 이규성(李奎成)으로 추정된다. 세로 125㎝, 가로 98㎝

대형의 지도로 상단과 하단에 지지(地誌)적인 기록이 수록되어 있고 중간에 지도가 그려져 있다. 이 지도는 세 장의 목판을 위아래로 이어서 만든 것으로 수록된 내용이 매우 상세하고 자세한 것이 특징적이다. 특히 후대에 제작되는 많은 지도들이 이 지도를 기본도로 삼았을 만큼 영향력이 대단했던 지도이기도 하다. 현재 제주민속자연사박물관을 비롯하여 서울대학교 규장각, 국립중앙박물관 등 여러 곳에 소장되어 있다.

앞서도 언급했듯이 지도 하단의 기록에 신지도(新地圖), 구지도(舊地圖) 운운하는 것으로 보아 당시 존재하던 여러 종류의 제주 지도를 기본자료로 하여 제작한 것으로 보인다. 특히 당시 최신의 정보들이 수록되기도 했는데, 1702년 목사 이형상(李衡祥)이 삼성묘(三姓廟)를 가락천 동쪽에 옮겨 세운 것과 1704년 목사 송정규(宋廷奎)가 계청하여 목장을 축조함에 20소(所) 60둔(屯)을 합하여 10소(所)로 정한 사실, 1706년 목사 송정규가 서산장(西山場)을 축조하고 貢馬를 포구로 내릴 때의 목장으로 삼은 사실 등이 지도에 정확하게 반영되어 있다.

지도 상·하단의 기록에는 각 고을의 연혁, 도리(道里), 인구, 군사, 재정 등과 관련된 기록과 명승고적에 대한 내용이 수록되어 있다. 기록에서는 지도에서와 달리 목장이 13소(所)로 기록되어 있는데 이는 1소장과 10소장, 대정의 모동장(毛洞場)의 흑우장(黑牛場)을 합했기 때문이다.

지도에는 한라산을 중심으로 분포하는 오름들과 임수(林藪)의 모습이 음각으로 자세히 그려져 있고 촌락과 포구들은 양각으로 표기되어 있다. 하천은 쌍선으로 그려져 있고 단선으로 그려진 것은 목장의 경계이다. 각지에 분포되어 있는 용천수의 모습도 생수(生水)

라는 표시로 그려져 있다. 봉수는 오름의 정상에 불꽃 모양의 기호
로 표시했고 군사 기지인 방호소의 모습은 원으로 강조되어 있다.
읍성을 특별히 확대하여 그리지 않고 주변 지역과 동일한 축척으로
그렸다. 도내 전역에 분포해 있던 과원은 원 안에 '과(果)'라고 음각
하였다. 마을의 이름과 포구의 이름이 상세하게 그려져 있는데 이는
실측에 근거한 것으로 보인다.

특히 목장의 표시가 자세하게 그려져 있다. 10소장을 비롯하여 산
마장, 모동장(毛洞場), 천미장(川尾場), 장장(獐場), 북쪽 해안의 좌
가장(左可場)과 서산장(西山場)까지 상세히 그려져 있다. 또한 목장
의 경계가 되는 돌담(잣성)과 함께 목장을 출입하는 문(門)의 명칭까
지 상세하게 표기되어 있다. 이러한 문은 '량(梁)'이라 표기되어 있
는데 민간에서는 '도'라 부른다. 원래 梁은 하천의 양안(兩岸)에서
돌이 무너져 쌓여 인마(人馬)가 건너다닐 수 있는 곳을 지칭하였는
데 마장(馬場)에 설치한 문도 량(梁)이라 칭했다는 설명이 서문에도
쓰여 있다.297)

지도의 방위는 육지에서 바라보는 시각으로 그렸기 때문에 남쪽이
지도의 상단이 되었다. 바다는 전통적인 수파묘(水波描)를 그려 넣
었고, 사방으로는 간지(干支)에 의한 24방위를 표기하였다. 지도의
서문에도 언급되어 있듯이 외국의 지명도 표기하였는데 특별히 거리
를 고려하지 않고 해당 방향에 위치시켰다. 대부분 지명의 방향이
비교적 정확하게 그려져 있다. 한반도의 육지 부분도 실제 거리와
관계없이 지도의 상단에 배치시켰고 그 사이에 있는 섬들도 상세하
게 그려 넣었다.

『탐라지도병서』는 18세기 전기의 가장 대표적인 지도이며 목판본

---

297) 『耽羅地圖并序』 序文.

으로 제작되어 널리 유포된 지도로 이후의 지도들도 이를 모사한 지
도가 많다. 숭실대 소장의 『제주지도』는 『탐라지도병서』를 필사한 대

[그림 14-6] 『탐라지도병서』(서울대 규장각한국학연구원 소장)

형의 지도로 필사한 품격은 다소 떨어진다. 18세기 중반경에 제작된 것으로 추정되는 서울대 규장각 소장의『해동지도』에도『탐라지도병서』계열의 지도가「제주삼현도(濟州三縣圖)」라는 이름으로 수록되어 있다. 숭실대 소장의 지도에 비해서 규격은 작지만 필사의 상태가 매우 정교하고 아름답게 채색되어 있다. 이러한 사실로 볼 때『탐라지도병서』는 중앙 조정에 보관되어 국가적 차원의 군현지도 편찬에서도 기본도로 활용되고 있었던 것으로 보인다.

### (3)『영주산대총도(瀛州山大總圖)』

채색 필사본의 제주지도로 지도의 제작 시기는 삼성묘와 향교가 성안에 그려져 있는 것으로 보아 18세기 전반으로 추정된다. 현재 국립고궁박물관에 소장되어 있다. 지도 상단에 '신축(辛丑)'이라는 제작 연도가 표기되어 있는데 이는 1721년에 해당한다. 제작된 장소도 명기되어 있는데 '하포소(下浦所)'라고 되어 있다. 방호소에서 지방 화원에 의해 제작된 것으로 보인다.

필사의 수법이 매우 정교하고 바다의 수파묘, 배의 모습, 한라산, 산방산, 우도 등의 표현이 회화적 기법을 가미하고 있다. 3읍, 9진을 비롯하여 목마장, 촌락, 포구, 도로 등이 상세하게 그려져 있다. 특히 목마장에는 산마장의 말을 몰아 점검하던 장소도 표시되어 있다. 군사 항목으로 봉수와 더불어 해안가의 연대도 대부분 망라되어 있다. 열녀비와 같은 문화적 항목도 수록되어 있다. 김녕원, 의귀원 등의 원(院)도 표시되어 있다. 산방산이나 우도의 표현은 이형상 목사의『탐라순력도』와 유사하여 이의 영향을 받은 것으로 볼 수 있다. 18세기 전반 제주의 상황을 파악해 볼 수 있는 귀중한 지도로 평가된다.

[그림 14-7] 『영주산대총도』(국립고궁박물관 소장)

## (4) 목판화로 제작된 『제주도(濟州圖)』

지도의 제작 시기는 1702년에 건립된 삼성묘가 동문 안쪽에 있고, 1755년 광양으로 이전되는 향교가 여전히 성안에 있는 것으로 보아 18세기 전반기로 추정된다. 민화풍으로 그려진 지도로 제주목만을 그린 것이다. 제주읍성을 크게 부각시켜 그렸고, 성안에는 객사·아사 등의 관청 건물과 관덕정의 모습도 확연하다.

한라산은 여러 봉우리를 중첩하여 표현하였는데, 이전의 지도와는 다른 모습을 띠고 있다. 하늘에는 구름무늬까지 그려 넣어 회화적인 풍취를 한껏 느끼게 한다. 한라산 정상에는 백록담을 그려 넣었고 해안으로 이어지는 하천이 거기서 발원하는 모양으로 그려져 있다. 별도천과 산지천의 갈라지는 곳에 수분처(水分處)라 표기해 넣었다. 이는 다른 지도에서는 보기 힘든 지명이다. 한라산 북쪽 사면 백록담으로 이어지는 계곡에 있는 기암절벽들은 음각으로 표현하였다. 한라산 서쪽 사면에는 영실의 기암절벽으로 보이는 곳에 존자석(尊者石)이라 표기되어 있고, 바위들을 흡사 나무 막대기와 같이 표현하였다. 지도의 상단에는 한라산에 대한 간단한 기록이 있는데, "한라산은 고을의 남쪽 20리에 있는 진산이다. 한라라 말하는 것은 은하수를 당길 수 있기 때문이다. 또는 두무악이라 하는데 봉우리가 평평하기 때문이다. 또는 원산이라 하는데 크게 솟아 둥글기 때문이다. 정상에는 큰 못이 있는데 사람들이 떠들면 운무가 일어 지척을 분간하지 못하고 오월에도 눈이 남아 있고 팔월에도 가죽옷을 입는다"라고 쓰여 있다. 이는 『신증동국여지승람』의 기록을 그대로 인용한 것이다.

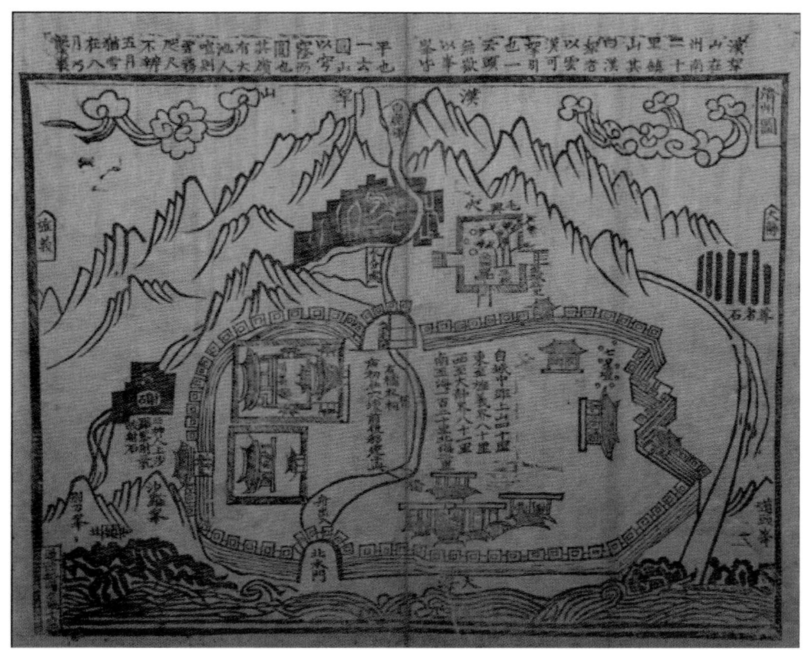

[그림 14-8] 목판화로 제작된 『제주도』(국립제주박물관 소장)

## 2) 18세기 후반의 제주도 지도

### (1) 영남대박물관 소장 『전라남북도여지도』 중의 제주지도

이 지도는 18세기 중·후반에 제작된 것으로 보이는 『전라남북도여지도』에 수록된 것으로 18세기 중반에 제작된 것으로 보이는 규장각 소장의 『해동지도』에도 동일하게 수록되어 있다. 『해동지도』에는 두 종의 「제주삼현도」가 수록되어 있는데 『탐라지도병서』 계열의 것과 이것이다. 이 지도의 원형과 관련해서는 『해동지도』에 단서가 될 만한 기록이 있다. 즉, 지도의 앞 페이지 제주목 주기 부분에 "耽羅兩地圖 皆是本邑印本 而詳略不同 竝存以備參考"라고 기재되어 있는데, 수록된「제주삼현도」가 모두 목판본이었음을 알 수 있다. 따라서 이 지도 역시『탐라지도병서』와 같은 목판본을 필사한 것이다.

전체적으로 지도의 윤곽은 매우 과장되어 있다. 남쪽을 지도의 상단으로 배치한 점이나 주변에 24방위를 배치한 점, 서남쪽에 외국의 지명을 배치하고 북쪽으로 조선의 육지부 지명이 표기된 점은『탐라지도병서』유와 동일하다. 그러나 이 지도는 회화적 성격이 보다 강하게 투영되어 있는데 한라산의 모습이 더 강조되어 표현되었고 한라산에서 뻗어 내린 임수의 표현도 강렬하다. 특히 읍성은 주변 지역에 비해 확대하여 내부의 건물까지 상세하게 묘사하였다.

앞의 유형에 비해서 규격도 작고 제주도의 모습도 동서로 압축되어 왜곡된 형태를 띠고 있다. 또한 제주목, 정의현, 대정현 등 성곽으로 이루어진 읍치와 방호소들은 다른 지역에 비해 강조되어 크게 그려져 있는데 관아 건물도 매우 상세하다. 수려한 경관을 지닌 성산 일출봉, 산방산, 송악산 등도 크게 강조되어 표현되었다. 홍살문을 그려 열녀문과 효자문을 표시하였고 정자와 사우(祠宇) 등도 그려 넣어 문화적인 측면도 강조하였다. 제주도 주변의 도서나 남해안 지역, 그리고 중국, 일본을 비롯한 외국의 지명들은 거리관계를 거의 고려하지 않고 그려져 있어서『탐라지도병서』의 유형에 비해 사실성이 떨어진다.

바다에 그려진 섬과 외국 지명도 위치상 오류가 많이 보인다. 송악산의 남쪽에 있는 가파도와 마라도의 위치가 이의 서북쪽에 잘못 그려져 있다. 송악산 부근 바다에는 중국의 유명한 고사와 관련된 갈석(葛石)과 전횡도(田橫島)가 그려진 점이 독특하다. 또한 유구국(琉球國), 소유구(小琉球)의 모습도 성산포 부근의 엉뚱한 곳에 그려져 있다. 이러한 점은 이 지도가 실용적 목적에서 제작되었다기보다는 역사적, 이념적 성격이 강한 지도임을 시사한다.

또한 지도에 그려진 내용들도 당시대의 사회상과는 다소 거리가 있다. 남쪽 대정현의 동해소(東海所)가 이미 혁파되었는데도 여전히 그려져 있고 대정현의 향교가 1653년 이원진 목사에 의해 단산(簞山)으로 이설되는데 여전히 옮겨 가기 전 위치에 있다. 특히 서귀소는 위쪽에 있다가 바닷가 쪽으로 1590년에 이전되는데[298] 이 사실은 반영되어 있다. 그러나 많은 전사의 과정을 거치면서 원래 성곽의 모양으로 그려졌던 구서귀소의 모습을 오목한 만으로 그리고 배까지도 그려 넣었다. 필사 과정에서 새로운 정보를 반영하지 못하고 있는 그대로의 것도 왜곡되어 표현되고 있음을 알 수 있다. 결국 지도는 전체적으로 보아 17세기 중반경의 상황을 반영하고 있는 것이다. 이로 본다면 이 지도는 17세기 중반경에 제작된 목판본 지도를 그대로 필사한 제주지도의 계열로 볼 수 있을 것이다.

---

298) 김상헌 『남사록』.

[그림 14-9] 『전라남북도여지도』 중의 제주지도

## (2) 『濟州三邑都摠地圖』

1770년대에 제작된 것으로 추정되는 대축척의 지도이다.[299] 세로 122㎝, 가로119.5㎝의 규격으로 필사본으로 제작되었다. 지도의 배치는 앞의 지도들과 동일하게 남쪽을 지도의 상단으로 하였고 주변으로는 干支로 된 24방위를 배치하였다. 지도의 외곽으로 외국의 지

---



299) 『제주의 옛 지도』에서는 1770년대로 제작연대를 추정하고 있으나 추정의 근거는 제시되어 있지 않다. 그러나 제주읍성 안에 향교가 있는 것으로 보아 향교가 성 밖으로 옮겨 가는 1755년 이전의 상황을 반영하고 있어서 보다 세밀한 제작 시기의 추정이 필요하다.

명들도 기재되어 있고 북쪽에는 조선의 남해안도 그려져 있다. 바다
에는 수파묘가 그려져 있으며 엷은 청색으로 채색되어 있다.

전체적인 지도의 윤곽은 제주목 관아가 있는 해안이 만의 형태로
움푹 들어가 있어서 왜곡된 형태를 띠고 있다. 그러나 지도에 수록
된 내용은 한라산과 여기에서 뻗어 내린 임수(林藪), 주변의 오름들,
마을과 포구가 상세하게 그려져 있다.

무엇보다 이 지도의 가장 특징적인 점은 목장과 관련된 내용이 매
우 상세하다는 것이다. 중산간에 포진되어 있는 10소장과 더불어 천
미장, 모동장 등의 우목장(牛牧場)도 그려져 있다. 또한 각 소장에는
비를 피하던 곳인 피우가(避雨家)와 물을 먹이던 수처(水處)도 그려
져 있고 잣성에 있는 출입문도 표시되어 있다. 특히 산마장의 모습
이 상세하게 그려져 있는데 구마(驅馬)할 때 사용되었던 미원장(尾
圓場), 사장(蛇場), 두원장(頭圓場) 등의 시설이 그려져 있다. 이것
은 산마장에서 키운 말을 진공하기 위해 한쪽으로 몰아 점마(點馬)
하던 시설이다. 이와 같은 시설은 1702년에 제작된『탐라순력도』「산
장구마(山場驅馬)」에서 잘 묘사되어 있다.

「산장구마」에서 묘사된 산장의 구점은 세 곳에서 이루어졌는데 구두리
오름 기슭의 효생장(孝生場)이 가장 중심이 되고 영아리오름 근처의 장수
물장(長水勿場)이 중간 규모, 돔배오름 서남쪽의 괴종장(怪宗場)이 가장
규모가 작은 점마장이었다. 그러나『제주삼읍도총지도』에는 효생장(孝生
場)만 그려져 있는데 세 곳에서 분리되어 행해지던 구점(驅點)이 효생장
한곳으로 합쳐진 것으로 보인다.300)

이러한 사실로 볼 때『제주삼읍도총지도』는 마정(馬政)이라는 실
용적인 목적하에 제작된 것으로 비록 전체적인 해안선의 윤곽이 왜

---

300) 남도영. 2001.『제주도 목장사』. 한국마사회 마사박물관. 274쪽.

곡되어 있지만 최신의 필요한 정보를 수록한 일종의 주제도적 성격
을 띤다고 볼 수 있을 것이다.

[그림 14-10] 『제주삼읍도총지도』(제주자연사박물관 소장)

# 4. 19세기의 제주도 지도

## 1) 19세기 전반의 제주도 지도

### (1) 李源祚의 『耽羅地圖并識』

19세기에도 제주도 지도의 제작이 지속적으로 행해졌는데 가장 대표적인 것으로는 이원조 목사에 의한 『탐라지도병지』의 제작을 들 수 있다. 이원조(1792～1871)는 1841년 제주목사로 부임하여 이 지도를 제작하였는데 현재 후손 집안에 소장되어 있다. 이 사례 또한 제작의 연대가 명시적으로 밝혀진 중요한 것으로 제작과정에 대한 기록도 남아 있다. 다음은 기록의 전문을 번역한 것이다. 지도 제작의 목적, 제작과정, 지도에 대한 당시인의 생각 등을 파악해 볼 수 있다.

탐라지도는 옛날에 板刻이 있었으나 세월이 지나면서 닳아 헤어지고 크기도 커서 병풍이나 족자로 만들기에 불편했다. 듣기에 제주 사람 高敬旭라는 자가 瀛洲十景을 잘 그려 옛날 목판본 지도를 모사했다. 규격은 전에 것에 비해 3분의 1로 줄이고 방리와 촌명, 언덕과 시내 중 이름이 없는 것은 생략하여 번잡함을 제거하고 간단하게 했다. 묵을 채색으로 바꾸고 보기에 편하다. 족자로 만들어 벽에 걸어 놓았다. 바다가 널리 펼쳐져 있고 한라산이 우뚝 솟았으며 망루와 성과의 배열, 민간의 가옥들이 펼쳐짐과 포구의 방수하는 곳, 月朔으로 진헌하는 數, 해외 여러 나라의 방향과 원근 등이 한눈으로 보아 알 수 있으니 臥遊할 수 있는 자료이고 백성을 다스리는 데 도움이 된다. 혹 반박하는 자가 있어서 말하기를, "땅은 상세하나 바다는 소략하다. 만 리가 축소되어 땅을 접하는 것과 같으니 그림의 결점이라 하지 않겠는가?" 하였다. 내가 말하기를 "地促이 手拙하니 무슨 허물이겠는가? 또한 바다보다 큰 것이 없으니 작다고 불평하지 않는다. 그대가 達眼으로 그것을 보더라도 탄환과 같은 한 섬이 四極과 더불어 얼마나 멀고 가까운지, 누가 크고 누가 작은지를 모를 것이다" 하니 서로 한바탕 웃고는 그것을 쓴다.[301]

　인용문에서 알 수 있듯이 이원조는 고경욱을 시켜 당시까지 전해 오던 『탐라지도병서』를 축소 모사하도록 했다. 『탐라지도병서』는 대축척의 자세한 지도로 오히려 열람하기에 번잡함이 있었기 때문이다. 과거 조선시대의 지도 문화에서는 상세하고 대축척의 지도가 항상 효율적이었던 것은 아니었다. 지도 이용자의 목적에 따라 효용이 달라지는 것이다. 지도를 지니고 군사적 목적이나 실제 행정적인 목적에서 이용하고자 하는 자는 상세한 대축척의 지도를 선호했을 것이다. 이에 반해 대략의 지역 상황을 파악하고 지역의 형세를 한 폭의 그림처럼 감상하고자 했던 사람은 복잡한 지도보다는 쉽게 한눈에 들어올 수 있는 보다 간략한 채색의 지도를 선호했을 것이다. 『탐라지도병지』는 후자와 같은 목적에서 제작되었던 대표적인 지도라 할 수 있다.

　또한 인용문의 후반부에서 드러나듯이 섬과 육지부와의 실제 거리 관계가 고려되지 못한 점을 불평하자 이원조(李源祚)는 실제의 거리 관계와 같은 것은 이 지도에서는 별로 중요하지 않다고 하여 지도를 통해 지리(地理)를 궁구하는 것은 부차적인 문제로 돌리고 있다. 이러한 지도에 대한 인식은 최신의 정보가 수록된 지도제작과는 거리가 먼 것으로 지도를 와유(臥遊)의 자원(資源)으로 삼고자 했던 것이라 볼 수 있다. 한편으로 행정의 도구라는 실용성을 추구하면서도 또 한편으로는 감상의 대상이라는 예술적 흥취를 의도했던 이중적 모습을 볼 수 있다.

---

301) 李源祚 『凝窩集』 권15, 耽羅地圖小識.

[그림 14-11] 『탐라지도병지』(개인 소장)

### (2) 위백규(魏伯珪) 『환영지(寰瀛誌)』의 「탐라도」

현존하는 독립된 제주지도들이 대부분 관에 의해 제주도 현지에서 제작한 상세한 지도인 데 반해, 이 지도는 민간에서 개인이 제작한 것으로 당시 육지부에 거주하는 지식인들의 제주 인식을 엿볼 수 있다. 『환영지』는 18세기 호남의 삼대 실학자의 한 사람으로 불리는 존재(存齋) 위백규(魏伯珪, 1727~1798)의 대표적인 저서로, 조선 팔도 및 중국, 일본, 유구(琉球)의 지도와 지지(地誌), 천문, 제도 등을 기록한 책이다. 위백규는 본래 1770년에 『환영지』를 간행했는데, 현존하는 목판본 『환영지』는 1822년에 종손 위영복(魏瑩馥)이 편찬한 것이다. 필사본 『환영지』도 현존하는데, 필사본 『환영지』에 수록된 탐라지도는 매우 소략하다.

「탐라도」는 대형의 단독 제주지도처럼 남쪽을 지도의 상단으로 배치하였다. 지도의 외곽에는 간지로 된 방위가 표시되어 있다. 제주도 주변에는 일본, 동남아, 중국 등의 외국 지명과 남해안의 여러 섬들이 그려져 있다. 바다에는 물결무늬를 그려 놓았다. 이러한 구도와 양식은 『탐라지도병서』와 유사한데, 그를 참조하여 제작한 것으로 보인다. 지도의 내용은 『탐라지도병서』 유에 비하면 매우 소략하다. 제주목, 정의현, 대정현 등의 고을 표시와 산지와 하천, 북쪽 지역 배가 정박할 수 있는 포구가 표기된 정도이다. 1702년 이형상 목사에 의해 건립된 삼성묘가 제주 성안에 있는 것으로 보아 대략 18세기의 상황을 반영하는 것으로 보인다.

이에 반해 한라산의 표현은 상대적으로 강렬한 느낌을 준다. 백록담과 주변의 지형, 서쪽과 동쪽으로 이어지는 곶자왈 지대의 우거진 숲은 『탐라지도병서』의 구도와 유사하다. 특히 백록담의 모습이 크게 그려졌으며, 동암과 서암의 모습도 부각되어 있다. 또한 영실의 기암 절벽도 독특하게 표현되었는데, 지명은 '영곡(靈谷)'이라 표기되어 있다. 백록담 북쪽 사면에 있는 구상나무밭은 '향목(香木)'이라고 표기되어 있다. 하천은 쌍선으로 그려져 있는데, 성안을 통과하는 산지천이 백록담에서 발원하는 것으로 그려져 있는 것이 이채롭다. 『탐라지도병서』처럼 중산간지대에 설치된 목마장이 각 소장의 표시와 함께 그려져 있다. 한라산 주변에 광범하게 분포되어 있는 오름은 일부만이 그려져 있고 명칭은 아예 표기되지 않았다. 그러나 전체적으로 보아 한라산에 대한 인식이 실재를 많이 반영하고 있음을 알 수 있다.

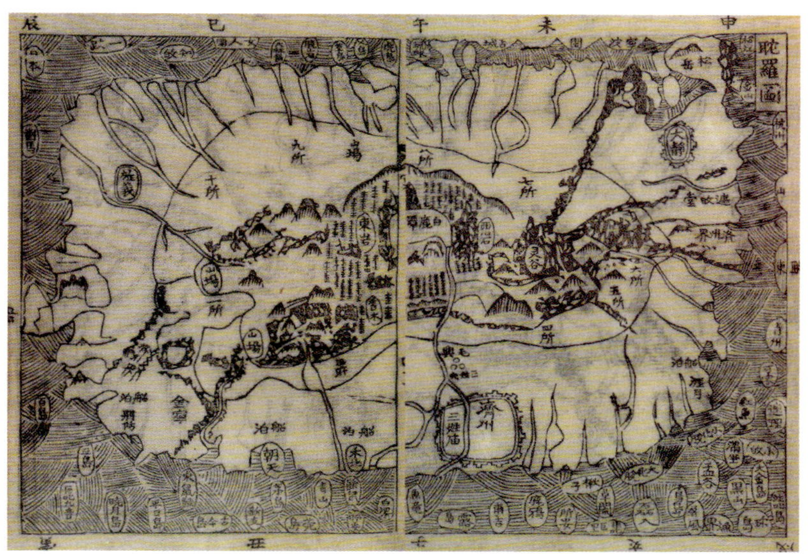

[그림 14-12] 『환영지』의 「탐라도」(서울대 규장각한국학연구원 소장)

### (3) 김정호의 『청구도』 중의 제주지도

『탐라지도병지』와 같은 개별 제주지도는 여전히 앞서 제작되었던 지도들을 모사하는 데 그친 반면 김정호의 『청구도』와 같은 대축척 지도책에 수록된 제주 지도는 더욱 정제된 모습을 띠게 되었다. 전체적인 윤곽은 거의 실재의 지형을 반영하고 있고 내부에 표시되는 지명도 제작자의 의도에 맞게 군사 행정적으로 중요한 항목들만 선택적으로 수록되고 있다. 즉, 방호소, 봉수 등의 군사시설과 공마와 관련된 목마장, 進貢과 관련된 과원, 재정 자원을 보관하는 창고와 주요 포구들이 중요 항목으로 수록되어 있다.

특히 이 지도에서는 개별 제주지도에서는 보기 힘든 산지의 표현 방식이 나타난다. 즉, 이전의 개별 제주지도에서는 기생화산인 오름들을 독립적으로 표현했는데 여기서는 전통적인 산줄기 인식체계에 따라 각 오름들도 연맥식의 형태로 표현하였다. 또한 방호소, 창고, 과원, 읍치, 봉수 등의 항목도 기호를 사용하여 일관되게 표현하였다. 회화적 형식을 지양하여 보다 정제된 지도학적 표현을 추구하고 있는 것이다. 이러한 것은 대축척 전도의 발달과 기존에 구축된 제주지도의 다양한 제작 경험을 통해 이룩되었음은 물론이다.

[그림 14-13] 『청구도』 중의 제주지도

## 2) 19세기 후반의 지도

### (1) 규장각소장의 『濟州三邑全圖』

1872년에는 조선왕조에서 마지막으로 행해진 전국적 규모의 군현지도 제작사업이 추진되어 중앙으로 수합되게 된다. 『제주삼읍전도』는 이때 작성된 지도첩에 수록된 지도이다. 여기에는 제주도 전도뿐

만 아니라 제주, 정의, 대정의 고을로 분리하여 그린 분도가 같이 수
록되어 있다.

지도의 규격은 세로 69㎝, 가로 109㎝로 비교적 큰 편에 해당한
다. 지도는 육지부에서 바라본 시점으로 그려 남쪽이 지도의 상단으
로 배치되어 있으며 주위에 간지(干支)로 된 24방위를 배치한 점이
독특하다. 제주도와 같이 육지부에 인접한 섬이 아닌 경우에는 섬의
상대적인 위치를 나타내기 위해 방위와 주변 지역을 일부 그려 넣기
도 했다. 남쪽으로는 중국뿐만 아니라 안남국(安南國), 섬라(暹羅),
만랄가(滿剌加), 점성(占城) 등의 동남아시아 나라들도 그려져 있다.
기생화산인 오름의 모습을 자세히 그렸고 중산간지대에는 10개의 목
마장을 경계와 함께 표시하였다. 각면(各面)에 소속된 마을들을 직
선으로 연결하여 인접한 면(面)과 구분한 점도 다른 지도에서 볼 수
없는 점이다. 군현의 이름과 해안의 진명(鎭名)이 붉은색으로 강조
되어 표시되었다. 특히 해안의 봉수대와 포구가 자세히 표시되어 있
다. 한라산의 영실(靈室)에는 많은 기암괴석으로 이루어진 오백장군
(五百將軍)이 그려져 있다. 전체적으로 독립된 형태의 제주지도 중
가장 정제되고 실재의 모습에 가깝게 표현된 지도라 할 수 있다.

여기에 같이 수록된 「제주지도(濟州地圖)」는 제주삼읍전도처럼
한라산이 있는 남쪽을 지도의 상단으로 배치하였다. 지도의 하단에
는 남해안의 고을과 포구, 도서들을 배치하여 상대적인 위치를 파악
하도록 하였다. 해안의 진(鎭)과 포구가 상세하게 그려져 있는데, 화
북진(禾北鎭)의 별도포(別刀浦)와 조천진(朝天鎭)의 조천포(朝天
浦)는 육지와 교류하던 관문에 해당한다. 해안에 상세하게 표시된
연대(煙臺)와 봉수(烽燧) 등을 통해 지도의 군사적 성격도 엿볼 수
있다. 서쪽의 상귀리(上貴里)에는 '토성(土城)'이라는 표시가 강조되

어 있는데 이는 삼별초군이 몽고를 상대로 항거했던 곳이다. 읍치의 남쪽에는 고(高)·양(梁)·부(夫) 삼성(三姓)의 탄생 신화가 남아 있는 삼성혈의 모습이 보이고 그 남쪽 삼의양악(三義陽岳)에는 산 천제를 지냈던 산천단(山川壇)도 표시되어 있다. 중산간지대에는 많은 목마장이 설치되어 있는데 1, 2, 3, 4, 5, 6소장이 있었다. 동쪽과 서쪽의 웃한길[上大路]에는 길손들에게 숙식을 제공했던 원취락도 표시되어 있는데 제중원(濟衆院)과 이왕원(利往院)이 그것이다. 이 주변에는 生水, 寺泉과 같은 水處가 표시되어 있다. 제주도는 화산 암 토양으로 이루어져 물이 귀하기 때문에 촌락의 입지에 용수가 매우 중요했음을 알 수 있다. 한라산의 분화구에 있는 백록담은 지명 처럼 흰색으로 표현한 점이 이채롭다.

「제주정의군지도(濟州旌義郡地圖)」는 『제주삼읍전도』와 마찬가 지로 1872년에 제작된 것이다. 정의군은 지금의 행정구역으로는 제 주도 남제주군 성산읍, 표선면, 남원읍과 서귀포시 가운데 시내 동쪽 지역에 해당한다. 읍치는 남제주군 성산읍 성읍리에 있었다. 원래는 동쪽의 수산진(水山鎭) 부근에 있었으나 왜구의 침략이 빈번하자 이 곳으로 옮긴 것이다. 지금도 이곳에는 동헌을 비롯하여 읍성, 민가 등이 보존된 민속마을이 남아 있다. 중산간에 설치되었던 목마장(牧 馬場)으로는 9소장, 10소장이 이 지역에 있었고, 녹산장과 같은 광 활한 산장도 만들어져 있었다. 읍치 지역과 주변 지역을 동일한 축 척으로 그렸기 때문에 객사, 아사, 문묘 등의 표기만 보인다.

동쪽의 성산 일출봉은 봉우리의 모습을 다소 독특하게 표현하였고, 그 옆에는 지금의 신양해수욕장에 해당하는 모래사장의 표시도 보인 다. 서쪽 서귀진(西歸鎭)은 현재의 서귀포시 시내에 해당한다. 그 서 쪽 법환리(法還里) 근처에는 하논[大畓]이 표시되어 있다. 원래 제주도는 화산암 토양으로 이루어져 벼농사에 적합하지 않지만 이 지역은 풍부한 용수를 이용하여 벼농사가 행해지던 곳이었다. 관광지로 유명한 천지연폭포, 정방폭포에는 '천제연(天帝淵)', '정방연(正方淵)' 등으로 표기되어 있다. 중산간지역 서의귀(西衣貴) 근처에는 의귀원(衣貴院)이 표시되어 있는데 성읍에서 서귀로 가는 길가에 있어서 나그네들에게 숙식을 제공하던 원(院)이었다.

「제주대정군지도(濟州大靜郡地圖)」는 보통의 회화식 군현지도와 달리 읍치를 확대하여 표현하지 않고 주변 지역과 동일한 축척으로 그렸다. 산간지역에는 목마장이 있었는데 7소장과 8소장이 설치되어 있었고, 서쪽 지금의 신도리에는 소를 키웠던 모동장(毛洞場)이 경계선과 함께 그려져 있다. 읍치에는 읍성의 모습을 선으로 간략하게 표현하였고, 성안에는 아사(衙舍), 객사(客舍)라는 표시만 있고 관청건물은 전혀 그리지 않았다. 남쪽의 단산(單山) 아래에는 향교가 있었는데 지도에는 '문묘(文廟)'라고 표시되어 있다. 이 지역의 명산으로 이름난 산방산이 독특하게 그려져 있으며 현재 '용머리'라 불리는 해안의 절경에는 '용두(龍頭)'라고 표기되어 있다. 귤을 재배하여 국가에 공납하던 과원(果園)은 원 안에 '과(果)'라는 글자로 표시하였다. 다른 지도와 달리 도로가 그려져 있지 않은데, 대신에 중산간지대의 '웃한길[上大路]', 해안 저지대의 '아랫한길[下大路]' 등으로 구분하여 표시하였다.

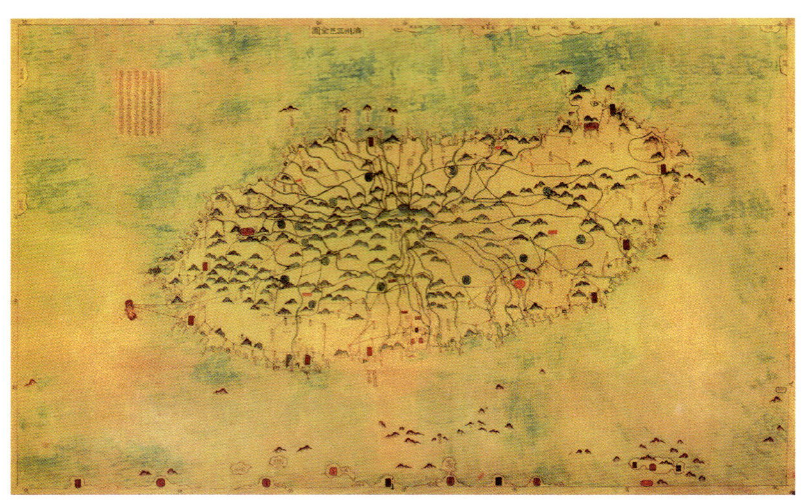

[**그림 14 - 14**] 『제주삼읍전도』

(2) 『제주군읍지(濟州郡邑誌)』 중의 「제주지도(濟州地圖)」

1899년(광무3) 5월에 전국 읍지 편찬의 일환으로 작성된 『제주군읍지』에 수록된 제주도 지도이다. 1895년 행정구역이 모두 군으로 변경된 사실이 반영되어 있다. 읍지에 첨부된 지도이지만 규격이나 수록된 내용이 매우 자세하다. 전체적인 윤곽은 다소 왜곡되어 있으나 이는 책의 규격으로 인해 초래된 것으로 보인다. 여기서도 이전 시기 독립된 형태의 제주도 지도에서처럼 남쪽을 지도의 상단으로 배치하였다. 그러나 이전 지도에서 보이는 24방위 표시나 외국 지명들과 남해안, 그리고 그 사이의 섬들은 제외되어 있다.

중앙부의 한라산은 풍수지도인 산도(山圖)처럼 맥세를 강렬하게 표현하면서도 독립된 형태의 오름도 상세히 그려져 있다. 무엇보다 목장이었던 10소장의 경계가 상잣성과 하잣성을 중심으로 명확하게 그려진 점이 이전 지도와 다르다. 하천도 상세하게 그렸는데 군 경계와 구분하기 위해 점선으로 처리하였다. 또한 해안에는 도로만이 그려져 있고 해안선의 표시가 없는 것도 한 특징이다. 해안에 그려진 일부 섬을 통해 해안선의 윤곽을 짐작할 수밖에 없다.

목장의 상잣성 위쪽으로도 촌락이 형성되어 있었음을 알 수 있는데 여섯 군데에 화전동(火田洞)이 표시되어 있다. 지도 뒤의 읍지 본문에 화전세(火田稅)를 수세하던 기록이 있어 산장이 있던 곳에 화전촌이 형성되어 이들을 상대로 별도의 세금을 거두었음을 알 수 있다.302) 10소장과 자목장(字牧場) 체제로 이어져 내려왔던 제주도의 마정은 1895년(고종32) 지나친 공마(貢馬)와 연이은 흉년으로 인해 공마제(貢馬制)를 혁파하고 돈으로 바꾸어 상납(上納)하도록 하는 조치가 행해짐에 따라 국영목장으로의 기능을 상실하게 되었다.303) 지도에 표시된 화전동은 바로 이러한 사회적 상황을 반영하는 것으로 산마장에서부터 화전의 개척이 이뤄지고 있던 현실을 보여 주고 있다.

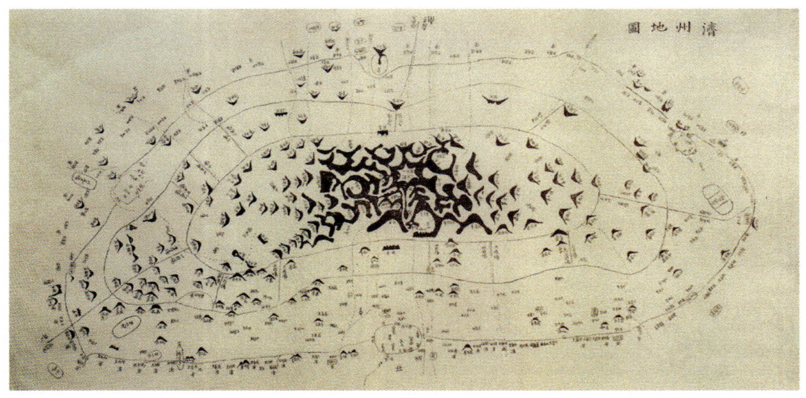


[그림 14-15] 『제주군읍지』 중의 「제주지도」

---

302) 『제주의 옛 지도』, 도판 해설.
303) 金錫翼, 『耽羅紀年』 고종 32년.

이처럼 「제주지도」는 전래의 지도를 참조하면서도 새로이 변한 사
회적 상황을 반영하고자 했던 대표적인 읍지의 부도(附圖)이다.


## 5. 결 론

본고에서는 현존하는 조선시대 제주도 지도들을 시계열적으로 배
열하여 지도가 지니는 특성과 가치를 고찰해 보고자 하였다. 이를
통해 제주도 지도의 변화 추이를 파악하려 하였다. 그러나 다른 지
역에 비해 비교적 다양한 지도들이 공존하고 있어서 일관된 패턴을
추출하기는 쉽지 않았다. 이상에서 파악된 잠정적인 결론을 요약하
면 다음과 같다.

첫째, 제주도는 조선 최대의 목마장이며 군사전략적 요충지로 인
해 다른 지역에 비해 지도의 제작이 상대적으로 활발히 진행되었다.
조선전기에 이어 임란 이후에도 꾸준하게 지도가 제작되었는데 17세
기 지도의 흔적들을 현존하는『동여비고』중의 제주도 지도, 영남대
박물관 소장『고지도첩』의 「탐라전도」를 통해 확인해 볼 수 있다.
이 시기의 지도는 내용의 왜곡이 심한 편이다.

둘째, 18세기 전반에는 보다 정교화된 대축척의 독립된 지도제작
이 이뤄지는데『탐라지도병서』와『탐라순력도』의 「한라장촉」을 들
수 있다. 이 가운데『탐라지도병서』는 목판본으로 제작되어 널리 유
포되었고, 중앙 조정에도 보관되어 영조 대의 군현지도책 제작에 기
본도로 활용되기도 했다. 후반에 제작되는 지도 가운데는『전라남북
도여지도』에 수록된 지도처럼 상대적으로 왜곡이 심하고 실용적 차
원보다는 이념적, 역사적 성격이 강한 지도가 제작되었다.

셋째, 19세기 전반에도 이원조 목사가 제작한『탐라지도병지』처럼 이전 시기의 지도를 기초로 축소, 필사한 지도가 탄생되기도 했다. 이러한 지도는 행정용의 실용적 목적과 감상용의 예술적 목적을 동시에 지닌 것으로 평가된다. 이와 반면 김정호의『청구도』처럼 정확성을 지향하는 대축척 전도에서는 제주도의 모습이 정제된 모습으로 표현되어 실용적 차원의 목적을 잘 충족시켜 주고 있다. 아울러 19세기 말에 제작된 규장각 소장의『제주삼읍전도』는『탐라지도병서』의 맥을 잇는 마지막 지도로서 실용적 목적을 극대화시킨 정제된 형태의 지도이다. 반면『제주도읍지』에 수록된「제주지도」는 지도의 윤곽이나 지형의 표현 등에서 전통적인 양식을 따르고 있으나 당시 시대상의 변화도 반영하려고 시도했던 대표적인 읍지의 부도(附圖)이다.

# 참고문헌


南槎錄, 金尙憲.
南宦博物, 李衡祥.
大東地志, 金正浩, 아세아문화사 영인본.
新增東國輿地勝覽, 아세아문화사 영인본.
凝窩集, 李源祚.
濟州郡邑誌, 아세아문화사 영인본(1983).
濟州風土錄, 金淨.
朝鮮王朝實錄.
增補耽羅誌, 日本天理大 소장본.
耽羅紀年, 金錫翼(1918).
耽羅錄, 李源祚, 제주대학교 탐라문화연구소 영인본.
耽羅志, 李元鎭, 아세아문화사 영인본.
耽羅誌草本, 李源祚, 제주대학교 탐라문화연구소 영인본.

김찬흡 외, 2002, 역주 탐라지, 도서출판 푸른역사.
남도영, 1996, 한국마정사, 한국마사회 마사박물관.
남도영, 2001, 제주도 목장사, 한국마사회 마사박물관.
오창명, 1998, 제주도 오름과 마을 이름, 제주대학교 출판부.
이찬, 1991, 한국의 고지도, 범우사.
제주도교육위원회, 1976, 탐라문헌집.
제주민속자연사박물관, 1996, 제주의 옛지도.
제주시, 1994, 탐라순력도, 제주시 영인본.

# 일제강점기 제주 농어촌 마을의 토지소유 연구:
## 지세명기장(地稅名寄帳)과 임야대장(林野臺帳)을 바탕으로

진관훈

## Ⅰ. 머리말

이 글은 일제강점기 제주도 농어촌 마을 토지소유에 관한 몇 가지 특성을 고찰한 것이다. 즉 일제강점기 과세의 기준이 되었던 『地稅名寄帳』과 마을공유림 및 사찰림의 소유현황을 기록한 『林野臺帳』을 기초자료로 하여 일제강점기 제주도 농어민들의 토지소유면적, 지가(地價), 토지세액(稅額)과 마을별 임야 공유지, 학교 혹은 사찰 소유의 임야 공유지 소유현황 등을 표로 만들어 정리하고 몇 가지 특성들을 도출하였다.

『지세명기장』은 일제강점기에 만들어진 토지세 징수대장이다. 일제는 1912~1918년 사이에 전 국토에 대한 토지조사사업을 실시하였는데 이때에 『토지조사부』, 『토지대장』, 『토지대장집계부』, 『지세명기장』 등을 작성하였다304). 이 가운데 『지세명기장』은 토지에 대한 세금을 징수하기 위하여 토지대장 중에서 개인소유의 과세지만을 뽑아 각 면마다 소유자별로 목록을 작성한 대장이다. 이『지세명기장』에는 리동, 지번(地番), 지목(地目), 지적(地積), 지가(地價), 세액(稅額) 등이 기록되어 있다.

이 글에서 참고한『지세명기장』의 각 개인별 기록의 마지막 부분에 '大政5年10月 현재'라고 날인한 후 개인별 합계를 기록하였고 이후 大政7年, 혹은 大政8年 수정 보완한 것으로 보아『지세명기장』의 작성 시기는 1916년에서 1919년 사이인 것으로 추정된다.

한편 일제는 임야대장규칙(林野臺帳規則)을 제정(府令, 제123호)하여 부(府), 군(君), 도(島)에 임야대장 및 임야도(林野圖)를 비치하게 하였는데 이 글에서 참고한 임야대장에는 제주지역 면·리의 공유림과 학교림, 사찰림 등이 기록되어 있다.

이 글은 A라는 제주도 해안마을과 B라는 중산간마을의『지세명기장』을 분석한 것이다.

A마을은 일주 도로변에 위치한 어촌마을로 분석대상 가구는 A마을『지세명기장』에 기록된 318가구이며 B마을은 중산간에 위치한 농촌마을로 분석대상 가구는 218가구이다.

久間健一(1950)에 의하면 1930년대 제주도 농가는 자작농이 65.5%이고 겸소작농 19.4%, 소작농 15.1%[305]로 구성되어 있다고 한다. 이를 근거로 보면 이 글의 조사대상 가구이며『지세명기장』에 기록된 A마을 318가구, B마을 218가구는 각 마을의 85% 수준으로 각 마을의 총 가구는 이에서 15%를 더한 477가구, 327가구 규모였던 것으로 추측된다.

---

304) 신용하(1982),『조선토지조사사업연구』, 지식산업사, p.64.
305) 久間健一(1950),『조선농업경영지대의 연구』, 농경농업종합연구소, p.453.

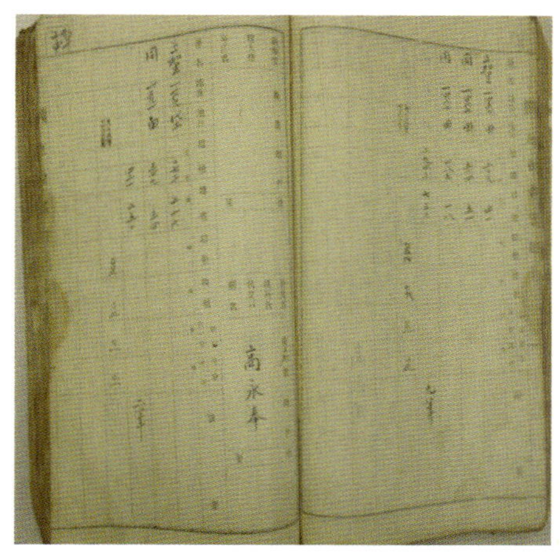

[그림 15-1] 지세명기장 본문

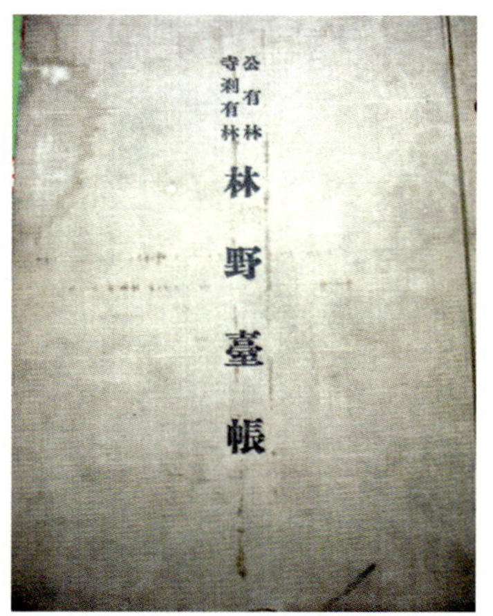


[그림 15-2] 임야대장 표지

이 글에서는 일제강점기 제주도 농어촌 마을 토지소유의 특성들을 도출하기 위하여 몇 가지 가설들을 세우고 자료를 바탕으로 작성된 표를 통하여 이를 검증해 나가도록 하겠다.

가설 1. 제주도는 전통적으로 가구별 혹은 개인별 토지소유면적의 차이가 육지부에 비해 심하지 않았다. 이는 토지생산성이 낮았으며 상대적으로 토지생산성보다 노동생산성이 높았기 때문이다.[306]

가설 2. 화학비료가 일반화되기 전인 전통농업시대의 제주도 토양은 토질이 척박하며 잡초가 많아 토지생산성이 매우 낮았다. 따라서 토지집중도[307]도 낮고 육지부 논농사 지대에 비해 그리고 타 물가에 비해 지가가 상대적으로 낮았다.

---

306) "땅부자 일부자"

307) 久間健一(1950), 『조선농업경영지대의 연구』, 농경농업종합연구소, pp. 450-460.

가설 3. 고구마 재배가 보편화되고 박하, 제충국 등 환금작물이 확대되기 시작한 1930년대에 들어서면서 해녀소득과 도일 제주인의 소득이 토지에 재투자되어 이른바 '광작(廣作) 현상'이 일부 나타났다.[308]

가설 4. 해녀물질이 현금화되기 이전 제주 농어촌 마을의 부는 어촌이나 해촌에 비해 중산간 농촌이나 산촌에 집중되어 있었다. 그러나 해녀소득이 증가하고 해안마을을 따라 신작로가 완공되면서 제주마을의 이동이 시작되어 중산간마을보다 해안마을의 부가 확대되었다. 이렇게 마을이동이 본격화된 1930년대 제주도 농어촌마을의 지가는 중산간마을보다 해안마을이 상대적으로 높았을 것이다.[309]

가설 5. 낮은 농업생산성과 토지생산성, 잦은 천재지변, 조악한 토질 등으로 인해 조선시대 이후 제주도 농촌의 지세와 세율은 낮은 수준이었으며 면제되는 비율도 높았다. 이러한 경향은 일제강점기에도 계속 이어졌던 것으로 여겨진다.

## Ⅱ. 자료의 분석

『지세명기장』은 토지소유자들이 소유하고 있는 토지와 지세의 내역을 기록한 장부[310]로 토지면적과 지가에 따라 세액이 결정되며 대

---

308) 이에 대해 필자의 『근대제주의 경제변동』 pp. 163 - 189. 참고.
309) 이에 대해 필자의 『근대제주의 경제변동』 pp. 155 - 162. 참고.
310) 허원영(2007), "19세기 후반 제주 호적중초에 등재된 戶의 경제적 성격", 『고문서연구』 제30호, 한국고문서학회, p.221.

부분 대지(垈地)의 지가(地價)가 가장 높은 편이나 대지나 전(田), 답(畓), 잡종지(雜種地)의 지가는 지역에 따라 다양하다. 대부분 논과 밭의 지가는 토지생산성과 일치하며 대지는 입지조건과 접근성을 반영한 것으로 여겨지는데『지세명기장』을 기초로 당시 제주지역 농가의 평균경작규모, 평균지대, 물가, 임금, 생활비 구조 등을 살펴볼 수 있다.

〈표 15-1〉 A마을의 토지소유 현황

| 분류 | 田 | 畓 | 垈 | 雜種地 | 池沼 | 합계 |
|---|---|---|---|---|---|---|
| 지적(坪) | 1,630,593 | 1,532 | 21,844 | 58,967 | 377 | 1,713,313 |
| 지가(圓) | 467,380 | 1,480 | 90,117 | 7,833 | 40 | 566,850 |
| 평당지가(圓) | 0.28 | 0.96 | 4.12 | 0.13 | 0.10 | 0.33 |

A마을의 총 토지면적은 1,713,313평이며 지가총액은 566,850원이다. 가구당 평균 토지소유 면적은 5,387평이며 평균소유 지가는 1,782원이다. 임야대장에 나타난 이 마을의 공유지 총면적은 9필지 1,029,306町으로 중산간마을인 B마을보다 규모가 작다.

토지를 분류하면 밭이 가장 많은 1,630,593평이고 그 다음은 잡종지가 58,967평, 대지 21,844평 순이며 답(논)과 지소는 각각 1,532평과 377평으로 적은 편이다.

평균지가를 살펴보면 대지가 4.12원으로 가장 비싸고 잡종지, 지소(池沼)가 0.13원, 0.10원으로 가장 낮으며 논은 0.96원으로 전 0.28원에 비해 3.5배 정도 비싸게 거래되었다. 총 토지의 평균지가는 0.33원으로 다음에 살펴볼 B마을에 비해 낮지만 밭의 평균가격보다는 0.05원 정도 높다.

<표 15-2> B마을의 토지소유 현황

| 분류 | 田 | 畓 | 垈 | 雜種地 | 池沼 | 합계 |
|---|---|---|---|---|---|---|
| 지적(坪) | 974,685 | 3,264 | 23,524 | 25 | 0 | 1,001,498 |
| 지가(圓) | 31,5364 | 8,278 | 94,870 | 34 | 0 | 418,546 |
| 평당지가(圓) | 0.32 | 2.53 | 4.07 | 1.36 | 0 | 0.41 |

B마을의 총 토지면적은 1,001,498평, 지가총액은 418,546원으로 토지소유가구 평균 토지면적은 4,594평이고 평균 소유지가는 1,919원이다.

임야대장에 나타난 이 마을의 공유지 총면적은 493필지 5,844,603町으로 해안마을인 A마을보다 임야나 목장과 같은 공유지가 많다.

토지분류를 살펴보면 밭이 가장 많은 974,685평이고 그 다음은 대지가 23,524평, 답(논) 3,264평 순이며 잡종지와 지소는 각각 20평과 0평으로 미미하다.

평균지가를 살펴보면 대지가 4.07원으로 가장 비싸고 논과 잡종지가 각각 2.53원, 1.36원으로 가장 낮으며 전은 0.31원으로 논에 비해 8배 정도 싸게 거래되었다. 총 토지의 평균지가는 0.41원으로 A마을 토지에 비해 높고 밭의 평균지가보다 0.09원 높다.

한편 1913년 제주지역 농가의 호당 경지면적은 1.4ha이며 100ha 이상 1호, 5ha 이상 142호, 1ha 이상 7,422호, 1ha 이하 27,056호, 토지 무소유 3,000호, 총농가 호수 37,621호라고 한다[311]. 조사대상인 A와 B마을 모두 호당 경지면적이 제주지역 농가 호당 경지면적 4,200평보다 A마을은 394평, B마을은 394평이 더 많다. 이는 전국 호당 경지면적 1.55町에 비교하여 적지 않은 규모이다.

이상을 근거로 제주지역 해안마을과 중산간마을의 토지소유 현황

---

311) 남인회(1985), 『濟州農業의 百年』, 제주: 태화인쇄사, p.36. 한편 1936년 『제주도세요람』에서는 제주지역 농가 호당 평균 토지소유를 2정 1반 남짓으로 보고 있어 1920년대에 비해 10% 정도 토지소유가 증가했음을 알 수 있다.

을 비교해 보면, 가구당 토지소유는 해안마을인 A마을이 중산간마을인 B마을에 비해 높지만 평균 소유지가는 B마을이 A마을에 비해 137원 많다. 토지생산성을 반영하는 지가가 높다는 것은 B마을의 토지생산성이 A마을에 비해 높다는 것을 의미한다.

반면 대지의 지가는 A마을이 B마을에 비해 0.05원 높은 것으로 나타나 A마을이 B마을에 비해 가구 수가 많고 상대적으로 도시적인 토지활용이 일찍 진행되고 있음을 의미한다.

한 가지 흥미로운 것은 논의 가치인데, 중산간마을인 B마을 논의 지가는 A마을보다 2.5배가량 높으며 밭의 가격보다 8배 정도 비싸다. 이는 B마을 논의 생산성과 현금가치가 밭에 비해 8배 높으며 A마을 전에 비해서도 토지생산성이 훨씬 높았음을 의미한다.

밭의 가격도 마찬가지로 A마을에 비해 B마을이 0.04원 정도 높다.

이러한 몇 가지 특성으로 볼 때 A마을은 어촌 마을로 농사와 더불어 어업이 주를 이루는 생산구조를 가진 탓에 논이나 밭의 가격이 농사전업인 B마을에 비해 낮다는 것을 알 수 있다. 이는 토양이나 지질의 영향도 있지만 농사에 집중하느냐 어업과 병행하느냐에 따른 토지생산성의 차이, 농업집중도의 차이로 해석된다.

아울러 한 가지 흥미 있는 사실은 A마을의 토지거래가 B마을에 비해 활발하였다는 것이다. B마을의 경우『지세명기장』에 나타난 토지변동 사항이 매우 드문 반면 A마을은 토지변동의 부침이 심하게 나타났으며 토지소유도 인근 주변 마을에까지 광범위하게 이루어졌다. 이는 해안마을의 어업활동(해녀활동 포함)으로 창출한 소득이 토지자본에 재투자되었음을 의미한다.

한편『제주도세요람』(1939)에 의하면 1939년 4월 말 현재 제주지역 민유과세지(民有課稅地)의 평균지가(평당)는 전(田) 4.56원, 답

(畓) 36.34원, 대(垈) 52.89원 평균 5.95원으로 기록되어 있다. 만일 이를 정확한 사실로 본다면 20년간 제주지역의 토지는 평균 150배 가량 급격히 증가했다고 할 수 있다.

이는 『지세명기장』에 기록된 지가는 과세를 위한 일종의 '공시지 가(公示地價)'로 실제 매매가(賣買價)는 이보다 높았기 때문이기도 하며, 다른 측면으로는 20년 사이 제주경제가 소득이 증가함에 따라 농가의 현금보유량이 비약적으로 늘어났다는 것을 말해 준다.

즉 1922년 이후 도일 제주도민의 증가와 해녀 출가물질의 증가로 인해 늘어난 농어촌 지역의 소득, 현금보유가 토지로 재투자되었는 데 이 토지에 고구마, 제충국, 박하 등 환금작물의 재배로 소득이 증 가하고 현금보유가 늘어나 제주지역 농어촌 마을의 경제성장이 이루 어지는 선순환구조가 일부 형성되었다고 할 수 있다.

〈표 15-3〉 A마을의 토지소유 분포현황

| 지적(백 평) | 호수 | 지가(원) | 호수 |
|---|---|---|---|
| 0~5 | 43 | 500 미만 | 88 |
| 5~10 | 36 | 501~1000 | 61 |
| 10~15 | 24 | 1001~1500 | 34 |
| 15~20 | 16 | 1501~2000 | 38 |
| 20~25 | 20 | 2001~2500 | 32 |
| 25~30 | 9 | 2501~3000 | 17 |
| 30~40 | 25 | 3001~3500 | 12 |
| 40~50 | 27 | 3501~4000 | 10 |
| 50~60 | 25 | 4001~4500 | 7 |
| 60~70 | 18 | 4501~5000 | 5 |
| 70~80 | 14 | 5001~6000 | 4 |
| 80~90 | 13 | 6001~7000 | 3 |
| 90~100 | 6 | 7001~8000 | 1 |
| 100 이상 | 42 | 8000 이상 | 6 |

<표 15-3>을 통해 A마을의 토지소유 현황을 살펴보면 500평 미만의 농가가 43가구로 가장 많지만 1만 평 이상의 농가도 42명이나 된다. 이 중 3만 평 이상 토지소유 농가는 3가구인데 각각 31,414평, 31,334평, 30,438평으로 광작(廣作) 수준이다. 또한 1만 평 이상 농가가 30가구, 2만 평 이상 농가가 9가구로 나타났고 그 당시 제주지역 평균 토지소유보다 더 많은 토지를 소유한 농가도 140여 가구로 나타나 A마을은 제주도 내 타 지역에 비해 토지소유면적이 많다[312]. 이는 A마을이 어촌마을로 부분적으로 일본인 토지소유가 있었고 어업(해녀 물질 포함)으로 인한 소득이 토지구입으로 재투자되었음을 말해 준다.

한편 토지 소유지가 현황을 살펴보면 500원 미만이 가장 많고 다음으로 501~1000원 61명, 1501~2000원 38명 순이다. 그러나 8,000원 이상도 6명이나 되며 평균 토지소유 농가의 평균지가(1,782원)보다 많은 농가가 110여 명이며 가장 많은 토지 소유지가 농가는 19,453원이다[313].

〈표 15-4〉 B마을의 토지소유 분포 현황

| 지적(백 평) | 호수 | 지가(圓) | 호수 |
|---|---|---|---|
| 0~5 | 13 | 500 미만 | 49 |
| 5~10 | 9 | 501~1000 | 36 |
| 10~15 | 32 | 1001~1500 | 33 |
| 15~20 | 23 | 1501~2000 | 27 |
| 20~25 | 11 | 2001~2500 | 19 |
| 25~30 | 12 | 2501~3000 | 11 |
| 30~40 | 28 | 3001~3500 | 8 |
| 40~50 | 19 | 3501~4000 | 8 |

---

312) 1913년 제주지역 농가의 호당 경지면적은 1.4ha이며 100ha 이상 1호, 5ha 이상 142호 1ha 이상 7,422호 1ha 이하 27,056호, 토지무소유 3,000호, 총농가 호수 37,621호이다.

313) 이보다 많은 23,066원 가구가 있었으나 대정 8년 이후 토지소유가 급격히 축소됨.

| 지적(백 평) | 호수 | 지가(圓) | 호수 |
|---|---|---|---|
| 50~60 | 24 | 4001~4500 | 7 |
| 60~70 | 9 | 4501~5000 | 5 |
| 70~80 | 10 | 5001~6000 | 4 |
| 80~90 | 5 | 6001~7000 | 3 |
| 90~100 | 6 | 7001~8000 | 3 |
| 100 이상 | 17 | 8000 이상 | 5 |
| 계 | 218 | | 218 |

<표 15-4>를 통해 B마을의 토지소유 현황을 살펴보면 1,000~ 1,500평 농가가 32가구로 가장 많으며 1만 평 이상의 농가는 17명 이다. 가장 많은 토지를 소유한 농가는 18,095평을 소유했으며 2만 평 이상 토지를 소유한 농가는 없다.

그 당시 제주지역 평균 토지소유보다 더 많은 토지를 소유한 농가 도 80여 가구로 나타나 A마을이나 제주도 내 타 지역에 비해 토지 소유면적이 많지 않았던 것으로 보인다.

이는 B마을은 A마을이나 제주지역 다른 농어촌 마을에 비해 토지 생산성과 농업집중도가 높아 이 정도의 토지소유를 가지고도 생활을 영위할 수 있었기 때문으로 해석되며 농업부산물, 축산업, 농업부업 등 소득이 어느 정도 보충되었음을 짐작하게 한다.

한편 토지 소유지가 현황을 살펴보면 500원 미만이 가장 많고 다 음으로 501~1000원 36명, 1,001~1,500원 33명 순이다. 그러나 8,000원 이상은 5명이며 평균 토지 소유 농가의 평균지가(1,919원)보 다 많은 가구는 80여 호이며 가장 많은 토지 소유지가 농가는 13,180 원이다[314].

---

314) 지세명기장에서의 납세액은 토지의 면적을 기준으로 하였기 때문에 A마을에 비해 토지면적 이 작은 B마을의 지가에 따른 세액도 규모가 작았다고 할 수 있다.

전체적으로 A와 B마을의 토지소유 분포현황을 비교하면 토지소유 규모는 해안 어촌마을인 A마을이 크고 지가도 A마을이 상대적으로 높다. 그러나 토지소유면적 대비 지가나 전체 농가 대비 토지소유 분포는 B마을이 높게 나타났다.

이것은 A마을이 일주 도로변 어촌마을이며 B마을은 중산간 농촌마을이라는 특성이 강하게 나타난 탓이다. 즉 당시 어촌마을은 농어업 겸업가구가 많고 해녀의 물질이 소득증가로 이어졌기 때문에 토지소유면적이 증가하기 시작하였고 이와 대비되는 B마을은 토지소유면적은 적은 대신 토지생산성이나 농업집중도가 높고 축산업이나 농업부업 등이 많은 비중을 담당하고 있었기 때문에 생활이 가능하였다고 판단된다.

또한 A마을은 식민지 체제하에서의 도시화가 진행되고 있었고 농업보다는 어업(해녀경제)과 해산물 제조업, 도일, 해녀출가 등이 가계경제의 많은 부분을 담당하고 있었음을 말해 준다.


# Ⅲ. 가설의 분석


가설 1.

제주지역 농어촌 마을의 토지소유 분포현황을 나타낸 위 <표 15 - 3>과 <표 15 - 4>를 통해 가구별 혹은 개인별 토지소유면적의 차이를 살펴보면 육지부 논농사 지역에 비해 지주계급 발달이 미약했음을 알 수 있다. 이는 제주지역 토지가 토질이 나쁘고 화학비료가 나오기 이전이라 토지생산성보다는 노동생산성이 높았기 때문에 '토지

많음'이 부농으로 연결되는 데는 한계가 있었기 때문이다.

그러나 일제강점기 후반 즉 1930년대 중반 이후 해녀물질, 제주도 민의 도일(渡日), 환금작물 재배 등으로 인해 해안마을의 소득이 증 가하고 이 현금이 다시 토지에 재투자되면서 토지소유면적이 증가하 는 현상이 나타난다.


## 가설 2.

제주지역 농어촌 마을의 토지소유 분포현황을 나타낸 위 <표 15 - 3>과 <표 15 - 4>를 통해 살펴본 바에 의하면 제주지역의 지가는 전, 답, 대지 모두 육지부 논농사지역에 비해 아주 낮았다.

이는 토지생산성이 낮았기 때문이다. 그러나 1930년대에서 와서 제주지역의 지가가 급등하는 현상이 나타난다.

이는 1930년대 해녀물질, 제주도민의 도일(渡日), 환금작물 재배 등으로 인해 제주지역 농어촌 마을의 소득과 현금보유가 급등하여 나타난 공급부족 현상이 원인이다. 또한 해방 직후 제주지역의 지가, 주택가는 전국보다 훨씬 높았는데 이것은 해방 직후 제주도민의 귀 환과 밀무역으로 인해 일시적인 인플레이션 즉 통화팽창, 물가급등 현상이 생겨났기 때문이다.

이처럼 특별한 이 시기를 제외하고 대부분의 지가 특히 밭과 논의 지가는 전국 평균보다 아주 낮았다.

한편 1930년대 제주지역 농촌을 답사했던 다카하시 노보루(高橋 昇) 교수의 『조선반도의 농법과 농민－제주도 편』에 의하면 당시 서홍리 강 모 씨의 경우 5년 전에 평당 17전으로 사 두었던 밭이 25전으로 올라 1,200평 밭이 207원에서 300원으로 증가했고 2년 전

평당 78원 하던 논이 1원 4전으로 올랐다고 한다.

이에서 보면 1930년대 제주지역 밭이나 논의 지가가 꾸준히 증가하고 있음을 알 수 있다.

가설 3.

<표 15-3>을 통해 A마을의 토지소유 현황을 살펴보면 1만 평이상의 농가도 42명이나 되며 이 중 3만 평 이상 토지소유 농가는 3가구로 '광작(廣作)' 수준이다. 또한 1만 평 이상 농가가 30가구, 2만 평 이상 농가가 9가구로 나타났고 그 당시 제주지역 평균 토지소유보다 더 많은 토지를 소유한 농가도 140여 가구로 나타나 토지소유 면적이 증가하고 있음을 말해 준다.

이는 A마을이 고구마 재배가 보편화되고 박하, 제충국 등 환금작물이 확대되기 시작하였고 해녀의 물질소득과 도일 제주인의 송금액 증가가 토지에 재투자되어 '광작(廣作) 현상'이 나타나기 시작하였기 때문으로 여겨진다[315].

이것은 어업(해녀물질 포함)으로 인한 소득이 토지구입으로 재투자되고 있었음을 의미한다.

가설 4.

『지세명기장』이 작성된 1910년대 말이나 1920년대 초만 하더라도 해안마을의 지가가 중산간마을의 지가보다 낮았다. 해안마을은 이러한 문제를 중산간마을에 비해 더 많은 토지를 소유함으로써 그

---

315) 토지소유면적의 증가와 함께 농촌노동력 임금의 증가현상도 나타난다. 1930년대 중반이후 도시노동자의 임금보다 농촌노동력 임금이 추월하는 현상이 나타난다.

차이를 해결하였다.

해안마을의 지가는 대지를 제외하고는 밭이나 논, 잡종지까지 중산간마을에 비해 최고 60%에서 최저 40% 낮았다. 이러한 해안마을에 비해 중산간마을은 해안마을에 비해 토지소유면적은 작았지만 상대적으로 높은 토지생산성과 농사부업, 축산업, 축력, 농업부산물, 높은 농업집중도 등으로 인해 해안마을보다 더 풍요한 삶을 이루었다고 할 수 있다.

그러나 신작로의 개통과 해녀물질, 일본과의 직항로 개설로 인한 도일 증가 등으로 1930년대가 되면 중산간마을보다 해안마을의 부가 급격히 증가하였다.

『지세명기장』 분석 결과 대지의 지가가 중산간마을보다 해안마을이 높게 나타나고 있는데 이것이 그 증거라 할 수 있다[316].

가설 5.

1913년 제주지역 총 농가 수 37,621호 중 토지 무소유 농가는 12.54%인 3,000호이다. 이는 『제주도세요람』에서 1930년대 제주도 농가 중 자작농 65.5%, 겸소작농 19.4%, 소작농 15.1%라는 것과 어느 정도 일치한다[317].

또한 『제주도세요람』(1939)에 의하면 1939년 4월 말 현재 토지대장에 등록된 총 토지면적은 327,344,000평이며 이 중 민유과세지(民有課稅地)는 283,872,000평이고 민유비과세지(民有非課稅地)는

---

316) 이 사실은 일제강점기에서의 도시화 진행과 연결되어 있다.

317) 2.5% 정도의 차이는 그동안 제주도민의 토지 소유가 경제활동 기회의 확대로 증가하였음을 말해 준다. 전국 평균 계급별 토지소유 현황을 보면 영세영농(1.0정 이하) 63.27%, 소경영(1.0-3.0정) 30.61%, 중경영(3.0-5.0정) 4.74%, 대경영(5.0정 이상) 1.38%이다.

39,372,000평으로 전체 토지면적 중 약 8.5% 정도이다.

이로 미루어 보면 소작농 15.1%와 총 토지 중 8.5%의 민유지가 비과세 대상인 것으로 나타난다. 이것은 육지부 논농사 지대에 비해 지세 부담이 적었으며 제주지역 토지가 울릉도와 같은 도서지역으로 분류되어 적용되었다는 사실에서도 알 수 있다[318].

## Ⅳ. 맺음말

이 글은 일제강점기 과세의 기준이 되었던 『地稅名寄帳』과 주로 마을공유림 및 사찰림 소유현황을 기록한 『林野臺帳』을 바탕으로 A라는 제주도 해안마을과 B라는 중산간마을의 토지소유의 현황과 특성 몇 가지를 도출한 것이다. 이 과정에서 몇 가지 흥미로운 사실을 발견하였고 기존 자료에 나타나 있던 몇 가지 사실들을 재확인하는 계기가 되었다.

그러나 이 글은 해안지역 A마을과 중산간지역 B마을만을 평면 비교한 것으로 당시 제주지역 해안마을과 중산간마을의 토지소유의 특성에 관한 몇 가지 사항을 비교하는 것은 부분적으로 유효할 수 있지만 이를 제주지역 전체에 보편화시키는 데는 무리가 있다.

결국 정확한 제주지역 농어촌 마을의 토지소유 현황은 보다 많은 마을의 『지세명기장』을 분석하고 이를 데이터화한 후에 가능할 것이다. 하지만 다행히 제주의 농어촌 마을을 조사하다 보면 가끔 『지세명기장』과 『민적부』 등이 남아 있는 경우가 있어 이러한 작업이 어

---

318) 久間健一(1950), 『조선농업경영지대의 연구』, 농경농업종합연구소, p.450.

느 정도 가능할 것으로 여겨진다.

또한 이 글을 준비하면서 생겨난 한 가지 아쉬움은 『지세명기장』
에 나타나 있는 토지소유의 변동과정을 구체적으로 살펴보는 것이
시급하다는 것이다.

본문에서도 간단히 언급하였지만 A마을의 경우 3만 평 이상의 대
토지 소유자가 몇 년 사이 몇 백 평 토지만 남기고 모두 매매한 사
례가 있는데 이것은 개인적 상황만이 아닌 정치사적 사건과 깊이 연
관된 개인미시사일 가능성이 높다.

그리고 그 당시 생활을 기억하고 있는 세대가 아직 생존해 있을
가능성이 크다. 따라서 이러한 토지소유의 변동과정을 구술사로 재
현하여 정치·경제사적 사실과 더불어 입체화한다면 가치 있는 작업
이 될 것이라고 생각한다.

高橋 昇(1939), 『조선반도의 농법과 농민 - 제주도 편』.
久間健一(1950), 『조선농업경영지대의 연구』, 농경농업종합연구소.
남인회(1985), 「濟州農業의 百年」, 태화인쇄사.
신용하(1982), 『조선토지조사사업연구』, 지식산업사.
허원영(2007), "19세기 후반 제주 호적중초에 등재된 戶의 경제적 성격", 『고문
　　　　서연구』 제30호, 한국고문서학회.
전라남도청(1920 - 1930년대), 『共有地 및 寺刹有林 林野臺帳』.
제주도청(1939), 『濟州島勢要覽』.
제주도청(대정 5 - 8년). 『地稅名寄帳』.
진관훈(2004), 『근대 제주의 경제변동』, 도서출판 각.

# 한말·일제 초기 제주지역의 직업구성:
## 민적부(民籍簿) 작성과 민적통계표(民籍統計表)를 중심으로

진관훈

## Ⅰ. 머리말

이 글은 민적부와 민적통계표에 나타난 한말·일제 초기 제주지역의 직업생활을 살펴보고자 하는 것이다.

민적부(民籍簿)는 1909년 민적법(民籍法)[319]에 따라 작성된 문서로서 인구의 조사와 파악, 신분의 공시, 직업 등을 나타낸 문서이며 『민적통계표(民籍統計表)』는 전국의 각 면별 민적조사 결과물을 수합한 책자이다.

일제는 식민지 통치를 위한 기초작업으로 토지의 정확한 파악을 위한 토지조사사업과 호구의 정확한 파악을 위한 민적조사(民籍調査)를 실시하였고 이를 기초로 내부경무국(內部警務局)은 민적조사의 결과물을 수합한 『민적통계표(民籍統計表)』를 발간하였다.

---

[319] 朝鮮總督府官報 1915.8.7.

이 민적부에는 기존 호적조사와 같은 호(戶)나 인구, 토지소유뿐
아니라 직업도 따로 기재하고 있다. 따라서 면별 민적부 민적조사의
통계를 담은 『민적통계표(民籍統計表)』에 전국의 남녀별 인구뿐만
아니라 직업별 호수가 기재되어 있다.

또한 이『민적통계표(民籍統計表)』는 직업구성의 면별 통계가 제
시되어 있어서 지역별 지역구성과 지역 간 분업의 실태를 고찰하는
데 유용하다(이헌창, 1997).

지금까지 제주지역 민적부에 대한 연구는 주로 호구(戶口) 연구에
집중되어 왔다(손병주, 2005; 허영란, 2004).

그러나 이 글에서는 제주 대정군 좌면 해안마을의 『민적부(民籍
簿)』와 일제 초기 내부경무국(內部警務局)이 발행한 『민적통계표
(民籍統計表)』, 그리고 자세한 이용방법을 제시한 선행연구(이헌창,
1997)를 활용하여 한말·일제 초기 제주도민들의 직업생활을 살펴
보고자 한다.


## Ⅱ. 민적부(民籍簿) 작성과 민적통계표(民籍統計表)


일제는 식민지 초기 효율적인 통치를 위해 토지조사사업을 실시하
였고 호구의 정확한 파악을 위한 작업으로 1909년 민적법(民籍法)
에 입각하여 민적조사(民籍調査)를 실시하였다[320].

일제가 한반도를 식민지로 장악한 이후부터 "호구의 조사를 엄밀

---

320) "民籍의 일은 人事의 기본으로서 온갖 행정의 기초도 그로부터 발생하고, 토지의 조사와 더
불어 그 시설은 가장 필수적인 일에 속한다."(內部警務局, 『民籍事務槪要』, 1910, 70면).

히 하여 민적(民籍)의 기초를 확립함이 급선무"라고 하였던 점에서 알 수 있듯이 민적조사는 일제의 식민지통치를 위한 기초작업이었다.

이러한 민적조사(民籍調査)가 이루어진 것은 무엇보다 식민지통치의 기본과제라고 할 수 있는 호구의 정확한 파악 때문이라고 할 수 있다.

이러한 차원에서 일제는 개인의 신분을 정확히 파악, 증명할 자료를 정비하고 그럼으로써 호구 수를 정확히 파악하기 위하여 1909년 3월 민적법(民籍法)을 공포하고 곧이어 민적조사(民籍調査)를 실시하였다.

그리고 1909년 4월 1일부터 민적법이 시행됨과 동시에 1896년에 제정된 호구조사 규칙은 폐지되었다.

이러한 민적조사의 의의를 세 가지로 요약할 수 있는데, 우선 근대적인 호적제도를 도입하여 일제강점기는 물론이고 해방 후까지 존속하여 호적제도의 골격을 마련하였다. 다음으로 호구 수 파악의 진전을 들 수 있다. 즉 민적조사에 의한 호구 수 파악은 1925년 이후의 국세조사(國勢調査)에 비하면 상당히 불완전하지만 그 이전의 자료에 비하여 훨씬 정확하고 신뢰할 만하다. 마지막으로 전국적으로 직업조사가 이루어졌다는 점이다.

민적조사(民籍調査)의 진행과 특성을 구체적으로 살펴보면, 민적조사는 원래 직업조사와 무관하였는데 1909년 8월 경무국장은 민적조사 기회를 이용하여 '민적부(民籍簿)'에 호주(戶主)의 직업을 표기해 두는 훈령(訓令)을 내렸다.

"民籍調査가 다 완료된 이후에는 경찰관서에 민적부를 갖추어 지방에서는

　　面長이 신분상의 異動에 관한 인민의 신고를 관리하여 매달 그것을 관할 경찰서에 보고토록 함으로써 그 追補訂定을 하고 5개년마다 다시 민적부를 정리하기로 하였다"[321].

　　한편 민적부(民籍簿)는 민적법(民籍法)에 따라 작성된 문서로서 인구의 조사와 파악, 신분의 공시, 직업형성 등을 나타낸 문서이다.

　　조선시대에는 식년호적제도(式年戶籍制度)와 이를 보완하는 제도로서 인보정장법(隣保正長法)과 호패법(號牌法)이 함께 시행되다가 1896년에 호구조사규칙과 같은 세칙을 시행하였다.

　　이후 이 법의 단점을 보완하여 제정 실시된 것이 민적법으로 1909년 3월 법률 제8호로 공포 실시되었다. 이 법은 인민의 가족신분 관계를 법률상 명확히 함과 동시에 전국의 호구 수를 정확히 파악하기 위하여 종래의 호적제도의 결함을 보완한 것으로 현행 호적법의 효시이며 일제식 근대호적제도가 이식된 것이라 할 수 있다(정광현, 1967).

　　이러한 민적법 제1조는 출생, 사망, 호주변경 등 15항목의 개인 신분 변동 사항을 그 발생일로부터 10일 이내에 본적지 관할 면장에게 신고할 의무를 규정하였다. 제2조는 신고의무자를 규정하고, 제3～5조는 신고방식에 관련된 문제이며 제6조는 신고를 태만히 하는 자에 대한 처벌규정이다.

　　또한 민적부 양식은 종전의 호적과 달리 사유(事由) 난을 두어서 신분변동을 정확히 파악함으로써 가(家) 속에서 개인의 지위를 공증(公證)하는 문서로 기능할 수 있게 하였다.

---

321) 朝鮮總督府, 『弟三次施政年報』(1909년), 21면.

1909년 이후에 작성되기 시작한 민적은 하나의 장부인 민적부로 묶이어 보관되는데, 그 가운데 면사무소[322]에 있는 것은 호주가 제적될 때마다 그 호의 호적을 빼내어 민적부로 철하고 현 호주를 새 호주적으로 작성하여 끼워 넣는 식으로 하여 현재의 호적에 이른다(손병규, 2005).

그러나 이 연구에 사용된 제주도 대정군 좌면 ○○리의 민적부는 호주변동이 있을 때마다 해당 호를 빼내어 모아 둔 제적부 형태의 장부가 아니라 정책과정에서 몇 차례의 개정된 민적 작성방법에 따라 일괄적으로 재정리하여 남아 있는 것이다.

한편 1910년 9월 경무국은 민적사무에 관한 자료와 해설을 담은 『민적사무개요(民籍事務槪要)』, 민적조사의 통계를 담은『민적통계표(民籍統計表)』라는 책자를 동시에 발간하였다.

그리고 『민적통계표(民籍統計表)』에 근거한 『직업통계표』는 보다 진전된 호구 파악의 성과를 담으면서 면별 통계까지 수록하였다는 자료적 의의가 높다.

조선시대 영조의 『려지도서(與地圖書)』, 정조의 『호구총수(戶口總數)』는 전국적으로 면별은 물론 동리별 호구 수까지 수록한 바 있지만 조사의 완전도가 낮았던 것이 사실이다.

그러나 『민적통계표(民籍統計表)』는 11종으로 분류되어 조사된 직업통계표가 전국의 면 단위까지 제시되어 있다.

조선시대에는 『민적통계표(民籍統計表)』와 같이 전국에 걸친 체계적인 직업조사에 관한 문헌이 남아 있지 않으므로, 이 자료는 간

---

322) 민적법 시행 초기에는 경찰관서가 이 법의 관장을 맡고 있었으나 1915년 4월부터는 면장에게 이관되었다(정광현, 1967).

접적이나 조선시대 직업분화의 전국적 실태를 파악할 수 있는 유일한 자료라고 할 수 있다.

이처럼 1910년 5월 10일 경무국이 편찬한 민적통계표에는 각 구역을 단위로 하여 호수, 남녀 수, 인구수, 그리고 11개의 직업과 그 합계가 나와 있다.

그리고 해당 군의 면별 통계 앞에는 군의 통계도 나와 있다. 물론 먼저 면별로 호수, 남녀 수, 인구수, 직업호수를 조사하고 그것을 합산하여 군별, 도별, 전국의 통계치가 만들어졌다.

이상에서 알 수 있듯이 『민적통계표(民籍統計表)』에는 직업구성의 면별 통계가 제시되어 있어서 도시 – 농촌 간 분업, 농어촌 간 분업 등과 같은 지역별 직업구성의 편차에 기인하는 분업의 실태를 고찰하는 데 유용하다.

따라서 이 글에서도 민적통계표를 통해 한말 · 일제 초기 제주지역의 직업생활을 고찰하여 제주경제사 연구의 기초자료를 발굴하도록 하겠다.


## Ⅲ. 『민적통계표』를 통해 본 한말 · 일제 초기
## 　　제주지역의 직업분화


한말 · 일제 초기 제주지역의 직업분화를 고찰하기 위한 전제조건으로 조선시대 신분별 생활을 살펴볼 필요가 있다.

조선시대의 신분은 양반, 중인, 상민, 천민으로 나누어져 있고, 권리와 의무가 다 달랐다. 이 중 양반은 관리가 되어 나라를 다스리는데에 직접 참여하였고 중인은 양반을 도와 관청에서 일하기도 하였다. 또한 상민은 대부분 농업, 수공업, 상업 등에 종사하였고 천민들은 종, 노비 같은 직업에 종사한 사람들이라고 할 수 있다.

그러나 양반이지만 관리가 되지 않은 사람들은 글공부를 주로 하는 유생(儒生)들도 많았으며 이들은 농사를 노비와 소작농에게 맡겼다.

이처럼 유교를 숭상하고 충효를 중시하며 '사서삼경' 등 유교경전을 공부하거나 시 짓기, 활쏘기 등을 하는 학식과 인품이 높은 사람을 선비라고 하였다.

그리고 상민들 중 농민은 조선시대 백성의 대부분을 차지하였는데 농민은 교육을 받을 기회가 거의 없었고, 벼슬을 할 수 있는 길도 거의 막혀 있었다. 이들 농민들은 자기 땅에서 농사를 짓고 살았으며 부자 농민은 그리 많지 않았다.

한편 상공업에 종사하는 상인들로는 관청과 일반 백성들의 생활필수품을 판매하는 상인 시전상인이 있었고 이리저리 이동하며 수공업제품이나 생활필수품 등을 판매하는 보부상들도 많았다.

또한 수공업자들이 서울과 지방의 관청에 들어가 필요한 물건을 만들었다.


다음으로 일제강점기의 직업분화를 살펴보면, 일제강점기에는 관리 혹은 공리(公吏), 농업, 상업, 광업, 공업, 어업, 일고(日雇)라는 7가지 종류로 나누었다. 일고(日雇)는 일용 노동자라고 할 수 있다.

1909년 민적조사에서는 양반과 유생을 직업 종별에 추가하고 이상의 9종에 들어가지 못하는 직업을 기타, 비경제활동 인구 내지 실직자를 무직으로 잡았다. 그래서 호주의 직업은 민적부 용지의 상단

오른쪽에 기재하였다.

그러나 1912년부터 양반과 유생은 독립된 직업으로 간주되기 곤란하기 때문에 직업분류에서 빠졌다.

그리고 1913년도 『조선총독부통계년보(朝鮮總督府統計年報)』에 의하면 '현재조선인호구직업별(現在朝鮮人戶口職業別)' 분류를 농업·목축·임업·어업 등, 공업, 상업, 교통업, 공무(公務), 자유업(自由業), 기타 유업자(有業者) 및 직업을 신고하지 않은 자로 하였다.

광업은 공업에 일가(日稼)는 기타 유업자(有業者)에 포함되었을 것으로 생각된다. 그 대신에 임업, 교통업, 자유업이 독립된 항목은 아니지만 명시되고 있다. 변화된 직업 분류방식의 골격은 1925년 국세조사(國勢調査)까지 이어졌다.


이상의 사실들을 바탕으로 『민적통계표』에 나타난 한말·일제 초기 제주지역의 직업 생활을 살펴보도록 하겠다.

1910년에 조선총독부 내무경무국이 편찬한 『민적통계표』에 의하면 전국에서 농업호가 88.7%, 상업호가 6.5%, 공업호가 0.8%였다(이헌창 1989: 176)[323]. 그리고 전국에서 농업호 비중이 70% 이하인 면은 281개 면으로 전체의 6.4%에 불과하다.

이렇게 농업호가 70% 이하를 차지하는 면지역의 직업구성을 보면, 관공리와 상공업, 어업호가 발달하였고 일고(日雇)의 비중도 상대적으로 높은 편이다.

즉 행정중심지와 상공업중심지와 어촌에서 직업분화가 진전되었으

---

323) 이 수치는 전국 호수 합계로 나눈 수치로 직업합계로 나눈 수치와는 조금 다르다. 왜냐하면 직업계가 호수를 초과하는 중요한 요인으로 11개의 직업 항목 중에서 兩班과 儒生이 포함되었기 때문이다. 따라서 직업계로 나누면 농업호 83%, 상업호 6%, 어업호 1%, 공업호 0.8%로 구성되어 있다.

며 이런 지역에서는 노동자층의 형성도 진전되었다고 하겠다.

한편 농업호 비중이 70% 이하인 면은 제주지역 12개 면 중에서 7개 면으로 전국 평균에 비교하였을 때 상당히 높은 편이다. 이러한 이유는 전국단위 관공리, 행정중심지의 발달에서 오는 현상이 아니라 제주지역에서 호수 61.9%, 인구수 62.3%를 차지하는 제주군의 어업호가 78% 상업호가 84.7 % 전국평균에 비해 매우 높고 이로 인해 제주지역 전체가 어촌으로 분류되고 있기 때문인 것으로 여겨진다. 이와 더불어 어업과 농업이 겸업으로 중복되어 나타나기 때문이다.

<표 16 - 1> 은 농업호의 비중이 70% 이하인 면(面)의 직업구성 중에서 제주지역만을 간추린 것이다.

〈표 16 - 1〉 제주지역 농업호 비중이 70% 이하인 면의 직업구성

(단위: 호, %)

| 군 - 면 | 戶數 | 商業 | 農業 | 漁業 | 工業 | 鑛業 | 日雇 | 비고 |
|---|---|---|---|---|---|---|---|---|
| 濟州 中面 | 6359 | 26.7 | 29.5 | 25.9 | 0.4 | 0.0 | 7.9 | 漁村 |
| 濟州 新右面 | 3704 | 26.5 | 30.2 | 27.6 | 0.4 | 0.0 | 8.2 | 漁村 |
| 濟州 舊右面 | 4502 | 28.4 | 33.0 | 25.6 | 0.3 | 0.0 | 8.1 | 漁村 |
| 濟州 新左面 | 2617 | 25.5 | 29.8 | 26.0 | 0.4 | 0.0 | 11.6 | 漁村 |
| 濟州 舊左面 | 3721 | 24.5 | 29.1 | 27.0 | 0.3 | 0.0 | 12.6 | 漁村 |
| 大靜 左面 | 1880 | 22.9 | 28.6 | 30.2 | 0.5 | 0.0 | 7.1 | 漁村 |
| 旌義 右面 | 2458 | 21.6 | 33.5 | 35.8 | 0.2 | 0.0 | 3.4 | 漁村 |

자료: 이헌창(1997), 『民籍統計表의 해설과 이용방법』, 고려대학교 민족문화연구소, pp.45 - 46. 재구성

<표 16 - 1>를 살펴보면, 제주지역에서 12개 면 중에서 농업호(戶) 비중이 70% 이하인 면은 7개 면으로 제주군(濟州郡) 6개 면 중에서 6개 면으로 가장 많고 대정군(大靜郡)과 정의군(旌義郡)은 각각 3개 면 중 한 개 면인 것으로 나타났다.

면별로 비교해 보면, 제주군(濟州郡) 내 면지역이 대정군(大靜

郡), 정의군(旌義郡) 지역에 비해 상업호 비율이 높게 나타나고 있으며 상대적으로 대정군(大靜郡), 정의군(旌義郡) 지역은 어업호 비율이 상업호 비율과 농업호 비율에 비해 높게 나타나고 있다.

이들 중 제주군(濟州郡) 중면(中面)과 구우면(舊右面)은 어업호 비율보다 상업호 비율이 높게 나타나고 있으며 제주군(濟州郡) 구좌면(舊左面)과 신좌면(新左面)은 일고(日雇)비율이 제주지역에서 가장 높게 나타나고 있다.

제주지역에서 상업호 비율은 제주군(濟州郡) 구우면(舊右面)이 가장 높고 다음으로 제주군(濟州郡) 중면(中面), 신우면(新右面), 신좌면(新左面) 순이며 정의군(旌義郡) 우면(右面)이 상대적으로 가장 낮다.

이상에서 볼 때 일제강점기 제주지역에서 제주군(濟州郡)은 상업과 어업이 가장 발달한 지역이며 상대적으로 대정군(大靜郡)과 정의군(旌義郡)은 농업이 발달한 지역이라고 할 수 있다.

한편 이들 지역 중 농업호 비율은 상업호 비율이 가장 낮은 정의군(旌義郡) 우면(右面)이 가장 높고 대정군(大靜郡) 좌면(左面)이 가장 낮게 나타나고 있다.

그리고 어업호 비율은 정의군(旌義郡) 우면(右面)이 가장 높고 다음으로 대정(大靜郡) 좌면(左面), 제주군(濟州郡) 구우면(舊右面), 제주군(濟州郡) 구좌면(舊左面) 순이고 제주군(濟州郡) 구우면(舊右面)이 가장 낮다.

또한 공업호 역시 유사하지만 대정군(大靜郡) 좌면(左面)이 가장 높고 정의군(旌義郡) 우면(右面)이 가장 낮게 나타나고 있으며 일고(日雇)는 제주군(濟州郡) 구우면(舊右面)이 가장 높고 제주군(濟州

郡) 신좌면(新左面) 다음 순이다.

반면 어업호와 농업호 비율이 가장 높은 정의군(旌義郡) 우면(右面)의 일고(日雇) 비율은 3.4%로 제주지역에서 가장 낮다.

제주지역 농업호 비중이 70% 이하인 면 전체로 볼 때, 농업호가 가장 많고 그 다음으로 어업호와 상업호 순으로 나타났으며 공업호는 아주 미미하고 광업호는 전무하다. 그리고 제주지역 면별로 차이가 나긴 하지만 일용직도 일정부분을 차지하고 있었다는 것을 알 수 있다.


한편 『민적통계표』 범례에 의하면 "직무(職務)는 호주(戶主)에 대해서만 조사하였으므로 호수와 서로 같아야 당연하지만 동일한 호주로서 두 세 직업을 겸하는 자가 많았기 때문에 직업 수는 호수를 훨씬 초과한다"고 하였다.

이와 같이 직업계(職業計)가 호수를 초과하는 중요한 요인으로, 11개의 직업 항목 중 양반(兩班)과 유생(儒生)이 포함된 점을 들 수가 있다.

이것은 직업조사를 하면서 "양반, 유생인 동시에 관공리·농업·상업인 것과 같이 원수(員數)가 중복되는 것은 각각 그 전수(全數)를 게재하고 비교란에 중복되는 원수(員數)를 나타내기로 하였던" 것에서 알 수 있다.

또한 당시 농업에 종사하면서 상업, 광공업, 어업 등을 겸하는 자가 많았다. 이러한 겸업자를 농업에 포함하는가, 아니면 다른 직업으로 간주하는가, 두 곳에 다 기입하는 가는 농가의 구체적인 실태에 의해서 뿐만 아니라 해당 군의 방침에 따라 차이가 난다.

제주지역의 경우 양반과 유생이 중복되는 현상보다는 어업과 농업이 겸업으로 중복되는 경우가 많았을 것으로 추측된다.

<표 16-2>는 이러한 중복 오류를 수정한 제주지역 군별·면별 통계이다.

〈표 16-2〉 오류를 수정한 제주지역 군별 면별 통계

| 君-面 | 戶 | 남자 | 여자 | 인구 | 官公吏 | 兩班 | 儒生 | 商業 |
|---|---|---|---|---|---|---|---|---|
| 全國合計 | 2,740,776 | 6,857,510 | 6,061,188 | 12,918,698 | 15,630 (0.5) | 53,513 (1.8) | 18,438 (0.6) | 172,707 (6) |
| 濟州合計 | 33,763 | 60,250 | 63,884 | 124,944 | 81 (0.2) | 3 (0.08) | 500 (1.4) | 6,535 (19.3) |
| 濟州郡 | 20,903 | 38,485 | 39,450 | 77,935 | 27 | 2 | 350 | 5,537 (26.4) |
| 中 面 | 6,359 | 12,132 | 11,813 | 23,945 | 23 | 2 | 50 | 1,699 |
| 新右面 | 3,704 | 6,850 | 6,820 | 13,670 | 1 | 0 | 80 | 980 |
| 舊右面 | 4,502 | 7,427 | 8,221 | 15,645 | 1 | 0 | 100 | 1,279 |
| 新左面 | 2,617 | 4,984 | 5,112 | 10,096 | 1 | 0 | 20 | 667 |
| 舊左面 | 3,721 | 7,095 | 7,484 | 14,579 | 1 | 0 | 100 | 912 |
| 大靜郡 | 5,426 | 8,144 | 9,954 | 18,908 | 11 | 1 | 80 | 445 (8.2) |
| 中 面 | 1,446 | 2,163 | 2,565 | 4,728 | 2 | 0 | 6 | 2 |
| 右 面 | 2,100 | 2,836 | 3,523 | 6,359 | 8 | 1 | 4 | 12 |
| 左 面 | 1,880 | 3,145 | 3,866 | 7,011 | 1 | 0 | 70 | 431 |
| 旌義郡 | 7,434 | 13,621 | 14,480 | 28,101 | 43 | 0 | 70 | 553 (7.4) |
| 左 面 | 2,329 | 4,836 | 5,031 | 9,867 | 17 | 0 | 0 | 10 |
| 東中面 | 972 | 1,622 | 1,632 | 3,254 | 7 | 0 | 0 | 6 |
| 西中面 | 1,675 | 3,290 | 3,210 | 6,500 | 16 | 0 | 9 | 7 |
| 右 面 | 2,458 | 3,873 | 4,607 | 8,480 | 3 | 0 | 70 | 530 |
| 군-면 | 農業 | 漁業 | 工業 | 鑛業 | 日雇 | 其他 | 無職 | 職業界 |
| 全國合計 | 2,366,075 (83) | 33,722 (1) | 22,864 (0.8) | 1,383 (0.04) | 68,973 (2.4) | 34,347 (1) | 31,107 (1.1) | 2,816,759 |
| 濟州合計 | 15,930 (47.1) | 7,061 (26.3) | 112 (0.3) | 0 | 2,195 (6.5) | 194 (0.57) | 1,152 (3.7) | 33,763 |
| 濟州郡 | 6,340 (30.3) | 5,508 (26.3) | 74 (0.3) | 0 | 1,948 (9.3) | 136 | 981 (4.6) | 20,903 |

| 君-面 | 戶 | 남자 | 여자 | 인구 | 官公吏 | 兩班 | 儒生 | 商業 |
|---|---|---|---|---|---|---|---|---|
| 中 面 | 1,874 | 1,646 | 27 | 0 | 505 | 36 | 497 | 6,359<br>(5359) |
| 新右面 | 1,120 | 1,023 | 14 | 0 | 305 | 25 | 156 | 3,704 |
| 舊右面 | 1,484 | 1,154 | 12 | 0 | 365 | 32 | 75 | 4,502 |
| 新左面 | 781 | 680 | 11 | 0 | 304 | 19 | 134 | 2,617 |
| 舊左面 | 1,081 | 1,005 | 10 | 0 | 469 | 24 | 119 | 3,721 |
| 大靜郡 | 4,037<br>(74.4) | 575<br>(10.5) | 10 | 0 | 133<br>(2.4) | 24 | 110<br>(2.0) | 5,426 |
| 中 面 | 4 | 0 | 0 | 0 | 0 | 0 | 0 | 1,446 |
| 右 面 | 2,067 | 3 | 0 | 0 | 0 | 0 | 5 | 2,100 |
| 左 面 | 538 | 568 | 10 | 0 | 133 | 24 | 105 | 1,880 |
| 旌義郡 | 5,553<br>(74.7) | 978<br>(13.1) | 28 | 0 | 114<br>(1.5) | 34 | 61<br>(0.8) | 7,434 |
| 左 面 | 2,194 | 72 | 11 | 0 | 15 | 5 | 5 | 2,329 |
| 東中面 | 914 | 16 | 8 | 0 | 9 | 5 | 7 | 972 |
| 西中面 | 1,622 | 10 | 4 | 0 | 7 | 5 | 4 | 1,675 |
| 右 面 | 823 | 880 | 5 | 0 | 83 | 19 | 45 | 2,458 |

자료: 이헌창(1997), 『民籍統計表의 해설과 이용방법』, 고려대학교 민족문화연구소, p.127. 재구성.

민적조사 당시 제주지역 호수가 전국에서 차지하는 비율은 1.2%이며 인구수는 0.967%로 현재와 유사하다. 이처럼 인구수 비율에 비해 호수비율이 높은 것은 제주지역의 호당 인구수가 전국평균에 비해 적었기 때문이다. 즉 전국평균 호당 인구수는 4.71명이며 제주지역 호당 인구수는 3.70명으로 제주지역은 육지부 논농사지역에 비해 호당 인구수가 적었다는 것을 알 수 있다.

제주지역 전체에서 살펴보았을 때, 농업인구가 47.1%로 가장 많지만 전국 평균 83%에 비하면 상당히 낮은 편이다. 반면 어업호수는 전국평균이 1%인 데 비해 제주지역은 26.3%로 매우 높은 편이다.

상업호수 역시 전국평균 6%보다 높은 19.3%를 나타내고 있으나 공업호수는 전국 0.8%에 비해 낮은 0.3%로 제주지역 수공업 발달이 미약하였다는 것을 알 수 있다.

일용직 역시 전국 평균 2.4%에 비해 높은 6.5%를 보여 주고 있으며 무직 역시 전국평균 1.1%에 비해 높은 3.7%를 보여 주고 있는데 이는 전국에 비해 안정적인 일자리가 다소 적었음을 말해 준다. 또한 민적부는 남성 가장 중심으로 기재되어 있기 때문에 여기에서는 제주여성의 경제활동이 나타나고 있지 않다.

아울러 흥미로운 사실은 제주지역 관공리 비율은 전국평균 0.5%에 비해 낮은 0.2%이며 양반호 비율 역시 전국평균 1.8%에 비해 매우 낮은 0.08(3명)이지만 유생호(儒生戶)는 1.4%로 전국 평균 0.6%에 비해 높게 나타난다는 것이다.

그러나 관공리는 정의군 지역이 호수 대비 제주지역에서 가장 많은 것으로 나타났다. 반면 유생은 제주군이 압도적으로 많다.


다음으로 제주지역 군별, 면별 통계를 보면 호수나 인구수는 제주군이 절대적으로 많고 다음으로 정의군, 대정군 순이다.

직업 면에서 보면 대정군과 정의군의 농업호는 제주지역 전체 평균 47.1%에 비해 높은 74.7%, 74.4%이지만 가장 인구가 많은 제주군이 30.3%이기 때문에 제주지역 농업호는 전국평균 83%보다 낮은 47.1%를 나타내고 있는 것이다.

이에 비해 어업호는 제주군이 26.3%로 정의군 13.1%, 대정군 10.5%보다 높으며 전국평균 1%보다 아주 높은 것으로 나타났다.

이외에 제주지역 상업호는 전국평균 6%보다 높은 19.3%로 특히 제주군 상업호는 26.4%로 매우 높고 대정군 8.2%, 정의군 7.4%로 나타났다.

다음으로 일고(日雇)는 제주군이 제주지역 전체 평균 6.5%보다 높은 9.3%를 나타내고 있으며 다음으로 대정군 2.4%, 정의군 1.5%

순이다.

　이상을 종합하여 보면 제주군이 제주지역에서 호수비율 61.9%, 인구수 비율이 62.3%로 절대적이기 때문에 제주군의 분업 형태가 제주지역 전체의 분업 형태를 좌우하게 되는 것이다. 이에 비해 대정군, 정의군은 각각 농업호 비율이 74.4%, 74.%이지만 제주지역 전체에서 호수비율이 각각 15%, 22%, 인구수 비율이 각각 15.1%, 22.4%이기 때문에 제주지역 전체의 분업 형태가 이들 지역과 다소 다른 양상을 보여 주고 있다.


## Ⅳ. 맺음말

　이상에서 살펴본 것처럼 1909년 민적조사에 의해 작성된 『민적통계표(民籍統計表)』에 제시된 호구의 통계는 인구사 연구, 관공리의 통계는 행정사 연구, 양반과 유생의 통계는 신분사, 그 밖의 직업통계는 경제사 연구에 활용될 수 있다.

　특히 제주지역 민적부와 민적통계표를 통해 한말 · 일제 초 제주지역의 직업생활을 살펴봄으로써 근대 제주지역 경제사 연구의 지평을 확대할 수 있을 것이다.

　『민적통계부(民籍統計表)』를 통해 한말 · 일제 초 제주지역의 직업생활을 요약해 보면, 제주군(濟州郡) 내 면지역이 대정군(大靜郡), 정의군(旌義郡) 지역에 비해 상업호 비율이 높게 나타나고 있으며 상대적으로 대정군(大靜郡), 정의군(旌義郡) 지역은 어업호 비율이 상업호 비율과 농업호 비율에 비해 높게 나타나고 있다.

민적조사 당시 제주지역 호수가 전국에서 차지하는 비율은 1.2% 이며 인구수는 0.967%로 현재와 유사하다. 이처럼 인구수 비율에 비해 호수비율이 다소 높게 나타난 것은 제주지역의 호당 인구수가 전국평균에 비해 적었기 때문이다. 즉 전국평균 호당 인구수는 4.71명이며 제주지역 호당 인구수는 3.70명으로 제주지역은 육지부 논농사지역에 비해 호당 인구수가 적었다는 것을 알 수 있다.

제주지역 농업호는 47.1%로 제주지역 직업구성 비율에서는 가장 높지만 전국 평균 83%에 비하면 상당히 낮은 편이다. 반면 어업호는 전국평균은 1%인 데 비해 제주지역은 26.3%로 매우 높은 편이다. 상업호수 역시 전국평균 6%에 비해 높은 19.3%를 나타내고 있으나 공업호는 전국 0.8%에 비해 낮은 0.3%로 제주지역 수공업 발달이 미약하였다는 것을 알 수 있다.

이와 같은 현상이 나타난 것은 제주군이 제주지역에서 호수비율 61.9%, 인구수 비율이 62.3%로 절대적이었으므로 제주군의 분업 형태가 제주지역 전체의 분업 형태를 좌우하게 되었기 때문이다.

이에 비해 대정군, 정의군은 각각 농업호 비율이 74.4%, 74.%이지만 제주지역 전체에서 호수비율이 각각 15%, 22%, 인구수 비율이 각각 15.1%, 22.4%이기 때문에 제주지역 전체의 분업 형태가 이들 지역과 다른 양상을 보여 주고 있다.

이상에서 보면, 한말·일제 초기 제주지역 산업은 이전 시대 즉 조선시대에 비하여 농업과 축산업에 비해 어업과 상업이 비약적으로 발달하기 시작하였던 것으로 추측된다. 즉 출륙금지 200년 이후 개항과 일본인 내도 등 정치·사회적 변화의 물결을 타고 종전 자급자족적 농업중심 사회가 어업과 상업 중심의 사회로 옮겨 가고 있었다는 것이다.

또한 농업 역시 기존 자급자족적 농업 수준에서 탈피하여 시장거래에 초점을 맞춘 경영방식으로 전환하려는 움직임이 나타나고 있다. 예를 들면 임고(賃雇) 즉 일용노동자의 발생과 확대가 확연히 나타나는 현상이 생겨난다.

일반적으로 어업과 상업의 발달은 시장거래의 확대를 의미한다. 왜냐하면 그 당시 어업은 자급자족 목적이 아닌 판매와 시장거래를 위한 생산활동이기 때문이다. 그리고 때마침 제주지역에 시장거래에 초점을 맞춘 농업경영방식의 확대 현상이 나타나 제주지역 시장거래, 상업활동이 점차 식민지 초기자본주의 성격을 띠게 되었다는 것을 알 수 있다.

마지막으로 한 가지 더 부언한다면, 제주지역 민적부와 민적통계표를 활용하여 한말·일제 초기 제주지역의 직업생활을 고찰하는 것과 별도로 제주마을의 민적부를 미시적으로 활용하고 인제학문의 도움을 받아 한말·일제 초기 공간별·직업별 제주 마을 경관을 복원해 볼 수도 있다. 향후 시도해 볼 만한 작업이다.

# 참고문헌


『濟州島 大靜郡 左面 民籍簿』

손병규(2005), "한말·일제초 제주 하모리의 호구파악 – 光武戶籍과 民籍簿 비교분석 – ", 『대동문화연구』 54, 성균관대학교 대동문화연구원.

이헌창(1996), "민적통계표의 검토", 『고문서연구』 9·10, 한국고문서학회.

이헌창(1997), 『民籍統計表의 해설과 이용방법』, 고려대학교 민족문화연구소.

허원영(2007), "19세기 후반 濟州 戶籍中草에 등재된 戶의 경제적 성격", 『고문서연구』 30, 한국고문서학회.

# 제주 세계자연유산 등재와 생태관광

고선영

## Ⅰ. 연구목적

생태관광은 위락만이 아닌 책임 있는 관광(responsible tourism)에 대한 수요에 부응하고 관광객과 지역사회로 하여금 자연과의 공존을 지향하면서 지역경제 활성화에 부응하는 성격의 다목적 지역활성화 전략으로 이해되고 있다. 제주를 찾는 관광객들도 제주관광의 최대 장점을 천연자연환경으로 인식하고 있어(제주특별자치도·제주발전연구원, 2008) 제주도 생태관광의 가능성을 뒷받침하고 있다. 특히 제주도가 UNESCO로부터 2002년 12월 한라산생물권보존지역으로 지정되고, 이어 2007년 6월 '제주 화산섬과 용암동굴'이 세계자연유산으로 지정되면서 제주도의 자연경관은 미적 가치뿐만 아니라 지형학적 가치를 세계적으로 인정받았다. 이는 제주가 지니는 뛰어난 경관과 자연환경의 가치증진과 함께 생태관광이 더욱 활발해질 것[324]으

---

324) 문화재청 자료에 따르면 제주 화산섬과 용암동굴을 방문한 관광객은 2007년 1월~8월 160만 3천 26명에서 2008년 같은 기간 189만 9천 679명으로 18.5% 증가했다. 특히

로 기대되는 한편, 생태관광으로 인한 개발압력이 더욱 가속화될 우려가 있으므로 자연유산 가치 훼손 위협을 극복하는 과제가 남아 있다. 이와 관련해서 2008년 7, 8월 2달간 진행된 '거문오름국제트레킹대회'는 제주 세계자연유산에 대한 첫 활용사례로서 세계적인 관심을 유발하고 있으며 세계자연유산의 지속 가능한 활용의 첫 시험대가 되었다.

본 연구는 제주 세계자연유산 등재가 제주 생태관광에 주는 시사점을 분석하고자 한다. 이를 위해 제주 세계자연유산의 특징과 가치를 분석하고 이를 토대로 제주세계자연유산 등재와 그 활용과정이 제주 생태관광에 끼친 영향에 대해 논의한다. 특히 이 부분에서는 유산활용의 최초 사례인 '거문오름국제트레킹대회'를 중심으로 유산활용의 방향과 그 의미에 대해 논의한다. 끝으로 생태관광 계획과 관리의 맥락에서 지역사회 참여에 대한 관심이 고조되고 있는 바(Beeton, 1998; Cater, 1994; Brandon, 1993; Drake, 1991 등), 세계자연유산이 위치한 유산마을 지역주민들의 유산활용에 대한 관심과 참여형태를 고찰하고 이를 토대로 유산지구 생태관광에 대한 주민참여 활성화 방안을 제시하고자 한다.


## II. 제주의 생태관광


생태관광은 관광객 기호의 다변화에 따른 휴양풍조의 한 맥락으로

---

외국인 관광객의 경우는 14만 3천 524명에서 19만 1천 958명으로 33.7% 증가하였다 (연합뉴스, 2008. 9. 15일자).

이해되기보다는 인간이 자연을 경험하고 자연과 관계를 맺는 방식에서 근본적인 변화가 일어나는 것을 반영해 주는 하나의 지표로서 이해된다. 따라서 자연을 단순 경험하는 기존 자연관광(nature tourism)과 달리 자연환경에 대한 교육과 해설을 제공하며, 생태적으로 지속가능하도록 관리하는 자연중심 관광(오정준, 2003)이면서 자원중심형(resource - oriented) 관광으로 이해된다. 즉 생태관광은 비교적 훼손되거나 오염되지 않은 자연자원을 대상으로 이루어지는 관광이기 때문에 국립공원이나 생태보호구역 등이 그 대상이 되며 이외에도 야생동물, 동굴, 화석지, 습지, 희귀 동·식물의 서식지 등의 자원이 대상이 된다(제주발전연구원, 2001). 이러한 의미에서 천혜의 자연경관을 지닌 제주도의 관광지는 수직·수평적으로 확대되고 있다. 기존 관광지가 해안 경승지나 한라산과 같이 수려한 경관과 볼거리를 제공하는 특정장소에 형성되었다면, 관광객의 기호가 다변화되고 일상생활과 관광간의 경계가 소멸되고 경제, 사회, 문화, 교육 활동과 관광활동이 중첩되면서 기존에 주목받지 못한 공간이 관광객의 기호, 흥미, 취향을 통해 내재적 의미를 가지고 있는 관광지로 발전하고 있으며(오정준, 2003) 이들은 대부분 생태, 문화, 체험, 녹색 등의 대안적 관광유형을 표방하면서 관광형태가 다변화되고 있다.

특히 오름트레킹은 제주도의 대표적 생태관광으로 각광받고 있다. 제주도에는 크고 작은 368개[325])의 오름이 분포하고 있으며, 이는 전

---

325) 제주의 오름이 과연 몇 개나 분포하는가에 관한 많은 이견이 존재하나 제주특별자치도는 '제주의 오름(1997)'에서 오름을 "분화구를 갖고 있고, 내용물이 화산쇄설물로 이루어져 있으며, 화산구(火山丘)의 형태를 갖추고 있는 것"이라고 정의하고(제주도, 1997), 크고 작은 제주의 오름을 368개로 공식집계하고 있다. 여기에서 한라산 정상에서 볼 때 표고의 연속과 항공사진 판독에 의해 용암류의 끝부분으로 인식되는 봉우리들은 오름으로 인정하지 않았다(한승태·한동호, 2008). 오름은 지역별로 제주시에 210개, 서귀포시에 158개가 분포하고 있으며 오름의 형태에 따라 말굽형(174개, 47.3%), 원추형(102개, 27.7%), 원형(53개, 14.4%), 복합형(39개, 10.6%)으로 구분한다(제주특별자치도, 2007).

형적인 제주의 자연경관을 형성하면서 제주도민뿐만 아니라 외지인의 환경교육을 위한 교육장소와 생태체험장으로 이용되고 있다. 이처럼 오름이 생태관광자원으로 급부상하게 된 이유는 첫 번째로 여러 전문서적과 대중매체를 통한 장소이미지 형성을 들 수 있다. 제주오름에 대한 전문서적인 '오름나그네(김종철, 1995)'와 '제주의 오름(제주도, 1997)'이 그러한 역할을 하였고 또한 영화('이재수의 난', '연풍연가' 등)의 촬영장소로 활용되기도 하였다. 두 번째는 1990년대 중반부터 오름에 대한 제주도민의 관심이 증대되었는데, 그 결과 오름 동호회와 답사팀이 활발한 활동을 전개하고 오름을 통한 생태·환경학교가 꾸준히 운영되고 있다(오정준, 2003). 이들은 인터넷 카페 등을 통해 정보를 공유하면서 그 확산속도가 급속화되고 있는데, 2008년 12월 31일 기준 국내 최대 포털사이트인 "DAUM(www.daum.net)"의 카페검색창에서 '오름동호회'를 검색하여 얻은 1,495개 동호회 중 제주 오름과 관련된 동호회를 개설일별, 회원 수별로 조사하였다. 1999년 6월에 제주여행정보를 제공하기 위한 카페가 처음 개설된 이후 그 수가 급격히 증가하여 2008년까지 총 245개가 개설되었다. 특히 2002년 이후에는 소규모 오름동호회 개설 수가 증가하였고 2006년에는 그 가입회원 수가 급격히 증가하여 도민들의 오름에 대한 관심과 참여가 확대되어, 2008년 말 현재 동호회 가입회원 수는 76,000여 명에 달한다.[326][그림 17 - 1, 2]. 인터넷이라는 특성상 내재된 참여개방성은 개인의 의도에 따라 중복가입이 가능한 특성이 있으나, 이를 고려하더라도 이러한 증가 추세는 개인들의 오름에 대한 관심증가를 의미 있게 보여 준다.

---

326) 인터넷 사용 인구가 20~30대의 젊은 층이 주를 이루고 있고 최근 중년층을 중심으로 등반붐이 일고 있으며 동호회 미가입 개별 등반객 및 도외 관광객들을 고려할 때 그 수는 더욱 많을 것으로 예상된다.

한편 규모별로는 대부분(190개, 77%)의 동호회가 50명 미만의 소규모 회원으로 구성되어 있으며 이 중 119개의 동호회는 10명 미만의 회원으로 운영되는 소규모 친분을 기반으로 한 소집단적 성격을 갖고 있다.

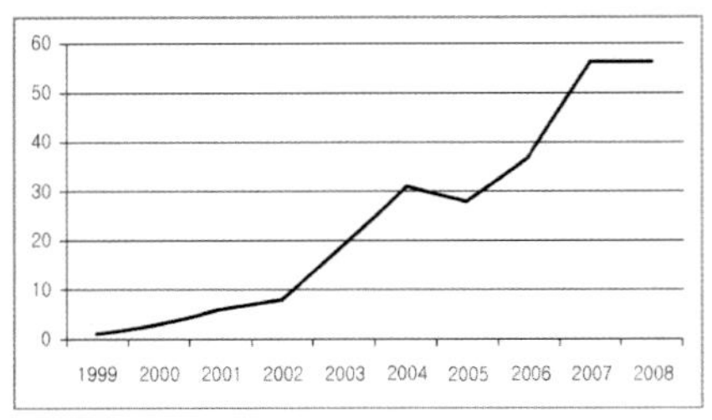
[그림 17-1] 제주 오름동호회 개설추이

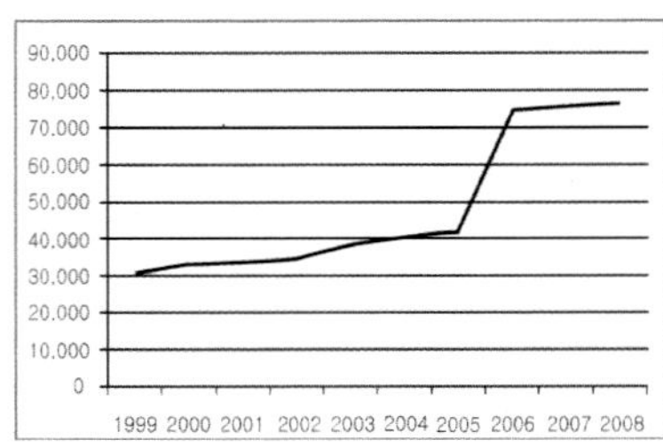
[그림 17-2] 오름동호회 누적회원 수

이처럼 제주도 생태관광은 자발적 소규모 집단 및 개인 관광객들이 중심이 되어 이루어진 것이 지금까지의 특징이다. 그러나 최근에는 생태관광의 발전 전면에 제주특별자치도가 앞장서면서 그 특성이 강화·발전하고 있다. 그 대표적 계기가 세계자연유산 '제주 화산섬과 용암동굴'의 지정과 이를 활용한 '거문오름국제트레킹대회'의 개최이다.


## Ⅲ. '제주 화산섬과 용암동굴'과 생태관광


### 1. UNESCO 세계자연유산 '제주 화산섬과 용암동굴'


#### 1) UNESCO 세계유산

세계유산(World Heritage)이란 유네스코 세계유산위원회가 보존되

어야 할 세계적인 주요 유산으로 인정하여 세계유산 목록에 '등재
(inscription)'한 유산을 의미하며, 이때 유산(Heritage)을 유네스코는
'과거로부터 물려받은 것으로, 현재 우리가 더불어 살아가고 미래 세
대에 물려주어야 할 것(Heritage is our legacy from the past, what
we live with today, and what we pass on to future generations)'
으로 정의하고 있다(이인규, 2008). 세계유산센터(World Heritage
Center)는 1차 세계대전 이후 국제적 유산보호 운동의 취지로 조성,
1972년 문화지역과 자연지역 보호라는 분리된 운동을 통합하기 위
해 세계 문화·자연유산보호에 관한 협약(Convention concerning
the Protection of the World Cultural and Natural Heritage)으로
발전하였으며, 이는 생물종 다양성의 손실과 환경악화로부터 지역,
국가, 국제조직들로 하여금 인류 공동의 유산은 소재국에 관계없이
보존에 대한 책임을 공유해야 한다는 데 근거를 두고 있다.

　세계유산센터가 국제기구로 구체화되게 된 결정적인 사건은 이집
트 아스완댐 건설 결정이었다. 아스완하이댐은 고대 이집트 문명의
보고인 Abu Simbel 사원이 위치한 계곡에 계획되었고 1959년 이집
트와 수단정부의 요청으로, 유네스코가 국제구호 캠페인을 실행하였
다. 이 캠페인은 약 8000만 달러의 비용이 들었는데 그중 절반은 약
50개국의 기부로 이루어졌다. 이는 뛰어난 문화지역에 대한 국가들
의 공유된 책임감과 유대감의 중요성을 보여 준다. 이러한 성공은
다른 구호캠페인으로 확대되었고, 결국 유네스코는 국제기념물유적
협회(ICOMOS, International Council on Monuments and Sites)의
지원으로 문화유산 보존에 관한 조직을 준비할 수 있었다. 문화지역
과 자연지역 보존을 통합하고자 하는 아이디어는 1965년 미국 워싱
턴 D.C. 백악관 회의에서 현재와 미래 세계최고 자연, 경관, 역사지

역을 보호하기 위한 국제적 협조를 촉구하면서 시작되었다. 1968년 국제자연보전연맹(IUCN, International Union for Conservation of Nature and Natural Resources)이 유사한 목적으로 만들어졌고 그러한 목적들은 1972년 스톡홀름에서 열린 인간과 환경에 관한 유엔회의에 제출되었다. 결국 세계 문화유산과 자연유산 보호협정(Convention concerning the Protection of World Cultural and Natural Heritage)이 유네스코 일반회의에서 채택되었고 이 협정은 우리에게 인간이 자연과 상호 작용하는 방법과 양자 사이 균형을 보호해야 할 기본적인 필요성을 상기시켜 주었다.[327]

한편 세계유산의 등재신청은 협약에 가입한 각 당사국이 세계유산에 대한 실무를 담당하고 있는 세계유산센터에 신청서를 제출하고 이를 심사하기 위한 전문기관인 국제기념물유적협의회(ICOMOS: International Council on Monuments and Sites)에 문화유산을, 세계자연보존연맹(IUCN: World Conservation Union)에는 자연유산을 심사·평가하도록 위촉한다.

지금까지 세계유산은 1978년 처음으로 7개국 12개 유산지구(8개 문화지구와 4개 자연지구)를 지정한 이후, 2008년 8월 현재 전 세계 145개국에 걸쳐 문화유산 679개, 자연유산 174개, 복합유산 25개로, 총 878개의 세계유산이 등재되어 있다(<표 17-1>). 지역별로는 전체 유산의 50%가 유럽·북미지역에 집중되어 있으며 이들은 유럽지역의 역사를 배경으로 한 문화유산에 집중되어 있다.[328] 현재 한국

---

327) 유네스코 홈페이지(http://whc.unesco.org)

328) 세계유산의 지역적, 국가적 불균형을 해소하기 위해 2002년 개최된 세계유산위원회에서는 한 해에 신청하는 유산의 수를 1개국 1건으로 한정시켜 총 30건으로 제한하지는 규정안을 채택하였다. 이 제한은 2003년에 다소 완화되어 연간 40건으로 수정되면서 한 나라가 2개의 유산을 신청할 경우 자연유산과 복합유산 중 한 가지는 반드시 포함시켜야 한다는 조건이 첨부되었다.

은 석굴암·불국사(1995), 해인사 장경판전(1995), 종묘(1995), 창덕
궁(1997), 화성(1997), 경주역사유적지구(2000), 고인돌유적(2000)이
세계문화유산으로 지정되었고, '제주 화산섬과 용암동굴'이 2007년
국내 최초로 세계자연유산으로 등재되었다.

〈표 17-1〉 지역별 세계유산의 분포[329]

| 지역 | 문화유산 | 자연유산 | 복합유산 | total | % | 해당국 |
|---|---|---|---|---|---|---|
| 아프리카 | 40 | 33 | 3 | 76 | 9 | 27 |
| 아랍국가 | 60 | 4 | 1 | 65 | 7 | 16 |
| 아시아·태평양 | 125 | 48 | 9 | 182[*] | 21 | 27 |
| 유럽·북미 | 372 | 54 | 9 | 435[*] | 50 | 49 |
| 라틴아메리카 | 82 | 35 | 3 | 120 | 14 | 25 |
| total | 679 | 174 | 25 | 878 | 100 | 145 |

자료: UNESCO 세계자연유산 홈페이지.

　세계유산으로 등재신청을 하기 위해서는 각국이 먼저 세계유산 후
보를 선정하고 이를 잠정 목록으로 승인받은 후, 그 잠정 목록 중에서
신청 가능하다. 한국은 현재 문화유산 잠정목록으로 삼년산성(1994),
공주무령왕릉(1994), 강진도요지(1994), 안동하회마을(1998), 월성양동
마을(2002), 조선왕릉(2005)이, 자연유산으로는 설악산천연보호구역
(1994), 남해안일대공룡화석지(2002)가 승인되어, 6개의 문화유산과 2
개의 자연유산을 잠정목록에 등재시키고 있다.[330] 현재 남해안공룡화
석지가 2008년 2월 등재 신청서를 제출하였고, 2008년 10월에 실사

---

329) * 이 지역에 분포하는 유산 중 "Uvs Nuur Basin" 유산은 그 위치가 두 국가와 대륙에 걸쳐
　　분포하는 대표적 월경유산(trans-regional property)임. 몽골(아시아)과 러시아(유럽)에 걸쳐
　　분포하기 때문에 아시아지역에 분포하는 유산에도 포함되면서 유럽지역에 도 포함되고 있음.
330) 문화재청 홈페이지(www.cha.go.kr)

를 받아 2009년 7월 스페인에서 열리는 제33차 총회에서 등재 여부가 결정되므로 국내 두 번째 세계자연유산 등재를 앞두고 있다.

세계유산목록에 포함되기 위해 후보지역들은 10개의 선정기준[331] 중 적어도 1개 기준을 충족해야 하는데, '제주 화산섬과 용암동굴'은 기준 vii)과 viii)을 근거로 선정·등재되었다.

## 2) 제주 화산섬과 용암동굴 개요

제주도에서 세계자연유산으로 지정된 곳은 한라산천연보호구역, 거문오름용암동굴계, 성산일출봉응회구 등 3개 요소로 구성된 단일 유산이며 그 공식명칭은 '제주 화산섬과 용암동굴(Jeju Volcanic Island and Lava Tubes)'이다[그림 17-3].

---

331) 세계유산의 구체적인 선정기준(World Heritage Center 2008, 79-95)은 다음과 같다. i. 인간의 창조적 재능의 걸작품을 대표하는 것. ii. 세계 문화지역 내, 혹은 시대에 걸쳐 건축이나 기술발전 기념물, 도시계획 또는 경관 디자인과 같은 인간 가치의 중요한 교류를 보여 주는 것. iii. 현재 존재하거나 이미 사라져버린 문명 또는 문화적 전통에 대한 비범하거나 독특한 증거를 내포하는 것. iv. 건축유형, 고고학적 혹은 기술적 복합물 또는 인간 역사에서 중요한 단계를 보여 주는 경관의 뛰어난 사례가 되는 것. v. 전통적 인간거주지, 토지이용 혹은 해양이용의 뛰어난 사례가 되는 것으로서 문화를 대표하거나 특히 회복할 수 없는 변화의 영향으로 손상되기 쉬운 자연과 인간의 상호작용을 대표하는 것. vi. 훌륭하고 보편적 중요성이 있는 사건이나 생활전통, 사고(ideas), 신념, 예술작품 혹은 문학작품과 직접적으로, 명백히 관련될 것. vii. 최고의 자연현상이나 독특한 자연미, 심미적 중요성을 포함한 곳. viii. 지구 역사의 주요 단계를 대표하는 훌륭한 사례가 되는 것으로서, 지형 형성 과정에서 나타나는 중요한 지질학적 과정, 또는 중요한 지형적, 자연지리적 특성을 포함한다. ix. 육상, 담수(fresh water), 해안, 해양 생태계와 동식물 군락의 진화와 발전에 관한 중요한 생태학적, 생물학적 과정을 대표하는 훌륭한 사례가 되는 것. x. 생물학적 다양성 보존을 위해 가장 중요한 자연서식지로서 과학적 또는 보존적 관점에서 뛰어난 보편적 가치를 지닌 멸종위기종을 포함한 곳

자료: 제주특별자치도 · 문화재청(2006)

[그림 17 - 3] 제주 화산섬과 용암동굴

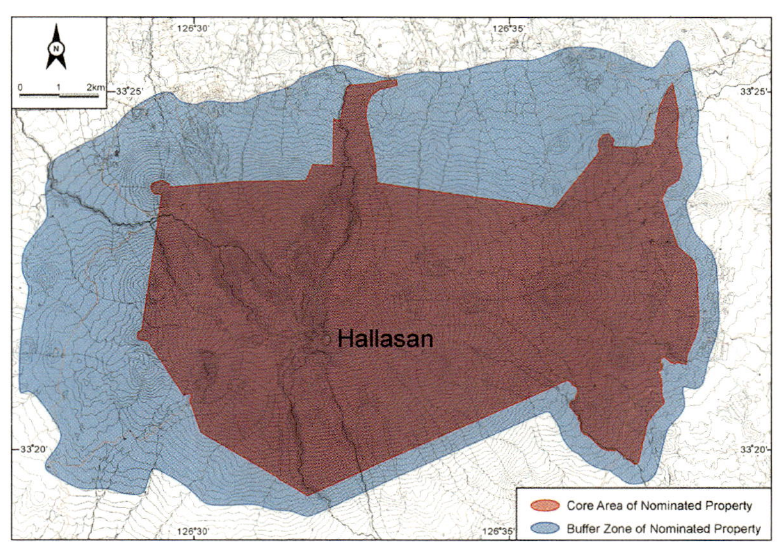


자료: 제주특별자치도 · 문화재청(2006)

[그림 17 - 4] 한라산천연보호구역

제주도의 중심 봉우리인 한라산은 제주도를 상징하는 화산체로서 전반적으로 완만한 경사를 갖는 순상화산이다. 한라산 정상부는 바라보는 각도에 따라 매우 다른 형상을 하고 있는데 이는 한라산 정상부가 성질이 다른 두 종류의 용암으로 만들어졌기 때문이다. 즉 백록담 분화구의 서쪽 절반은 점성이 높은 조면암으로 이루어져 돔형상을 하고 있는 반면, 동쪽 절반은 점성이 낮은 조면현무암으로 이루어져 지형이 완만한 편이다(제주특별자치도, 2008). 한라산은 천연보호구역을 중심으로 1966년에 천연기념물(제182호) 및 1970년에 국립공원으로 지정·관리되고 있으며, 국제적으로는 2002년에 UNESCO 생물권보전지역 지정, 2007년에는 UNESCO 세계자연유산(핵심지역 90.931㎢, 완충지역 73.474㎢)으로 등재되어 세계적으로 학술적·자원적인 가치를 인정받고 있다.

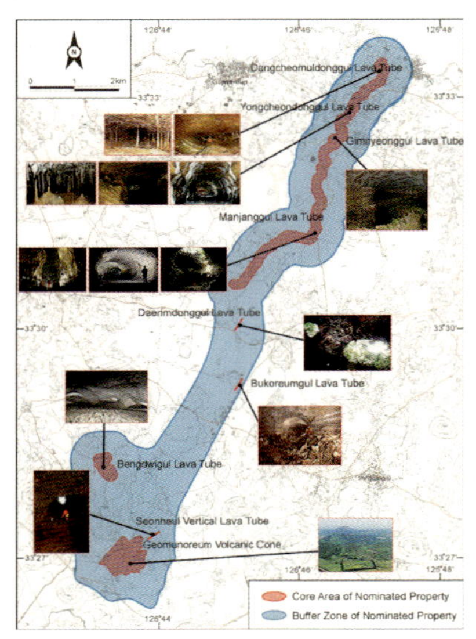


자료: 제주특별자치도·문화재청(2006)                    자료: 제주특별자치도·문화재청(2006)

[그림 17-5] 거문오름용암동굴계               [그림 17-6] 성산일출봉 응회구

거문오름용암동굴계(Geomunoreum Lava Tube System)는 해발 454m의 작은 화산인 거문오름으로부터 수차례에 걸쳐 분출된 다량의 현무암질 용암류(lava flow)가 지표를 따라 북북동 방향으로 약 13㎞ 떨어진 해안까지 흘러가는 동안 형성된 일련의 용암동굴들의 무리를 말하며, 형성시기는 약 30만 년 전에서 10만 년 전 사이인 것으로 추정된다[그림 17－5]. 거문오름용암동굴계는 유산면적 22.367㎢(핵심지역 3.303㎢, 완충지역 19.064㎢)에 이르는 지역으로 제주특별자치도 제주시 조천읍 선흘 1리·2리·구좌읍 김녕리·월정리·행원리·덕천리에 걸쳐 분포하며(제주특별자치도, 2008), 거문오름·뱅뒤굴·만장굴·김녕굴·용천굴·당처물동굴을 포함하는 지역이다. 서로 다른 특징을 갖고 있는 동굴로 구성된 거문오름용암동굴계와 나머지 두 구성요소에서 볼 수 있는 다양하고 접근이 용이한 화산의 모습들은 전 지구적 화산활동을 이해하는 데 특징적이고 중요한 증거자료를 제시해 주고 있어(제주특별자치도, 2008) '제주 화산섬과 용암동굴'이 세계자연유산에 등재되는 데 중요한 역할을 하였다. 특히 거문오름용암동굴에 포함된 용천굴과 당처물동굴은 비교적 최근에 발견되어 일반인에게 미개방된 상태이고 그 경관적 가치가 훌륭한 것으로 평가되고 있어 관광객들의 호기심을 자극하고 있다.

성산일출봉 응회구(Seongsan Ilchulbong Tuff Cone)는 약 5천 년 전 얕은 수심의 해저에서 수성화산분출에 의해 형성된 전형적인 응회구이다[그림 17－6]. 유산면적 1.688㎢(핵심지역 0.518㎢, 완충지역 1.17㎢)에 이르고, 높이 182m로 제주도의 동쪽 해안에 거대한 고성처럼 자리 잡고 있는 이 응회구는 사발모양의 분화구를 잘 간직하고 있을 뿐만 아니라 해안절벽을 따라 다양한 내부구조를 훌륭히 보여 주고 있다. 특히 북서쪽 부분을 제외하고는 측면이 모두 파도의 침식작용으로 가파른 해식애를 이루고 있다. 이러한 침식의 결과, 성산일출봉은 분화구의 내부 지층부터 표면의 지층까지 화산체의 완벽한 단면을 드러내면서 이러한 특징이 일출봉의 과거 화산활동은 물론 전 세계 수성화산의 분출과 퇴적 과정 해석에 토대를 제공해 주고 있다는 점(제주특별자치도, 2008)에서 지형학적 가치와 교육적 가치를 인정받아 세계자연유산에 등재되었다. 즉 화산체로서 원형 그대로 보존된 형태보다 해식에 의해 단면이 드러남으로 인해 그 지층구조를 그대로 확인 가능하다는 측면에서 지형의 교육적 가치를 더욱 크게 인정받았다.

## 3) '제주 화산섬과 용암동굴'의 가치

'제주 화산섬과 용암동굴(Jeju Volcanic Island and Lava Tubes)'의 가치는 선정기준에 준한 OUV(Outstanding Universal Value)에서 확인 가능하다. '제주 화산섬과 용암동굴'은 10개 선정기준 중 기준 vii)과 기준 viii)을 충족하여 세계자연유산으로 등재되었으며 유네스코 세계유산 홈페이지에서는 제주 세계자연유산의 뛰어난 보편적 가치(OUV, Outstanding Universal Value)를 다음과 같이 평가하고 있다.[332]

> 기준 (vii): 전 세계에서 가장 아름다운 동굴계로 평가되고 있는 거문오름용암동굴계는 전례가 없는 뛰어난 시각적 충격을 주고 있다. 거문오름용암동굴계는 형형색색의 탄산염 동굴생성물들이 동굴의 천장과 바닥에 발달하거나 검은 동굴벽을 부분적으로 장식하고 있어 비길 데 없는 유일한 장관을 보여 주고 있다. 한편 바다에 솟아 있으며 요새와 같은 성산일출봉은 극적이고 뛰어난 경관을 보여 준다. 또한 한라산은 계절에

---

332) http://whc.unesco.org/en/list/1264

따라 변화무쌍함을 보여 주고 있을 뿐만 아니라 폭포, 기암 괴석과 주상절리가 발달한 절벽, 호수로 되어 있는 분화구를 갖고 있으며, 높이 솟아 있는 한라산 정상 등은 경관적, 심미적 매력을 더해 주고 있다.

기준 (viii): 제주도는 움직이지 않는 대륙지각판의 열점 위에 발달하였으며 전 세계에서 몇 개 안 되는 커다란 순상화산 중의 하나로서 특징적인 가치를 갖고 있다. 특히, 거문오름용암동굴계는 전 세계에서 가장 인상적이고 중요한 용암동굴들로 구성되어 있으며, 동굴들은 모두 잘 보호되고 있다. 또한 일부 용암동굴은 전 세계 어디에서도 볼 수 없는 종유석을 비롯한 다양하고 수많은 탄산염 이차 동굴생성물들로 장식되어 있어 장관을 이룬다. 화산의 구조와 퇴적학적 특징들이 잘 노출되어 있는 성산일출봉 응회구는 써치형 화산분출을 이해하는 데 있어서 세계적 수준의 가치를 갖고 있다.

'제주 화산섬과 용암동굴'의 선정기준에 준한 가치는 이의 사후 활용과 관련하여 그 방향성을 제시할 수 있다. 즉 기준 (vii)은 제주 세계자연유산의 미적 가치를 강조하고 있다. 이는 향후 제주 자연환경의 빼어난 지형경관적 가치와 더불어 세계자연유산으로서 보호받아야 할 보존가치를 더해 주고 있다. 특히 미공개 동굴을 포함하는 거문오름 용암동굴계는 시각적 충격과 훼손이 용이한 구조물들로 인해 엄격한 보존원칙에 입각한 활용방안이 요구된다.

한편 기준 (viii)은 제주 세계자연유산의 지형·지질학적 가치를 강조한다. 이는 관광 수요자들에게 해당 자원의 지형학적 가치를 전달함으로써 그 가치를 극대화할 수 있는데 이는 최근 관광수요 변화양상과 일맥상통하는 면이 있다. 즉 최근 관광의 성격이 양적 관광에서 질적 관광에 대한 선호가 높아지고 자기 계발 및 자아실현을 추구하는 형태로 전환되어 다양한 경험을 통해 학습과 참여의 기쁨을

얻으려 하고 있다(고선영, 2006). 관광을 통해 '인간의 지적, 심리적' 계발 기회로 삼고 환경생태적·문화적 지식 획득의 기회로 삼고 있는 것이다. 제주 세계자연유산의 지형적 가치를 발휘할 수 있는 구체적 방안으로서 적용되고 있는 방법이 생태관광 과정에 전문적 해설을 제공하는 것이다. 즉 제주 생태관광의 질적 변화라는 측면에서 단순 경관중심의 제주관광을 지리관광(Geo－tour)이라는 새로운 테마로 전환시키는 계기가 되었다. 제주의 경관자원은 단순한 경관이 아니라 지구의 역사를 설명하는 중요한 지형학적 가치를 지니고 있다는 가치를 확인시켜 주었고 이를 효과적으로 전달하고 인식시키는 방법으로 전문 해설사를 활용하고 있다. 전문적 자연유산 해설사 양성교육을 받은 유산해설사가 동행하면서 상호교류적 해설서비스를 제공하고 그 가치와 보존에 대한 인식을 심어 주게 된 최초의 자연유산 생태관광 사례가 거문오름국제트레킹대회이다.


## Ⅳ. 거문오름국제트레킹대회 추진


거문오름용암동굴계는 행정구역상 제주시 조천읍과 구좌읍에 걸쳐 분포하며, 해당 유산의 기원을 제공하는 거문오름과, 거문오름 분출로 인해 생성된 5개의 용암동굴로 구성되어 있다[그림 17－5]. 거문오름에서 분출한 용암이 북북동 방향으로 흐르면서 뱅뒤굴, 만장굴, 김녕굴, 용천굴, 당처물동굴을 형성시켰다는 것이 지금까지 거문오름 용암동굴계 형성기원에 대한 정설이며, 유산은 절대 보존을 원칙으로 하는 핵심지구가 각 용암동굴로부터 50m, 완충지구가 각 핵심지

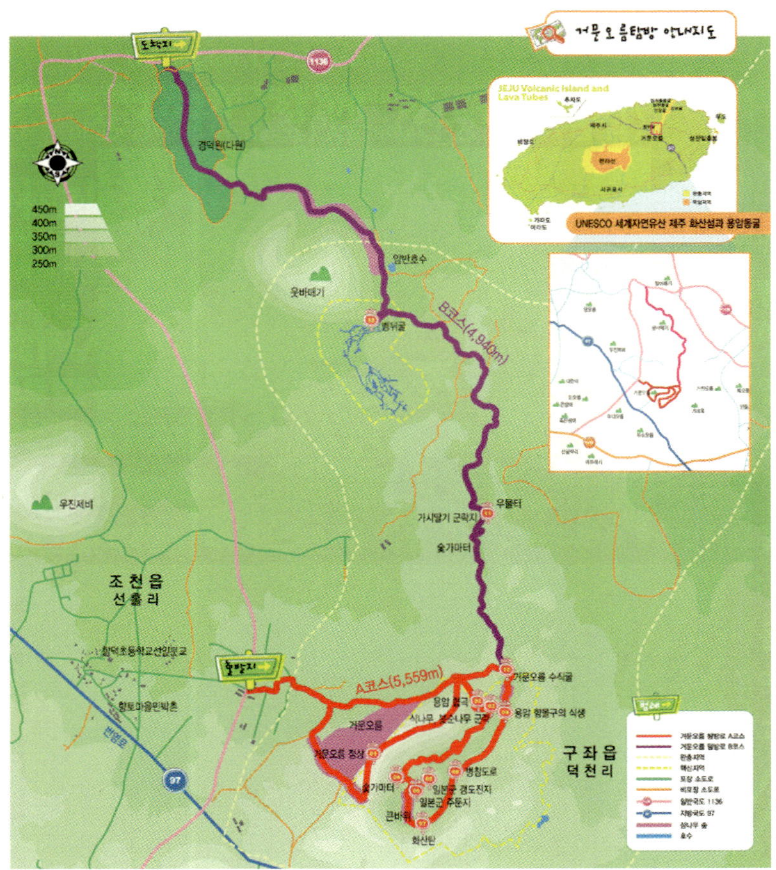


자료: 제주특별자치도 · 한라일보(2008)

[그림 17 – 7] 거문오름국제트레킹대회 코스

구로부터 약 500m 지역까지 지정되어 있다. 한라산 천연보호구역과 성산일출봉이 이미 관광지로서 일반인들에게 개방되어 있음에 비해, 거문오름용암동굴계는 미개방 동굴을 포함하고 있고 학술적, 미적 가치가 뛰어난 것으로 평가되고 있어, 관광객들의 호기심의 대상이 되고 있을 뿐만 아니라 지역주민들도 유산활용 및 보존에 대한 참여의지를 보이고 있다. 이런 의미에서 거문오름용암동굴계의 첫 활용 사례인 거문오름국제트레킹대회의 추진은 지역주민, 제주도민, 관광객에게 고무적인 이벤트가 되었으며, 향후 제주 자연유산 활용의 방향성 제시를 위한 시범사례가 되었다.

거문오름국제트레킹대회는 2008년 7월 2일부터 8월 31일까지 두 달간 진행되어, 두 달간 17,150명이 방문하였다. 트레킹 대회는 거문오름 일대 10.5㎞를 탐방하는 트레킹 상품으로서 화산분출로 생성된 거문오름의 독특한 지형구조를 관찰할 수 있는 테마상품으로 만들어졌다(중앙일보, 2008). 트레킹 코스[그림 17-7]는 A코스와 B코스로 구분되며, A코스는 거문오름을 중심으로, B코스는 거문오름에서 분출된 용암의 흐름을 따라 지상을 트레킹하도록 구성되었다. A코스는 거문오름의 정상과 분화구를 중심으로 구성되었고 총 길이 5,559m이다. 대회기간 동안에는 오전 9시부터 오후 2시까지 매시 정각 전문적으로 교육을 받은 해설사들의 유산해설이 제공되었다. B코스는 분출된 용암흐름을 상상하며 트레킹하는 코스로서 총길이 4,940m이며, 자연유산 해설은 동반되지 않으나, 한라산등산학교[333] 동문회가 안전 및 코스 안내를 담당하였다.

A코스의 가장 큰 특징은 자연유산 해설이 제공된다는 점이다. '제주 화산섬과 용암동굴'의 OUV가 vii) 자연미와 심미적 중요성, viii) 지구역사의 주요 단계를 표출하는 지형학적 중요성임을 고려하여, 경관 관람을 통해 충족될 수 있는 기준 vii)과는 별도로, 기준 viii)을 충족시키기 위한 방안으로 지형학적 형성과정 및 그 의미에 대한 전

---

333) 한라산등산학교는 제주산악연맹 산하기관으로서, 산악등반에 필요한 전문적 지식과 기술습득을 위한 기관이다. 한라산의 자연일반과 문화, 동·식물, 신화와 전설, 목장사와 같은 한라산을 비롯한 제주도의 생태문화교육과 일반등산이론과 실기, 기초암벽등반이론과 실기, 독도법, 응급처치 및 조난대책 등의 일반등산교육을 실시한다.

문적 해설을 제공하였다. 이를 위한 자연유산 해설사 양성교육을 제주참여환경연대334)에서 담당하였으며, 입문과정과 심화과정을 거쳐 총 16명의 해설사를 배출하였다. 특히 이 중 6명은 거문오름 소재지인 제주시 조천읍 선흘 2리 주민들이 참여하였고 지형학적 전문성뿐만 아니라 지역에 특화된 역사, 생활문화에 대한 정보를 생생하게 전달하는 역할을 수행하여 지역사회 중심의 유산 활용 사례를 보여주고 있다. 지역주민들은 마을 자산의 세계자연유산 지정에 자부심이 고양되고 이를 활용하고 보존하는 데 구체적으로 참여하기를 원하며 이를 위한 방안을 강구하고 있다. 국제 트레킹 대회 추진은 지역주민들의 적극적 호응을 바탕으로 구체화되었으며, 특히 이번 대회에서 지역주민 6명에 국한되었던 해설사 교육에 대한 호응도가 높아 향후 해설사 교육 프로그램에 대한 참여의지를 보이고 있다.

한편 거문오름국제트레킹대회는 제주 생태관광에 대한 제주특별자치도 차원의 적극적 참여를 보여 준 실례가 되고 있다. 이미 제주의 생태자원을 UNESCO 세계자연유산으로 등재하는 데 적극적 노력을 경주하였고 등재 이후에는 이를 생태관광 차원에서 활용하는 방안까지 적극 참여하는 한편 현재 UNESCO 지오파크(Geopark) 등재 신청을 준비하고 있다. 즉 지금까지 소규모 및 개별 관광객 위주의 생태관광을 더욱 확대 발전시키는 중심점에 제주특별자치도가 나서고 있는 것이다. 이를 위한 제도적 기반으로서 제주특별자치도는 2008년 2월 제주 세계자연유산의 체계적인 보전관리와 활용, 홍보 등 자연유산과 관련된 제반 사항의 각종 자문 및 정책제안 등을 담당하는

---

334) 제주참여환경연대는 1991년 제주도개발특별법에 반대하면서 제주도의 많은 단체가 모여 결성한 '제주도개발특별법반대범도민회'가 그 모태이며 '참여자치실현', '환경보전', 그리고 '제주도민의 삶의 질 향상'이라는 목적을 위한 자발적 참여에 의해 운영되는 제주의 대표적 시민단체이다.

세계유산위원회를 구성하여 운영하고 있다. 세계유산위원회는 위원회와 자문역할을 담당할 자문위원, 실무기구로서 운영위원회를 두고 있으며 운영위원회 산하에 학술연구분과, 보존관리분과, 마케팅전략분과, 교육지원분과, 지역협력분과를 두고 있어 다양한 의견을 수렴할 수 있는 체계를 만들었다.

한편 거문오름국제트레킹대회를 추진하면서 실질적인 추진업무를 담당할 거문오름국제트레킹대회추진위원회를 별도로 구성하였다. 이것은 다양한 전문가와 제주특별자치도, 지역주민의 협조가 가능하도록 구성되었고(<표 17 - 2>) 다양한 관계자의 참여 · 협조를 통해 전문성과 추진력이 뒷받침되었다.

〈표 17 - 2〉 거문오름국제트레킹대회추진위원회 구성과 역할

| 참여기관 | 주요 역할 |
| --- | --- |
| 제주특별자치도 세계자연유산관리본부 | 총괄 관리 |
| 지역언론사(한라일보사) | 기획, 마케팅 |
| 제주환경참여연대 | 자연유산 해설<br>자연유산 해설 양성 교육 |
| 한라산등산학교 | 트레킹 참가자 안전 요원<br>트레킹 코스 모니터링 |
| 지역주민(선흘 2리) | 자연유산 해설<br>유산지구 관리 |

거문오름국제트레킹대회추진위원회 구성은 관, 민간, NGO, 지역사회가 각자의 역할분담을 통한 협력이 가능하도록 하였으며 이번 대회를 성공적으로 추진할 수 있는 기반이 되었다. 앞으로 지자체는 생태관광의 환경 · 문화 · 경제적 발전방안 제시, 생태관광과 관련한 교육 및 프로그램의 지속적인 개발 · 보급, 적정한 생태관광 개발의 기준과 감시시스템 개발과 실행 등 생태관광 개발을 총괄적으로 계

획하고 관리하는 역할 수행, NGO 단체는 생태관광 개발 결정 시 자문단체의 일부로서 지역의 이익을 대변하고 적정한 개발로의 진행을 유도하고 비판 및 감시 기능과 더불어 효과적인 생태관광 개발을 위한 지역의 협력자를 탐색하고 생태관광자원을 보호할 수 있도록 협조하며 지역주민의 참여를 유도하는 역할을 수행할 수 있다. 한편 지역주민은 가장 밀접하게 해당 지역과 연관되어 있는 역할자로서 생태관광의 실행·관리과정에 직접 참여하여 지속 가능한 관광을 위한 핵심역할을 수행할 수 있다. 특히 이번 국제 트레킹대회는 최초의 유산지구 활용 사례로서 지역사회를 포함한 관계자들이 적극적으로 참여하고 협조하였으며, 지역 주민들은 거기서 지역에 대한 자부심과 긍지를 느낌으로써 앞으로 지역사회 중심의 자생력 있는 지역 만들기의 단초를 제공했다고 판단된다.


# Ⅳ. 결 론


거문오름국제트레킹대회 추진의 의미는 다음과 같이 요약할 수 있다. 첫째는 국내 최초 세계자연유산인 제주 세계자연유산 활용에 있어서 참여주체와 역할, 활용방향에 있어서 방향성을 제시했다는 점, 둘째는 제주도 생태관광의 발전방향이 소규모 자생단체 및 개별중심 생태관광에서 제주특별자치도가 적극적으로 참여함으로써 그 범위가 확대·발전했다는 것, 셋째는 단순한 경관중심 관광에서 지리관광이라는 테마관광으로 심화·발전하는 계기가 되었다는 점, 마지막으로 지역사회의 지역발전에 대한 참여가능성을 제시하였다는 것이다.

한편 트레킹대회를 기반으로 유산지구 내에서 지역사회 참여를 제
고한 지역사회 기반 생태관광 활성화를 위해 다음과 같은 점이 고려
될 수 있다.

첫 번째는 유산의 철저한 보존과 활용을 위해서는 지역주민을 포
함한 관계자들에 대한 권한강화가 요구된다. 세계자연유산은 인류공
영의 자산으로서 철저한 보존을 기본 원칙으로 하고 있다. 그러나
자연유산에 대한 관심이 고조되고 방문객이 증가하면서 유산지역 식
생에 대한 불법 도채가 성행하고 있음에도 이를 제재할 권한이 주어
지지 못한 것이 현실이다. 생태관광이 갖는 환경보존, 환경교육적 기
능이 아직 정착하지 못한 관광환경하에서 보존의식 형성과 생태자원
보존을 위해 이를 제재할 권한과 강제성이 해당 지역주민 또는 해당
유산지구 관리자들에게 부여되어야 할 필요가 있다. 특히 거문오름
과 같이 지역사회와 밀접하게 연관된 유산지구나 생태관광지의 경우,
향후 자원의 지속 가능한 관리 및 보존을 위해 해당 지역 주민과 관
리자들에게 이를 제재할 수 있는 권한부여가 요구된다.

두 번째는 유산지구를 총체적으로 관리하기 위해 파트너십에 기반
을 둔 조직체가 마련되어야 한다. 전체적 맥락에서의 총괄관리조직
과 함께, 지역특성 혹은 유산특성을 고려하기 위해 지구별 관리조직
이 이를 뒷받침하는 형태가 바람직하다. 특히 이는 관보다는 지역이
중심이 되는 독립적인 법인체 혹은 독립구성체의 형태로 구성되는
것이 지역주민의 요구수용과 자원관리 · 보존의 측면에서 더욱 용이
할 것으로 판단된다. 특히 법인체 내지는 독립 구성체를 통해 그 보
존과 활용에 관한 정보와 인적 물리적 자원을 공유하는 네트워크를
구성한다면 총괄적이고 체계적인 관리와 함께 지역특수성도 유지 가
능할 것이다.

세 번째는 유산해설사 교육과 관련하여 전문성 강화가 필요하다. 자연유산 해설사를 포함해 지역주민들이 지역 특화 사업에 적극적으로 참여하면서 동시에 전문성을 함양해야 한다. 생태관광은 민감한 생태자원의 관리는 물론이고 관광객에 대한 관리 역시 전문적으로 수행할 수 있는 능력을 갖추어야 한다. 일정 수준의 전문지식은 물론이고 다양한 경험과 노하우를 갖춘 인력의 확보는 성공적인 생태관광관리를 좌우하는 잣대가 된다(국립산림과학원, 2007). 그런 의미에서 지역 주민은 일반적인 해설사들이 갖추지 못하는 유산 관련 생활 문화 및 역사를 생생하게 전달할 수 있다는 데서 차별화된다. 해설사의 역할은 단순한 가이드를 넘어 경관에 의미를 부여함으로써 유산의 질을 증폭시키는 것이라고 할 때, 지역주민은 객관화된 설명을 넘어, 유산지역의 생활문화·역사와 관련된 생생하고 차별화된 해설을 제공할 수 있다는 데에서 큰 장점이 있다. 그러므로 지형, 식생 등에 대한 제한된 전문적 정보 습득을 위해 이들 해설사 양성교육에 적극 참여시키는 방안이 요구된다.

# 참고문헌

고선영, 2006, "장소자산에 기반한 농촌체험관광마을의 유형화", 서울대학교 대학원 박사학위논문.

국립산림과학원, 2007, 제주시험림의 생태관광계획 수립.

김종철, 1995, 오름나그네, 도서출판 높은오름.

오정준, 2003, "생태관광지의 지속가능성에 관한 연구", 대한지리학회지, 38(4), 610 – 629.

이인규, 2008, 세계자연유산의 등재와 보존·활용방안, 2008 자연유산 보존 세미나 및 담당자 교육, 제주특별자치도.

제주도, 1997, 제주의 오름, 제주도.

김승태·한승호, 2008, 제주의 오름 368, 대동출판사.

제주발전연구원, 2001, 제주형 생태관광 개발의 방향 연구.

제주특별자치도, 2007, 오름관리기본계획.

제주특별자치도, 2008, 제주 세계자연유산 보존 및 활용 종합계획 수립.

제주특별자치도·제주발전연구원, 2008, 제주관광 고비용·불친절 해소추진 상반기 추진성과 조사평가.

제주특별자치도·문화재청, 2006, 세계자연유산 등재신청서(JEJU VOLCANIC ISLAND AND LAVA TUBES – Candidate for World Heritage Inscription).

제주특별자치도·한라일보, 2008, 거문오름.

한국지질연구원·제주발전연구원, 2006, 제주도 지질여행 증보판.

Beeton, S., 1998, Ecotourism: A Practical Guide for Rural Communities, Gollingwood: Landlink.

Brandon, K., 1993, Basic steps toward encouraging local participation in nature tourism projects. In K. Lindberg and D.E. Hawkins(eds), Ecotourism: A Guide for Local Planners, 134 – 151, North Bennington, VT: The Ecotourism Society.

Cater, E., 1994, Ecotourism in the third world: Problems and prospects for sustainability, In E. Cater and G. Lowman(eds), Ecotourism: A Sustainable Option? 69 – 86, Chichester: John Wiley & Sons.

Drake, S.P., 1991, Local participation in ecotourism projects, In T.

Whelan(ed), Nature Tourism: Managing for the Ecvironment, 132 - 163, Washington DC: Island Press.
World Heritage Center, 2008, Operational Guideline for the Implementation of the World Heritage Convention.

UNESCO 세계자연유산 홈페이지(http://whc.unesco.org)
포털사이트 DAUM(http://www.daum.net)
문화재청홈페이지(http://www.cha.go.kr)
연합뉴스, 2008. 9. 15. "제주 유네스코 등록 후 관광객 급증"
중앙일보, 2008. 6. 17. "세계유산 제주 거문오름 생태관광 새 명소로 뜬다"

## 게재논문 출처

### 제1부 제주인과 이어도

송성대, 제주인의 해민정신론(海民精神論), 『문화의 원류와 그 이해
 - 제주인의 해민정신-』, 도서출판 각, 2001.
송성대, 한·중 간 이어도해 영유권 분쟁에 관한 지리학적 고찰, 대
 한지리학회지, 제45권 제3호, 2010.

### 제2부 지형과 기후

김태호, 한라산 아고산 초지대 나지의 확대 속도와 침식작용, 대한
 지리학회지, 제41권 제6호, 2006.
김범훈·김태호, 제주도 용암동굴의 보존 및 관리 방안에 관한 연구,
 한국지역지리학회지, 제13권 제6호, 2007.
김오진, 조선시대 제주도의 기상재해와 관민의 대응 양상, 대한지리
 학회지, 제43권 제6호, 2008.
김오진, 조선시대 이상기후와 관련된 제주민의 해양 활동, 기후연구,

제4권 제1호, 2009.


## 제3부 도시와 촌락

강민정 · 권상철, 제주시 도시화의 공간적 특성: 인구와 지가 변화를 중심으로, 한국도시지리학회지, 제10권 제3호, 2007.

권상철, 제주시 인구이동 특성과 지역발전: 유입, 유출 인구의 사회경제적 속성 비교를 중심으로, 제주도연구, 제24집, 1984.

정광중, 제주도 구엄마을의 돌소금 생산구조와 특성: 과거의 지리적 현상에 대한 미시적 접근, 지리학연구, 제32집 제2호, 1998.

정광중, 장수마을의 지리적 환경과 제 조건에 관한 시론적 연구, 제주도연구, 제23집, 2003.

오영매 · 손명철, 소규모 학교 통 · 폐합 정책에 대한 공간의 차별적 대응 양상: 제주도 북제주군 납읍초등학교를 사례로, 제주도연구, 제27호, 2005.


## 제4부 문화와 역사, 관광

강만익, 전통사회 제주도의 목축지명 읽기, 제주역사문화, 제13 · 14호, 2005.

강만익 · 송성대, 조선시대 제주도 관영목장의 범위와 경관, 문화역사지리, 제13권 제2호 2001.

오상학, 조선시대 제주도 지도의 시계열적 분석, 탐라문화, 제24호, 2004.

고선영, 제주 세계자연유산 등재와 제주의 생태관광, 한국지역지리학회지, 제15권 제2호, 2009.

**송성대**

경희대학교 지리학과
경희대학교 대학원 지리학과 졸업(이학박사)
제주대학교 지리교육전공 교수(songsd@jejunu.ac.kr)


**김태호**

경희대학교 지리학과
일본 동경도립대학교 대학원 지리학과 졸업(이학박사)
제주대학교 지리교육전공 교수(kimtaeho@jejunu.ac.kr)


**김범훈**

제주대학교 농화학과
제주대학교 대학원 사회교육학부 지리교육전공(박사과정 재학)
제주일보 논설실장(kimbh0307@hanmail.net)


**김오진**

제주대학교 사회교육과
건국대학교 대학원 지리학과 졸업(지리학박사)
제주대학교 지리교육전공 겸임교수(tamnageo@hanmail.net)


**권상철**

서울대학교 지리교육과
미국 오하이오 주립대학교 대학원 지리학과 졸업(지리학박사)
제주대학교 지리교육전공 교수(kwonsc@jejunu.ac.kr)

강민정

제주대학교 사회교육과
제주대학교 교육대학원 지리교육전공 졸업(교육학석사)
경기도 수지중학교 교사(irissmin@naver.com)


정광중

동국대학교 지리교육과
일본 일본대학교 대학원 지리학과 졸업(이학박사)
제주대학교 사회과교육전공 교수(jeongkj@jejunu.ac.kr)


오영매

제주대학교 수학교육과
제주대학교 교육대학원 지리교육전공(교육학석사)
제주중앙여자중학교 교사(sorrj50@hanmail.net)


손명철

관동대학교 지리교육과
서울대학교 대학원 지리교육과 졸업(교육학박사)
제주대학교 지리교육전공 교수(sonmy@jejunu.ac.kr)


강만익

제주대학교 사회교육과
제주대학교 대학원 사학과(박사과정 수료)
제주대학교 탐라문화연구소 특별연구원
제주대학교 지리교육전공 강사(orum368@empas.com)

## 오상학

서울대학교 지리학과
서울대학교 대학원 지리학과 졸업(문학박사)
제주대학교 지리교육전공 부교수(ohsanghak@jejunu.ac.kr)


## 진관훈

제주대학교 사회교육과
동국대학교 대학원 경제학과 졸업(경제학박사)
제주하이테크산업진흥원 선임연구원(adel@jejuhidi.or.kr)


## 고선영

제주대학교 사회교육과
서울대학교 대학원 지리교육과 졸업(교육학박사)
제주대학교 지리교육전공 강사(sunyko@hanmail.net)

제주
# 지리론

초판인쇄 | 2010년 8월 31일
초판발행 | 2010년 8월 31일

지 은 이 | 송성대 외 지음
펴 낸 이 | 채종준
펴 낸 곳 | 한국학술정보㈜
주    소 | 경기도 파주시 교하읍 문발리 파주출판문화정보산업단지 513-5
전    화 | 031) 908-3181(대표)
팩    스 | 031) 908-3189
홈페이지 | http://ebook.kstudy.com
E-mail | 출판사업부  publish@kstudy.com
등    록 | 제일산-115호(2000. 6. 19)

ISBN      978-89-268-1470-3 93380 (Paper Book)
          978-89-268-1471-0 98380 (e-Book)